U0946683

科技部科技基础性工作专项资助

项目名称：青藏高原低涡、切变线年鉴的研编

项目编号：2006FY220300

青藏高原低涡切变线年鉴 2004

李跃清　郁淑华　彭　骏　顾清源　张虹娇　徐会明　高文良　肖递祥　编著

科学出版社

北　京

内容简介

青藏高原低涡、切变线是影响我国灾害性天气的重要天气系统。本书根据对2004年高原低涡、切变线的系统分析，得出该年高原低涡，切变线的编号，名称，日期对照表，概况，影响简表，影响地区分布表，中心位置资料表及活动路径图，高原低涡、切变线移出高原的影响系统；计算得出该年高原低涡、切变线影响降水的各次高原低涡、切变线过程的总降水量图、总降水日数图。

本书可供气象、水文、水利、农业、林业、环保、航空、军事、地质、国土、民政、高原山地等方面的科技人员参考，也可作为相关专业教师、研究生、本科生的基本资料。

审图号：GS(2007)1573号

图书在版编目(CIP)数据

青藏高原低涡切变线年鉴(2004)/李跃清等编著. —北京：科学出版社，2009

ISBN 978-7-03-023439-1

Ⅰ. 青… Ⅱ. 李… Ⅲ. 青藏高原-低涡-切变-2004-年鉴 Ⅳ. P468.27-54

中国版本图书馆CIP数据核字(2008)第183629号

责任编辑：罗　吉

责任校对：钟　洋 / 责任印制：钱玉芬

封面及版式设计：北京美光制版有限公司

科学出版社 出版

北京东黄城根北街16号

邮政编码：100717

http://www.sciencep.com

北京佳信达艺术印刷有限公司 印刷

科学出版社发行　各地新华书店经销

*

2009年1月第　一　版　开本：A4　880×1230

2009年1月第一次印刷　印张：16 1/4

印数：1—1500　字数：600 000

定价：300.00元

前言

高原低涡、切变线是青藏高原上生成的特有的天气系统，其发生、发展和移动的过程中，常常伴随有暴雨、洪涝等气象灾害。我国夏季多发暴雨洪涝、泥石流滑坡灾害，在很大程度上与高原低涡、切变线东移出青藏高原密切相关。高原低涡、切变线的活动不仅影响青藏高原地区，而且还东移影响我国青藏高原以东下游广大地区。高原低涡、切变线是影响我国的主要灾害性天气系统之一。

新中国成立以来，随着青藏高原观测站网的建立，卫星资料的应用，以及我国第一、第二次青藏高原大气科学试验的开展，关于高原低涡、切变线的科研工作也取得了一定的成绩，使我国高原低涡、切变线的科学研究、业务预报水平不断提高，为防灾减灾、公共安全做出了很大的贡献。

为了进一步适应农业、工业、国防和科学技术现代化的需要，满足广大气象台（站）及科研、教学、国防、经济建设等部门的要求，更好地掌握高原低涡、切变线的活动规律，系统地认识高原低涡、切变线发生、发展的基本特征，提高科学研究水平和预报技术能力，做好主要气象灾害的防御工作，在国家科技部的支持下，由中国气象局成都高原气象研究所负责，四川省气象台参加，组织人员开展了青藏高原低涡、切变线年鉴的研编工作。

经过项目组的共同努力，以及有关省、市、自治区气象局的大力协助，高原低涡、切变线年鉴顺利完成。它的整编出版，将为我国青藏高原低涡、切变线研究和应用提供基础性保障，推动我国灾害性天气研究与业务的深入发展，发挥对国家经济繁荣、社会进步、公共安全的气象支撑作用。

本年鉴由中国气象局成都高原气象研究所李跃清、郁淑华、彭骏、张虹娇、高文良，四川省气象台顾清源、徐会明，巴中市气象局肖递祥等合作完成。

本册《青藏高原低涡切变线年鉴（2004）》的主要内容包括高原低涡、切变线概况、路径、东移出青藏高原的影响系统以及高原低涡、切变线引起的降水等资料图表。

Foreword

The Tibetan Plateau Vortex (TPV) and Shear Line (SL) are unique weather systems generated over the Qinghai-Xizang Plateau. The rainstorms, floods and other meteorological disasters usually occur during the generation, development and movement of the TPV. In China, the regular happening mud-rock flow and landslip disaster in summer has close relationship with the TPV that moves out of the Plateau. The movements of the TPV and SL not only influence the Qinghai-Xizang Plateau region, but also the east vast region of the Plateau. The TPV and SL are two of the most disastrous weather systems that influence China.

After the foundation of P. R. China, the researches on TPV and SL and the operational prediction works have gotten obvious achievements along with the establishment of the observatory station net, the applying of the satellite data, and the development of the First and the Second Tibetan Plateau Experiment of Atmospheric Sciences. All these have great contributions to preventing and reducing the happening of the weather disaster and to the public safety.

In order to satisfy the modernization demands of the agriculture, industry, national defense and scientific technology, and to meet the requirements of the vast meteorological stations, colleges, national defense administrations and economic bureaus, the Chengdu Institute of Plateau Meteorology did the researches on the yearbook of vortex and sear line over Qinghai-Xizang Plateau under the support from the Ministry of Science and Technology of P. R. China. Also, this task is achieved with the helps from the researchers in Sichuan Provincial Meteorology Station. This task improves the understanding of the characteristics of the moving TPV and SL, get thorough recognition of the generation and development of TPV and SL, and improves abilities of the research works and operational predictions to prevent the meteorological disasters.

With the research group's efforts and the great support from related meteorological bureaus of provinces, autonomous region and cities, the TPV and SL yearbook completed successfully. The yearbook offers a basic summary to TPV and SL research works, improves the catastrophic weather research and operational prediction. Also, it is useful to the economy glory, advance of society and public safety.

The TPV and SL yearbook is accomplished by Li Yueqing, Yu Shuhua, Peng Jun, Zhang Hongjiao and Gao Wenliang from Institute of Plateau Meteorology, Gu Qingyuan, Xu Huiming from Sichuan Provincial Meteorology Station and Xiao Dixiang from Bazhong Meteorological Station, Sichuan Province.

The TPV and SL Yearbook is mainly composed of figures and charts of survey, tracks, weather systems that move out of the Plateau Vortex and influenced rainfalls of TPV and SL.

说明

本年鉴主要整编青藏高原上生成的低涡、切变线的位置、路径及青藏高原低涡、切变线引起的降水量、降水日数等基本资料。分为两大部分，即高原低涡和高原切变线。

高原低涡指500hPa等压面上反映的生成于青藏高原，有闭合等高线的低压或有三个站风向呈气旋式环流的低涡。

高原切变线指500hPa等压面上反映在青藏高原上，温度梯度小、三站风向对吹的辐合线或二站风向对吹的辐合线长度大于5个经/纬距。

冬半年指1～4月和11～12月，夏半年指5～10月。

本年鉴所用时间一律为北京时间。

高原低涡

●高原低涡概况

高原低涡移出高原是指低涡中心移出海拔高度≥3000 m的青藏高原区域。

高原低涡某月移出几率指某月移出高原的高原低涡个数与该月高原低涡个数之比。

高原低涡月移出率指某月移出高原的高原低涡个数与该年移出高原的高原低涡个数之比。

高原东、西部低涡指低涡中心位置分别在92.5°E东、西。

高原低涡中心位势高度最小值频率分布指按各时次低涡区域500hPa等压面上位势高度（单位为位势什米）最小值统计的频率。

●高原低涡中心位置资料表

“中心强度”指在500hPa等压面上低涡中心位势高度，单位为位势什米。

●高原低涡纪要表

“生成点”指高原低涡活动路径的起始点，因资料所限，故此点不一定是真正的源地。

高原低涡活动的生成点、移出高原的地点，一般正确到县、市。

“转向”指路径总的趋向由偏东方向移动转为偏西方向移动。

“内折向”——高原低涡在青藏高原区域内转向，“外转向”——高原低涡在青藏高原区域以东转向。

●高原低涡降水

高原低涡和其他天气系统共同造成的降水，仍列入整编。

“总降水量图”指一次高原低涡活动过程中在我国引起的降水总量分布图。一般按0.1、10、25、50、100mm等级，以色标示出，绘出降水区外廓线，一般标注其最大的总降水量数值。

“总降水日数图”指一次高原低涡活动过程中在我国引起的降水总量≥0.1mm的降水日数区域分布图。

高原切变线

●高原切变线概况

高原切变线移出高原是指切变线中点移出海拔高度≥3000 m的青藏高原区域。

高原切变线某月移出几率指某月移出高原的高原切变线个数与该月高原切变线个数之比。

高原切变线月移出率指某月移出高原的高原切变线个数与该年移出高原的高原切变线个数之比。

高原东、西部切变线指切变线中点位置分别在92.5°E东、西。

高原切变线两侧最大风速频率分布指按各时次分别在切变线附近的南、北侧最大风速统计的频率。

●高原切变线位置资料表

高原切变线位置一般以起点、中点、终点的经/纬度位置表示。

"拐点"指高原切变线上东、西或北、南二段的切线的夹角≥30°的切变线上弯曲点。

●高原切变线纪要表

"生成位置"指高原切变线活动路径的起始位置，因资料所限，故此位置不一定是真正的源地。

高原切变线活动的生成位置、移出高原的位置，一般精确到县、市。

"移向"以高原切变线中点连线的趋向。"多次折向"指路径由出现在2次以上偏东方向移动转为偏西方向移动。

内向反——高原切变线在青藏高原区域内由偏东方向移动转为偏西方向移动。

外向反——高原切变线在青藏高原区域以东由偏东方向移动转为偏西方向移动。

●高原切变线降水

高原切变线和其他天气系统共同造成的降水，仍列入整编。

"总降水量图"指一次高原切变线过程中在我国引起的降水总量分布图。一般按0.1、10、25、50、100mm等级，以色标示出，绘出降水区外廓线，一般标注其最大的总降水量数值。

"总降水日数图"指一次高原切变线过程中在我国引起的降水总量≥0.1mm的降水日数区域分布图。

目　录
Contents

第一部分　高原低涡

目 录
Contents

目　录 Contents

目　录
Contents

第二部分　高原切变线

目 录 Contents

第一部分

高原低涡

Tibetan Plateau Vortex

2004年 高原低涡概况

2004年发生在青藏高原上的低涡共有41个，其中在青藏高原东部生成的低涡共有35个，在青藏高原西部生成的低涡共有6个（表1～表3）。

2004年初生高原低涡出现在2月上旬，最后一个高原低涡生成于12月中旬（表1）。从月际分布看，主要集中在4～6月，占了一大半（表1）。移出高原的青藏高原低涡主要集中在4～8月，占了绝大部分（表4）。此外，1～12月份，除了1月和9月外，各月都有1～9个高原低涡生成，各月生成高原低涡的个数差异大，具体详见表1。

2004年青藏高原低涡源地绝大多数在青藏高原东部。移出高原的青藏高原低涡共有10个，它们都生成于青藏高原东部（表4～表6），移出高原的地点主要集中在甘肃、四川、陕西，其中，甘肃有5个之多，还有1个移出在重庆（表7）。

本年度高原低涡中心位势高度最小值以576～583位势什米的频率最多，共占49%（表8）。夏半年，高原低涡中心位势高度最小值以576～587位势什米的频率最多，共占91%（表9）；冬半年，高原低涡中心位势高度最小值以571～579位势什米的频率最多，共占73.3%（表10）。

全年除影响青藏高原以外对我国其余地区有影响的高原低涡共有33个，其中6个高原低涡造成过程降水量在100mm以上。造成过程降水量在150mm以上的高原低涡有4个，0426、0428、0430、0431分别在湖北公安、四川雅安、河南信阳、四川峨眉山造成过程降水量182.5mm、176.8mm、196.1mm、168.8mm，降水日数分别为3天、3天、4天、3天。当年影响我国降水强的主要是0430、0431高原低涡，0430高原低涡造成过程降水量在50mm以上的区域最大，分布在黄河河套以南的绝大多数省份。高原低涡造成过程降水量在100mm以上的中心区最多的是0431高原低涡，共有8个中心区，主要分布在河南、湖北、湖南、安徽、贵州、四川。8月3日在高原东南部邓柯生成的0430高原低涡，中心位势高度为583位势什米，向东南移，3日20时移到西昌，4日在云南继续东南移，中心位势高度不变，4日20时折向东北移，5日8时到了重庆与贵州交界处，低涡加强，中心位势高度为580位势什米，以后12小时内少动，5日20时后向西南移到云南边境，中心位势高度为582位势什米。受其影响湖北、重庆、四川、湖南、广西、贵州、云南、安徽普降大到暴雨，降水日数3～4天；江苏、江西、广东部分也普降中雨。8月14日生成在高原东部石渠的0431高原低涡，中心位势高度为585位势什米，是今年影响我国降水另一强的高原低涡，起初在高原上向西南移，15日8时后折向东北移，15日20时移到四川东北部，中心位势高度不变，以后12小时内少动，低涡加强，中心位势高度为585位势什米。受其影响，四川、贵州、山东、河南、安徽、湖北、湖南、江西、广西普降大到暴雨，降水日数1～3天；广东、云南、江苏部分也普降中雨。

2004年对我国黄河河套降水影响最大的高原低涡是7月24日生成于高原中部扎多的0428高原低涡，中心位势高度为584位势什米，该高原低涡生成后先向东北后向西南移，25日8时，高原低涡加强，中心位势高度为583位势什米，从此时起向偏东方向移动，26日8时移到了高原边缘，最后消失。受其影响，西藏、青海、甘肃、四川、山西、河南、河北、陕西普降大到暴雨，降水日数2～3天；西藏、宁夏部分也普降小到中雨。

表1 高原低涡出现次数

年 \ 月	1	2	3	4	5	6	7	8	9	10	11	12	合计
2004	0	1	4	9	5	6	4	5	0	3	3	1	41
几率 / %	0.00	2.43	9.76	21.95	12.20	14.63	9.76	12.20	0.00	7.32	7.32	2.43	100

表2 高原东部低涡出现次数

年 \ 月	1	2	3	4	5	6	7	8	9	10	11	12	合计
2004	0	0	3	6	5	6	4	5	0	3	2	1	35
几率 / %	0.00	0.00	8.57	17.14	14.29	17.14	11.43	14.29	0.00	8.57	5.71	2.86	100

表3 高原西部低涡出现次数

年 \ 月	1	2	3	4	5	6	7	8	9	10	11	12	合计
2004	0	1	1	3	0	0	0	0	0	0	1	0	6
几率 / %	0.00	16.67	16.67	50.00	0.00	0.00	0.00	0.00	0.00	0.00	16.66	0.00	100

表4 高原低涡移出高原次数

月 年	1	2	3	4	5	6	7	8	9	10	11	12	合计
2004	0	0	0	3	1	2	1	2	0	1	0	0	10
移出几率 / %	0.00	0.00	0.00	7.3	2.4	4.9	2.4	4.9	0.00	2.4	0.00	0.00	24.3
月移出率 / %	0.00	0.00	0.00	30.00	10.00	20.00	10.00	20.00	0.00	10.00	0.00	0.00	100

表5 高原东部低涡移出高原次数

月 年	1	2	3	4	5	6	7	8	9	10	11	12	合计
2004	0	0	0	3	1	2	1	2	0	1	0	0	10
移出几率 / %	0.00	0.00	0.00	8.6	2.9	5.7	2.9	5.7	0.00	2.9	0.00	0.00	28.7
月移出率 / %	0.00	0.00	0.00	30.00	10.00	20.00	10.00	20.00	0.00	10.00	0.00	0.00	100

表6 高原西部低涡移出高原次数

月 年	1	2	3	4	5	6	7	8	9	10	11	12	合计
2004	0	0	0	0	0	0	0	0	0	0	0	0	0
移出几率 / %	0.00	0.00	0.00	0.00	0.00	0.00	0.00	0.00	0.00	0.00	0.00	0.00	0
月移出率 / %	0.00	0.00	0.00	0.00	0.00	0.00	0.00	0.00	0.00	0.00	0.00	0.00	0

表7 高原低涡移出高原的地区分布

地区/年	新疆	甘肃	宁夏	四川	陕西	重庆	贵州	云南	合计
2004		5		2	2	1			10
出高原率 / %		50		20	20	10			100

表8 高原低涡中心位势高度最小值频率分布

中心位势高度 / 位势什米	587-584	583-580	579-576	575-572	571-568	567-564	563-560	559-556	合计
2004年 / %	14	22	27	13	12	5	5	2	100

表9 夏半年高原低涡中心位势高度最小值频率分布

中心位势高度 / 位势什米	587-584	583-580	579-576	575-572	571-568	567-564	563-560	559-556	合计
2004年 / %	25.5	40.0	25.5	5.5	3.5				100

表10 冬半年高原低涡中心位势高度最小值频率分布

中心位势高度 / 位势什米	587-584	583-580	579-576	575-572	571-568	567-564	563-560	559-556	合计
2004年 / %			28.9	22.2	22.2	11.1	11.1	3.5	100

高原低涡纪要表

序号	编号	中英文名称	起止日期(月.日)	中心最小位势高度/位势什米	发现点经纬度	移出高原的地点	移出高原时间	移出高原中心位势高度/位势什米	路径趋向	影响低涡移出高原的天气系统
1	0401	泽当, Zedang	2.3	559	28.7°N，92.3°E				原地生消	
2	0402	治多, Zhiduo	3.6	568	33.9°N，95.3°E				东南行	
3	0403	邓柯, Dengke	3.7	568	32.6°N，98°E				原地生消	
4	0404	锋当, Fengdang	3.8	579	28.8°N，91.8°E				原地生消	
5	0405	林芝, Linzhi	3.13～3.15	573	29°N，95.5°E				西转东南	
6	0406	林芝, Linzhi	4.1	572	28°N，95°E				北行	
7	0407	锋当, Fengdang	4.2	576	28.3°N，92.2°E				原地生消	
8	0408	扎多, Zhaduo	4.4	574	32.5°N，95.6°E				东南行	
9	0409	曲麻莱, Qumalai	4.7～4.10	561	34.3°N，95.1°E	临夏	4.08^{20}	567	东行	横切变线
10	0410	甘孜, Ganzi	4.14	568	32.4°N，100°E				原地生消	
11	0411	扎多, Zhaduo	4.15～4.19	558	32.7°N，94.5°E	商洛	4.16^{20}	569	东行中转向南、北	切变流场
12	0412	托托河, Tuotuohe	4.22～4.23	575	33.5°N，92.4°E				西南行	
13	0413	班戈, Bange	4.25～4.26	577	31.7°N，89.5°E				东南行	

高原低涡纪要表（续-1）

序号	编号	中英文名称	起止日期(月.日)	中心最小位势高度/位势什米	发现点经纬度	移出高原的地点	移出高原时间	移出高原中心位势高度/位势什米	路径趋向	影响低涡移出高原的天气系统
14	0414	索县, Suoxian	4.27～4.28	574	31.6°N，94.8°E	兰州	4.28[08]	574	西北行	蒙古低槽前部
15	0415	乌图美仁, Wutumeiren	5.3	570	37.5°N，93°E				原地生消	
16	0416	康定, Kangding	5.11	578	30°N，102°E				原地生消	
17	0417	曲麻莱, Qumalai	5.21～5.22	570	34.8°N，95.4°E	天水	5.22[20]	576	东行	两高间切变流场
18	0418	伍道梁, Wudaoliang	5.23	577	34.5°N，96°E				原地生消	
19	0419	日德, Ride	5.28	577	35°N，100.3°E				原地生消	
20	0420	曲麻莱, Qumalai	6.8～6.10	578	34.5°N，95.5°E	岷县	6.09[20]	580	东行	切变流场
21	0421	乌图美仁, Wutumeiren	6.11～6.12	579	37°N，92.5°E	梧桐沟	6.12[08]	578	东转北行	北槽南涡
22	0422	扎多, Zhaduo	6.13	584	32.5°N，95.3°E				原地生消	
23	0423	德格, Dege	6.16～6.17	578	32.3°N，99.8°E				西北行	
24	0424	色达, Seda	6.27	582	32.8°N，101°E				西南行	
25	0425	定日, Dingri	6.30	583	28.5°N，92.5°E				原地生消	
26	0426	曲麻莱, Qumalai	7.11～7.13	580	34.5°N，96°E	重庆	7.13[20]	582	东南行	切变流场
27	0427	甘孜, Ganzi	7.22～7.23	584	32°N，99.4°E				北行	

高原低涡纪要表（续-2）

序号	编号	中英文名称	起止日期(月.日)	中心最小位势高度/位势什米	发现点经纬度	移出高原的地点	移出高原时间	移出高原中心位势高度/位势什米	路径趋向	影响低涡移出高原的天气系统
28	0428	扎多, Zhaduo	7.24～7.26	583	33°N，94.2°E				内折向后东行	
29	0429	嘉黎, Jiali	7.26	584	30.7°N，93°E				原地生消	
30	0430	邓柯, Dengke	8.3～8.6	580	32.5°N，97.5°E	西昌	8.3[20]	583	东南行外折向	槽尾切变
31	0431	石渠, Shiqu	8.14～8.16	585	32.8°N，98.8°E	遂宁	8.15[20]	586	西南行内折向后转向	北槽南涡
32	0432	扎多, Zhaduo	8.19	578	32.8°N，94°E				原地生消	
33	0433	扎多, Zhaduo	8.20	582	33.5°N，94.7°E				原地生消	
34	0434	索县, Suoxian	8.21	584	32.6°N，94.5°E				原地生消	
35	0435	西宁, Xining	10.4～10.5	575	36.5°N，102.9°E	宝鸡	10.05[08]	576	东南行	河套西部小槽前部
36	0436	索县, Suoxian	10.5	579	31.7°N，94.5°E				原地生消	
37	0437	班玛, Banma	10.25	581	32.3°N，100°E				原地生消	
38	0438	申扎, Shenzha	11.3～11.4	576	30.5°N，88.8°E				东南行内折向	
39	0439	吉迈, Jimai	11.19	570	32.7°N，99.5°E				原地生消	
40	0440	治多, Zhiduo	11.24	572	33°N，95.5°E				原地生消	
41	0441	扎多, Zhaduo	12.14	572	32.7°N，94°E				原地生消	

高原低涡对我国影响简表

序号	编号	简述活动的情况	高原低涡对我国的影响			
			项目	时间(月.日)	概况	极值
1	0401	高原南部生消	降水	2.3	高原东、南部地区降水量在5mm以下，降水日数为1天。	西藏嘉黎 3.2mm（1天）
2	0402	高原东部生消	降水	3.6	西藏林芝，四川和贵州、重庆大部地区降水量为0.1～15mm，降水日数为1天。	四川自贡 14.2mm（1天）
3	0403	高原东部生消	降水	3.7	西藏东部，四川和重庆、湖南、云南大部地区降水量为0.1～20mm，降水日数为1天。	四川白玉 18.2mm（1天）
4	0404	高原南部生消	降水	3.8	西藏东部、川西高原地区降水量在3mm以下，降水日数为1天。	西藏波密 2.7mm（1天）
5	0405	高原南部、东部活动	降水	3.13～3.15	西藏东部、南部，四川大部地区降水总量为0.1～13mm，降水日数为1～3天。	四川康定 12.2mm（3天）
6	0406	高原东南部生消	降水	4.1	西藏东南部、四川南部和云南大部地区降水量在7mm以下，降水日数为1天。	四川犍为 6.1mm（1天）
7	0407	高原南部生消	降水	4.2	西藏南部地区降水量在1mm以下，降水日数为1天。	西藏隆子 1mm（1天）
8	0408	高原中部东南行	降水	4.4	西藏中部东部和川西高原、云南大部地区降水量为0.1～32mm，降水日数为1天。	云南蒙自 31.5mm（1天）
9	0409	高原中部东行到山东	降水	4.7～4.10	西藏东半部，青海东部，甘肃南部，四川、陕西、贵州、重庆、云南及江苏、浙江、安徽、河南、湖南、湖北大部地区降水总量为0.1～100mm，降水日数为1～4天。其中，贵州、重庆、云南及浙江降水总量为25～100mm，降水日数为1～4天。	湖南长沙 98.1mm（1天）
10	0410	高原东南部生消	降水	4.14	西藏东半部，青海东部，甘肃南部，陕西南部，四川、贵州、重庆、云南及湖南、湖北、广西大部地区降水总量为0.1～70mm，降水日数为1天。	四川苍溪 53.1mm（1天）

高原低涡对我国影响简表（续-1）

序号	编号	简述活动的情况	高原低涡对我国的影响			
			项目	时间（月.日）	概况	极值
11	0411	高原东部东行到黄海	降水	4.15～4.19	青藏高原大部、河套以南绝大部分地区降水总量为0.1～155mm，降水日数为1～5天。其中，广西、广东、云南、江西降水总量为50～155mm，降水日数为2～3天。	云南贡山 152.9mm（3天）
12	0412	高原中部稍向西南行	降水	4.22～4.23	青藏高原中、东部降水总量为0.1～20mm，降水日数为1～2天。	青海玉树 16.9mm（2天）
13	0413	高原中部稍向东南行	降水	4.25～4.26	青藏高原大部、甘肃大部地区降水总量为0.1～30mm，降水日数为1～2天。	青海都兰 27.4mm（1天）
14	0414	高原南部东北行	降水	4.27～4.28	西藏东部、南部，四川西部和湖北小部分地区降水总量为0.1～25mm，降水日数为1～2天。	西藏丁青 25mm（1天）
15	0415	高原北部生消	降水	5.3	青海大部、西藏东南部、四川北部地区降水量为0.1～20mm，降水日数为1天。	四川黑水 19.9mm（1天）
16	0416	高原东南部生消	降水	5.11	西藏青海东部，四川、贵州、重庆、云南及湖北、湖南小部分地区降水量为0.1～105mm，降水日数为1天。其中，贵州、重庆、湖南降水量为25～100mm。	贵州三都 100.6mm（1天）
17	0417	高原东部东行出高原	降水	5.21～5.22	西藏、青海、四川大部和重庆、陕西、湖北小部分地区降水总量为0.1～35mm，降水日数为1～2天。	西藏贡嘎 31.5mm（2天）
18	0418	高原东部生消	降水	5.23	西藏东部，青海南部，四川、重庆大部和云南、贵州小部分地区降水量为0.1～30mm，降水日数为1天。	四川康定 29.1mm（1天）
19	0419	高原东部生消	降水	5.28	青藏高原中、东部地区，甘肃小部分地区降水量为0.1～15mm，降水日数为1天。	甘肃夏河 12.7mm（1天）
20	0420	高原东部东行出高原	降水	6.8～6.10	西藏青海大部，四川、重庆、云南、贵州和甘肃、湖北、湖南小部分地区降水总量为0.1～60mm，降水日数1～2天。其中，青海、四川、甘肃、云南、湖北南部降水总量为25～60mm，降水日数为2天。	四川米易 57.5mm（2天）

高原低涡对我国影响简表（续-2）

序号	编号	简述活动的情况	高原低涡对我国的影响			
			项目	时间(月.日)	概况	极值
21	0421	高原北部北行出高原	降水	6.11～6.12	青海、西藏、甘肃、宁夏大部，四川西北部地区降水总量为0.1～40mm，降水日数为1～2天。	甘肃玛曲36.4mm（2天）
22	0422	高原东南部生消	降水	6.13	四川、重庆和西藏、青海、湖北大部，陕西、甘肃、湖北、湖南小部分地区降水量为0.1～80mm，降水日数为1天。	四川达县73.6mm（1天）
23	0423	高原东部东北行	降水	6.16～6.17	西藏、青海、四川大部和甘肃、重庆小部分地区降水总量为0.1～70mm，降水日数为1～2天。	四川宝兴67.9mm（2天）
24	0424	高原东部西南行	降水	6.27	西藏、青海东部和重庆、贵州、四川大部，甘肃、陕西、云南、湖南、广西小部分地区降水量为0.1～70mm，降水日数为1天。其中，四川、重庆、贵州、云南、湖南、广西小部分地区降水总量为25～70mm。	四川盐边79.4mm（1天）
25	0425	高原南部生消	降水	6.30	西藏东部、青海南部、四川西部降水量为0.1～20mm，降水日数为1天。	四川德格17.1mm（1天）
26	0426	高原东部东南行出高原	降水	7.11～7.13	西藏、青海、四川、贵州、湖北大部，重庆和陕西、甘肃、湖南、云南小部分地区降水总量为0.1～190mm，降水日数为1～3天。其中，贵州、湖北、湖南、重庆有降水总量为50～190mm区域，降水日数为2～3天。	湖北公安182.5mm（3天）
27	0427	高原东部北行	降水	7.22～7.23	宁夏、西藏、青海、甘肃、四川、陕西大部，云南北部，山西西部地区降水总量为0.1～90mm，降水日数为1～2天。其中，青海、四川、西藏小部分地区降水总量为25～90mm。	四川北川88.6mm（2天）
28	0428	高原东部东北行	降水	7.24～7.26	青海、甘肃、四川、宁夏、陕西、山西大部，河南、云南北部地区降水总量为0.1～180mm，降水日数为1～3天。其中，西藏、青海、甘肃、四川、山西、河南降水总量为30～180mm区域，降水日数2～3天。	四川雅安176.8mm（3天）
29	0429	高原东南部生消	降水	7.26	西藏大部、青海东部、四川西部地区降水量为0.1～30mm，降水日数为1天。	青海扎多28.5mm（1天）
30	0430	高原东部东南行到越南	降水	8.3～8.6	西藏东南部、河套以南绝大部分地区降水总量为0.1～200mm，降水日数为1～4天。其中，四川、重庆、云南、贵州、湖北、湖南、安徽、广西、广东、海南、江苏、江西、河南、福建地区大片降水总量为25～200mm，降水日数为1～4天。	河南信阳196.1mm（4天）

高原低涡对我国影响简表（续-3）

序号	编号	简述活动的情况	高原低涡对我国的影响			
			项目	时间（月.日）	概况	极值
31	0431	高原东部东行出高原	降水	8.14～8.16	西藏、青海、甘肃大部，宁夏、山西、河北小部分地区和河套以南所有省份降水总量为0.1～170mm，降水日数为3天。其中，四川、贵州、云南、湖南、湖北、江西、广西、广东、安徽、河南有降水总量为50～170mm的雨区，降水日数为2～3天。	四川峨眉山168.8mm（3天）
32	0432	高原东部生消	降水	8.19	西藏、青海东部，四川、甘肃、宁夏、陕西、山西大部，云南北部地区降水量为0.1～90mm，降水日数为1天。	甘肃环县94mm（1天）
33	0433	高原东部生消	降水	8.20	西藏中部、青海、甘肃小部分地区降水量为0.1～25mm，降水日数为1天。	西藏丁青23.1mm（1天）
34	0434	高原东部生消	降水	8.21	西藏、青海、四川大部分地区降水量为0.1～20mm，降水日数为1天。	四川甘孜17.2mm（1天）
35	0435	高原东北部东南行出高原	降水	10.4～10.5	西藏中东部，青海大部，四川、重庆、云南、贵州和甘肃、陕西、湖南小部分地区降水总量为0.1～40mm，降水日数为1～2天。	西藏昌都42mm（2天）
36	0436	高原南部生消	降水	10.5	西藏中东部，四川、贵州大部，青海、甘肃、云南小部分地区降水量为0.1～45mm，降水日数为1天。	西藏昌都44.1mm（1天）
37	0437	高原东部生消	降水	10.25	西藏、四川、贵州小部分地区降水量为0.1～20mm，降水日数为1天。	四川甘洛19.2mm（1天）
38	0438	高原中部东南行	降水	11.3～11.4	四川大部，西藏、青海小部分地区降水量为0.1～10mm，降水日数为1天。	四川夹江10mm（1天）
39	0439	高原东部生消	降水	11.19	四川、重庆大部，西藏、青海、甘肃、贵州、陕西小部分地区降水量为0.1～10mm，降水日数为1天。	陕西南郑9.7mm（1天）
40	0440	高原东部生消	降水	11.24	西藏、青海、四川小部分，甘肃大部分地区降水量为0.1～10mm，降水日数为1天。	甘肃天水7.9mm（1天）
41	0441	高原中部生消	降水	12.14	在四川雷波、云南威宁产生微量降水，降水日数为1天。	四川雷波0.0mm（1天）

高原低涡编号、名称、日期对照表

未移出高原的高原东部涡	未移出高原的高原西部涡	移出高原的高原低涡
② 0402 治多, Zhiduo	① 0401 泽当, Zedang	⑨ 0409 曲麻莱, Qumalai
3.6	2.3	4.7~4.10
③ 0403 邓柯, Dengke	④ 0404 锋当, Fengdang	⑪ 0411 扎多, Zhaduo
3.7	3.8	4.15~4.19
⑤ 0405 林芝, Linzhi	⑦ 0407 锋当, Fengdang	⑭ 0414 索县, Suoxian
3.13~3.15	4.2	4.27~4.28
⑥ 0406 林芝, Linzhi	⑫ 0412 托托河, Tuotuohe	⑰ 0417 曲麻莱, Qumalai
4.1	4.22~4.23	5.21~5.22
⑧ 0408 扎多, Zhaduo	⑬ 0413班戈, Bange	⑳ 0420 曲麻莱, Qumalai
4.4	4.25~4.26	6.8~6.10
⑩ 0410 甘孜, Ganzi	㊳ 0438 申扎, Shenzha	㉑ 0421 乌图美仁, Wutumeiren
4.14	11.3~11.4	6.11~6.12
⑮ 0415 乌图美仁, Wutumeiren		㉖ 0426曲麻莱, Qumalai
5.3		7.11~7.13
⑯ 0416 康定, Kangding		㉚ 0430 邓柯, Dengke
5.11		8.3~8.6
⑱ 0418 伍道梁, Wudaoliang		㉛ 0431 石渠, Shiqu
5.23		8.14~8.16
⑲ 0419 日德, Ride		㉟ 0435 西宁, Xining
5.28		10.4~10.5
㉒ 0422 扎多, Zhaduo		
6.13		

高原低涡编号、名称、日期对照表（续）

未移出高原的高原东部涡	未移出高原的高原东部涡
㉓ 0423 德格, Dege	㊴ 0439 吉迈, Jimai
6.16~6.17	11.19
㉔ 0424 色达, Seda	㊵ 0440 治多, Zhiduo
6.27	11.24
㉕ 0425 定日, Dingri	㊶ 0441扎多, Zhaduo
6.30	12.14
㉗ 0427 甘孜, Ganzi	
7.22~7.23	
㉘ 0428 扎多, Zhaduo	
7.24~7.26	
㉙ 0429 嘉黎, Jiali	
7.26	
㉜ 0432 扎多, Zhaduo	
8.19	
㉝ 0433 扎多, Zhaduo	
8.20	
㉞ 0434 索县, Suoxian	
8.21	
㊱ 0436 索县, Suoxian	
10.5	
㊲ 0437 班玛, Banma	
10.25	

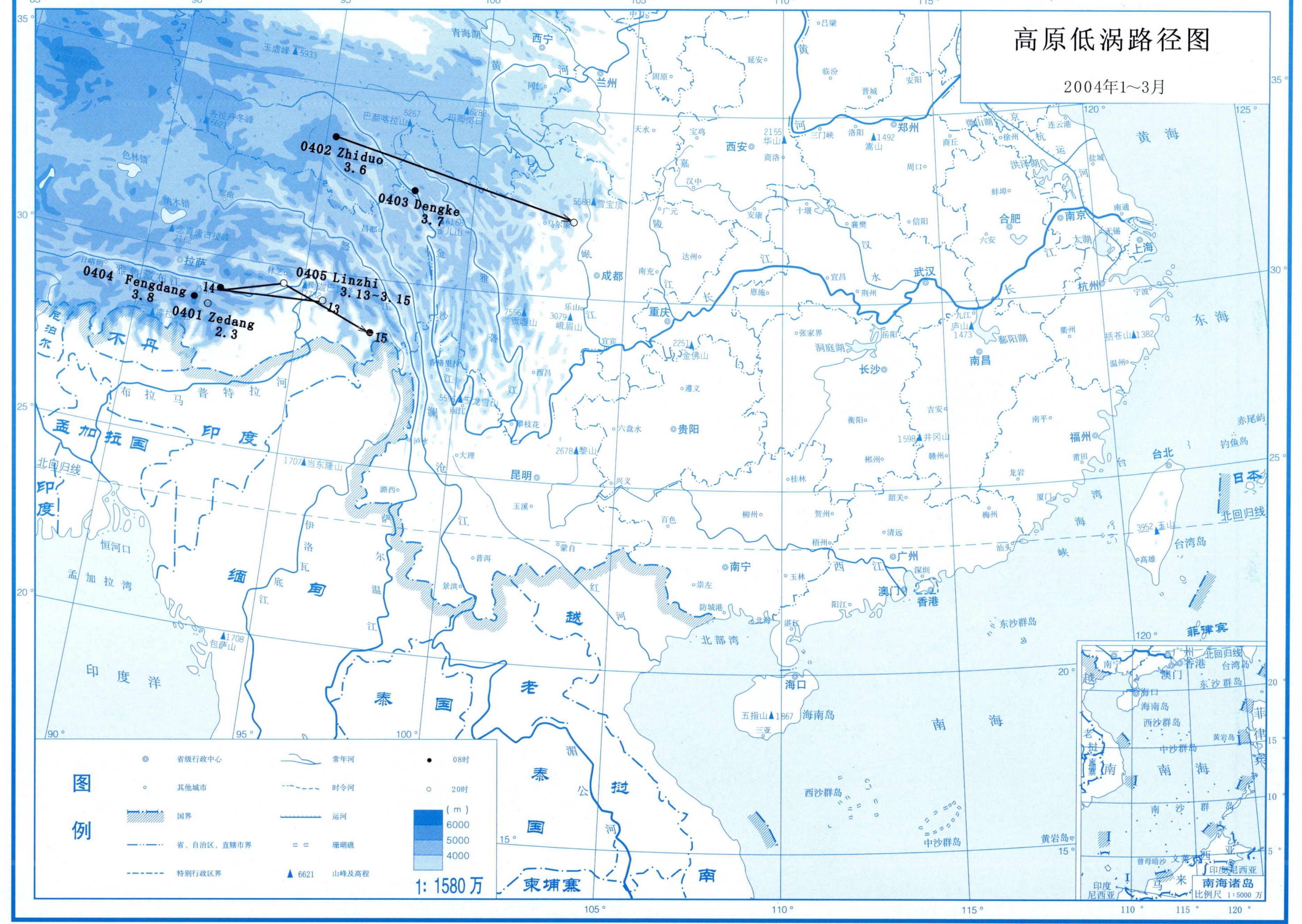

高原低涡路径图
2004年1~3月
0402 Zhiduo
3.6
0403 Dengke
3.7
0404 Fengdang
3.8
0401 Zedang
2.3
0405 Linzhi
3.13~3.15
14
13
15
图例
省级行政中心
其他城市
国界
省、自治区、直辖市界
特别行政区界
常年河
时令河
运河
珊瑚礁
山峰及高程
08时
20时
(m)
6000
5000
4000
1:1580万
南海诸岛

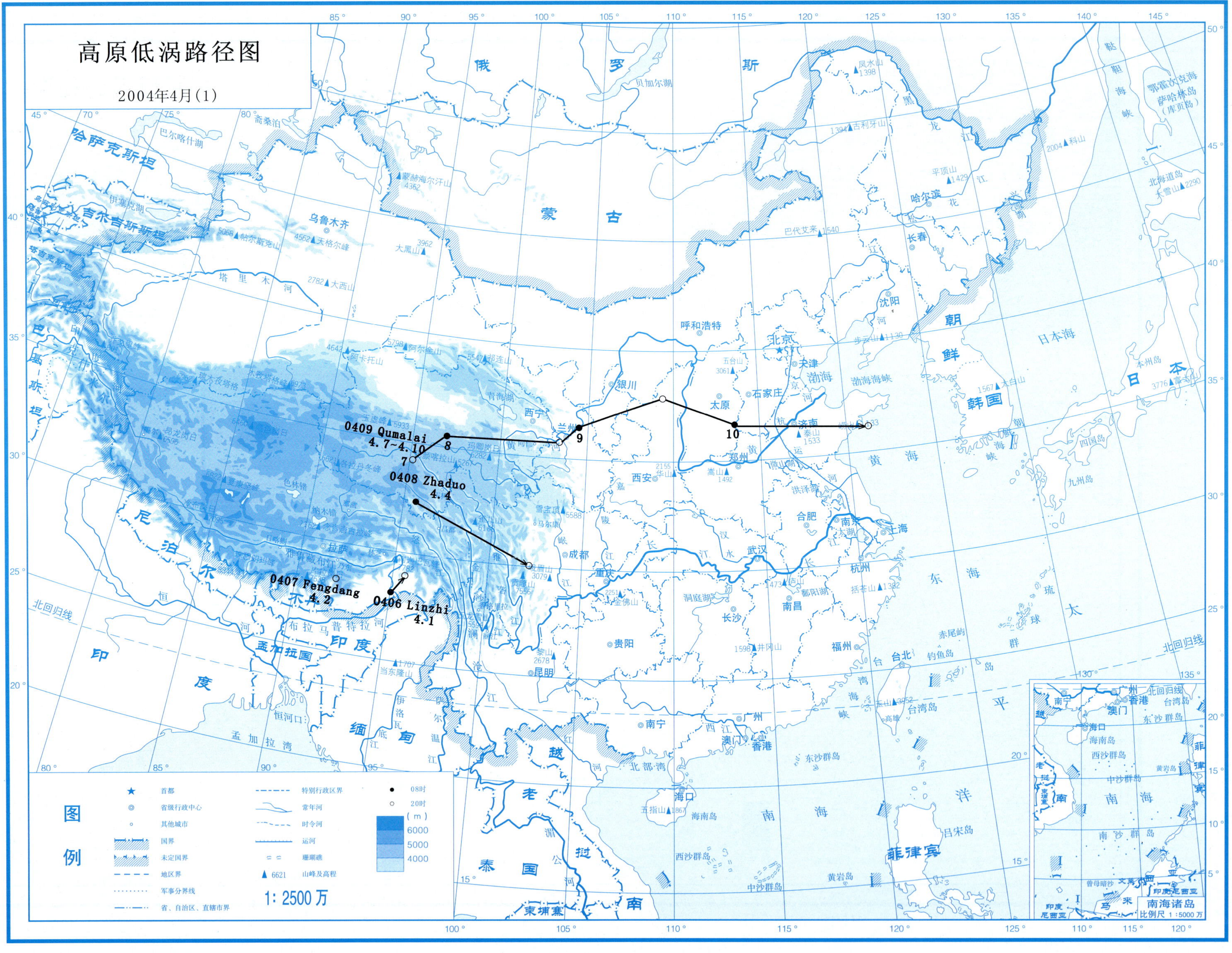
高原低涡路径图
2004年4月(1)
0409 Qumalai
4.7~4.10
0408 Zhaduo
4.4
0407 Pengdang
4.2
0406 Linzhi
4.1
7
8
9
10
图例
首都
省级行政中心
其他城市
国界
未定国界
地区界
军事分界线
省、自治区、直辖市界
特别行政区界
常年河
时令河
运河
珊瑚礁
山峰及高程
08时
20时
(m)
6000
5000
4000
1: 2500万
南海诸岛
比例尺 1:5000万

高原低涡路径图

2004年4月(2)

0412 Tuotuohe
4.22-4.23

0411 Zhaduo
4.15-4.19

0410 Ganzi
4.14

15 16 17 18 19 22 23

图例

★	首都		特别行政区界	●	08时
◎	省级行政中心		常年河	○	20时
○	其他城市		时令河		(m)
	国界		运河		6000
	未定国界		珊瑚礁		5000
	地区界	▲ 6621	山峰及高程		4000
	军事分界线				
	省、自治区、直辖市界				

1:2500万

南海诸岛
比例尺 1:5000万

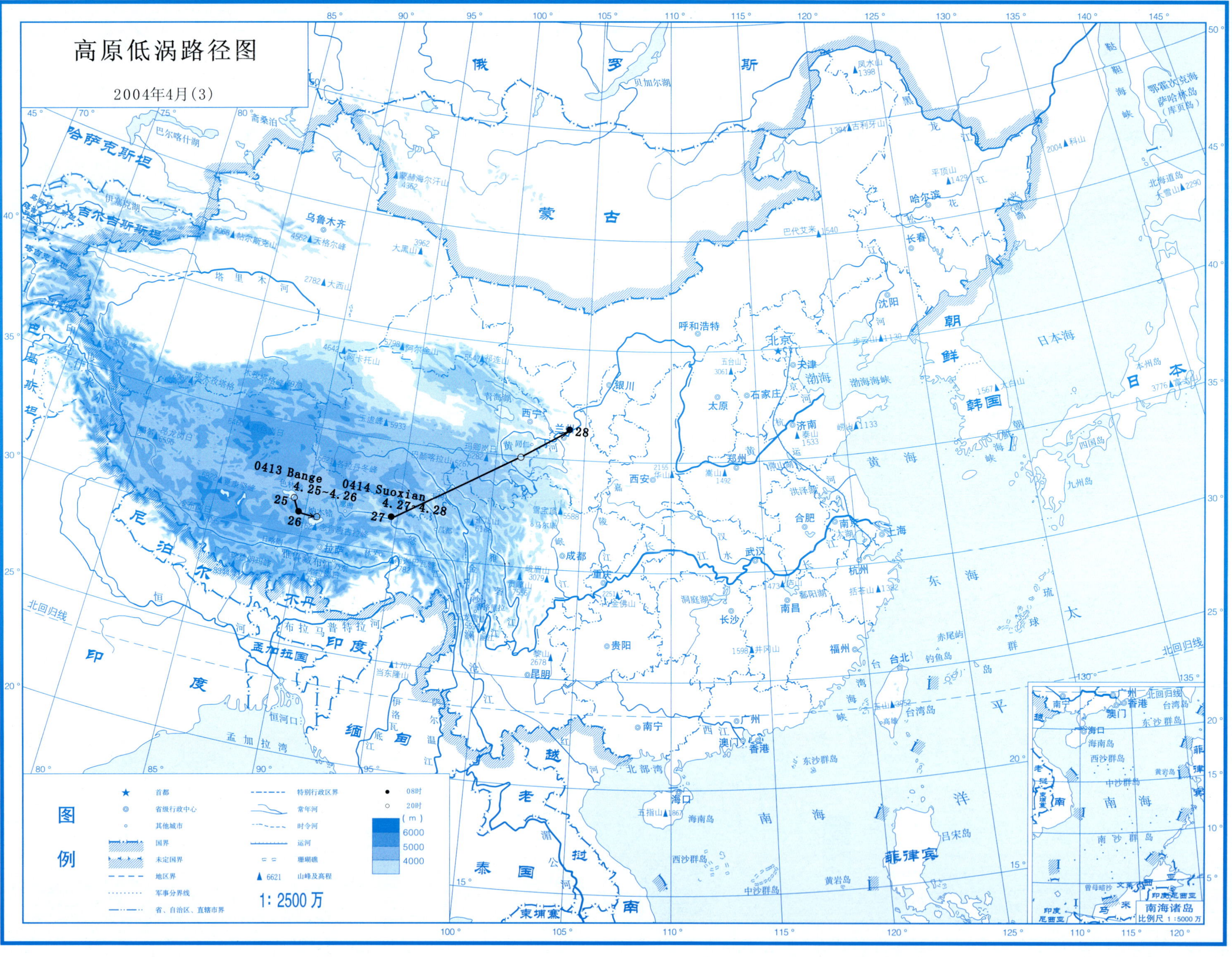
高原低涡路径图
2004年4月(3)
0413 Bange
4.25~4.26
25
26
0414 Suoxian
4.27~4.28
27
28
图例
首都
省级行政中心
其他城市
国界
未定国界
地区界
军事分界线
省、自治区、直辖市界
特别行政区界
常年河
时令河
运河
珊瑚礁
山峰及高程
08时
20时
(m)
6000
5000
4000
1: 2500 万
南海诸岛
比例尺 1:5000 万

高原低涡路径图

2004年5月

0415 Wutumeiren
5.3

0417 Qumalai
5.21~5.22
21

0418 Wudaoliang
5.23

0419 Ride
5.28
22

0416 Kangding
5.11

图例

★	首都
◎	省级行政中心
○	其他城市
	国界
	未定国界
	地区界
	军事分界线
	省、自治区、直辖市界
	特别行政区界
	常年河
	时令河
	运河
	珊瑚礁
▲ 6621	山峰及高程
●	08时
○	20时

(m)
6000
5000
4000

1:2500万

南海诸岛
比例尺 1:5000万

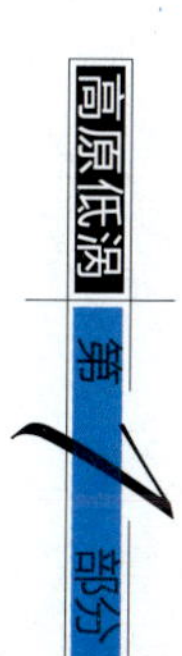

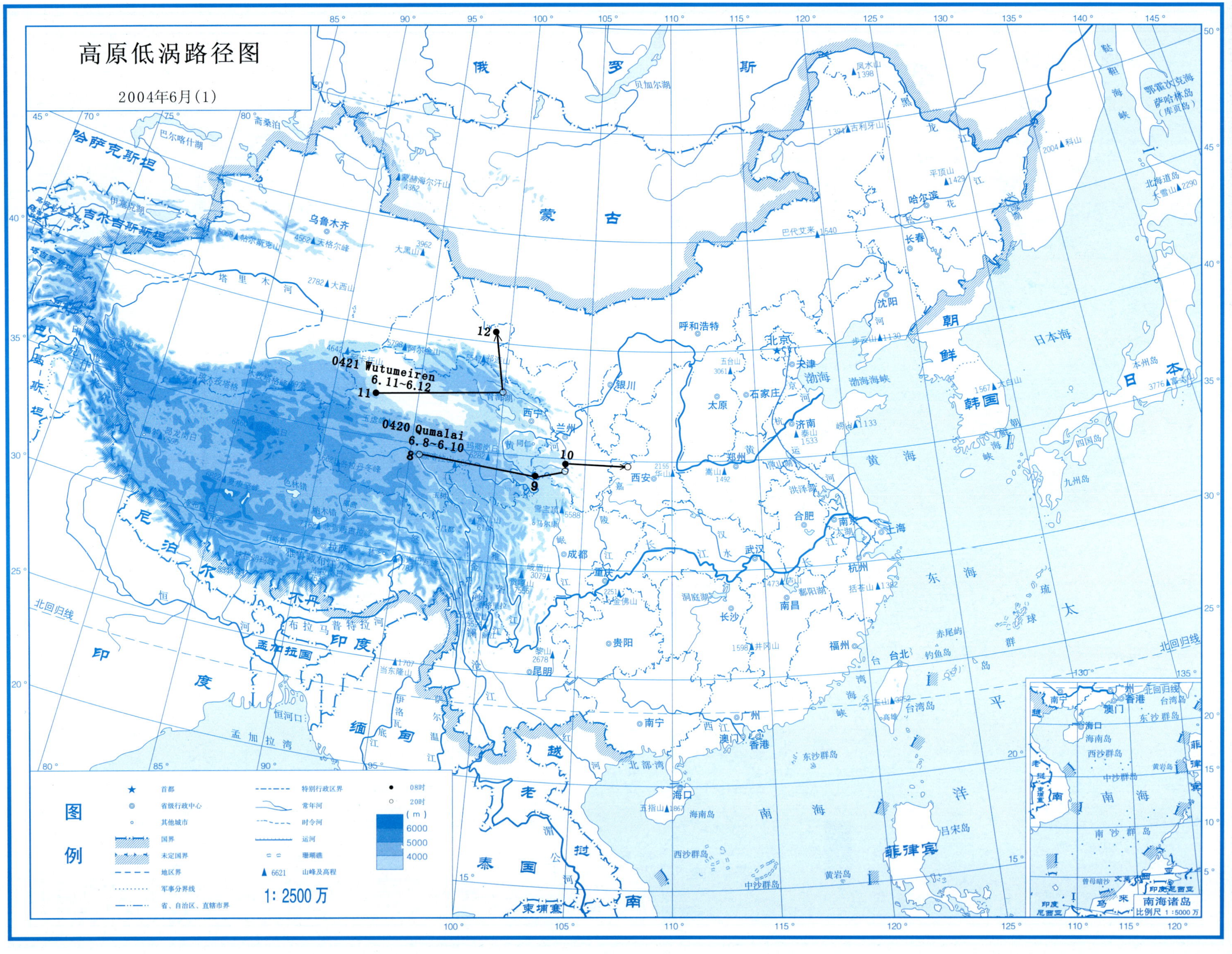
高原低涡路径图
2004年6月(1)
0421 Wutumeiren
6.11~6.12
0420 Qumalai
6.8~6.10
8
9
10
11
12
图例
首都
省级行政中心
其他城市
国界
未定国界
地区界
军事分界线
省、自治区、直辖市界
特别行政区界
常年河
时令河
运河
珊瑚礁
山峰及高程
08时
20时
(m)
6000
5000
4000
1: 2500 万
南海诸岛
比例尺 1:5000 万

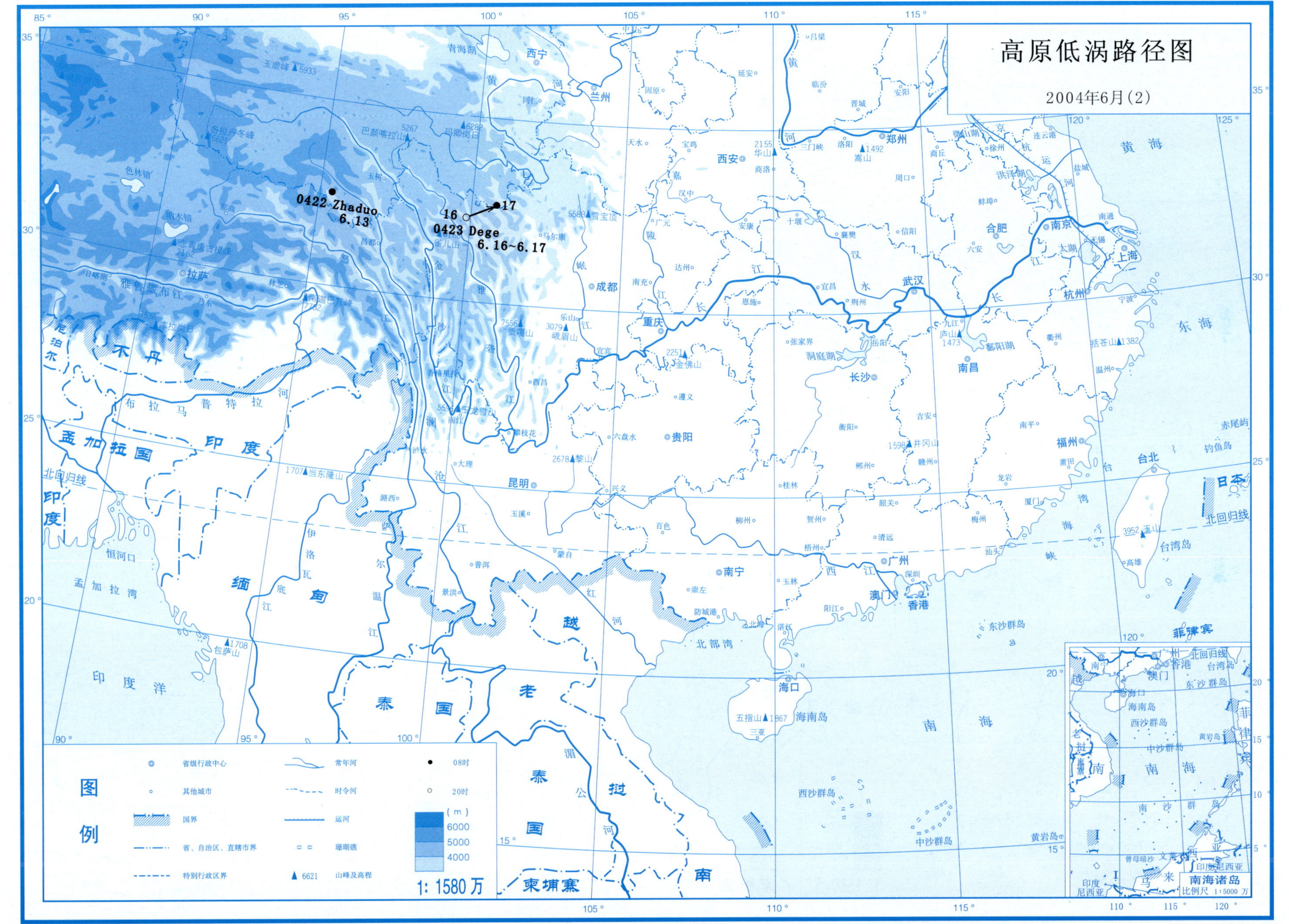

高原低涡路径图
2004年6月(2)
0422 Zhaduo
6.13
16
17
0423 Dege
6.16~6.17
图例
省级行政中心
其他城市
国界
省、自治区、直辖市界
特别行政区界
常年河
时令河
运河
珊瑚礁
6621 山峰及高程
08时
20时
(m)
6000
5000
4000
1: 1580 万
南海诸岛
比例尺 1:5000 万

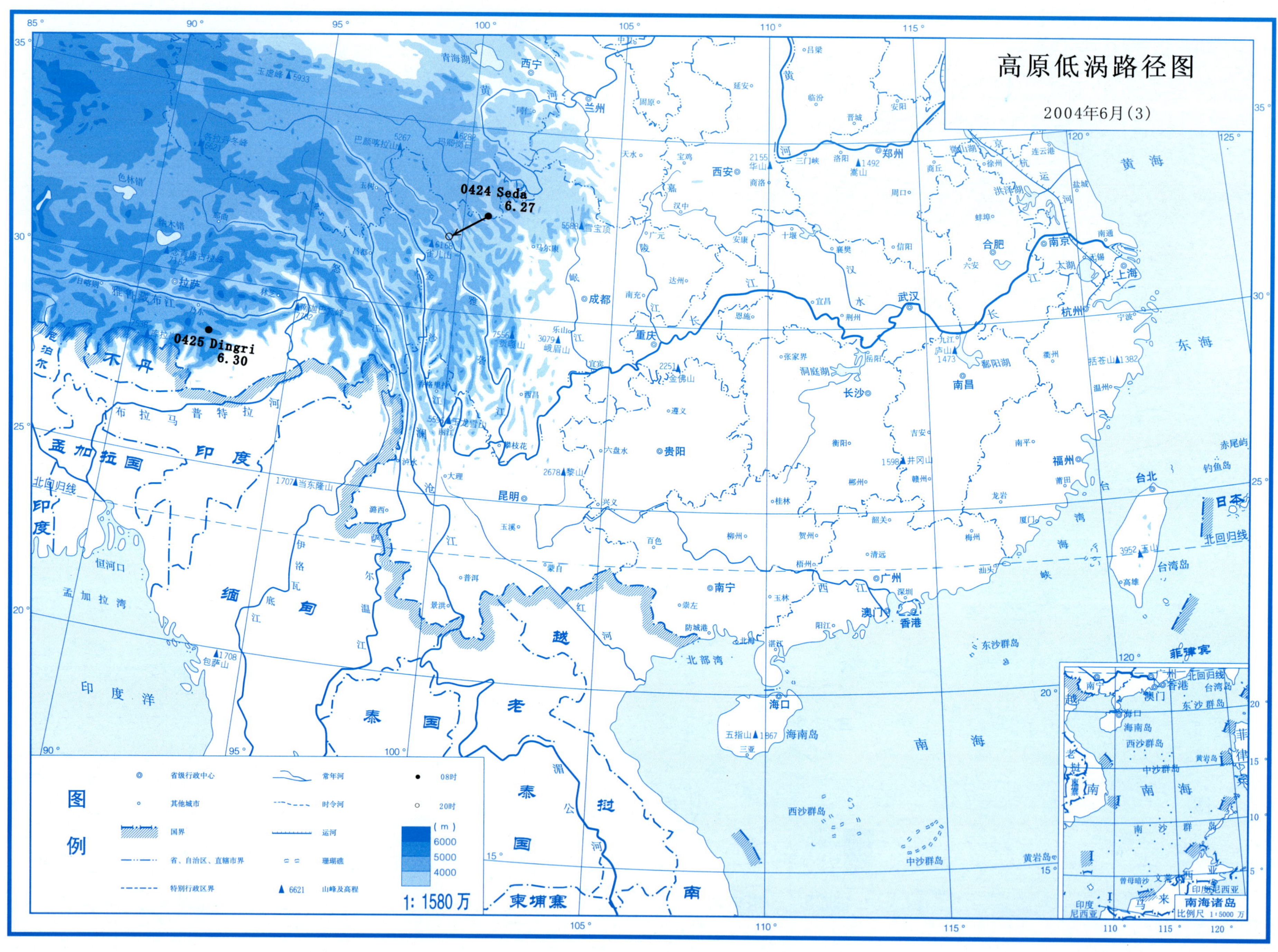
高原低涡路径图
2004年6月(3)
0424 Seda
6.27
0425 Dingri
6.30
图例
省级行政中心
其他城市
国界
省、自治区、直辖市界
特别行政区界
常年河
时令河
运河
珊瑚礁
山峰及高程
08时
20时
(m)
6000
5000
4000
1: 1580万
南海诸岛
比例尺 1:5000万

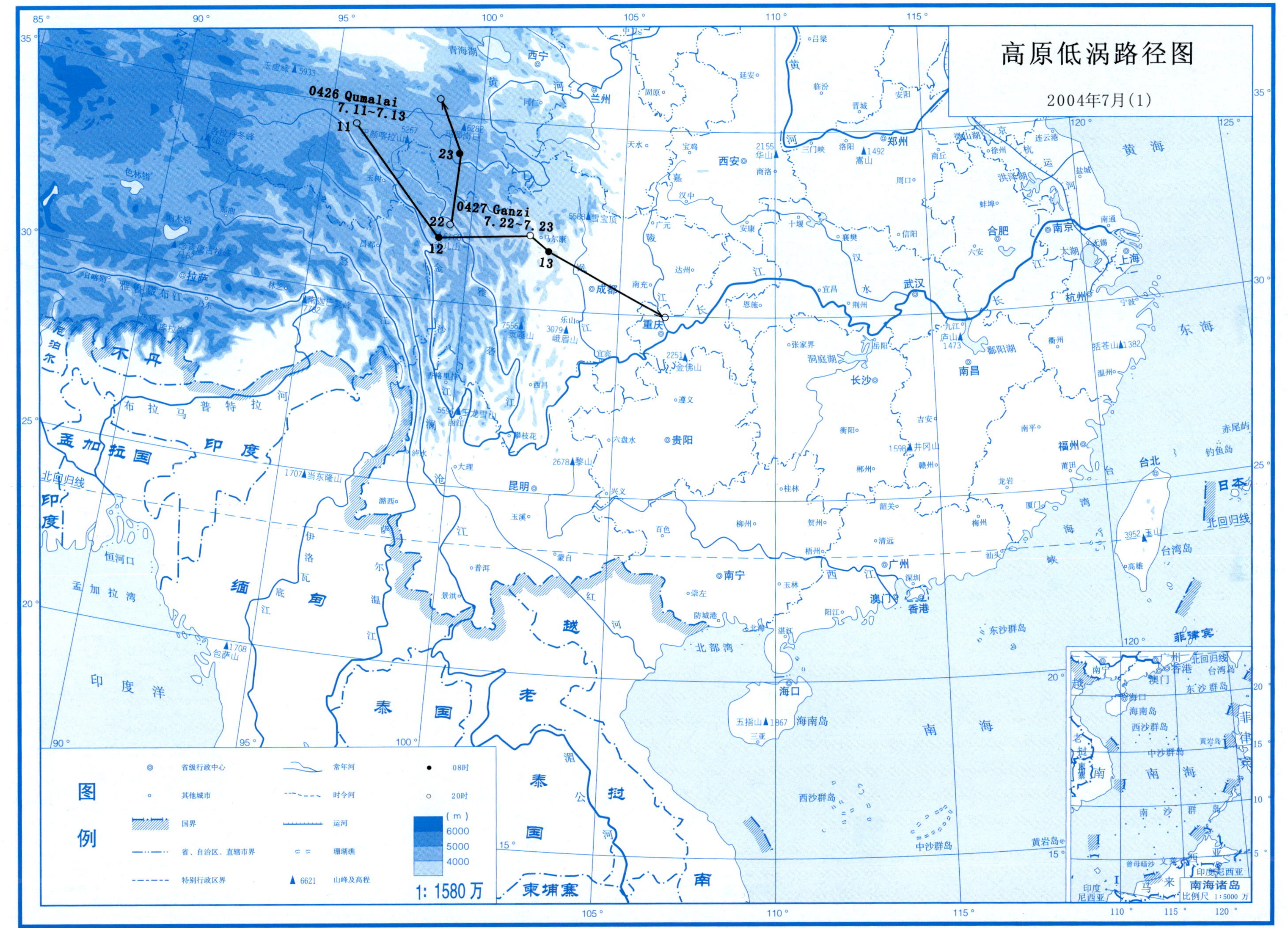
高原低涡路径图
2004年7月(1)
0426 Qumalai
7.11~7.13
11
23
0427 Ganzi
7.22~7.23
22
12
13
图例
省级行政中心
其他城市
国界
省、自治区、直辖市界
特别行政区界
常年河
时令河
运河
珊瑚礁
6621 山峰及高程
08时
20时
(m)
6000
5000
4000
1: 1580万
南海诸岛
比例尺 1:5000万

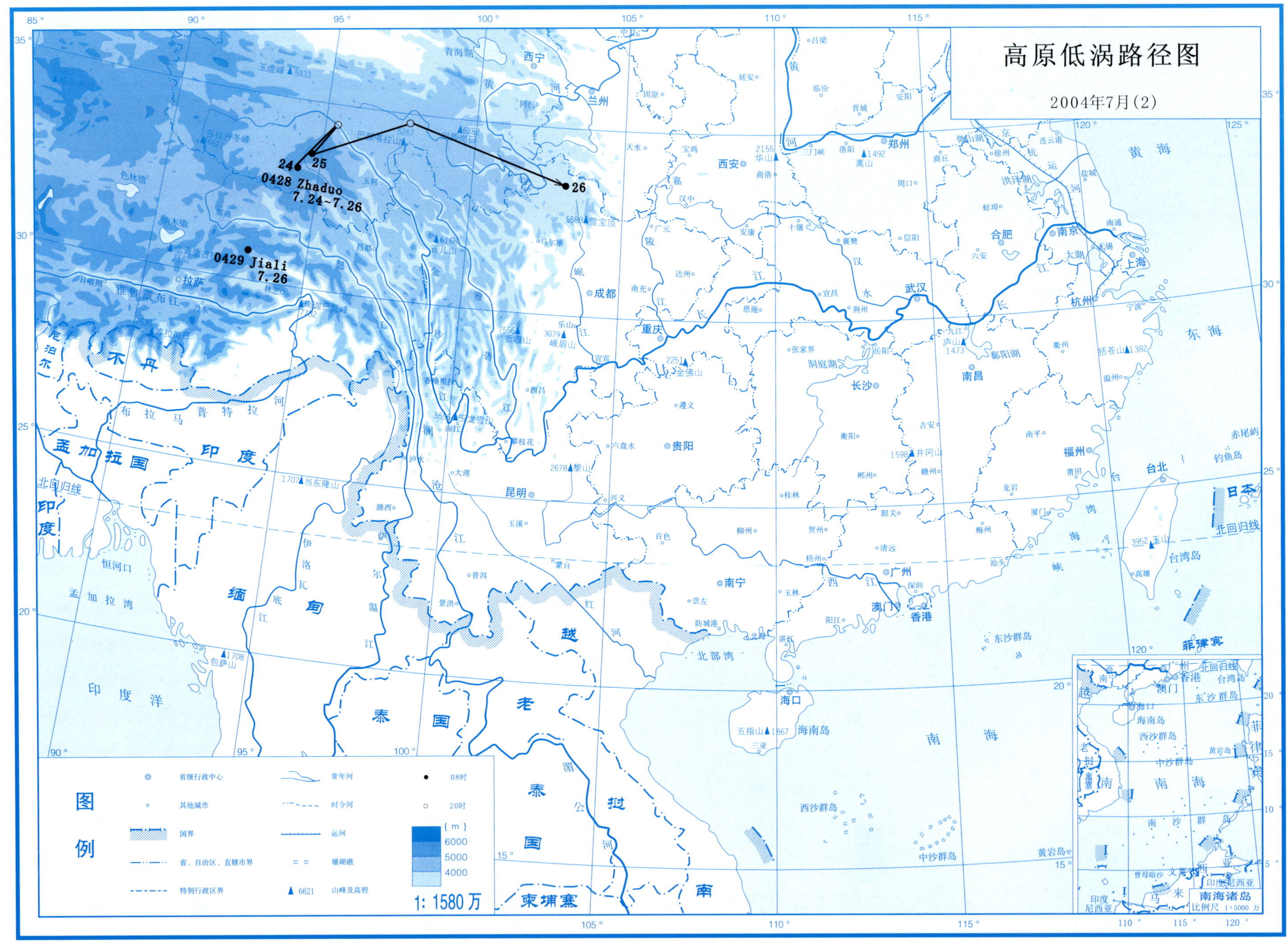

高原低涡路径图
2004年7月(2)
24
25
26
0428 Zhaduo
7.24~7.26
0429 Jiali
7.26
图例
省级行政中心
其他城市
国界
省、自治区、直辖市界
特别行政区界
常年河
时令河
运河
珊瑚礁
山峰及高程
08时
20时
(m)
6000
5000
4000
1: 1580 万
南海诸岛
比例尺 1:5000 万

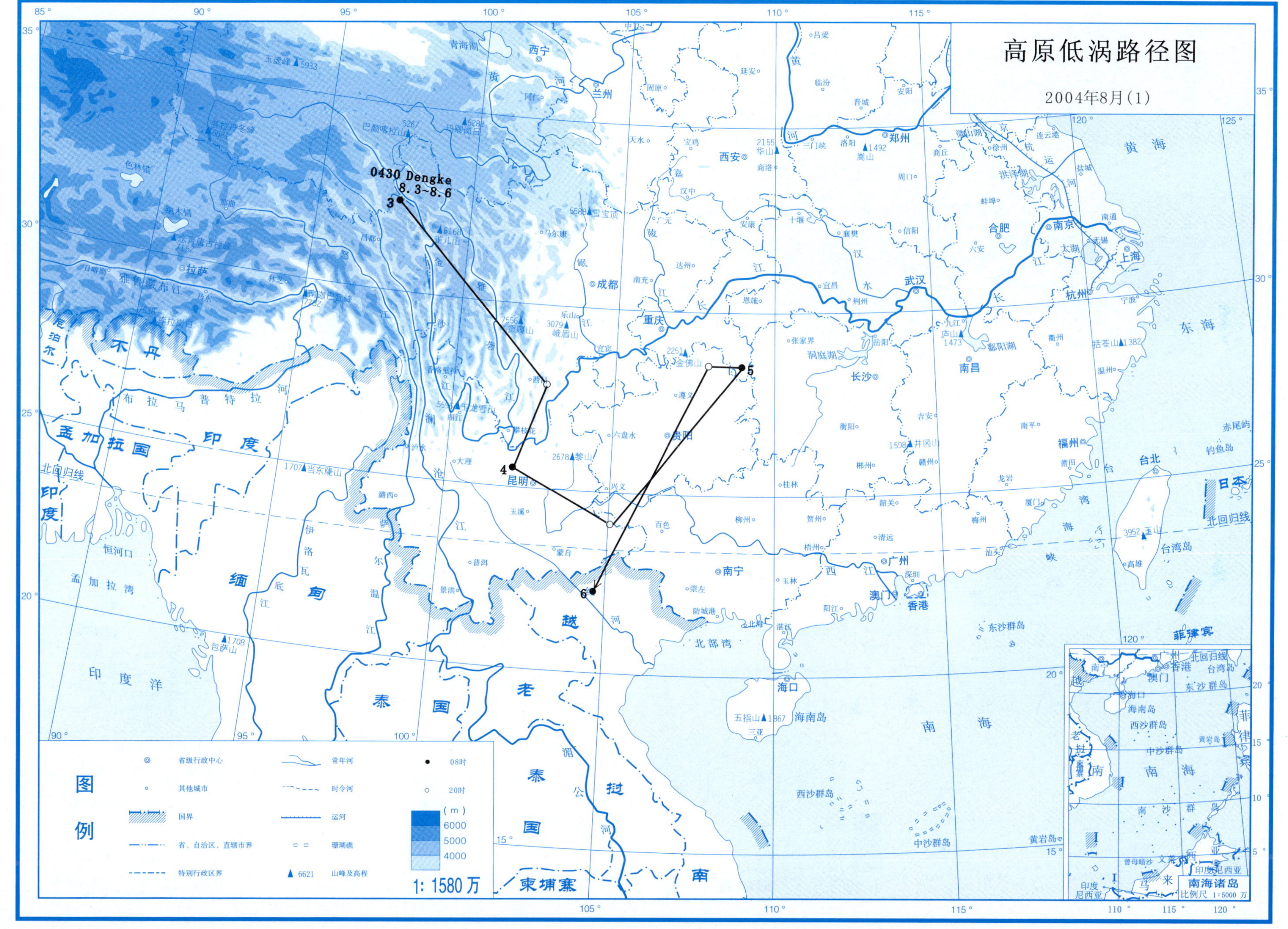
高原低涡路径图
2004年8月(1)
0430 Dengke
8.3~8.6
图例
省级行政中心
其他城市
国界
省、自治区、直辖市界
特别行政区界
常年河
时令河
运河
珊瑚礁
山峰及高程
08时
20时
(m)
6000
5000
4000
1: 1580万
南海诸岛
比例尺 1:5000 万

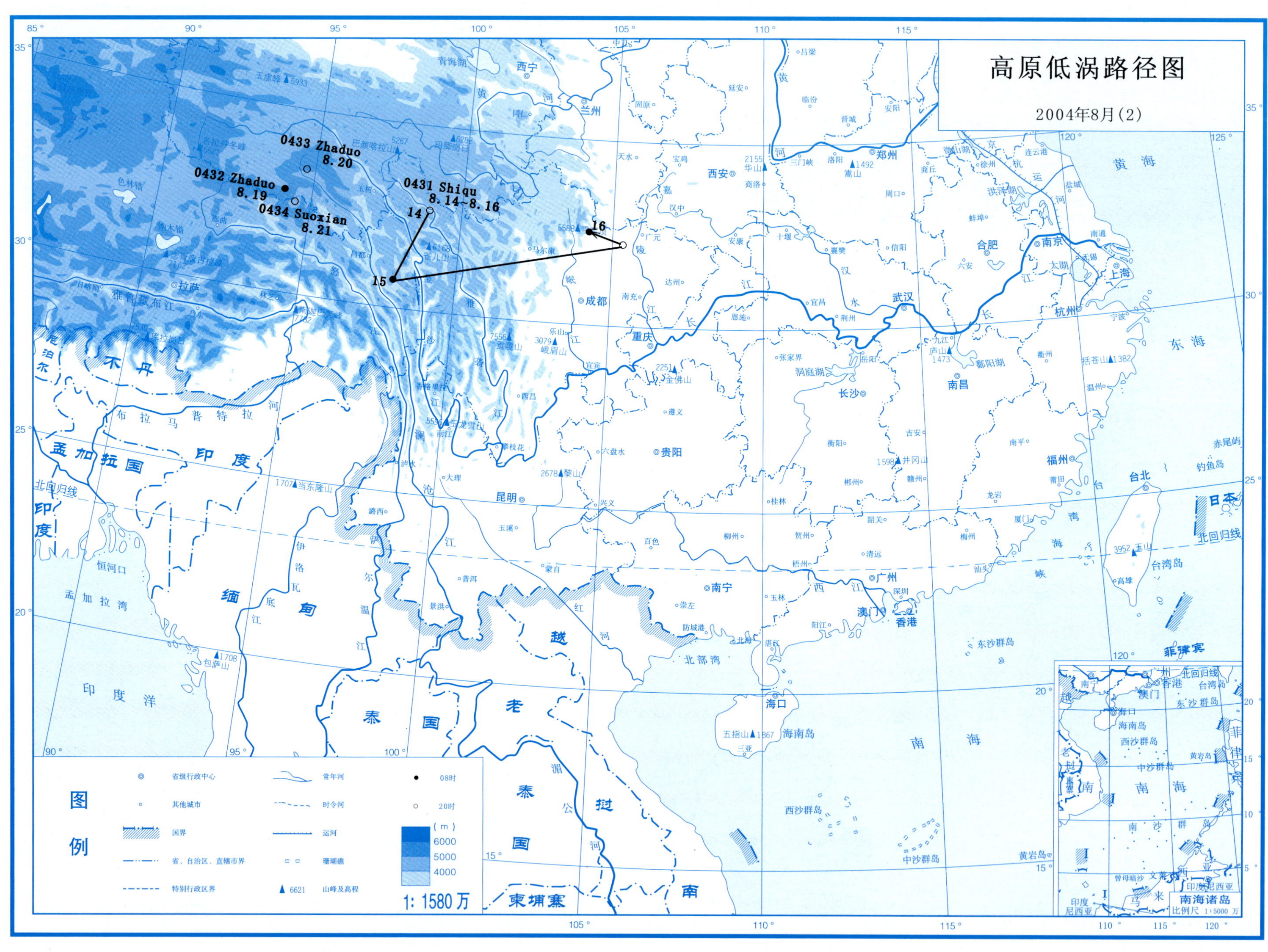
高原低涡路径图
2004年8月(2)
0433 Zhaduo
8.20
0432 Zhaduo
8.19
0434 Suoxian
8.21
0431 Shiqu
8.14~8.16
14
15
16
图例
省级行政中心
其他城市
国界
省、自治区、直辖市界
特别行政区界
常年河
时令河
运河
珊瑚礁
山峰及高程
08时
20时
1: 1580万
南海诸岛

高原低涡路径图

2004年9～10月

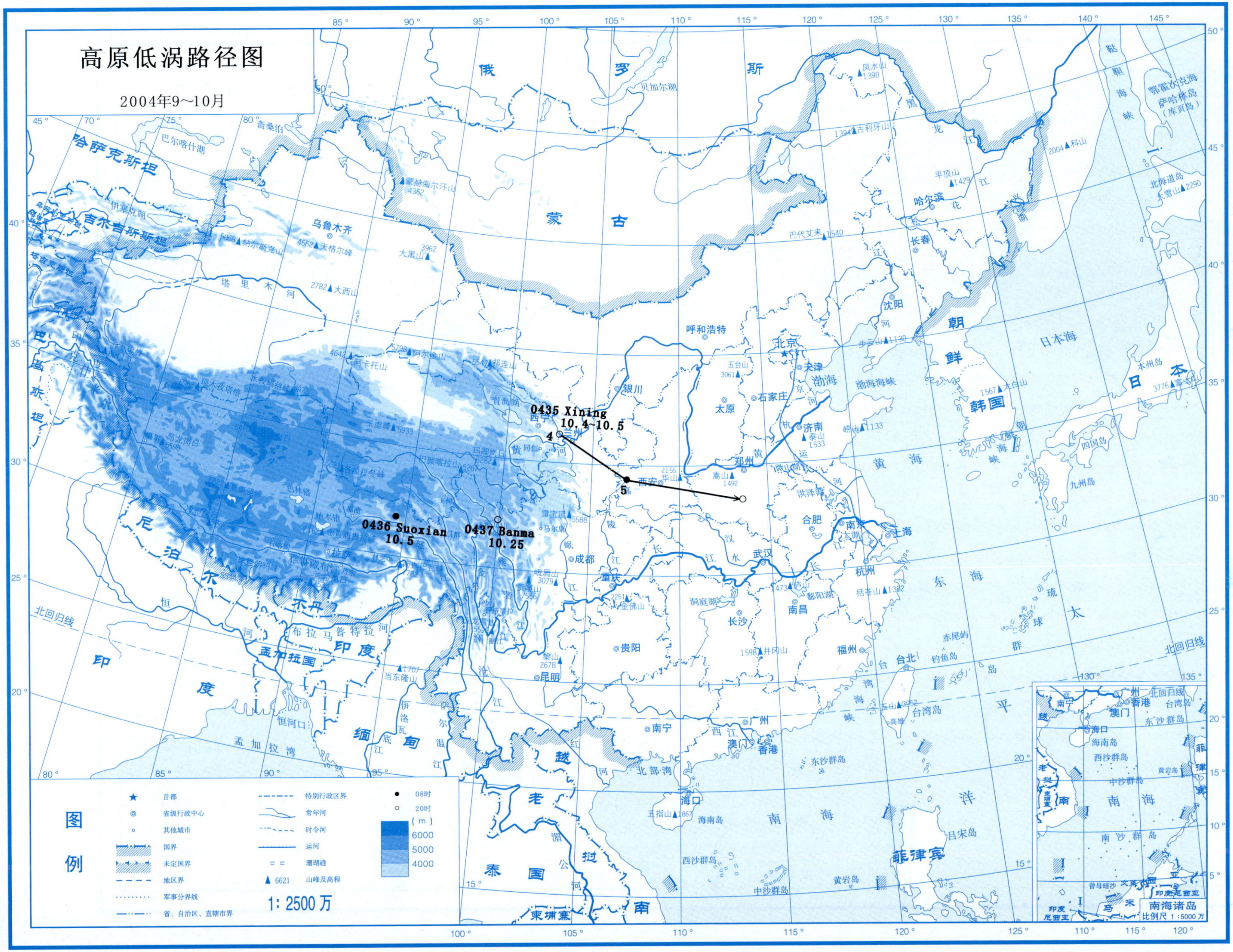

0435 Xining
10.4~10.5

0436 Suoxian
10.5

0437 Banma
10.25

4

5

图例

首都	特别行政区界	08时
省级行政中心	常年河	20时
其他城市	时令河	(m) 6000
国界	运河	5000
未定国界	珊瑚礁	4000
地区界	6621 山峰及高程	
军事分界线		
省、自治区、直辖市界		

1:2500万

南海诸岛 比例尺 1:5000万

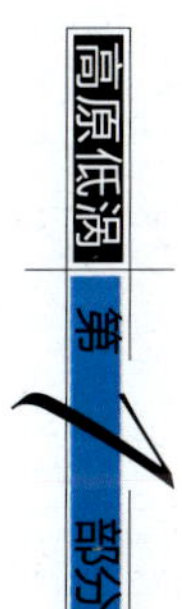

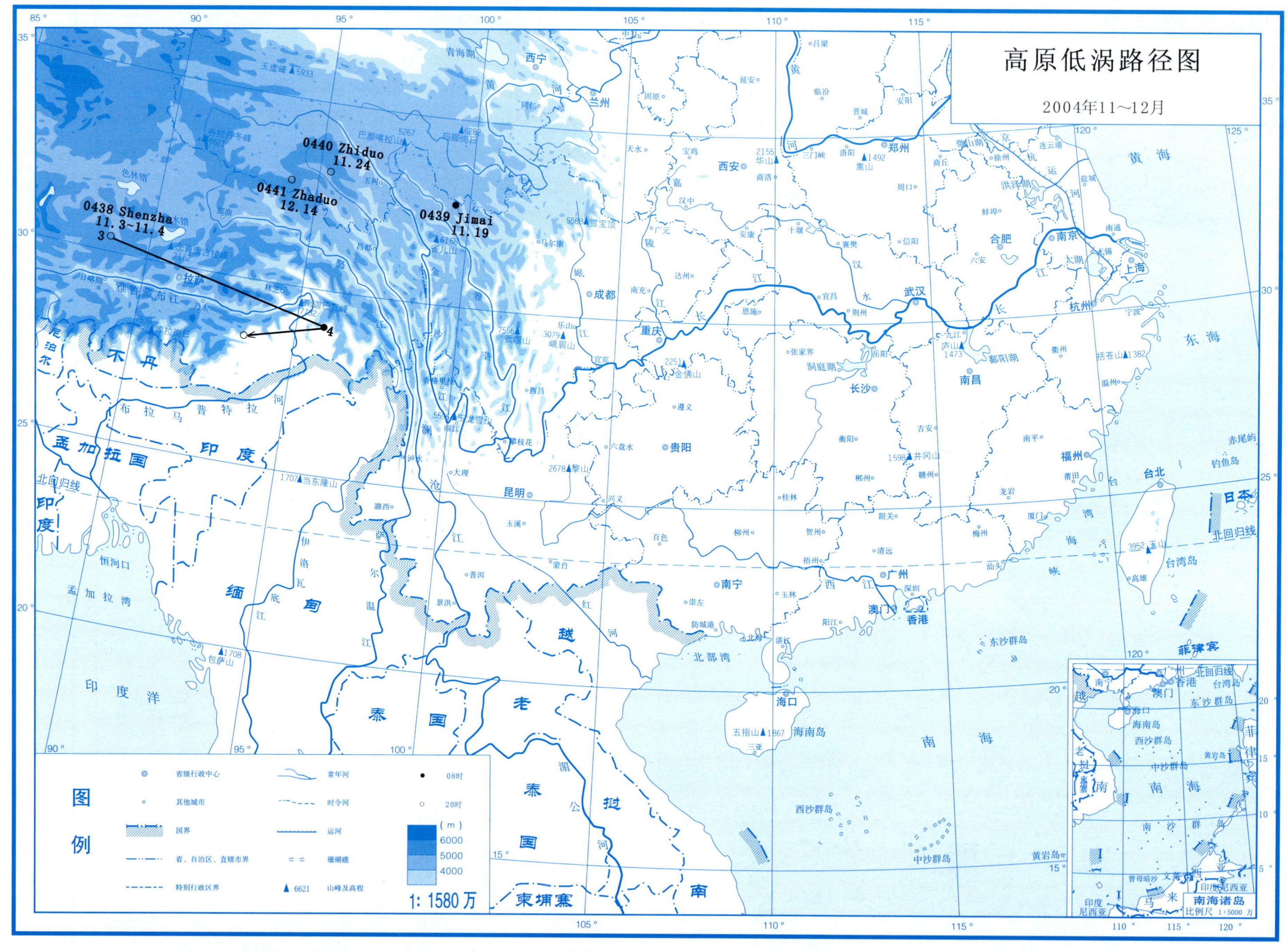
高原低涡路径图
2004年11～12月
0440 Zhiduo
11.24
0441 Zhaduo
12.14
0438 Shenzha
11.3～11.4
0439 Jimai
11.19
图例
省级行政中心
其他城市
国界
省、自治区、直辖市界
特别行政区界
常年河
时令河
运河
珊瑚礁
山峰及高程
08时
20时
1: 1580万
南海诸岛
比例尺 1:5000万

青 藏 高 原 低 涡 降 水 资 料

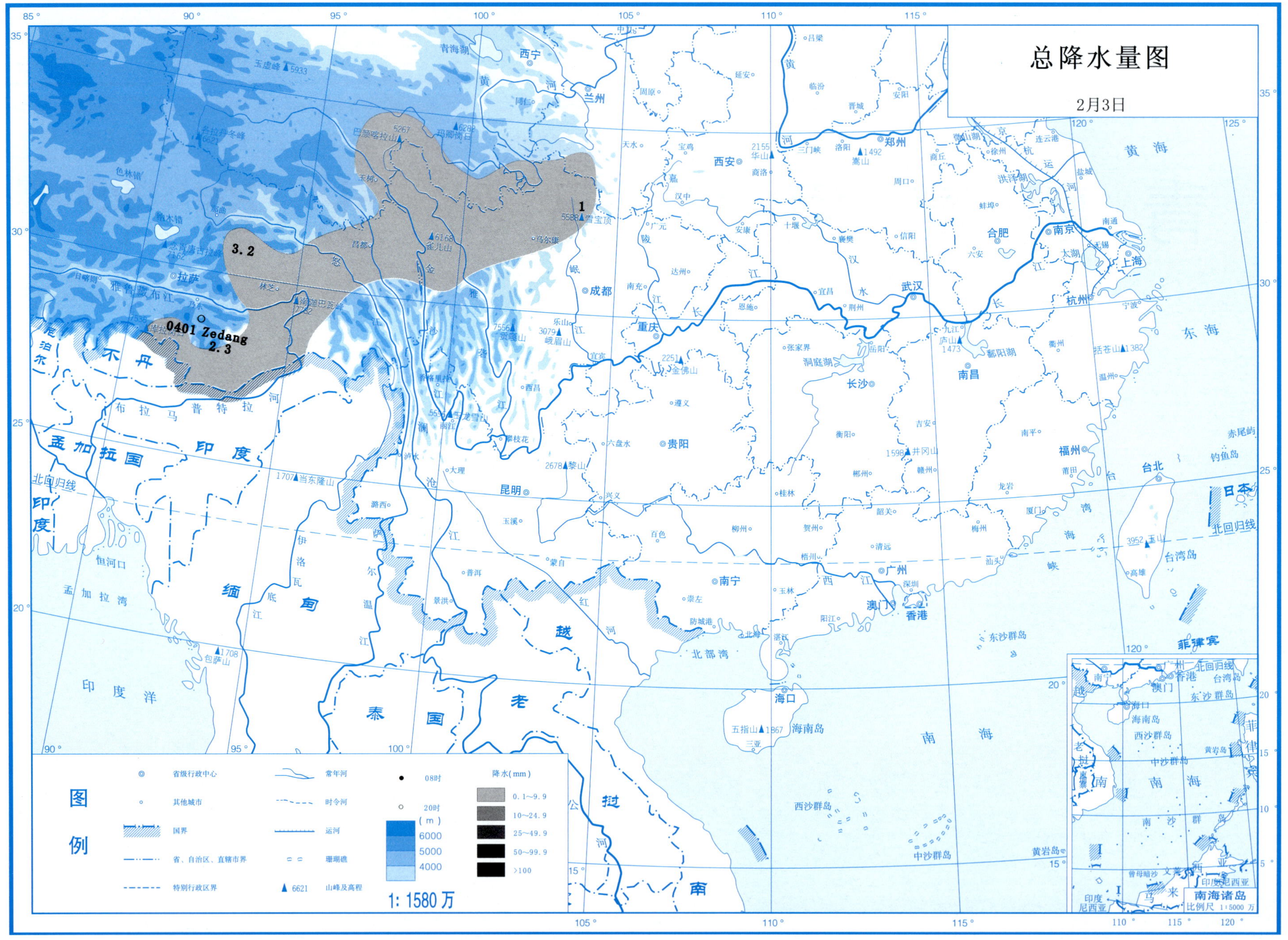
总降水量图
2月3日
3.2
0401 Zedang
2.3
1
图例
省级行政中心
其他城市
国界
省、自治区、直辖市界
特别行政区界
常年河
时令河
运河
珊瑚礁
6621 山峰及高程
08时
20时
(m)
6000
5000
4000
降水(mm)
0.1~9.9
10~24.9
25~49.9
50~99.9
>100
1: 1580万
南海诸岛
比例尺 1:5000万

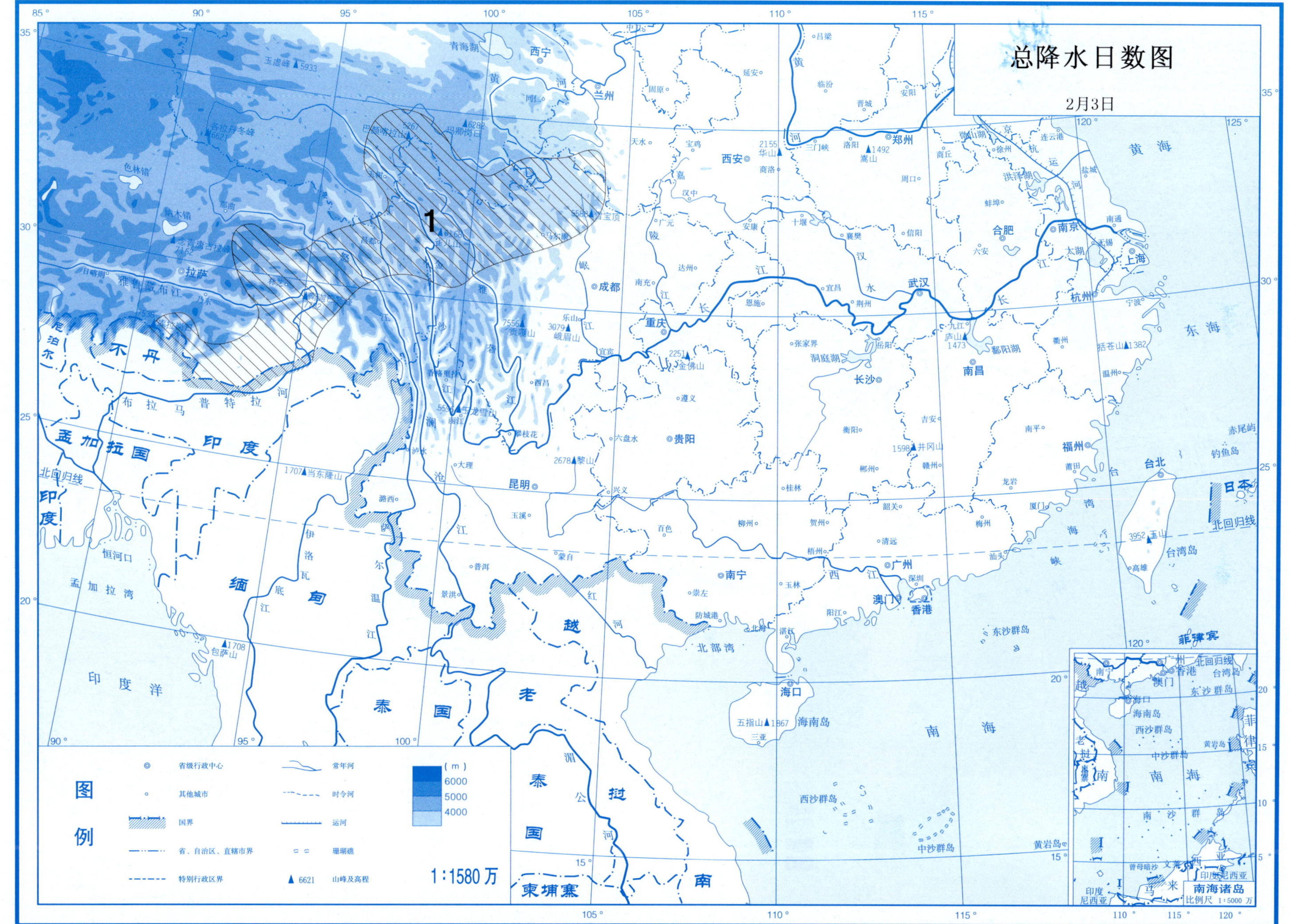
总降水日数图
2月3日
1
图例
省级行政中心
其他城市
国界
省、自治区、直辖市界
特别行政区界
常年河
时令河
运河
珊瑚礁
6621 山峰及高程
(m)
6000
5000
4000
1∶1580万
南海诸岛
比例尺 1∶5000万
青海湖
西宁
兰州
成都
重庆
西安
郑州
武汉
南京
合肥
上海
杭州
长沙
南昌
贵阳
昆明
南宁
广州
福州
台北
海口
香港
澳门
拉萨
黄海
东海
南海
北部湾
孟加拉湾
印度洋
台湾岛
海南岛
东沙群岛
西沙群岛
中沙群岛
黄岩岛
北回归线
不丹
尼泊尔
孟加拉国
印度
缅甸
泰国
老挝
越南
柬埔寨
菲律宾
日本
雅鲁藏布江
长江
黄河
汉水
嘉陵江
岷江
金沙江
澜沧江
怒江
伊洛瓦底江
萨尔温江
红河
西江
湄公河
布拉马普特拉河
恒河口
洞庭湖
鄱阳湖
太湖
洪泽湖
玉珠峰 5933
各拉丹冬峰 6621
贡嘎山 7556
峨眉山 3079
华山 2155
嵩山 1492
庐山 1473
括苍山 1382
玉山 3952
五指山 1867
当东隆山 1707
包萨山 1708

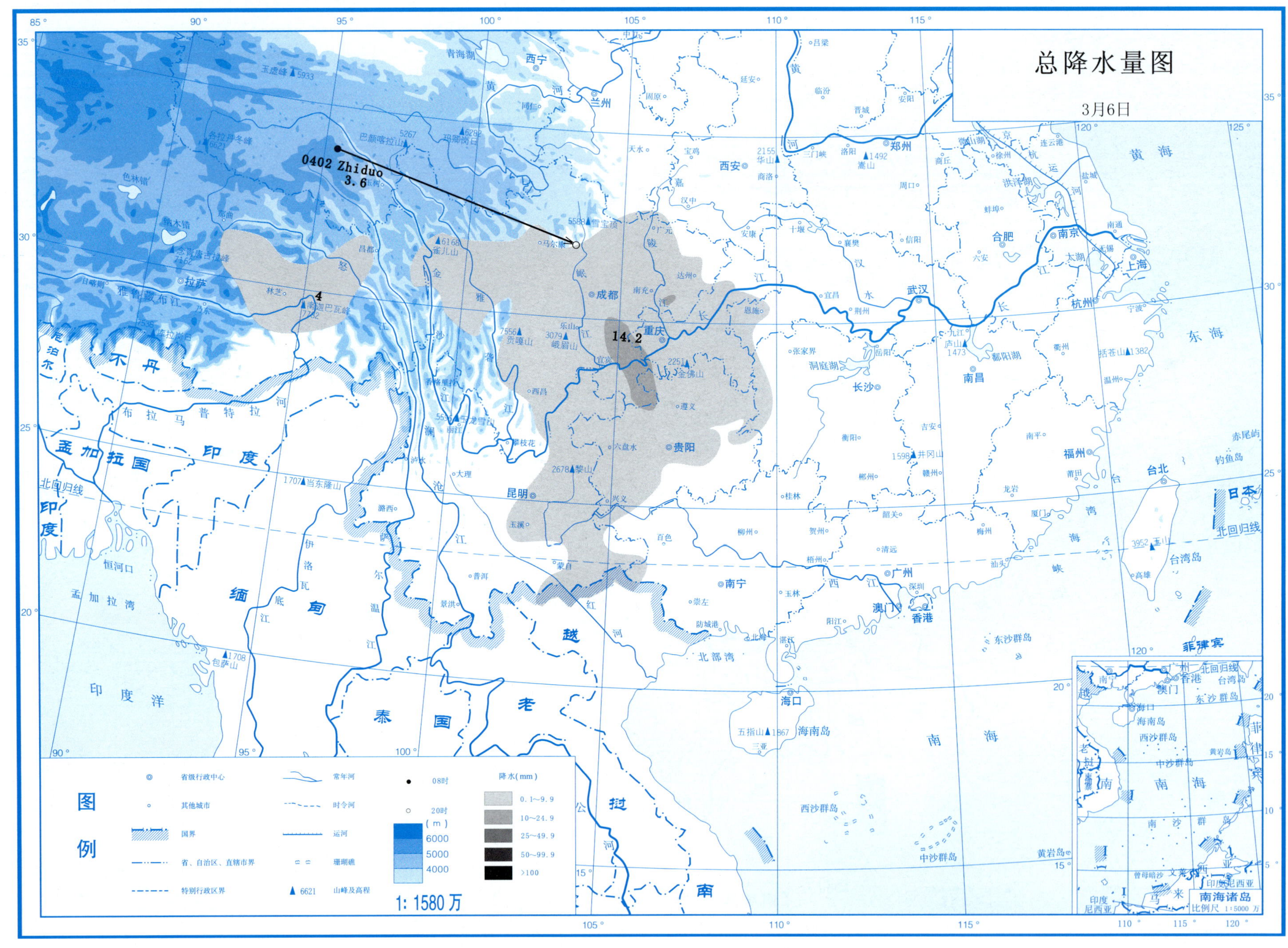

总降水量图
3月6日
0402 Zhiduo
3.6
4
14.2
图例
省级行政中心
其他城市
国界
省、自治区、直辖市界
特别行政区界
常年河
时令河
运河
珊瑚礁
6621 山峰及高程
08时
20时
(m)
6000
5000
4000
降水(mm)
0.1~9.9
10~24.9
25~49.9
50~99.9
>100
1: 1580 万
南海诸岛
比例尺 1:5000 万

总降水日数图

3月6日

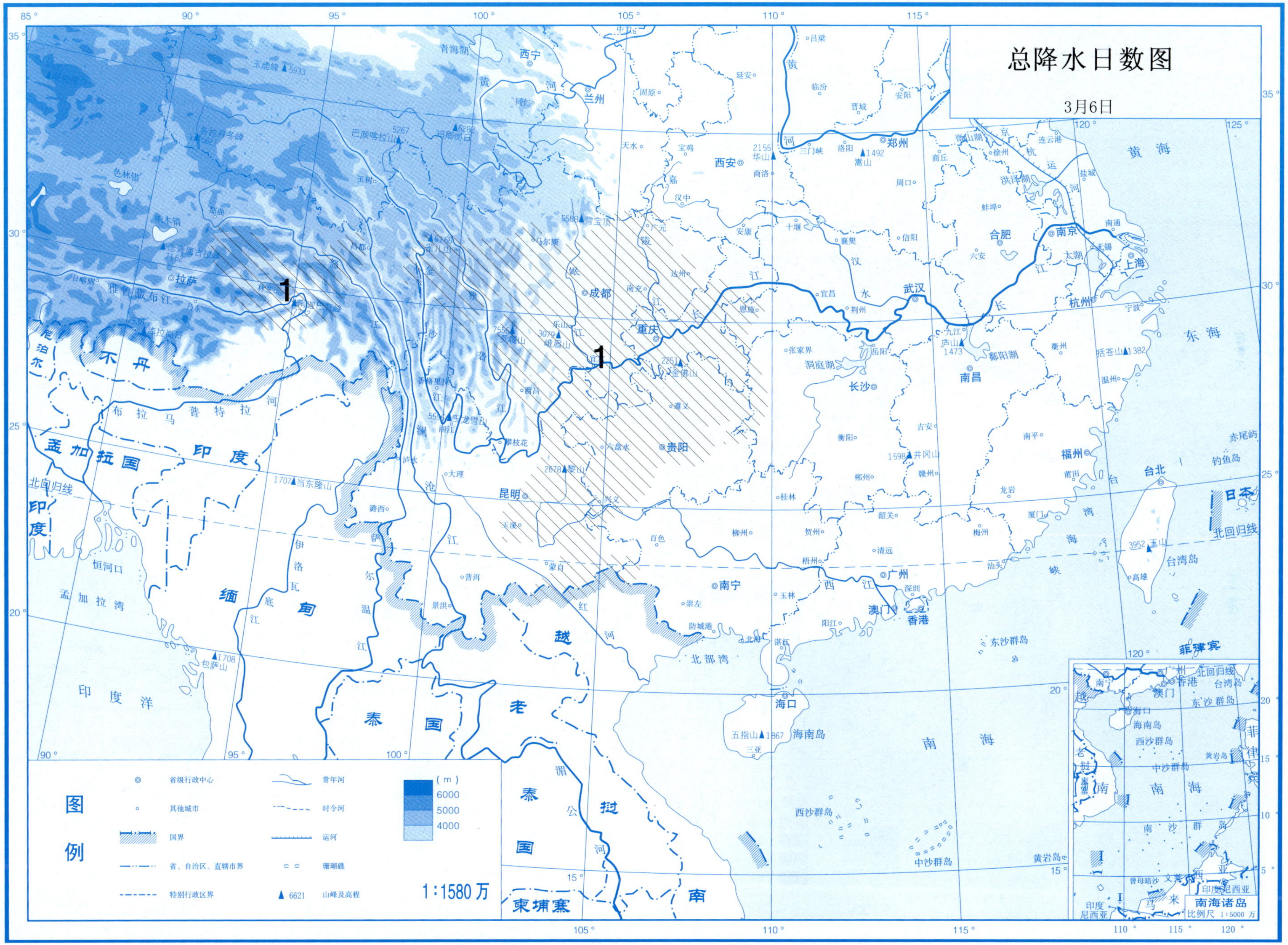

图例

◎	省级行政中心		常年河		(m)
◦	其他城市		时令河		6000
	国界		运河		5000
	省、自治区、直辖市界		珊瑚礁		4000
	特别行政区界	▲ 6621	山峰及高程		

1:1580万

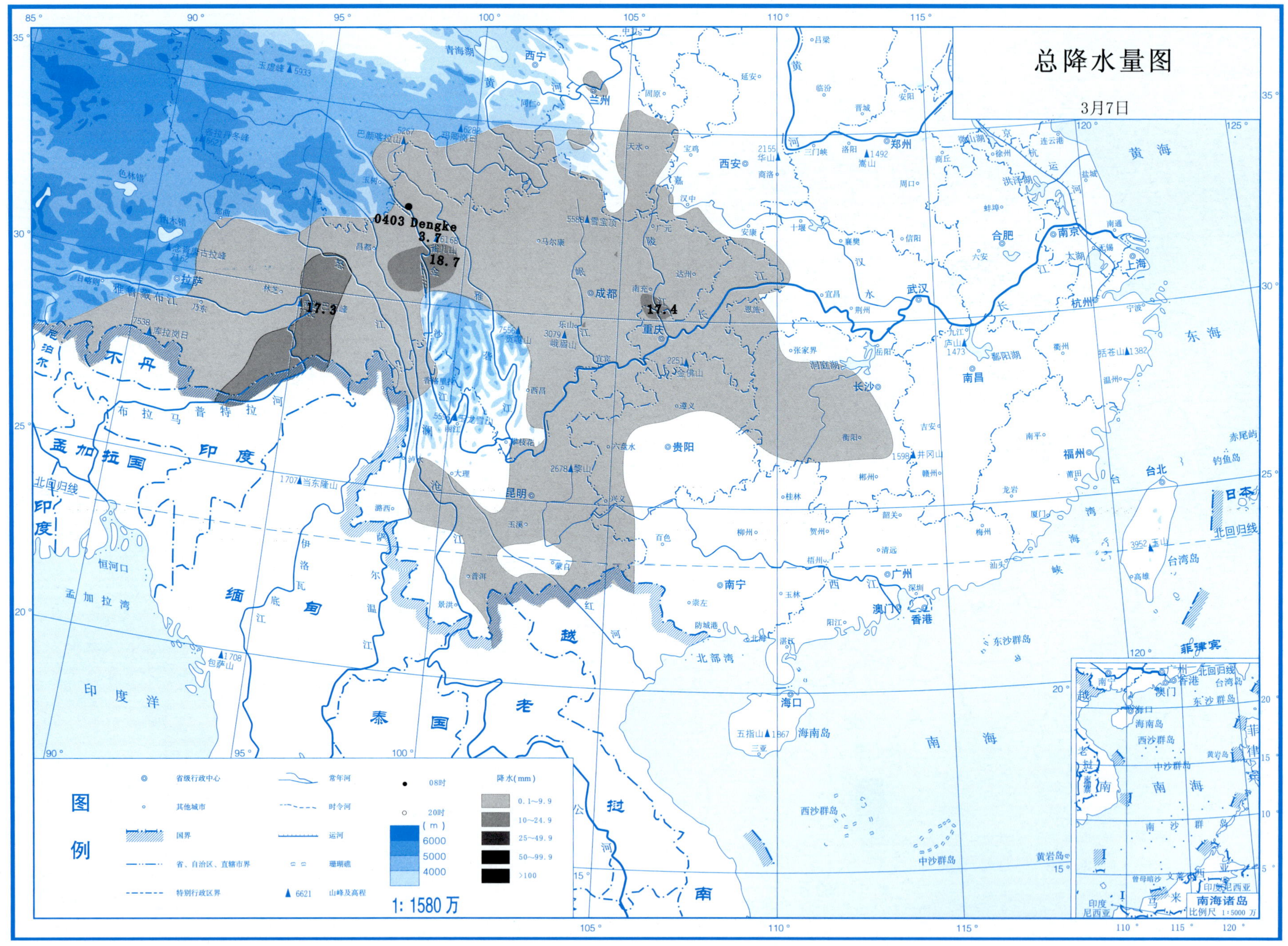

总降水量图
3月7日
0403 Dengke
3.7
18.7
17.3
17.4
图例
省级行政中心
其他城市
国界
省、自治区、直辖市界
特别行政区界
常年河
时令河
运河
珊瑚礁
6621 山峰及高程
08时
20时
(m)
6000
5000
4000
降水(mm)
0.1~9.9
10~24.9
25~49.9
50~99.9
>100
1: 1580万
南海诸岛
比例尺 1:5000万

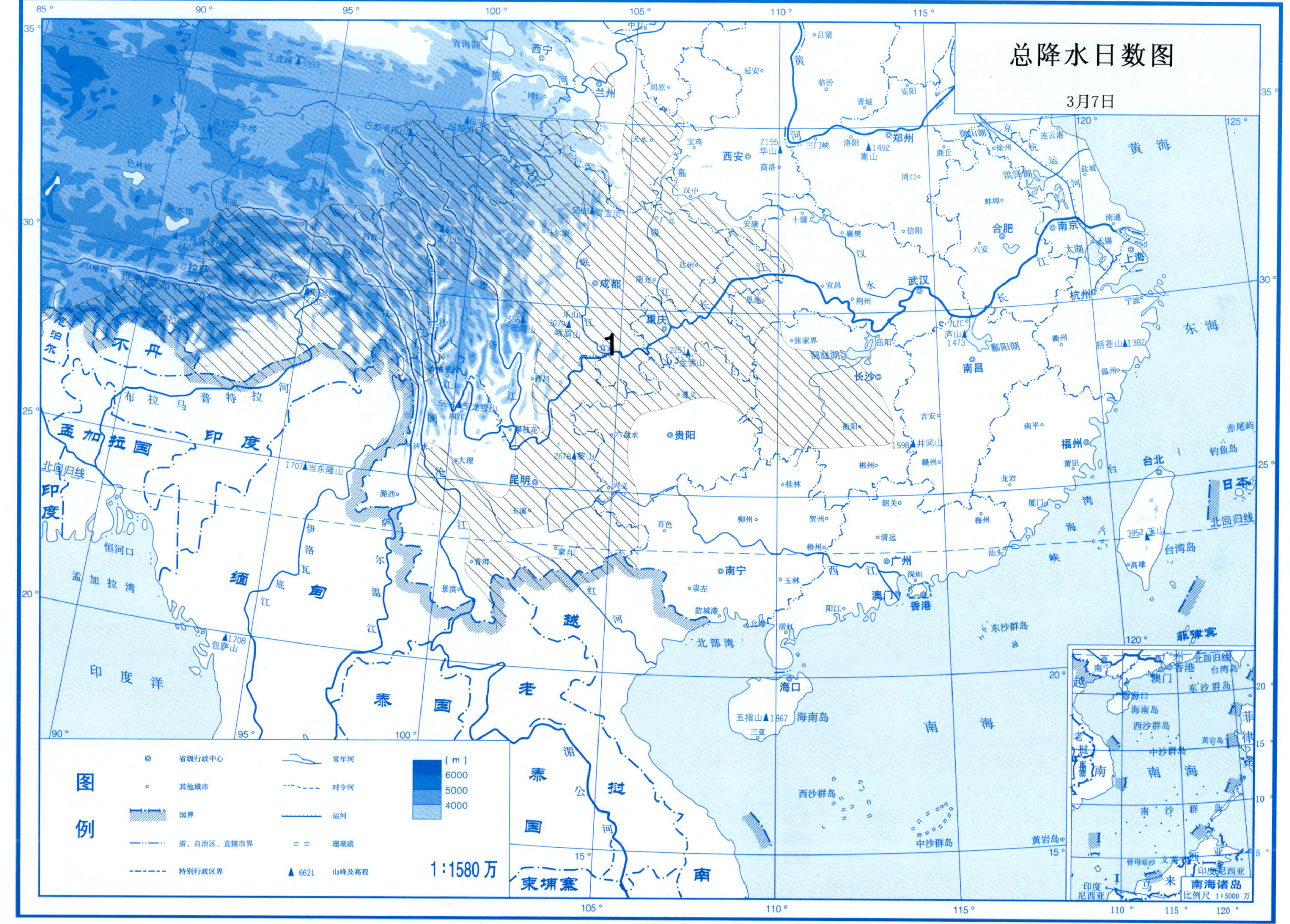

总降水日数图
3月7日
图例
省级行政中心
其他城市
国界
省、自治区、直辖市界
特别行政区界
常年河
时令河
运河
珊瑚礁
山峰及高程
(m)
6000
5000
4000
1:1580万
南海诸岛
比例尺 1:5000万

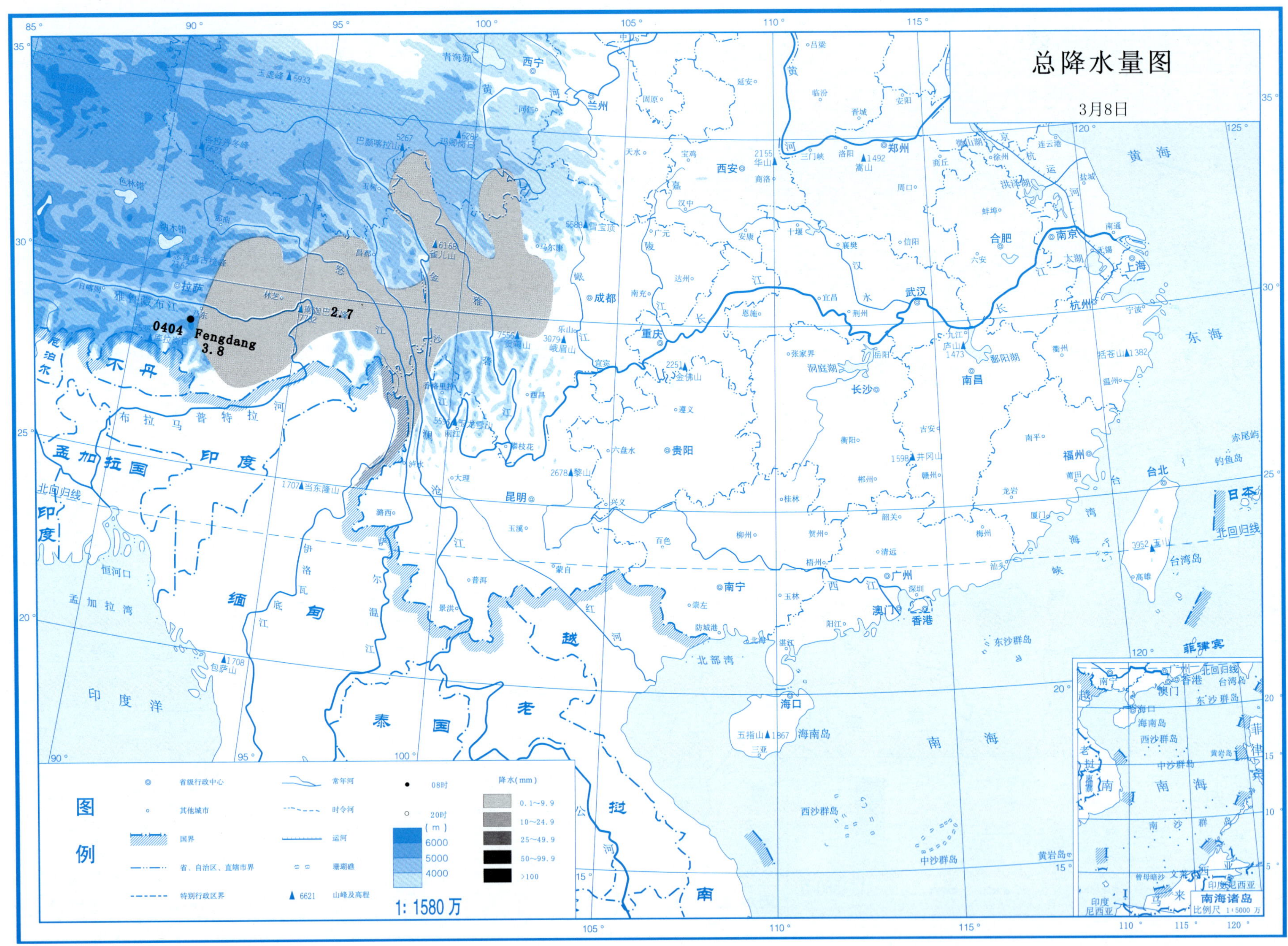
总降水量图
3月8日
0404 Fengdang
3.8
2.7
图例
省级行政中心
其他城市
国界
省、自治区、直辖市界
特别行政区界
常年河
时令河
运河
珊瑚礁
6621 山峰及高程
08时
20时
(m)
6000
5000
4000
降水(mm)
0.1~9.9
10~24.9
25~49.9
50~99.9
>100
1: 1580万
南海诸岛
比例尺 1:5000万

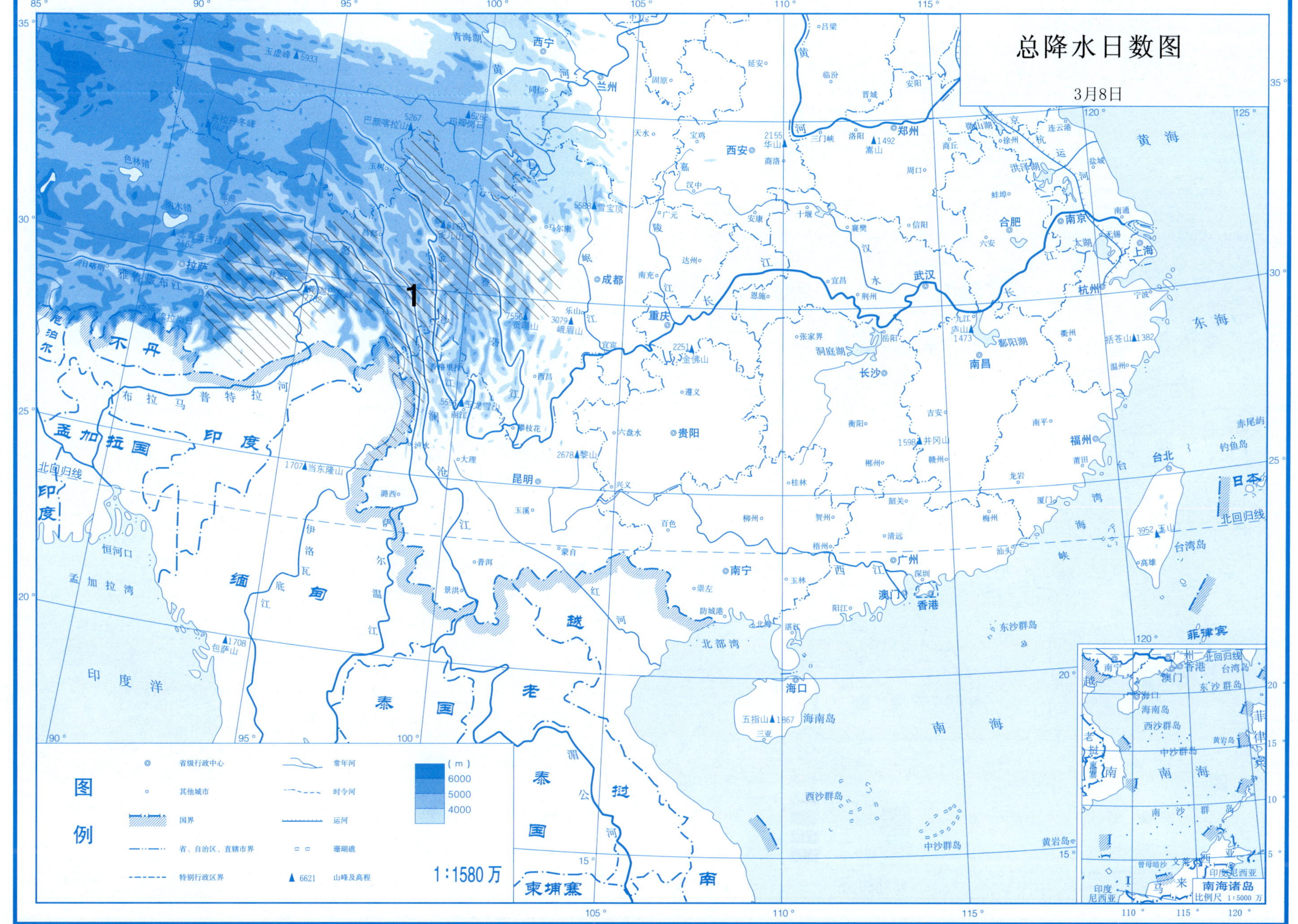
总降水日数图
3月8日
图例
省级行政中心
其他城市
国界
省、自治区、直辖市界
特别行政区界
常年河
时令河
运河
珊瑚礁
6621 山峰及高程
(m)
6000
5000
4000
1:1580万
南海诸岛
比例尺 1:5000 万
1
西宁
兰州
郑州
西安
成都
重庆
武汉
合肥
南京
上海
杭州
长沙
南昌
贵阳
昆明
福州
台北
南宁
广州
澳门
香港
海口
拉萨
青海湖
黄海
东海
南海
北部湾
孟加拉湾
印度洋
台湾岛
海南岛
东沙群岛
西沙群岛
中沙群岛
黄岩岛
钓鱼岛
赤尾屿
北回归线
不丹
尼泊尔
孟加拉国
印度
缅甸
泰国
老挝
越南
柬埔寨
菲律宾
日本

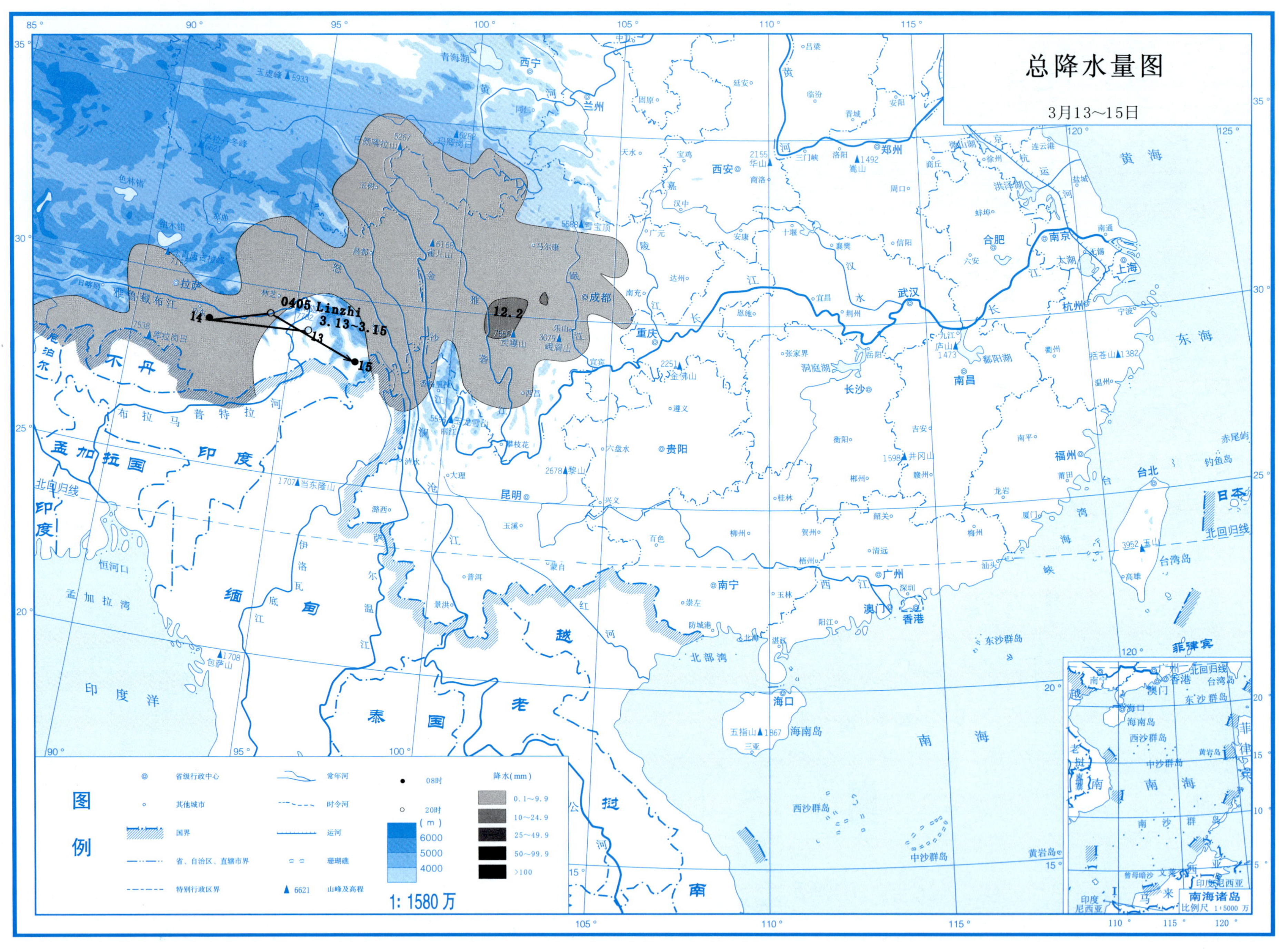
总降水量图
3月13~15日
0405 Linzhi
3.13~3.15
14
13
15
12.2
图例
省级行政中心
其他城市
国界
省、自治区、直辖市界
特别行政区界
常年河
时令河
运河
珊瑚礁
山峰及高程
08时
20时
(m)
6000
5000
4000
降水(mm)
0.1~9.9
10~24.9
25~49.9
50~99.9
>100
1:1580万
南海诸岛
比例尺 1:5000万

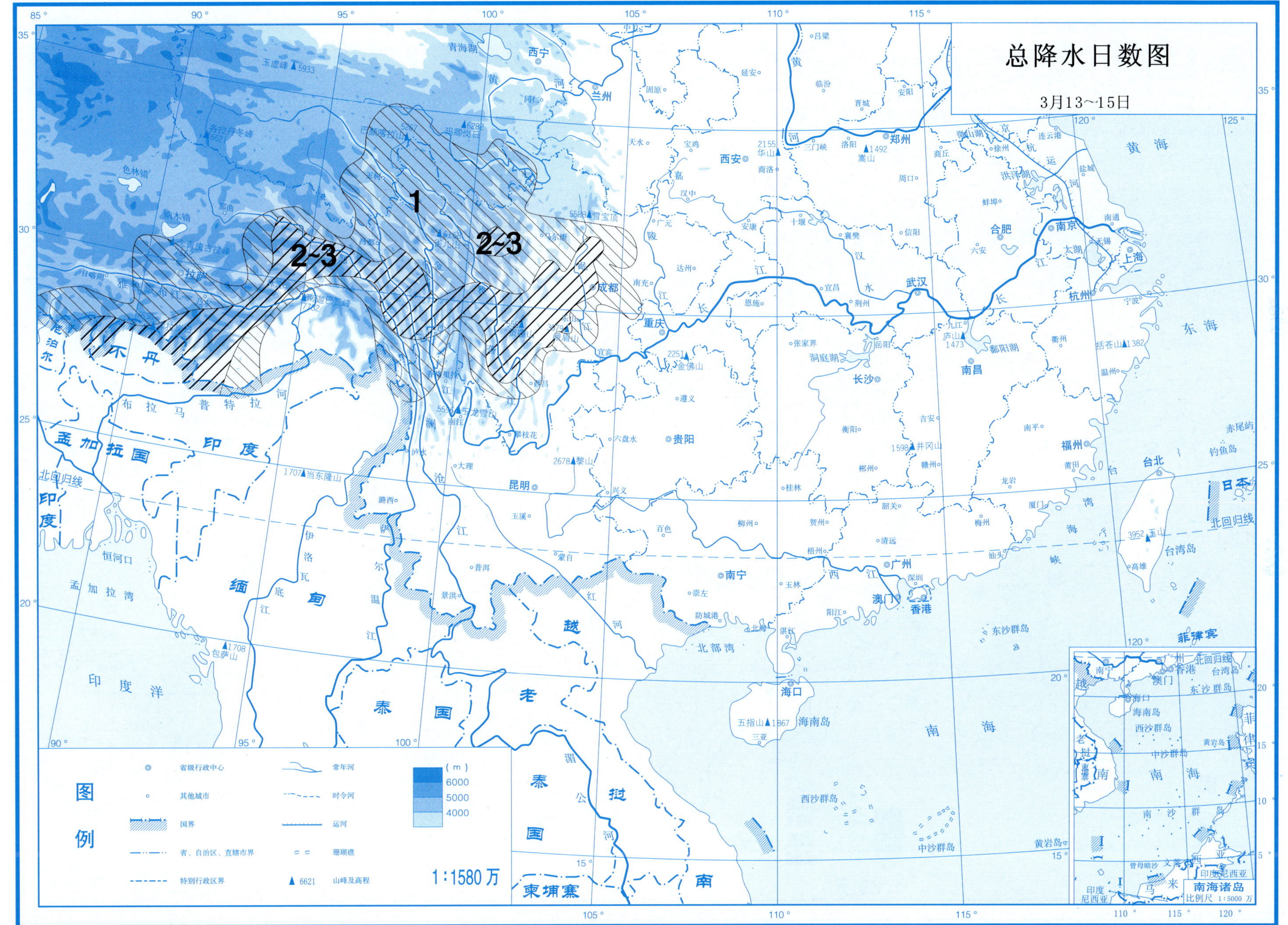
总降水日数图
3月13~15日
1
2-3
2-3
图例
省级行政中心
其他城市
国界
省、自治区、直辖市界
特别行政区界
常年河
时令河
运河
珊瑚礁
6621 山峰及高程
(m)
6000
5000
4000
1:1580万
南海诸岛
比例尺 1:5000万

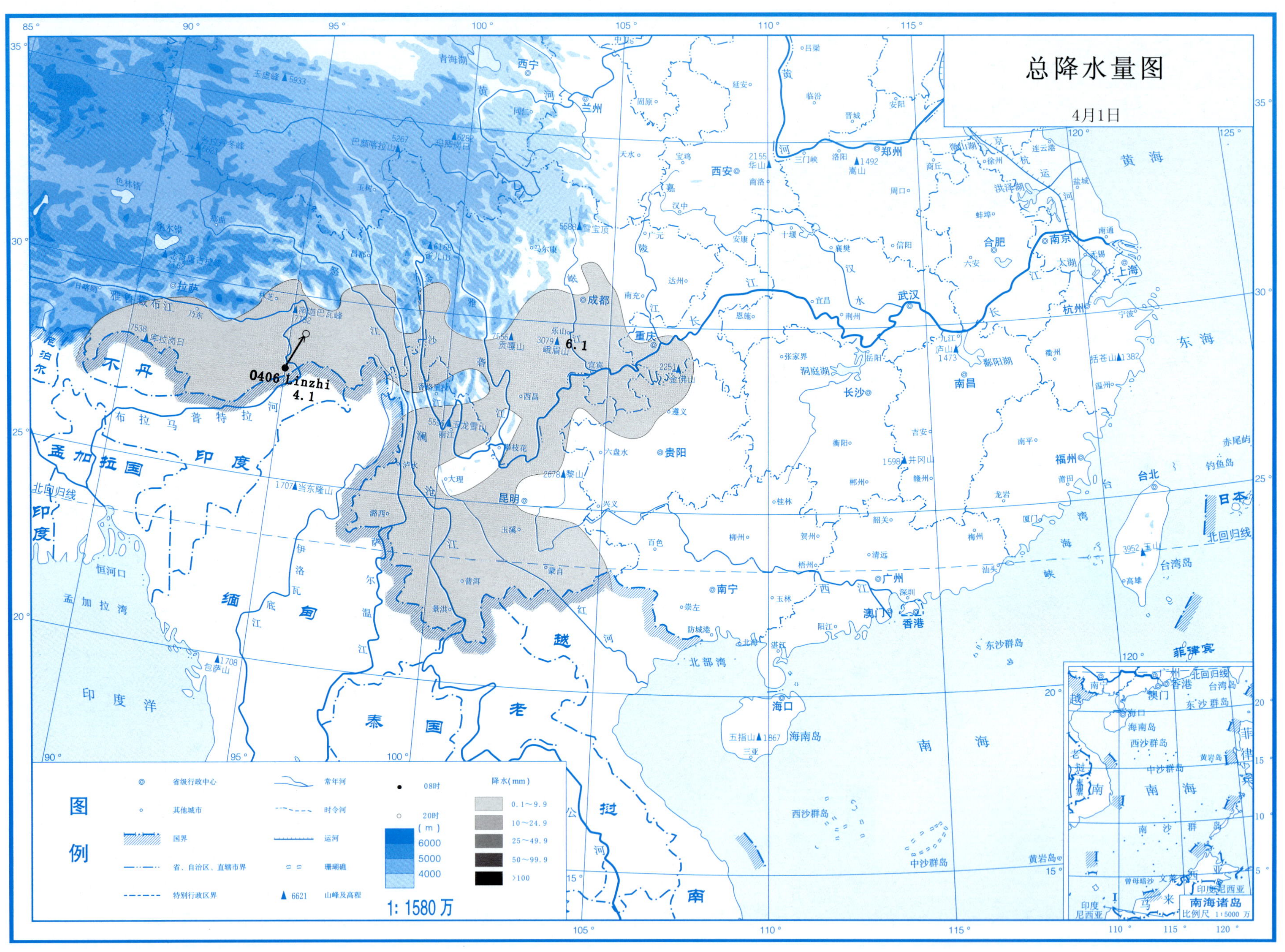
总降水量图
4月1日
0406 Linzhi
4.1
6.1
图例
省级行政中心
其他城市
国界
省、自治区、直辖市界
特别行政区界
常年河
时令河
运河
珊瑚礁
6621 山峰及高程
08时
20时
(m)
6000
5000
4000
1: 1580 万
降水(mm)
0.1～9.9
10～24.9
25～49.9
50～99.9
>100
南海诸岛
比例尺 1:5000 万

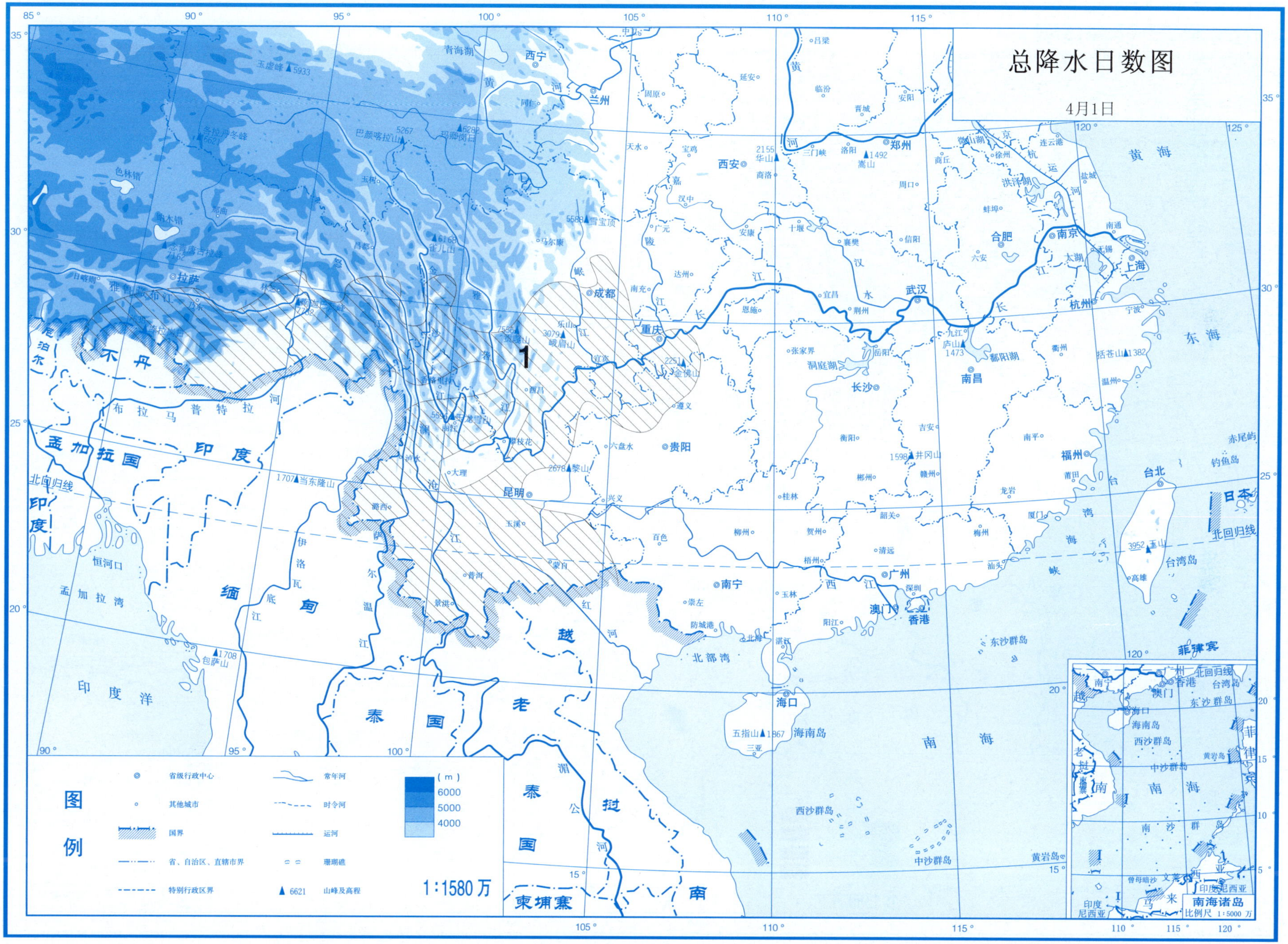

总降水日数图

4月1日

图例

- ◎ 省级行政中心
- ◦ 其他城市
- 国界
- 省、自治区、直辖市界
- 特别行政区界
- 常年河
- 时令河
- 运河
- 珊瑚礁
- ▲6621 山峰及高程

(m)
6000
5000
4000

1:1580万

南海诸岛
比例尺 1:5000万

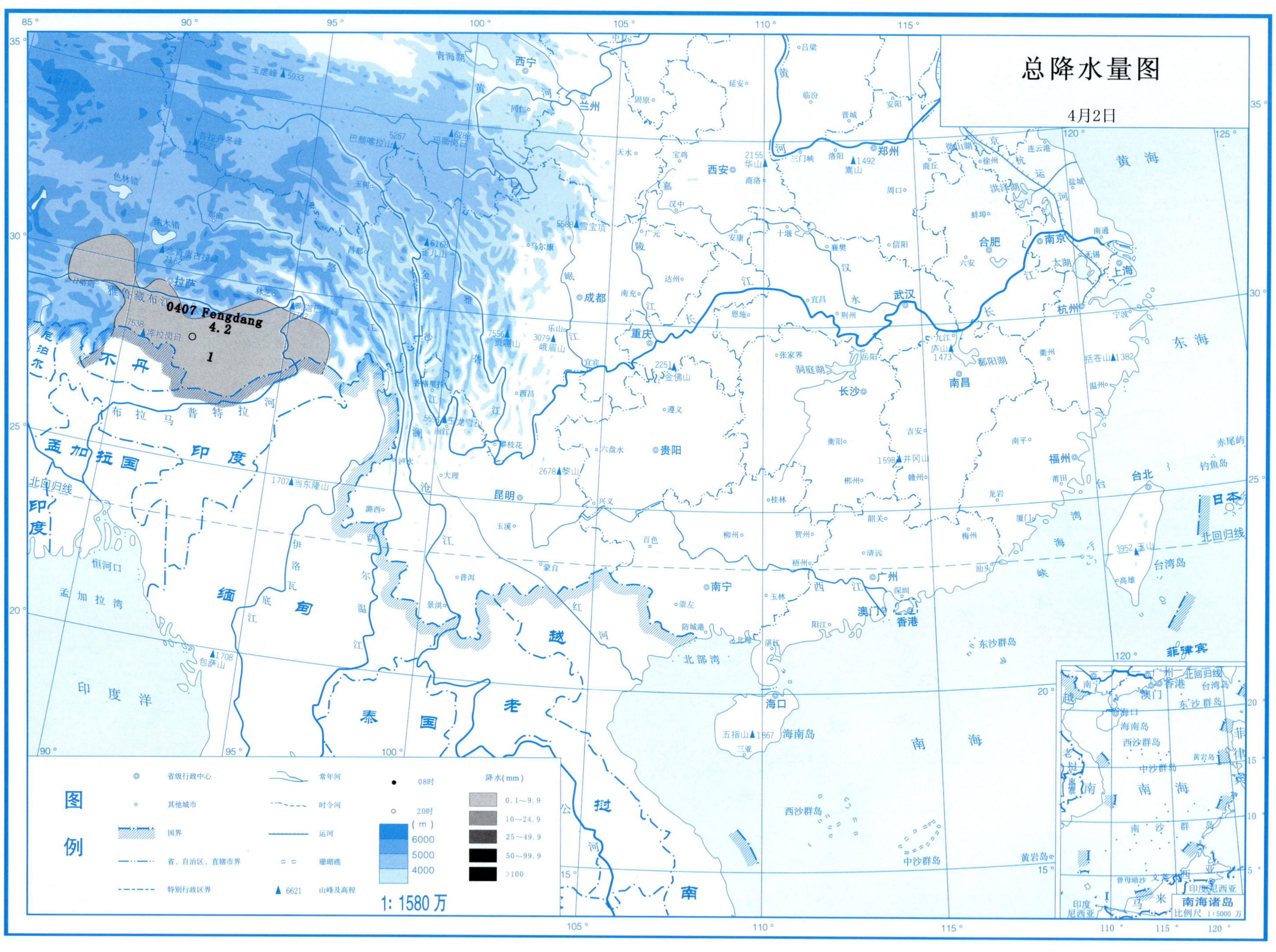
总降水量图
4月2日
0407 Fengdang
4.2
1
图例
省级行政中心
其他城市
国界
省、自治区、直辖市界
特别行政区界
常年河
时令河
运河
珊瑚礁
6621 山峰及高程
08时
20时
(m)
6000
5000
4000
降水(mm)
0.1～9.9
10～24.9
25～49.9
50～99.9
>100
1: 1580 万
南海诸岛
比例尺 1:5000 万

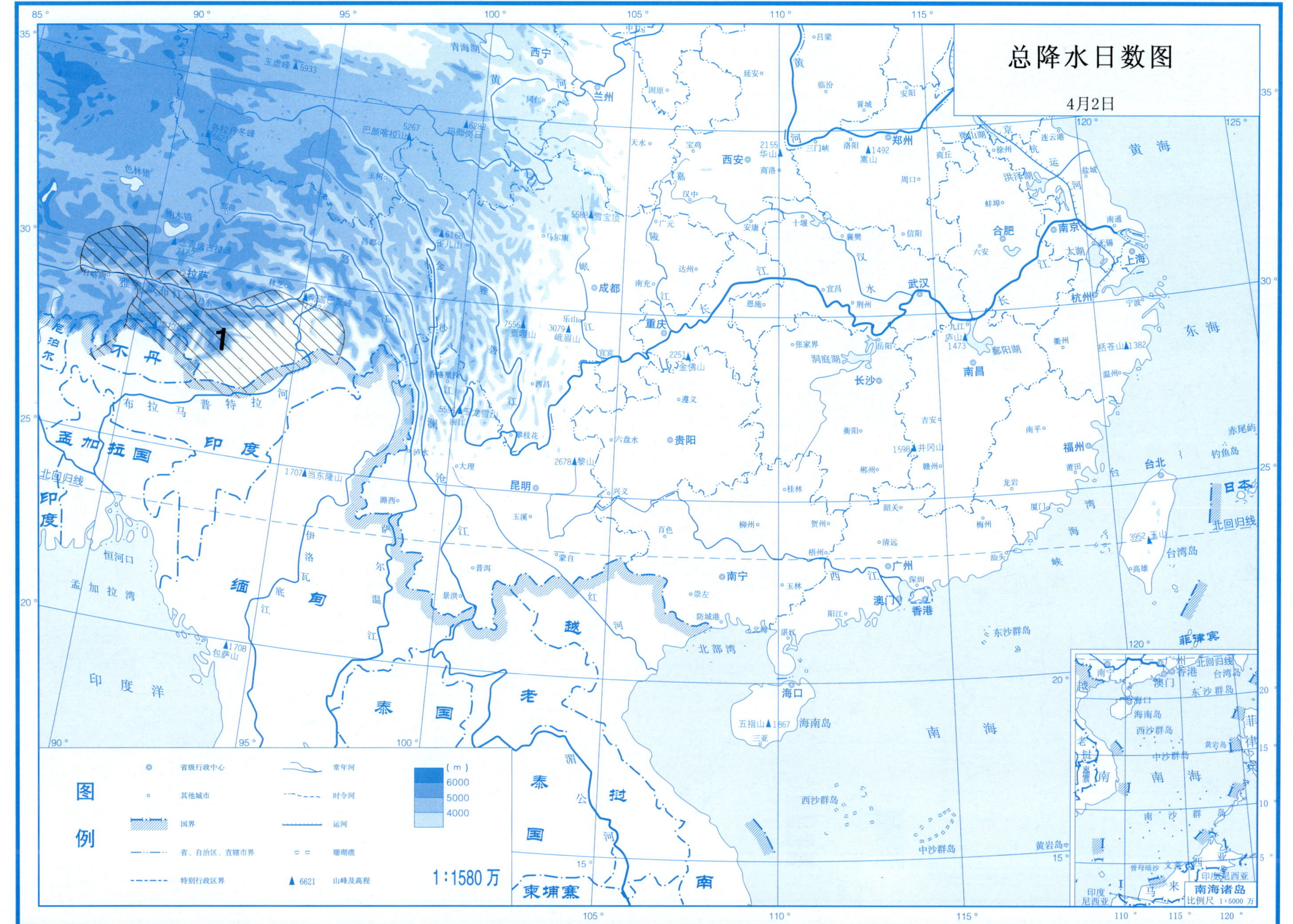

总降水日数图
4月2日
1
图例
省级行政中心
其他城市
国界
省、自治区、直辖市界
特别行政区界
常年河
时令河
运河
珊瑚礁
6621 山峰及高程
(m)
6000
5000
4000
1:1580万
南海诸岛
比例尺 1:5000万
西宁
兰州
拉萨
成都
重庆
西安
郑州
武汉
南京
合肥
上海
杭州
长沙
南昌
贵阳
昆明
福州
台北
南宁
广州
澳门
香港
海口
黄海
东海
南海
台湾岛
海南岛
东沙群岛
西沙群岛
中沙群岛
黄岩岛
北部湾
孟加拉湾
印度洋
不丹
尼泊尔
孟加拉国
印度
缅甸
泰国
老挝
越南
柬埔寨
日本
菲律宾
北回归线

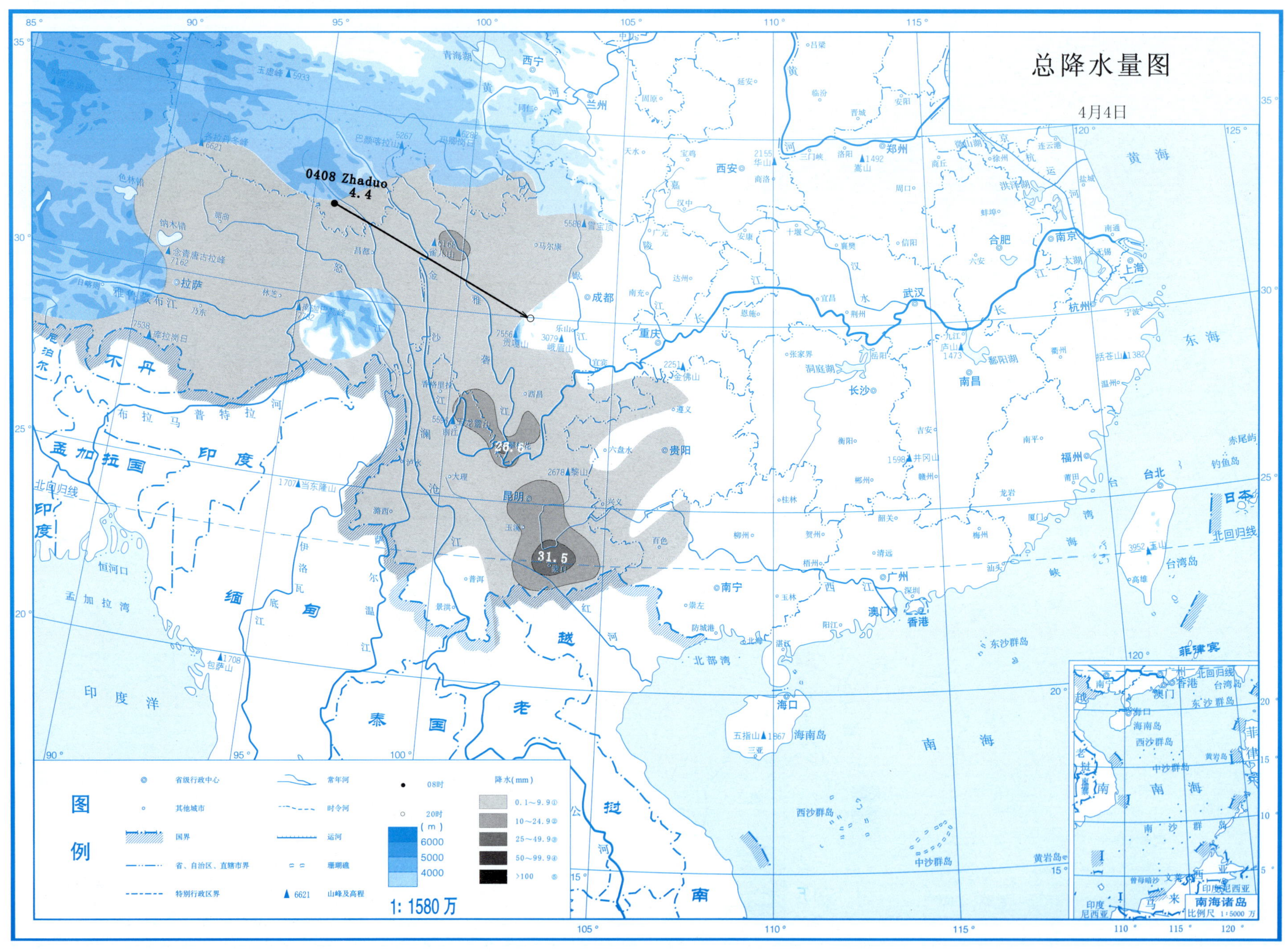
总降水量图
4月4日
0408 Zhaduo
4.4
26.6
31.5
图例
省级行政中心
其他城市
国界
省、自治区、直辖市界
特别行政区界
常年河
时令河
运河
珊瑚礁
6621 山峰及高程
08时
20时
(m)
6000
5000
4000
降水(mm)
0.1～9.9
10～24.9
25～49.9
50～99.9
>100
1: 1580万
南海诸岛
比例尺 1:5000万

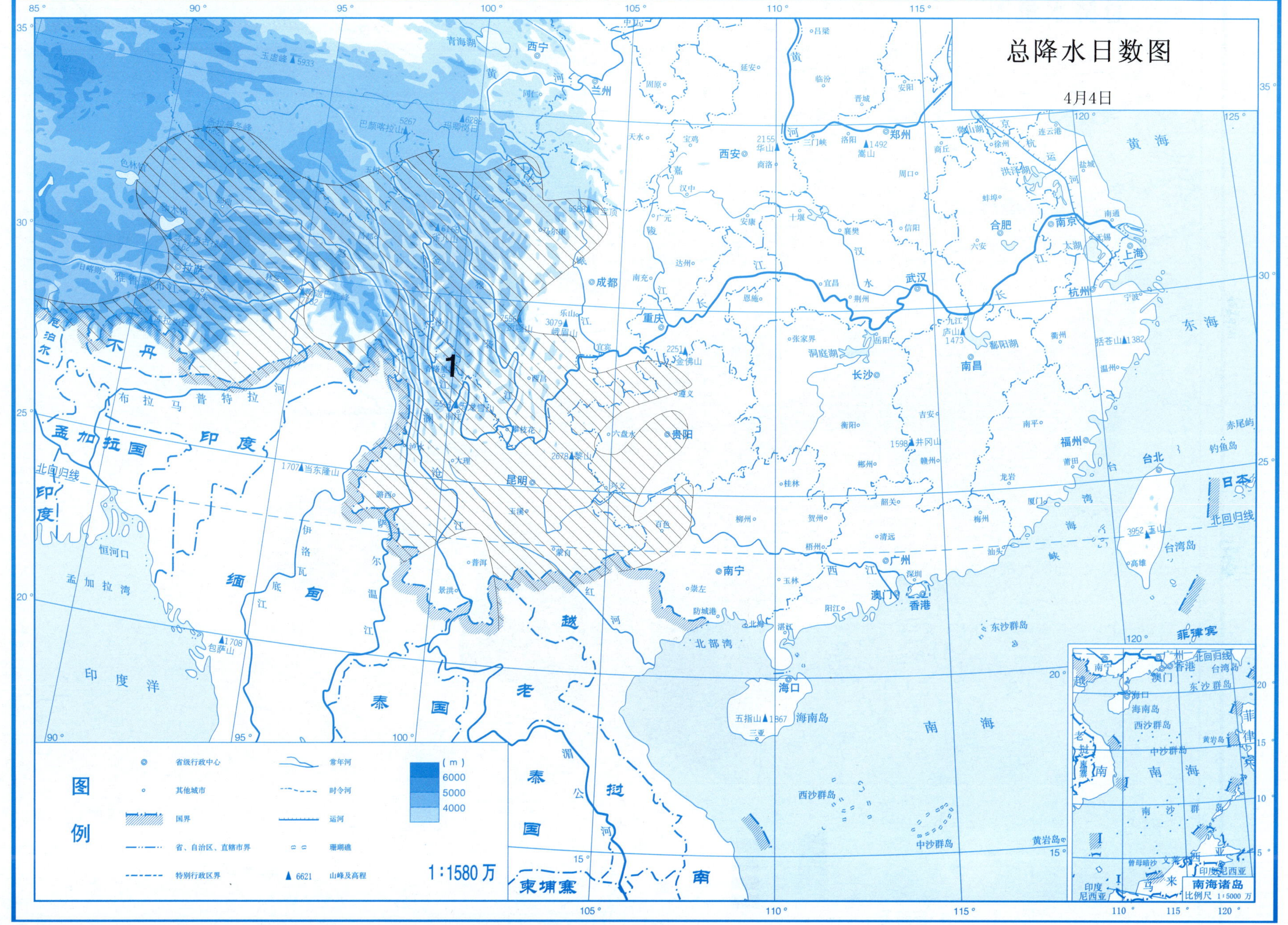
总降水日数图
4月4日
1
图例
省级行政中心
其他城市
国界
省、自治区、直辖市界
特别行政区界
常年河
时令河
运河
珊瑚礁
6621 山峰及高程
(m)
6000
5000
4000
1:1580万
南海诸岛
比例尺 1:5000 万

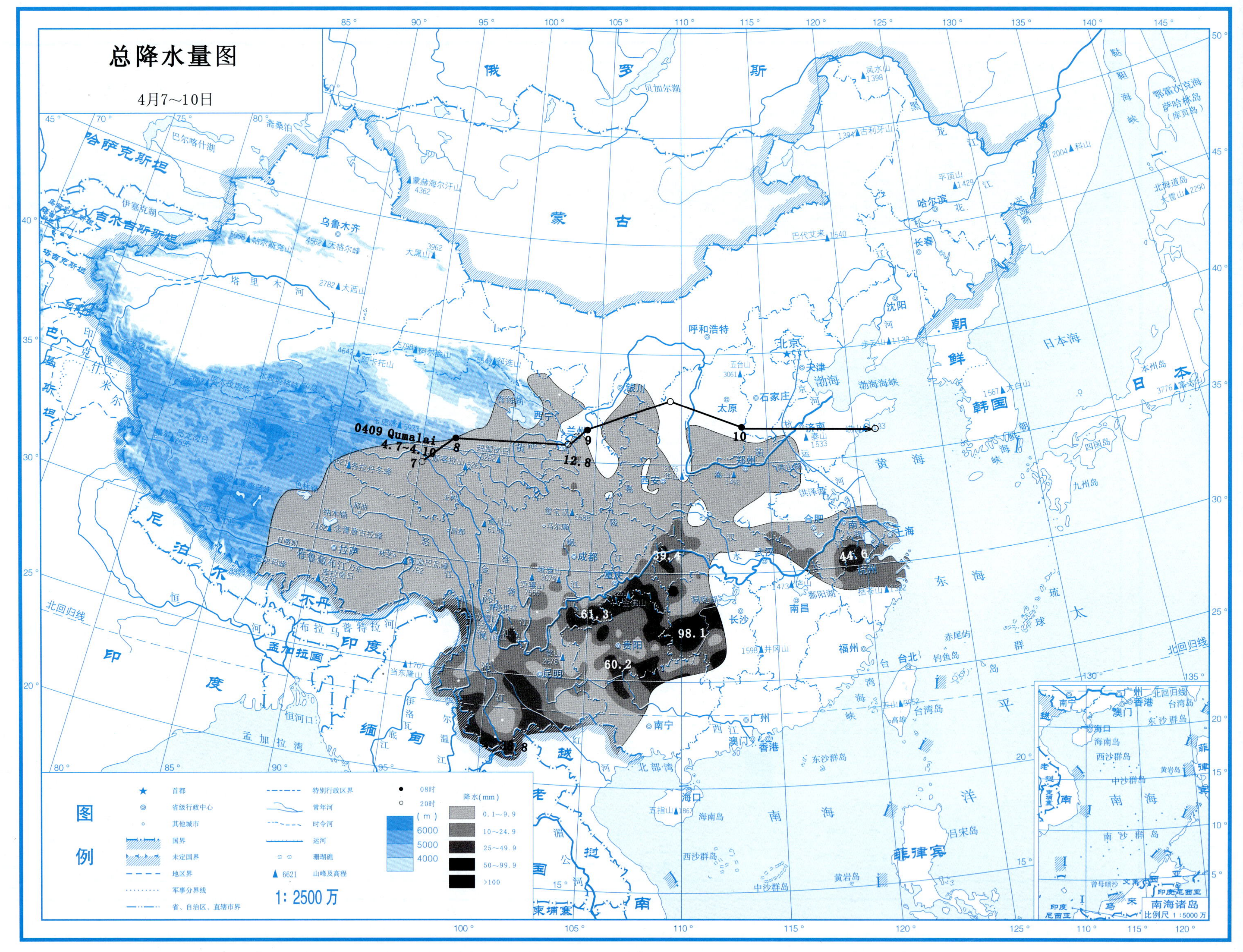

总降水量图
4月7~10日
0409 Qumalai
4.7~4.10
7
8
9
10
12.8
39.4
44.6
61.3
98.1
60.2
图例
首都
省级行政中心
其他城市
国界
未定国界
地区界
军事分界线
省、自治区、直辖市界
特别行政区界
常年河
时令河
运河
珊瑚礁
6621 山峰及高程
08时
20时
(m)
6000
5000
4000
降水(mm)
0.1~9.9
10~24.9
25~49.9
50~99.9
>100
1:2500万
南海诸岛
比例尺 1:5000万

总降水日数图

4月7～10日

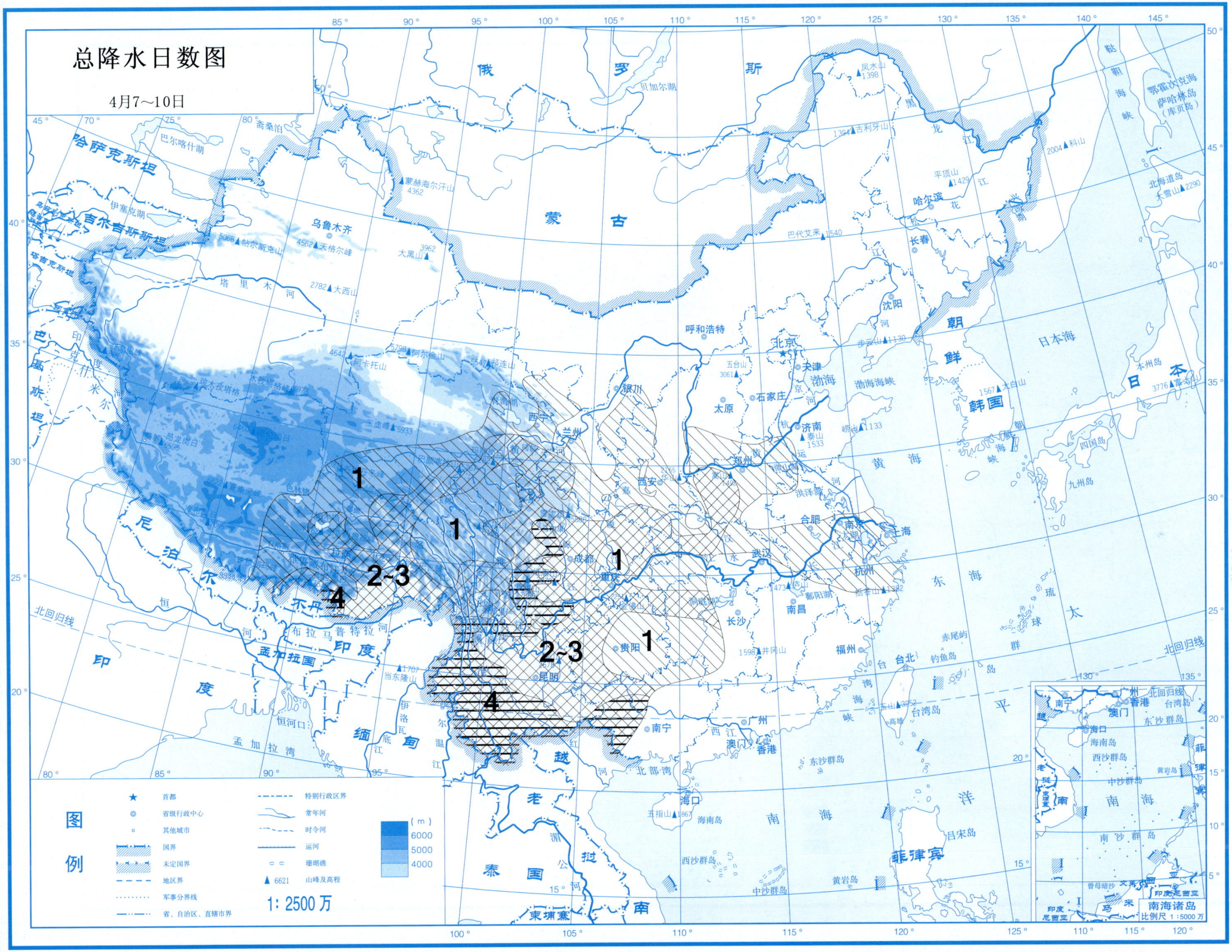

图例

- ★ 首都
- ◎ 省级行政中心
- ∘ 其他城市
- 国界
- 未定国界
- 地区界
- 军事分界线
- 省、自治区、直辖市界
- 特别行政区界
- 常年河
- 时令河
- 运河
- 珊瑚礁
- ▲ 6621 山峰及高程

(m) 6000 5000 4000

1：2500万

南海诸岛 比例尺 1：5000万

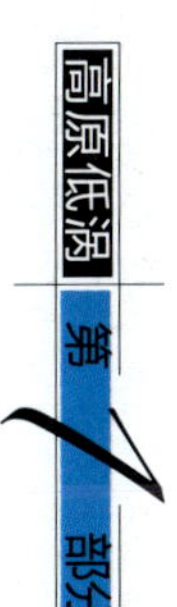

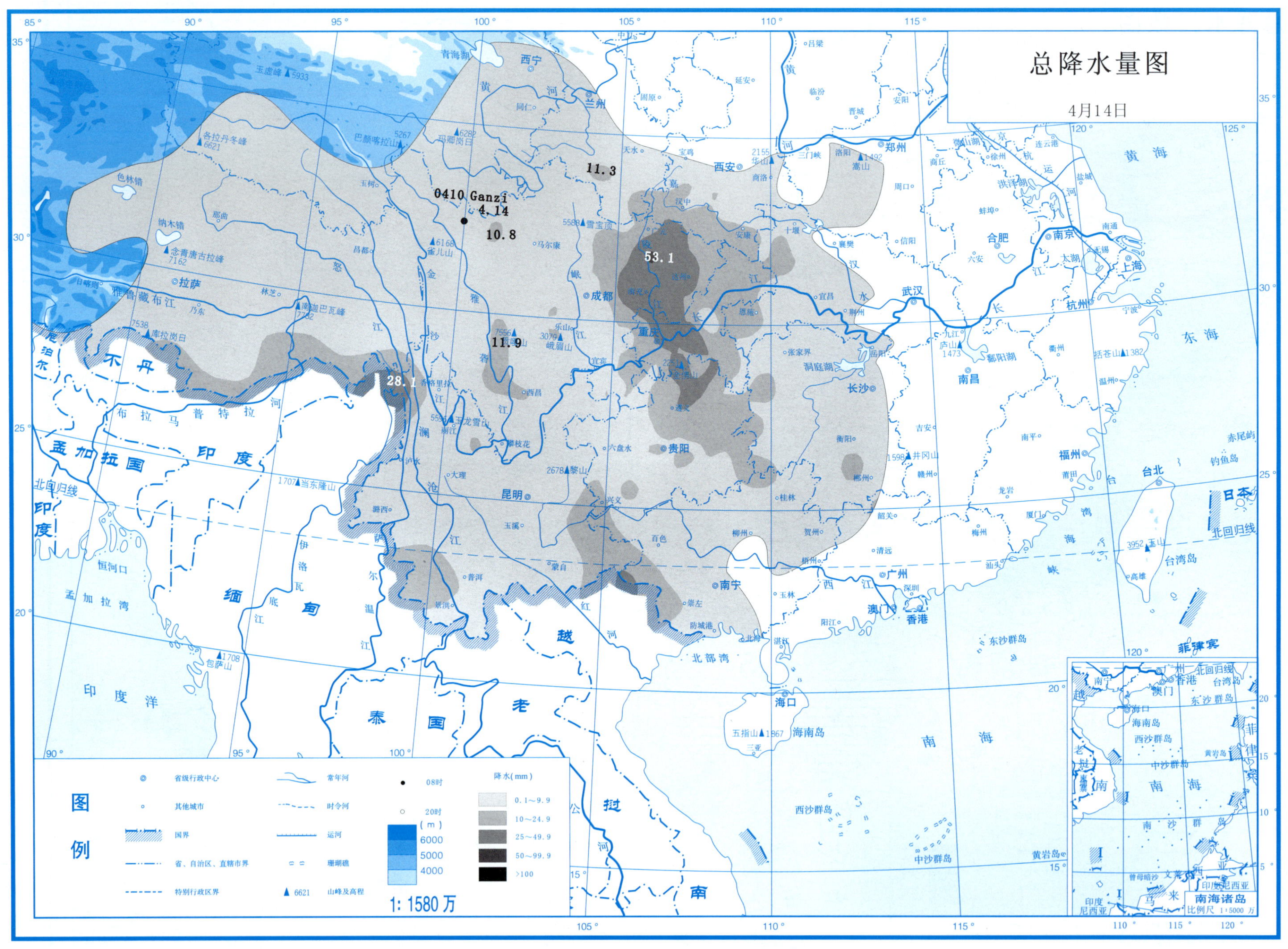

总降水量图
4月14日
0410 Ganzi
4.14
10.8
11.3
53.1
11.9
28.1
图例
省级行政中心
其他城市
国界
省、自治区、直辖市界
特别行政区界
常年河
时令河
运河
珊瑚礁
6621 山峰及高程
08时
20时
(m)
6000
5000
4000
1: 1580 万
降水(mm)
0.1～9.9
10～24.9
25～49.9
50～99.9
>100
南海诸岛

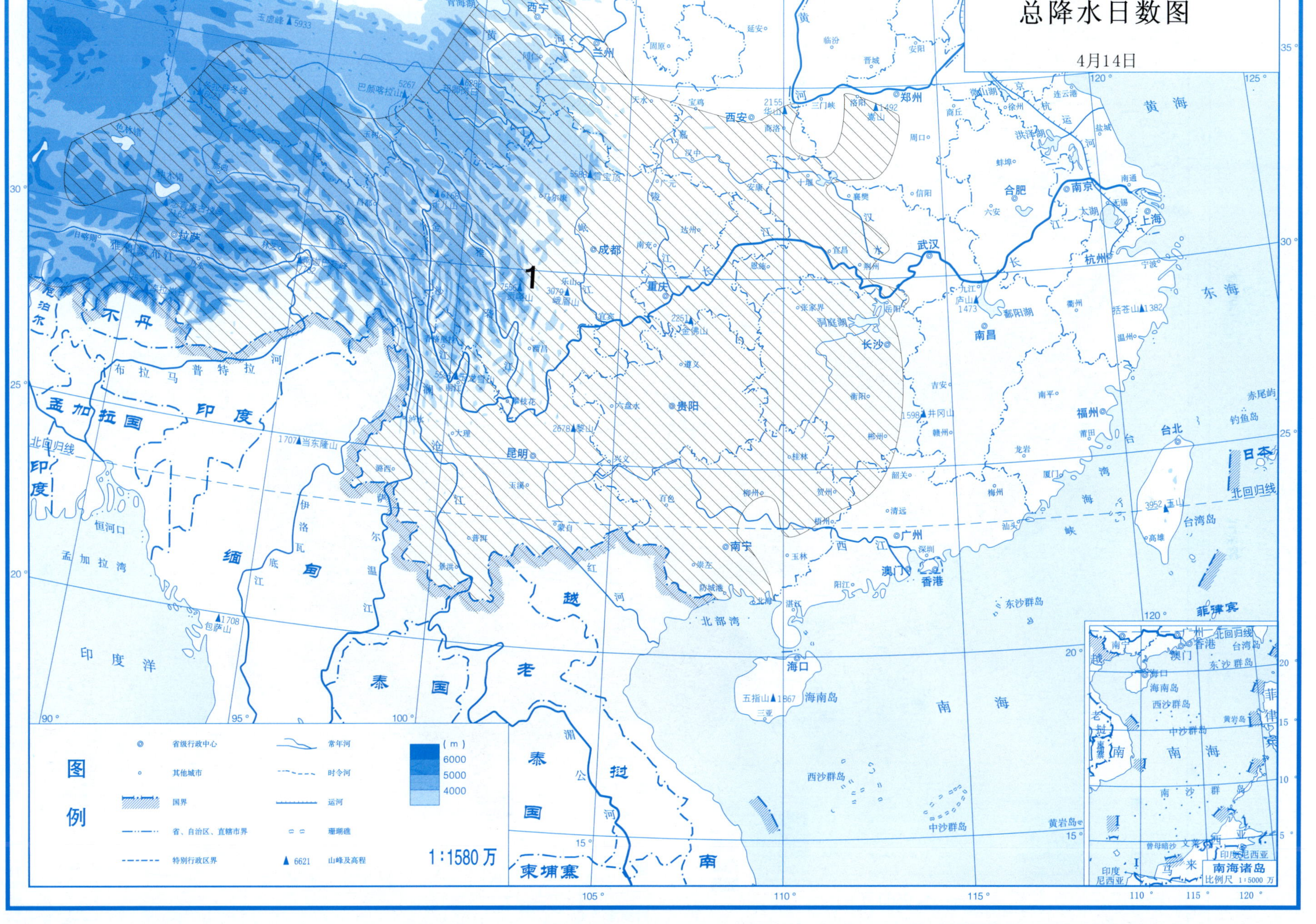
总降水日数图
4月14日
1
图例
省级行政中心
其他城市
国界
省、自治区、直辖市界
特别行政区界
常年河
时令河
运河
珊瑚礁
6621 山峰及高程
(m)
6000
5000
4000
1:1580万
南海诸岛
比例尺 1:5000万

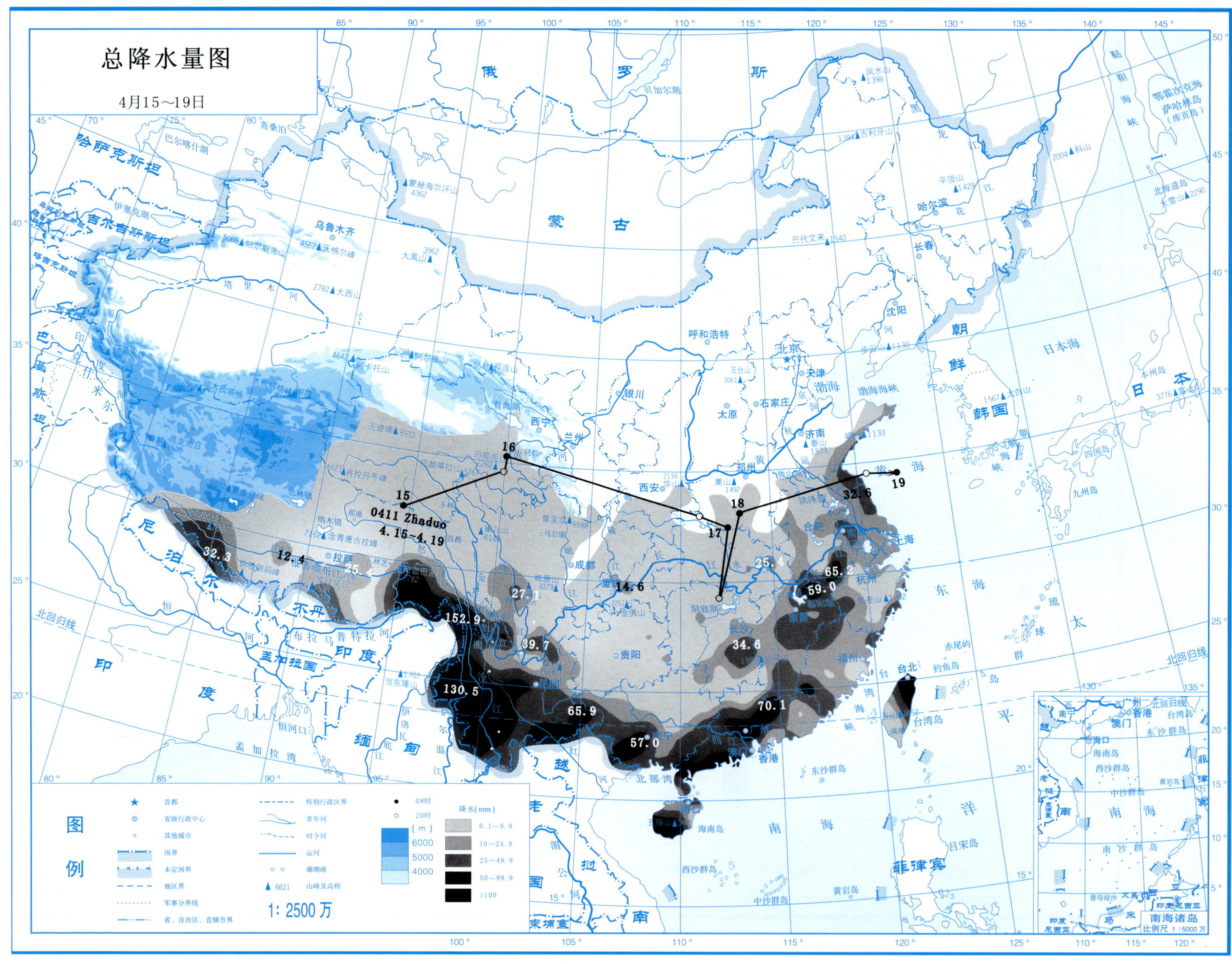
总降水量图
4月15～19日
0411 Zhaduo
4.15~4.19
15
16
17
18
19
32.3
12.4
25.4
27.1
152.9
39.7
130.5
65.9
57.0
14.6
25.4
34.6
70.1
65.2
59.0
32.6
图例
首都
省级行政中心
其他城市
国界
未定国界
地区界
军事分界线
省、自治区、直辖市界
特别行政区界
常年河
时令河
运河
珊瑚礁
6621 山峰及高程
08时
20时
(m)
6000
5000
4000
降水(mm)
0.1~9.9
10~24.9
25~49.9
50~99.9
>100
1: 2500 万
南海诸岛
比例尺 1:5000 万

总降水日数图

4月15～19日

1

2~3

1

2~3

图例

★ 首都
◎ 省级行政中心
○ 其他城市
国界
未定国界
地区界
军事分界线
省、自治区、直辖市界
特别行政区界
常年河
时令河
运河
珊瑚礁
▲ 6621 山峰及高程

(m)
6000
5000
4000

1: 2500万

南海诸岛
比例尺 1:5000万

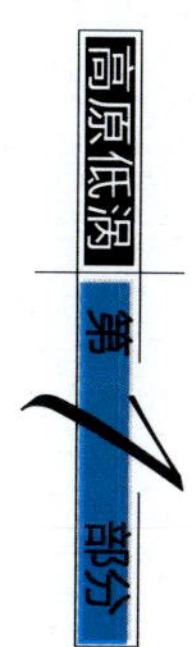

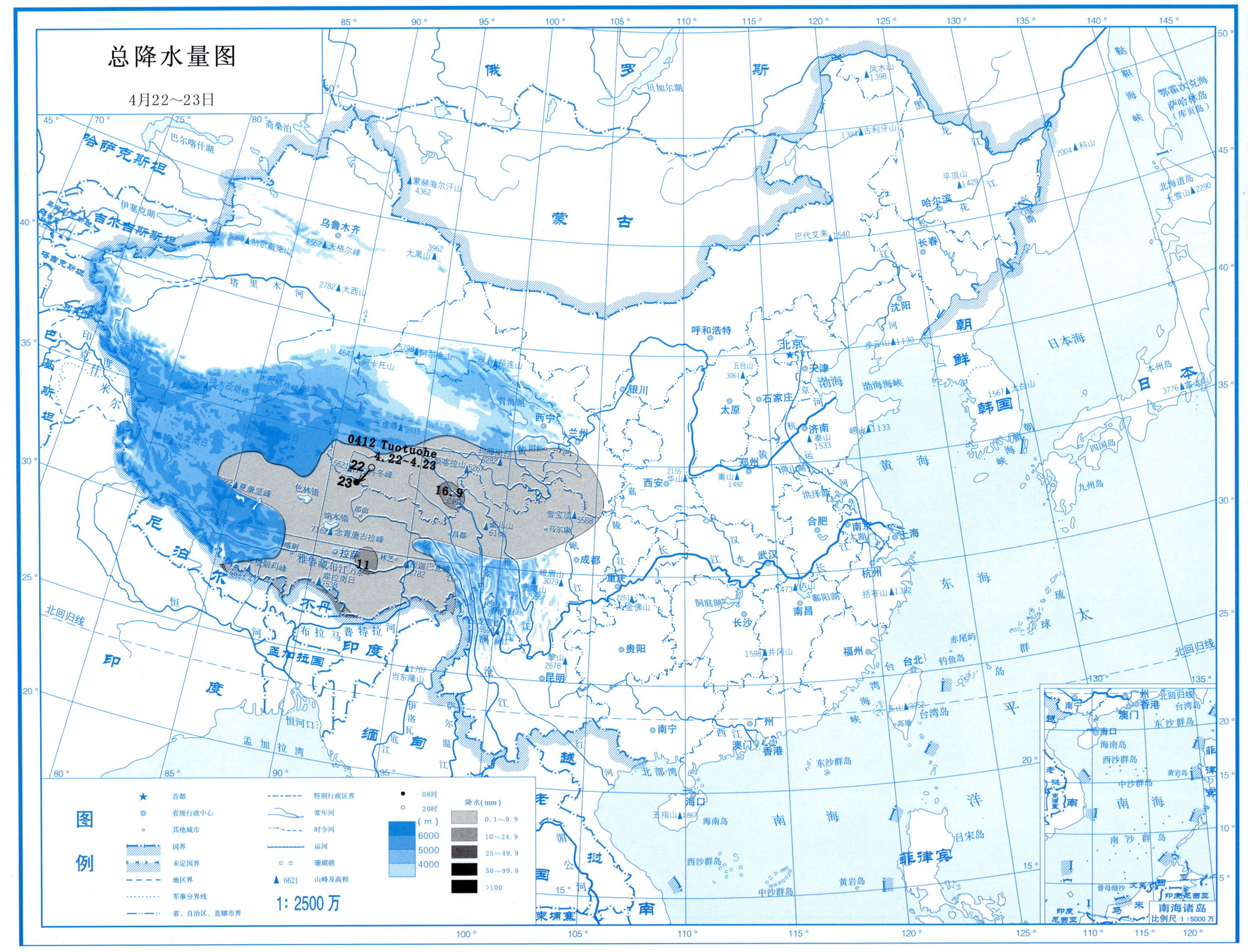
总降水量图
4月22~23日
0412 Tuotuohe
4.22~4.23
22
23
16.9
11
图例
首都
省级行政中心
其他城市
国界
未定国界
地区界
军事分界线
省、自治区、直辖市界
特别行政区界
常年河
时令河
运河
珊瑚礁
6621 山峰及高程
08时
20时
(m)
6000
5000
4000
降水(mm)
0.1~9.9
10~24.9
25~49.9
50~99.9
>100
1: 2500万
南海诸岛
比例尺 1:5000万

总降水日数图

4月22～23日

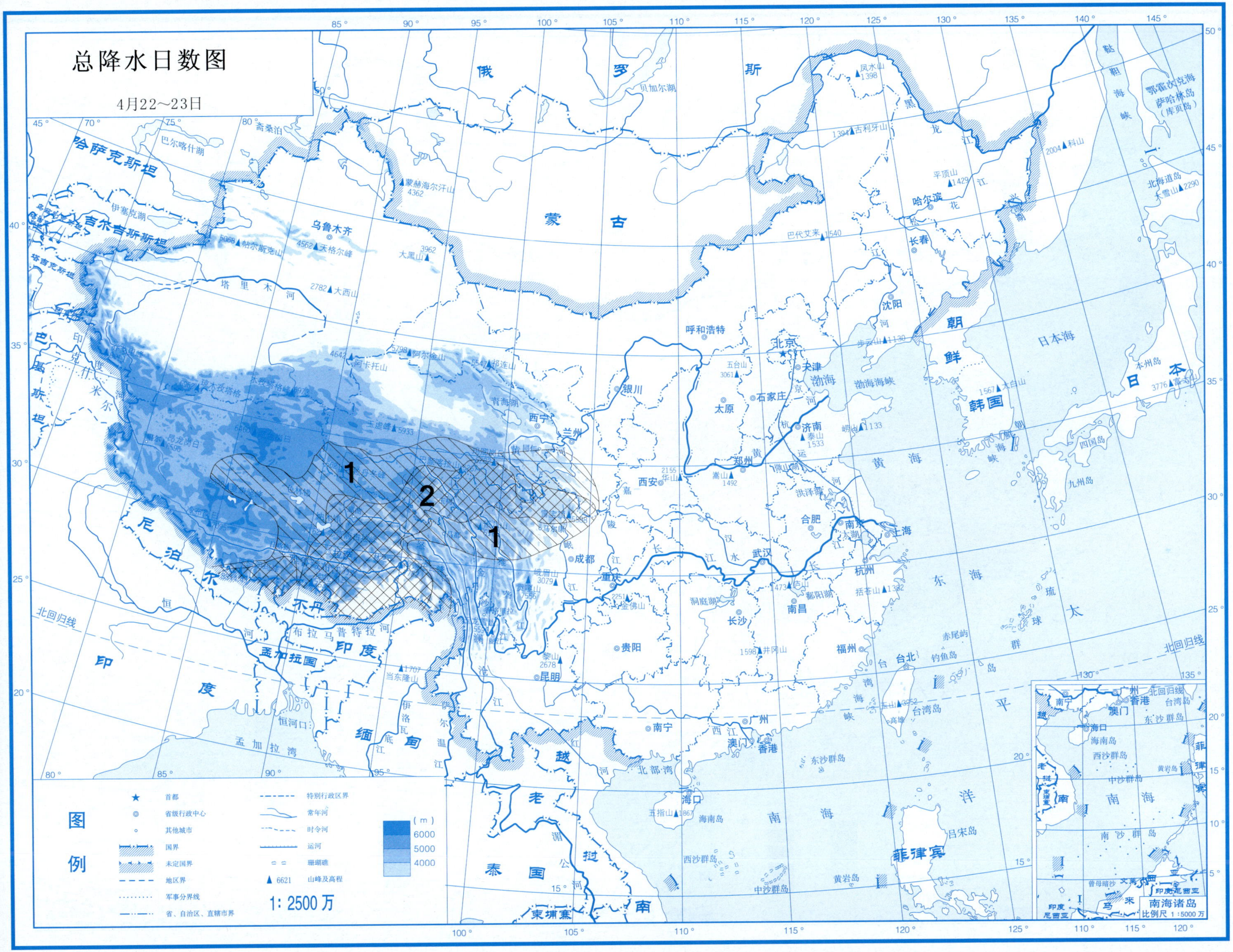

图例

符号	说明	符号	说明
★	首都		特别行政区界
◎	省级行政中心		常年河
○	其他城市		时令河
	国界		运河
	未定国界		珊瑚礁
	地区界	▲ 6621	山峰及高程
	军事分界线		
	省、自治区、直辖市界		

(m) 6000 5000 4000

1: 2500 万

南海诸岛 比例尺 1:5000 万

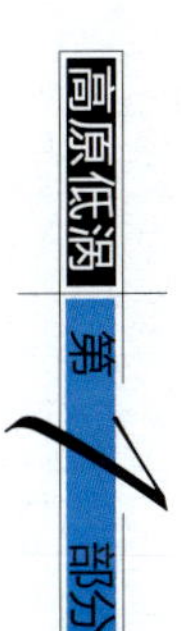

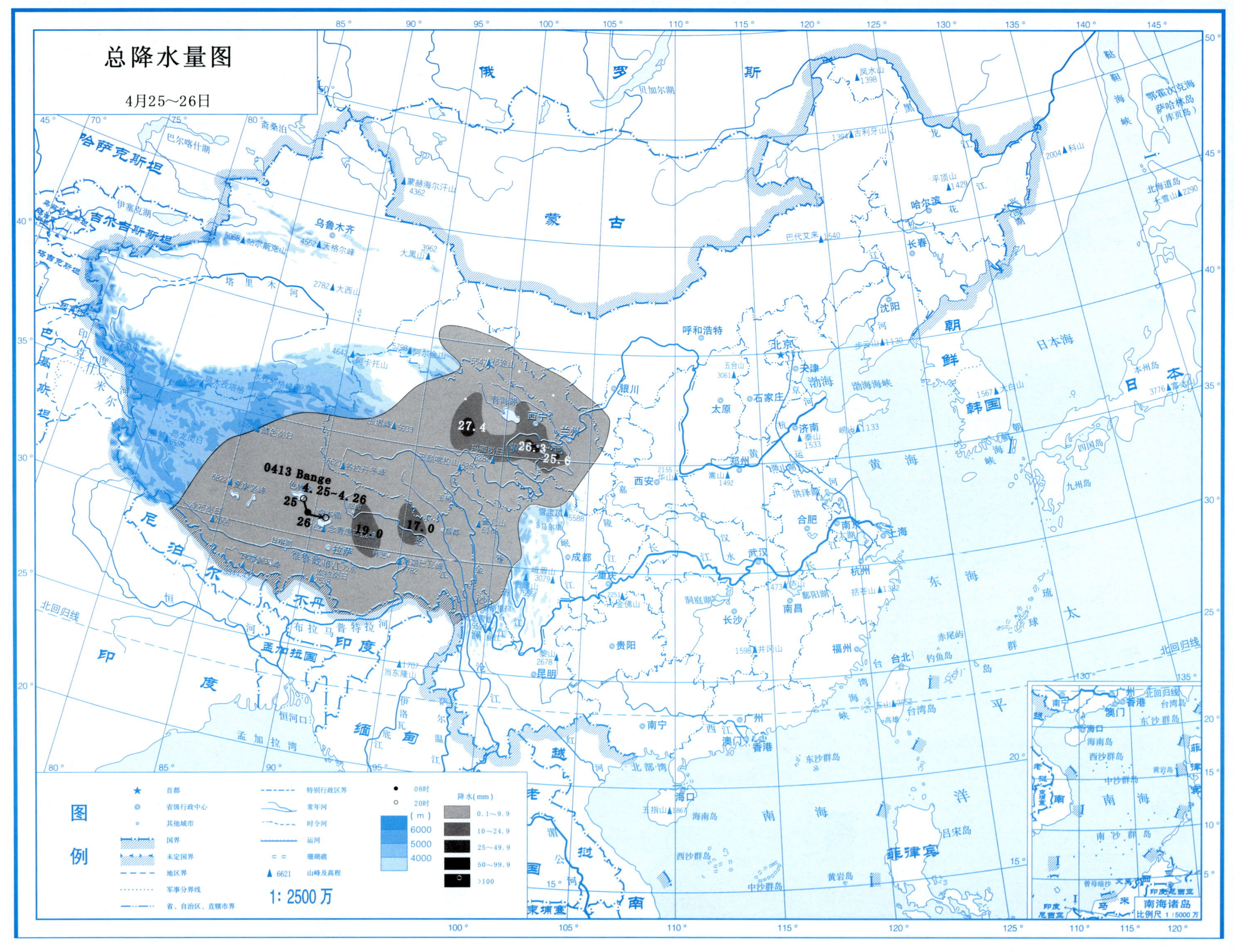
总降水量图
4月25~26日
0413 Bange
4.25~4.26
25
26
27.4
26.3
25.6
19.0
17.0
俄
罗
斯
蒙
古
哈萨克斯坦
吉尔吉斯斯坦
塔吉克斯坦
巴基斯坦
尼
泊
尔
不丹
印度
孟加拉国
缅
甸
越
老
挝
柬埔寨
朝
鲜
韩国
日
本
乌鲁木齐
拉萨
西宁
兰州
银川
呼和浩特
北京
天津
太原
石家庄
济南
郑州
西安
合肥
南京
上海
武汉
成都
重庆
杭州
南昌
长沙
贵阳
昆明
福州
台北
南宁
广州
香港
澳门
海口
沈阳
长春
哈尔滨
日本海
黄海
东海
南海
渤海
太平洋
北回归线
图例
首都
省级行政中心
其他城市
国界
未定国界
地区界
军事分界线
省、自治区、直辖市界
特别行政区界
常年河
时令河
运河
珊瑚礁
山峰及高程
08时
20时
(m)
6000
5000
4000
降水(mm)
0.1~9.9
10~24.9
25~49.9
50~99.9
>100
1:2500万
南海诸岛
比例尺 1:5000万

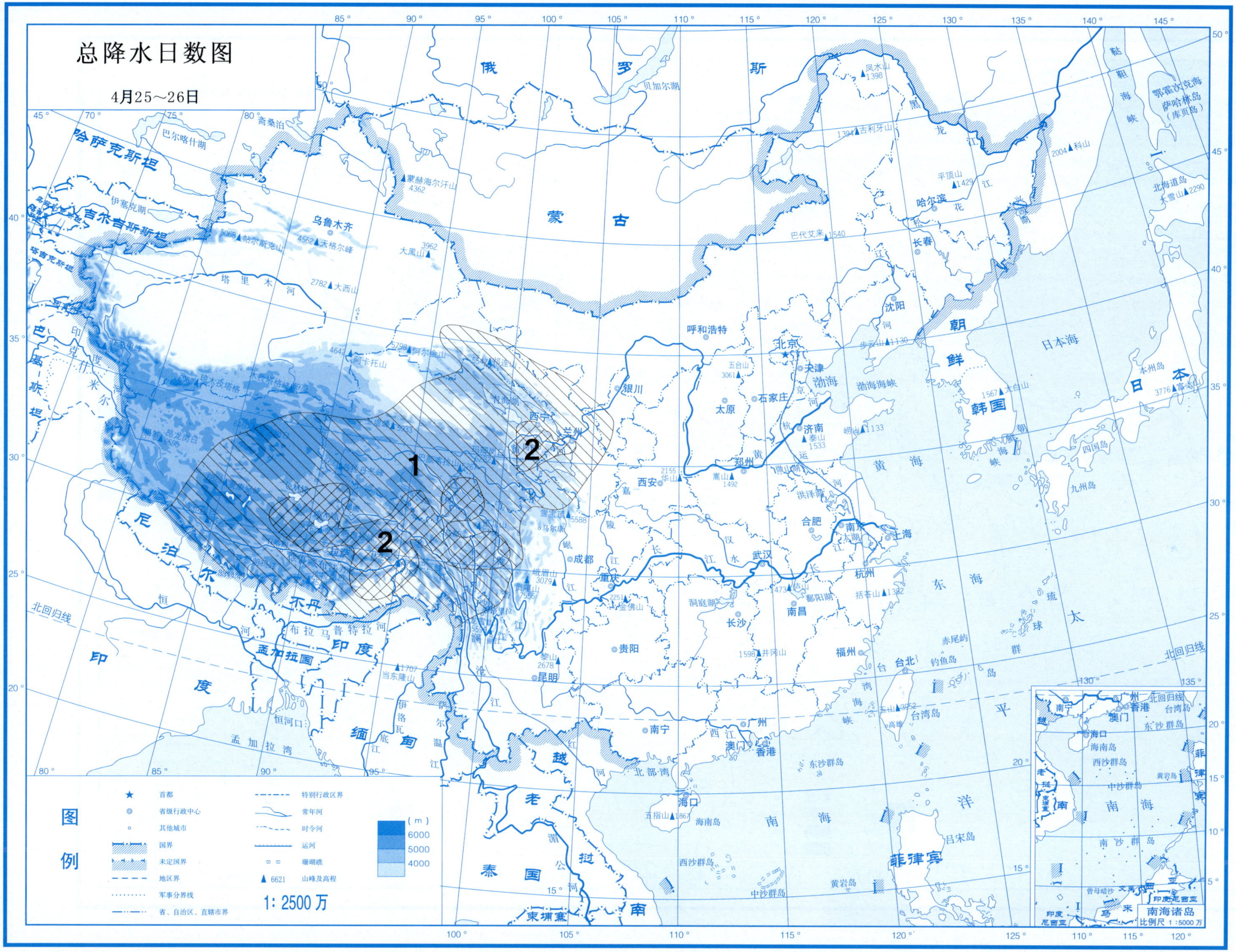

总降水日数图

4月25～26日

图例

- ★ 首都
- ◎ 省级行政中心
- ○ 其他城市
- 国界
- 未定国界
- 地区界
- 军事分界线
- 省、自治区、直辖市界
- 特别行政区界
- 常年河
- 时令河
- 运河
- 珊瑚礁
- ▲ 6621 山峰及高程

(m)
6000
5000
4000

1：2500万

南海诸岛
比例尺 1：5000万

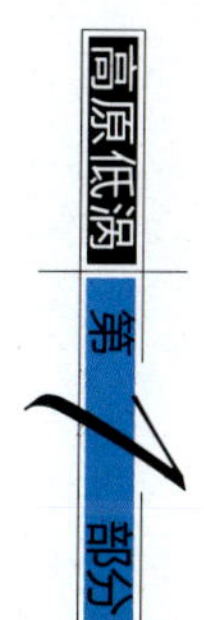

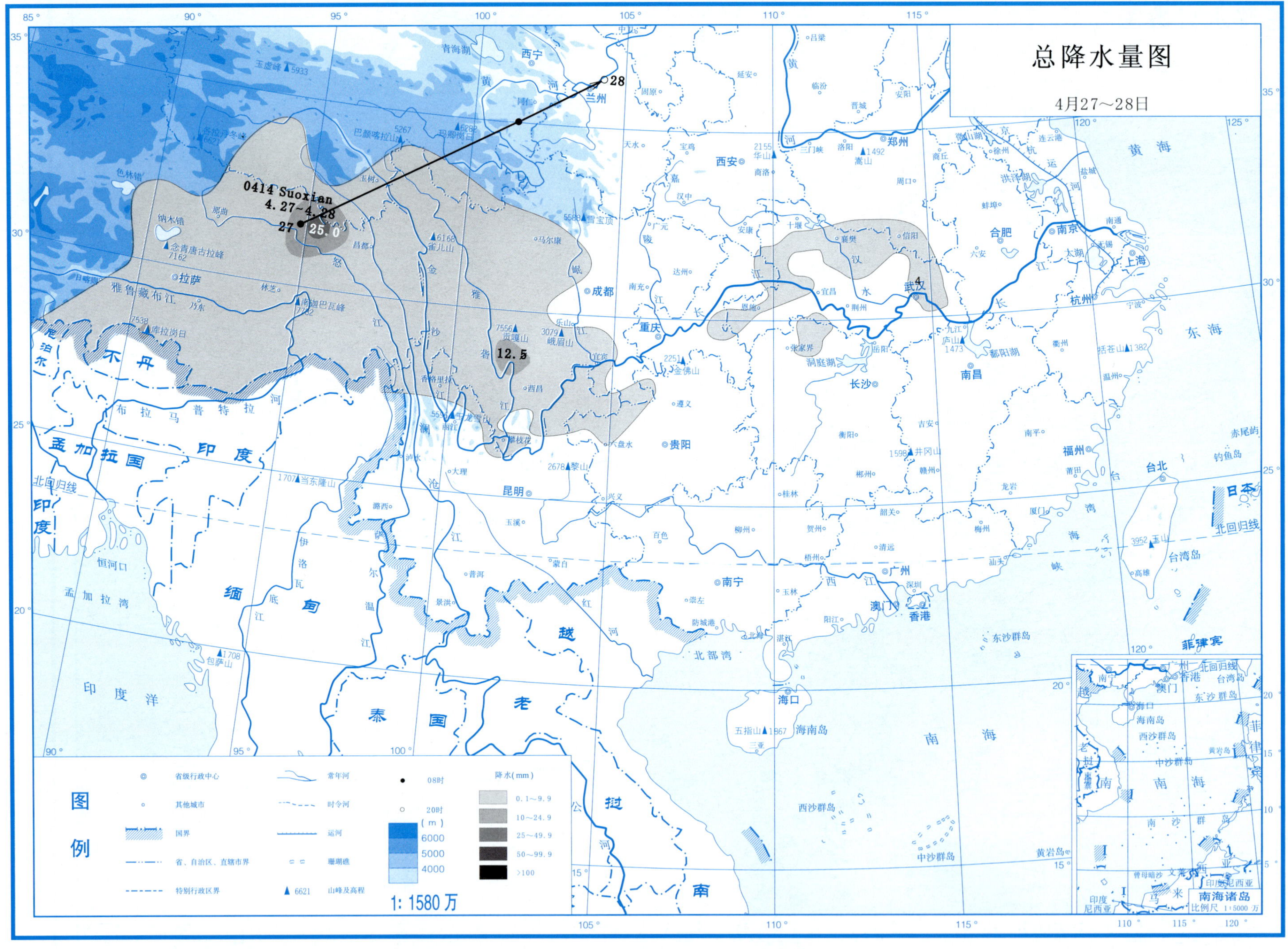

总降水量图
4月27～28日
0414 Suoxian
4.27~4.28
27
28
25.0
12.5
图例
省级行政中心
其他城市
国界
省、自治区、直辖市界
特别行政区界
常年河
时令河
运河
珊瑚礁
6621 山峰及高程
08时
20时
(m)
6000
5000
4000
降水(mm)
0.1～9.9
10～24.9
25～49.9
50～99.9
>100
1:1580万
南海诸岛
比例尺 1:5000万

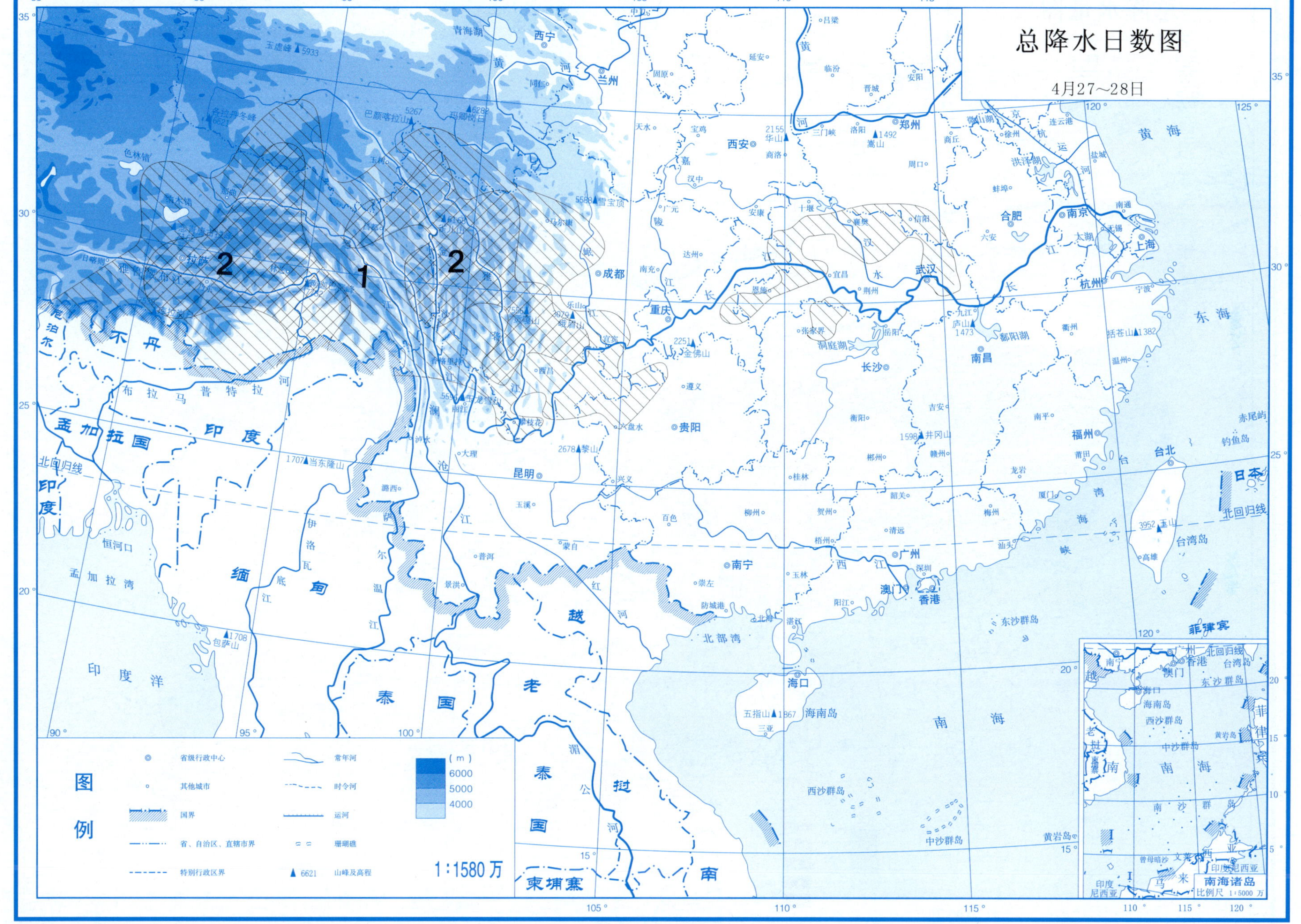
总降水日数图
4月27～28日
图例
省级行政中心
其他城市
国界
省、自治区、直辖市界
特别行政区界
常年河
时令河
运河
珊瑚礁
6621 山峰及高程
(m)
6000
5000
4000
1:1580万
南海诸岛
比例尺 1:5000万

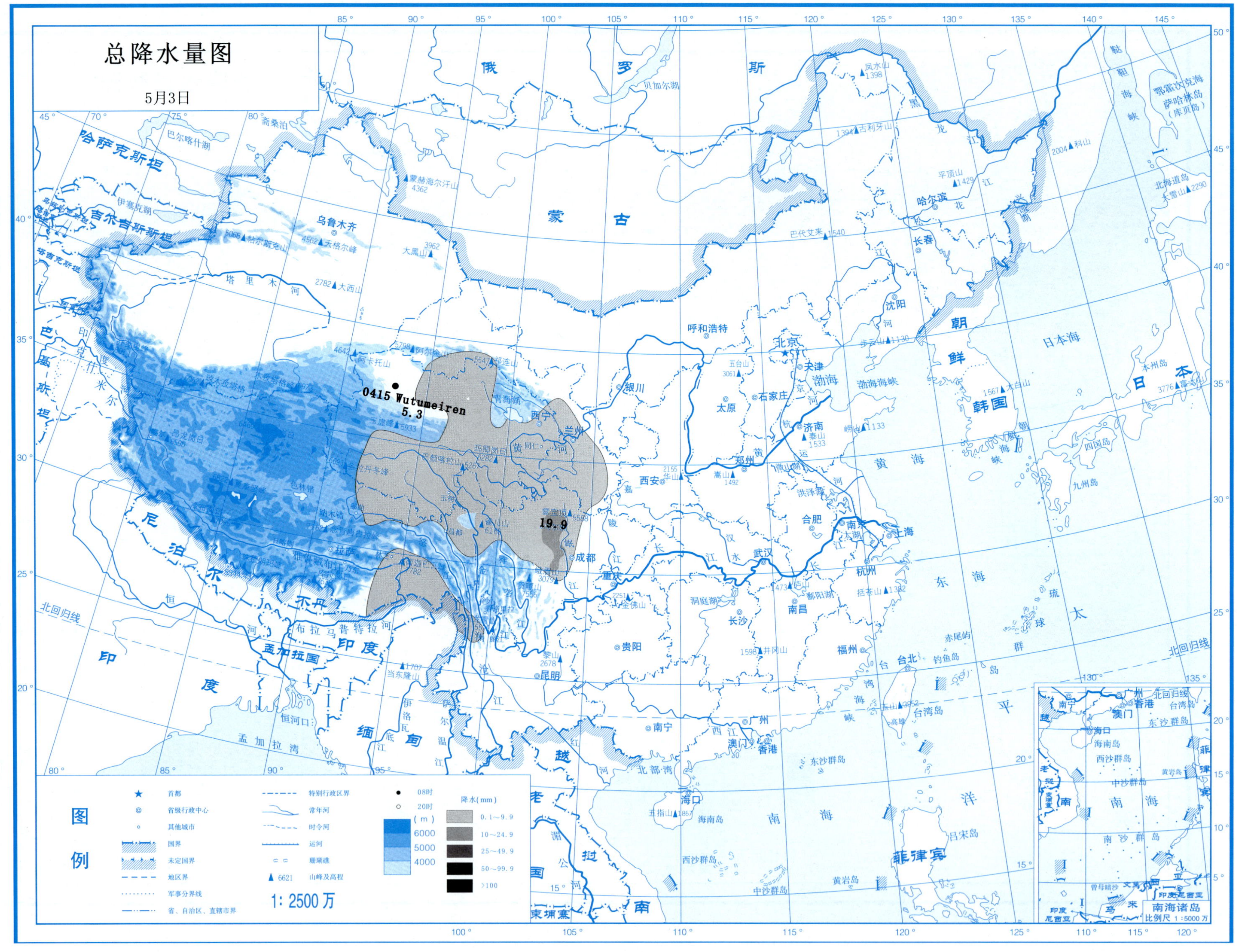
总降水量图
5月3日
0415 Wutumeiren
5.3
19.9
图例
首都
省级行政中心
其他城市
国界
未定国界
地区界
军事分界线
省、自治区、直辖市界
特别行政区界
常年河
时令河
运河
珊瑚礁
山峰及高程
08时
20时
(m)
6000
5000
4000
降水(mm)
0.1~9.9
10~24.9
25~49.9
50~99.9
>100
1: 2500 万
南海诸岛
比例尺 1:5000 万

总降水日数图

5月3日

图例

- ★ 首都
- ◎ 省级行政中心
- ○ 其他城市
- 国界
- 未定国界
- 地区界
- 军事分界线
- 省、自治区、直辖市界
- 特别行政区界
- 常年河
- 时令河
- 运河
- 珊瑚礁
- ▲6621 山峰及高程

(m)
6000
5000
4000

1：2500万

南海诸岛
比例尺 1：5000万

Page...59

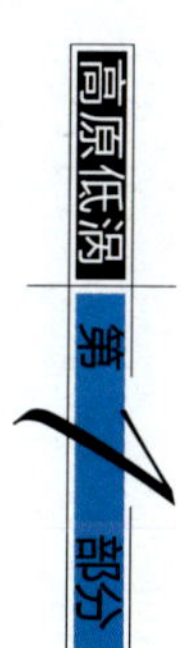

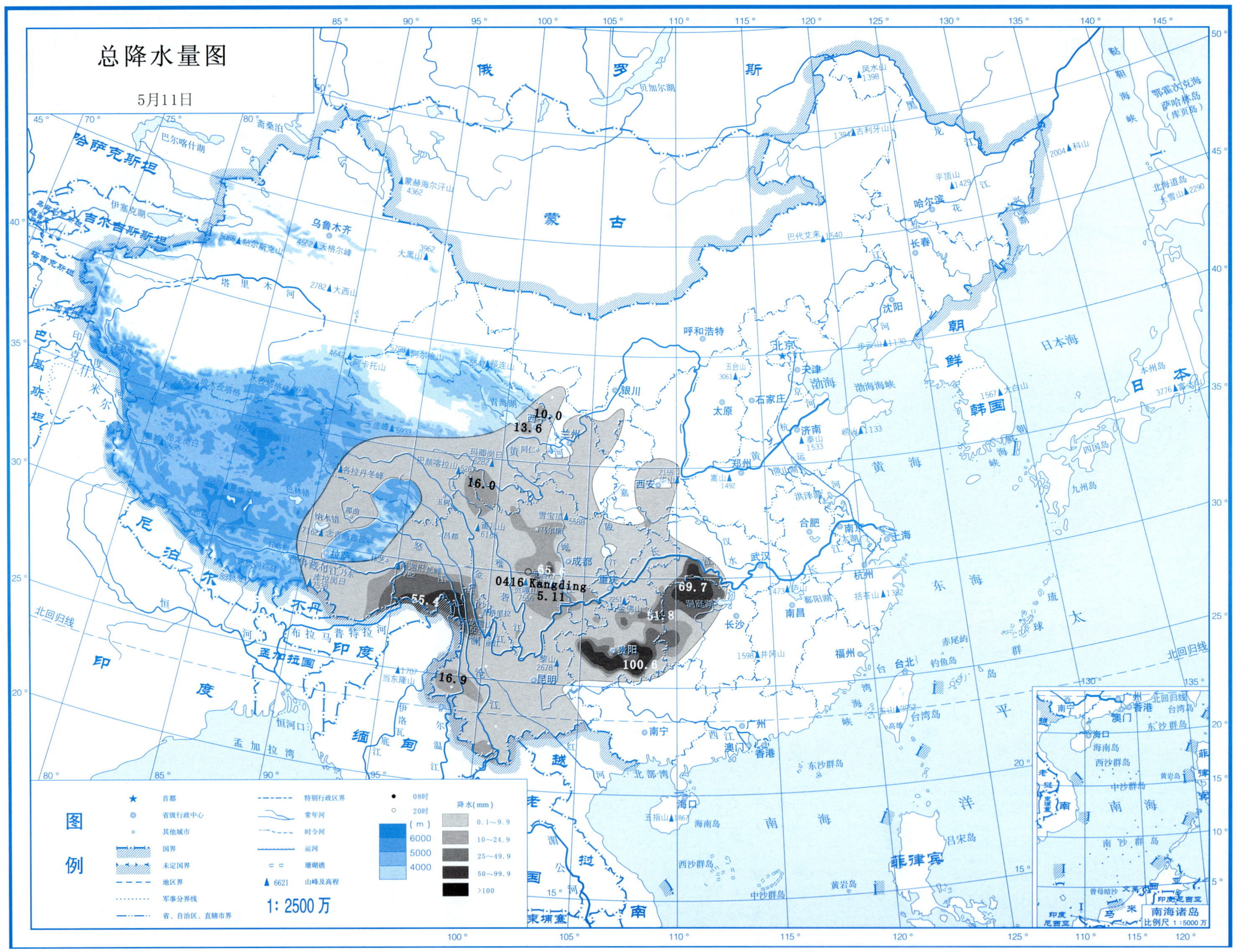
总降水量图
5月11日
0416 Kangding
5.11
10.0
13.6
16.0
55.4
16.9
69.7
100.6
图例
首都
省级行政中心
其他城市
国界
未定国界
地区界
军事分界线
省、自治区、直辖市界
特别行政区界
常年河
时令河
运河
珊瑚礁
山峰及高程
08时
20时
(m)
6000
5000
4000
降水(mm)
0.1～9.9
10～24.9
25～49.9
50～99.9
>100
1: 2500万
南海诸岛
比例尺 1:5000万

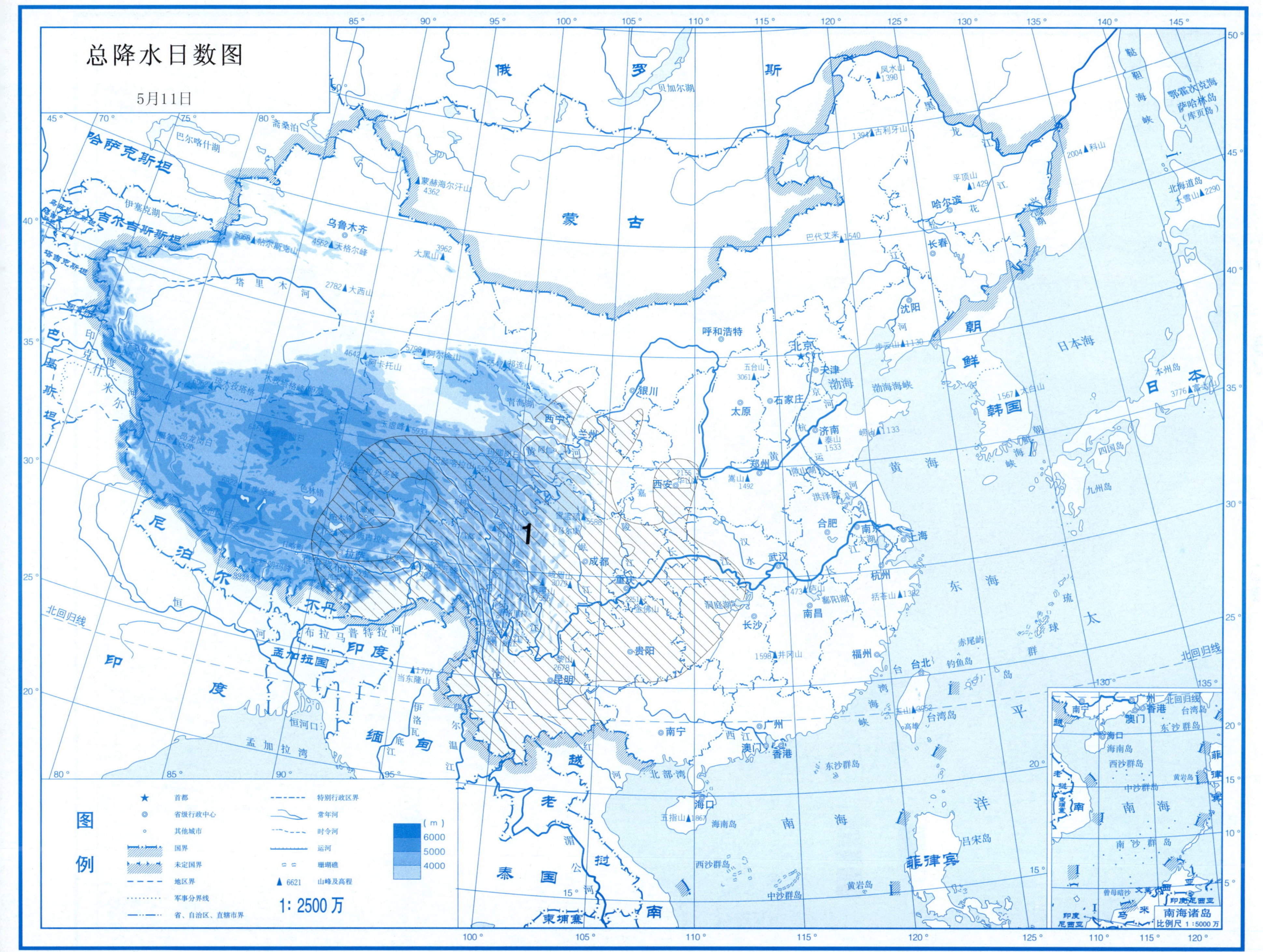

总降水日数图
5月11日
图例
首都
省级行政中心
其他城市
国界
未定国界
地区界
军事分界线
省、自治区、直辖市界
特别行政区界
常年河
时令河
运河
珊瑚礁
山峰及高程
(m)
6000
5000
4000
1: 2500万
1
南海诸岛
比例尺 1:5000万
北京
天津
石家庄
太原
呼和浩特
沈阳
长春
哈尔滨
济南
郑州
西安
银川
兰州
西宁
乌鲁木齐
拉萨
成都
重庆
贵阳
昆明
南宁
广州
长沙
武汉
南昌
合肥
南京
上海
杭州
福州
台北
海口
香港
澳门
俄罗斯
蒙古
哈萨克斯坦
吉尔吉斯斯坦
塔吉克斯坦
巴基斯坦
印度
尼泊尔
不丹
孟加拉国
缅甸
老挝
越南
泰国
柬埔寨
朝鲜
韩国
日本
菲律宾
渤海
黄海
东海
南海
日本海
太平洋

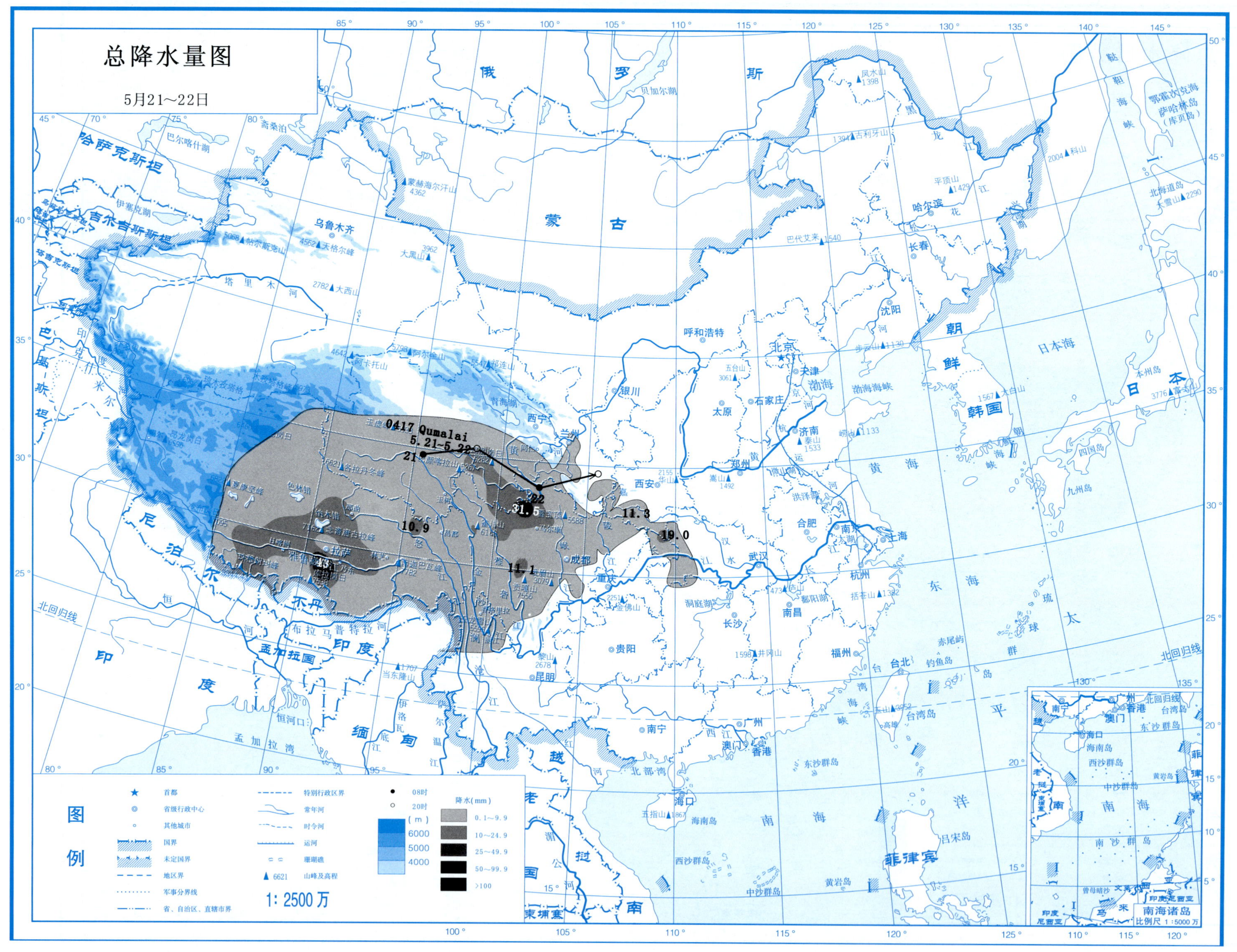
总降水量图
5月21～22日
0417 Qumalai
5.21～5.22
21
22
31.5
10.9
11.3
10.0
11.1
图例
首都
省级行政中心
其他城市
国界
未定国界
地区界
军事分界线
特别行政区界
常年河
时令河
运河
珊瑚礁
6621 山峰及高程
省、自治区、直辖市界
08时
20时
(m)
6000
5000
4000
降水(mm)
0.1～9.9
10～24.9
25～49.9
50～99.9
>100
1:2500万
南海诸岛
比例尺 1:5000万

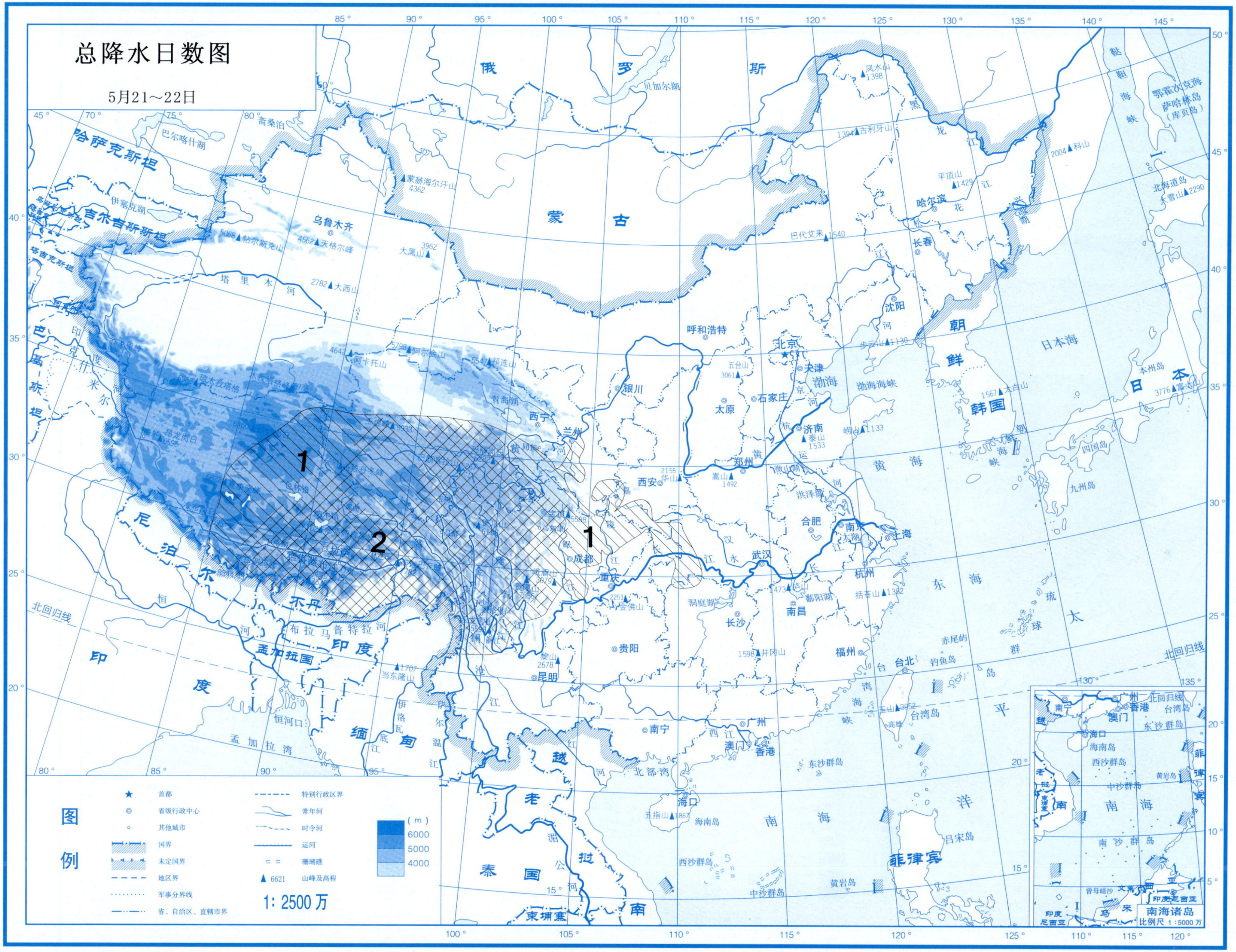

总降水日数图

5月21～22日

图例

- ★ 首都
- ◎ 省级行政中心
- ○ 其他城市
- 国界
- 未定国界
- 地区界
- 军事分界线
- 省、自治区、直辖市界
- 特别行政区界
- 常年河
- 时令河
- 运河
- 珊瑚礁
- ▲ 6621 山峰及高程

(m)
6000
5000
4000

1：2500万

南海诸岛
比例尺 1：5000万

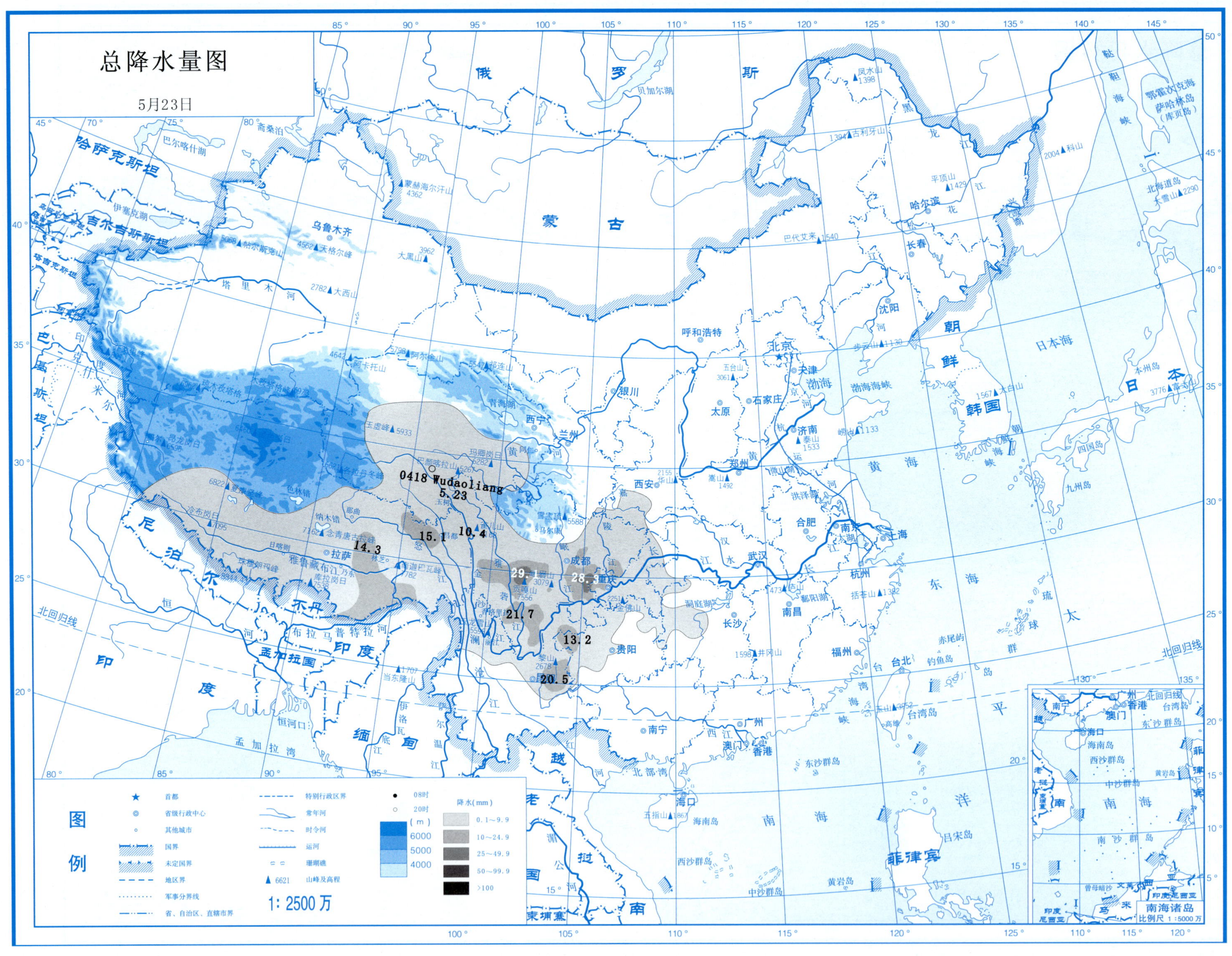
总降水量图
5月23日
0418 Wudaoliang
5.23
15.1
10.4
14.3
29.
28.3
21.7
13.2
20.5
图例
首都
省级行政中心
其他城市
国界
未定国界
地区界
军事分界线
省、自治区、直辖市界
特别行政区界
常年河
时令河
运河
珊瑚礁
6621 山峰及高程
0８时
20时
(m)
6000
5000
4000
降水(mm)
0.1～9.9
10～24.9
25～49.9
50～99.9
>100
1: 2500万
南海诸岛
比例尺 1:5000万

总降水日数图

5月23日

图例

符号	说明	符号	说明
★	首都	— — —	特别行政区界
◎	省级行政中心	～	常年河
∘	其他城市	- - -	时令河
	国界		运河
	未定国界		珊瑚礁
— —	地区界	▲ 6621	山峰及高程
······	军事分界线		
—·—·	省、自治区、直辖市界		

(m)
6000
5000
4000

1：2500万

南海诸岛
比例尺 1：5000万

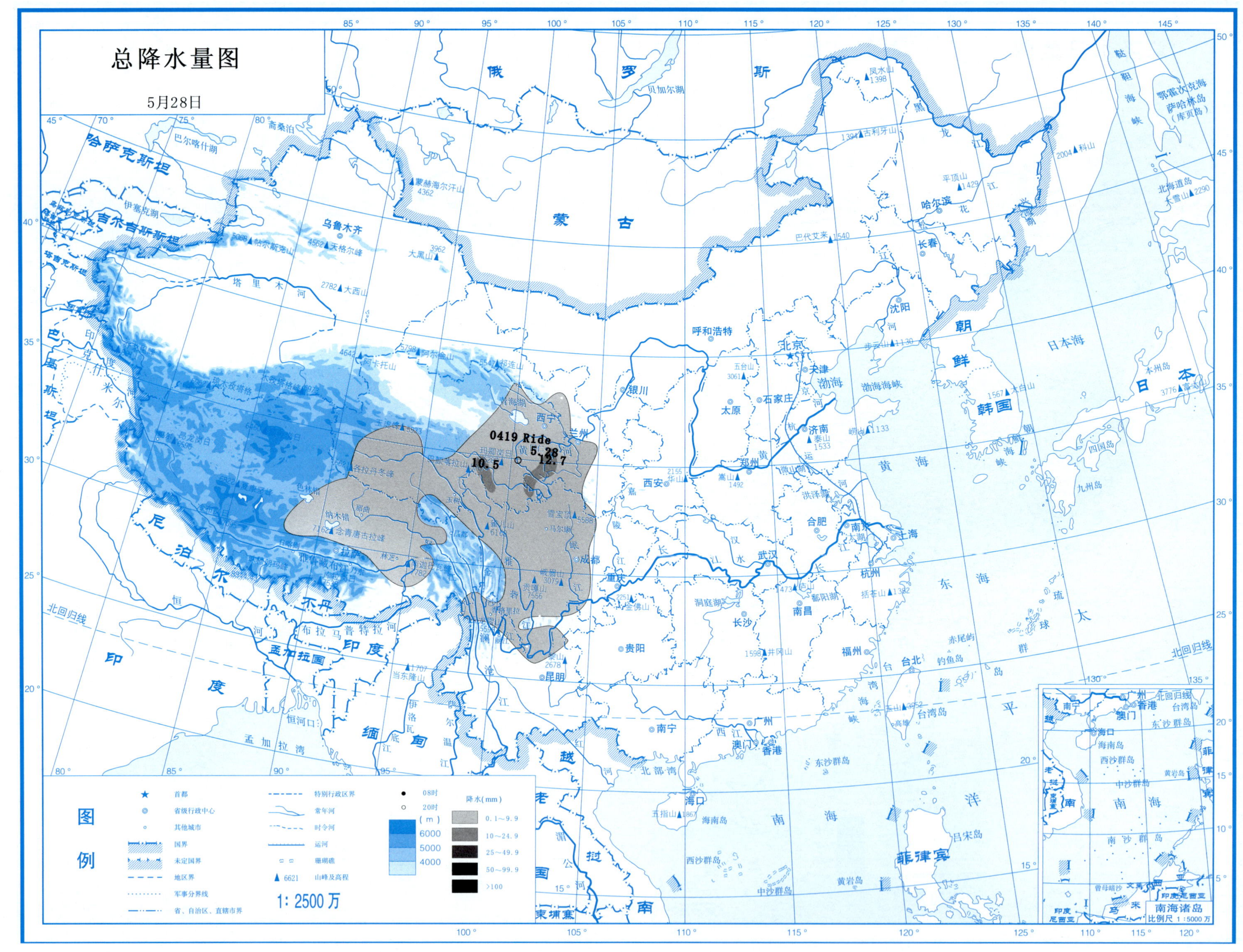
总降水量图
5月28日
0419 Ride
5.28
10.5
12.7
图例
首都
省级行政中心
其他城市
国界
未定国界
地区界
军事分界线
省、自治区、直辖市界
特别行政区界
常年河
时令河
运河
珊瑚礁
6621 山峰及高程
08时
20时
（m）
6000
5000
4000
降水(mm)
0.1～9.9
10～24.9
25～49.9
50～99.9
>100
1:2500万
南海诸岛
比例尺 1:5000万

总降水日数图

5月28日

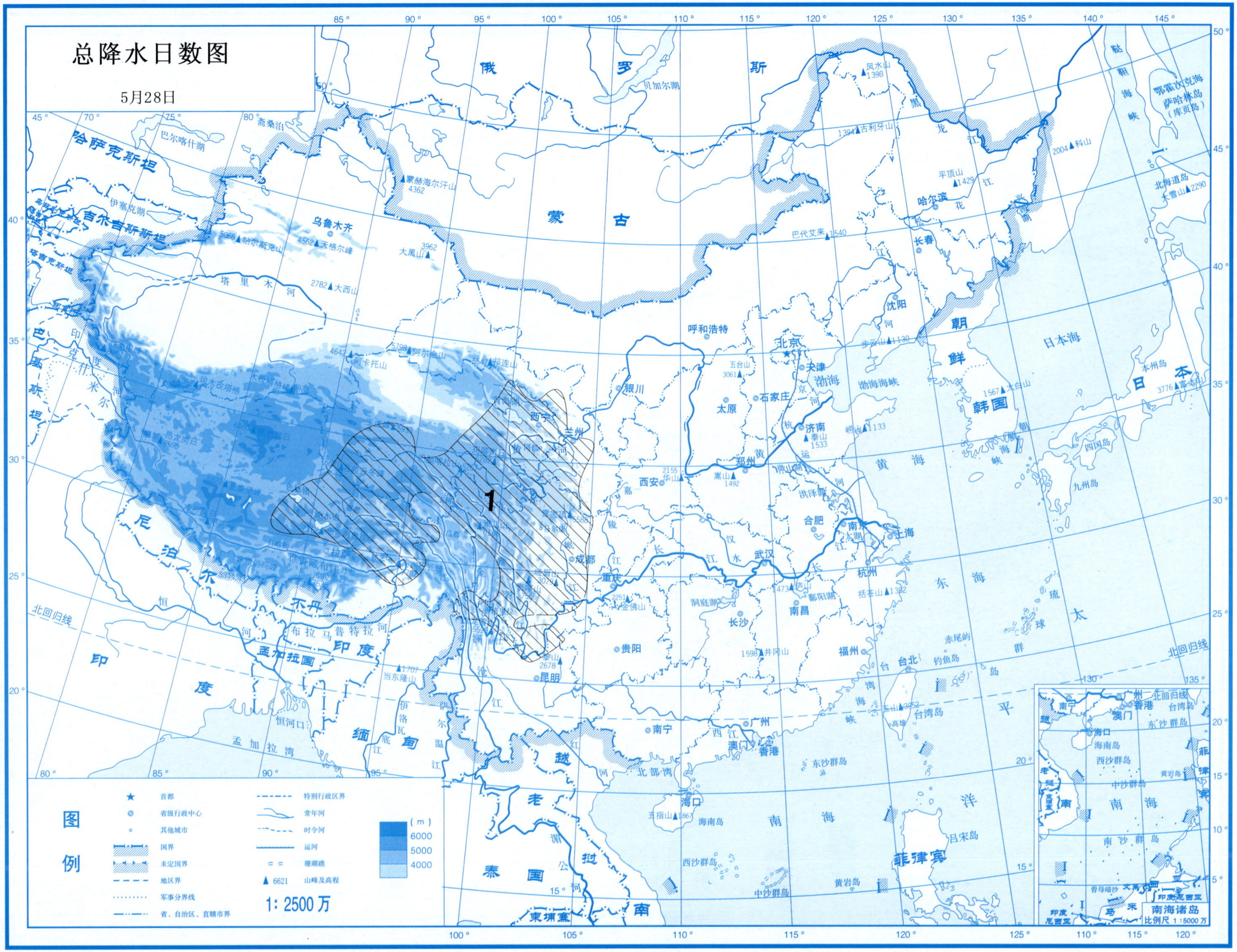

1

图例

符号	说明
★	首都
◎	省级行政中心
∘	其他城市
	国界
	未定国界
	地区界
	军事分界线
	省、自治区、直辖市界
	特别行政区界
	常年河
	时令河
	运河
	珊瑚礁
▲ 6621	山峰及高程

(m)
6000
5000
4000

1: 2500 万

南海诸岛
比例尺 1:5000 万

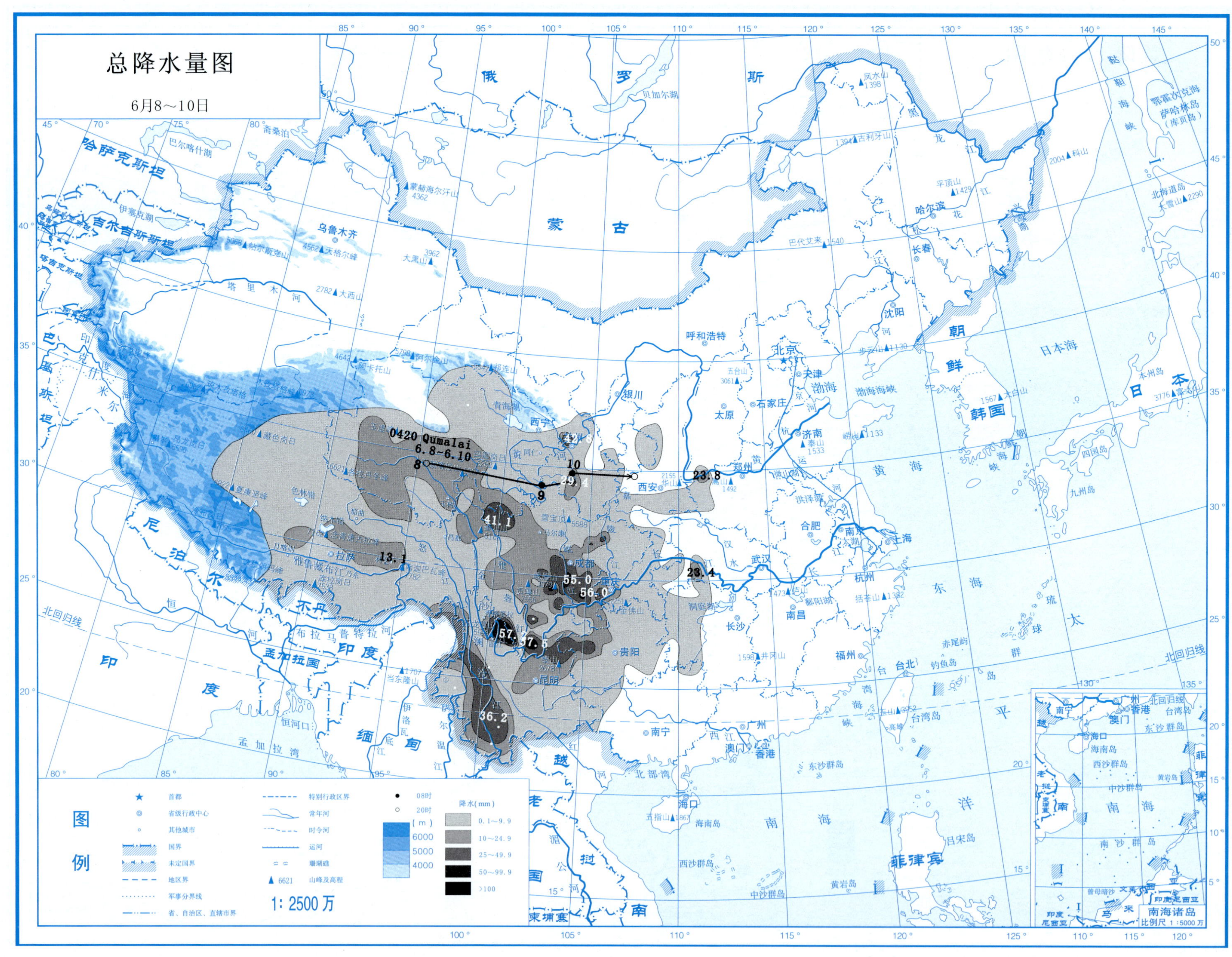
总降水量图
6月8～10日
0420 Qumalai
6.8-6.10
8
9
10
41.1
13.1
55.0
56.0
57.7
37.5
36.2
23.8
23.4
图例
首都
省级行政中心
其他城市
国界
未定国界
地区界
军事分界线
省、自治区、直辖市界
特别行政区界
常年河
时令河
运河
珊瑚礁
山峰及高程
08时
20时
(m)
6000
5000
4000
降水(mm)
0.1～9.9
10～24.9
25～49.9
50～99.9
>100
1: 2500 万
南海诸岛
比例尺 1:5000 万

总降水日数图

6月8～10日

1

2

图例

符号	说明	符号	说明
★	首都		特别行政区界
◎	省级行政中心		常年河
○	其他城市		时令河
	国界		运河
	未定国界		珊瑚礁
	地区界	▲ 6621	山峰及高程
	军事分界线		
	省、自治区、直辖市界		

(m)
6000
5000
4000

1：2500万

南海诸岛
比例尺 1：5000万

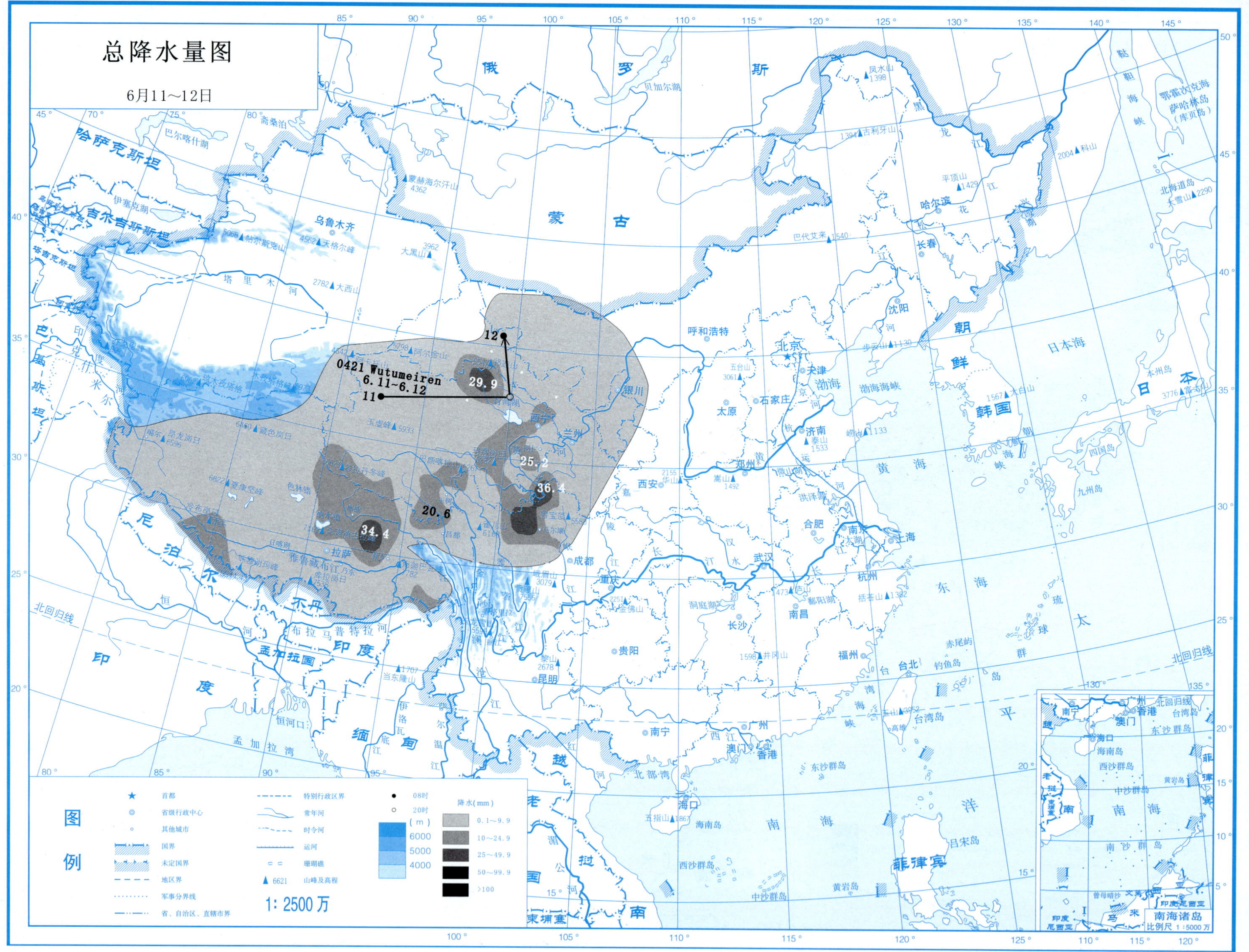
总降水量图
6月11～12日
0421 Wutumeiren
6.11~6.12
11
12
29.9
25.2
36.4
20.6
34.4
图例
首都
省级行政中心
其他城市
国界
未定国界
地区界
军事分界线
省、自治区、直辖市界
特别行政区界
常年河
时令河
运河
珊瑚礁
6621 山峰及高程
08时
20时
(m)
6000
5000
4000
降水(mm)
0.1～9.9
10～24.9
25～49.9
50～99.9
≥100
1: 2500万
南海诸岛
比例尺 1:5000万

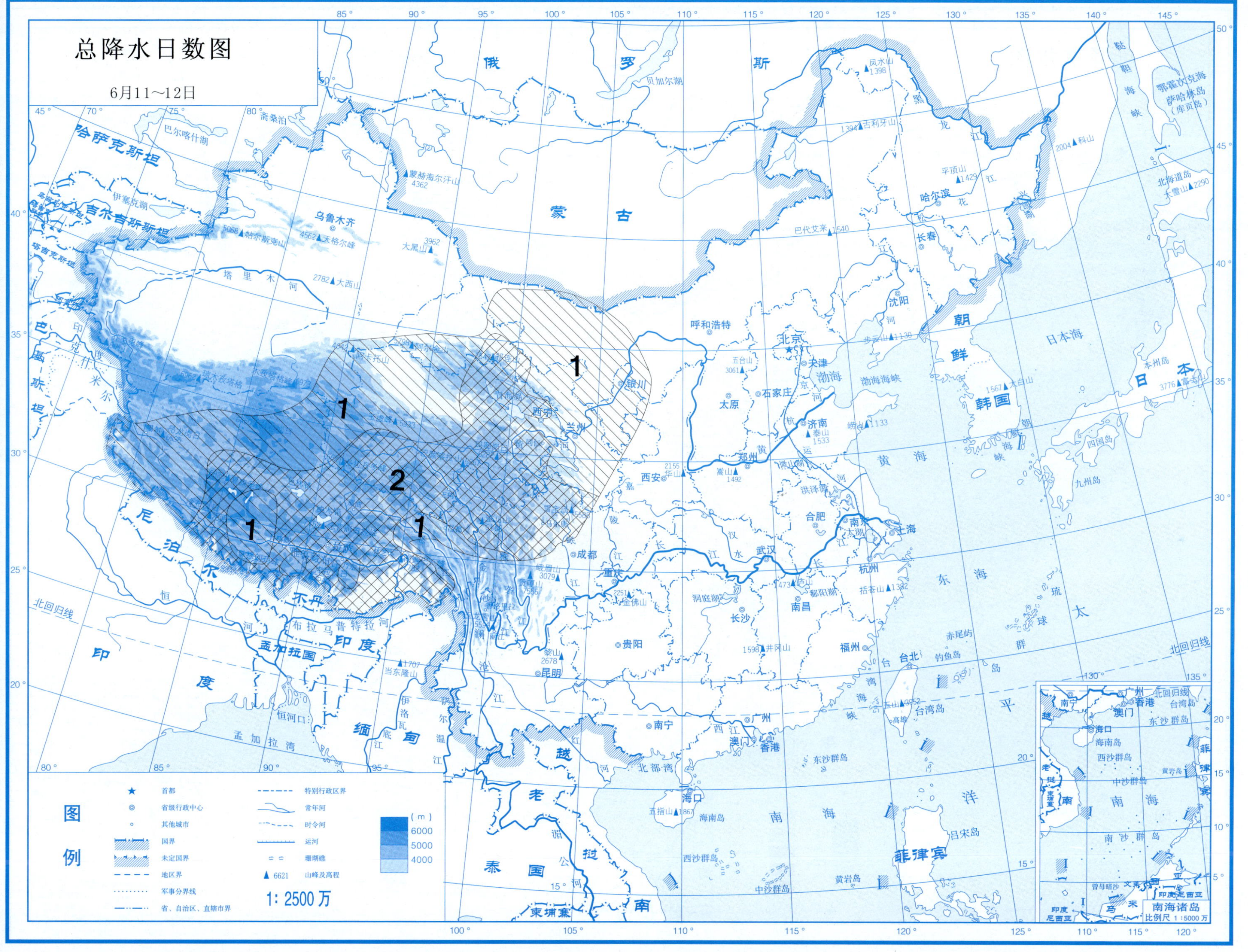
总降水日数图
6月11～12日
图例
首都
省级行政中心
其他城市
国界
未定国界
地区界
军事分界线
省、自治区、直辖市界
特别行政区界
常年河
时令河
运河
珊瑚礁
6621 山峰及高程
(m)
6000
5000
4000
1：2500万
南海诸岛
比例尺 1：5000 万
1
2

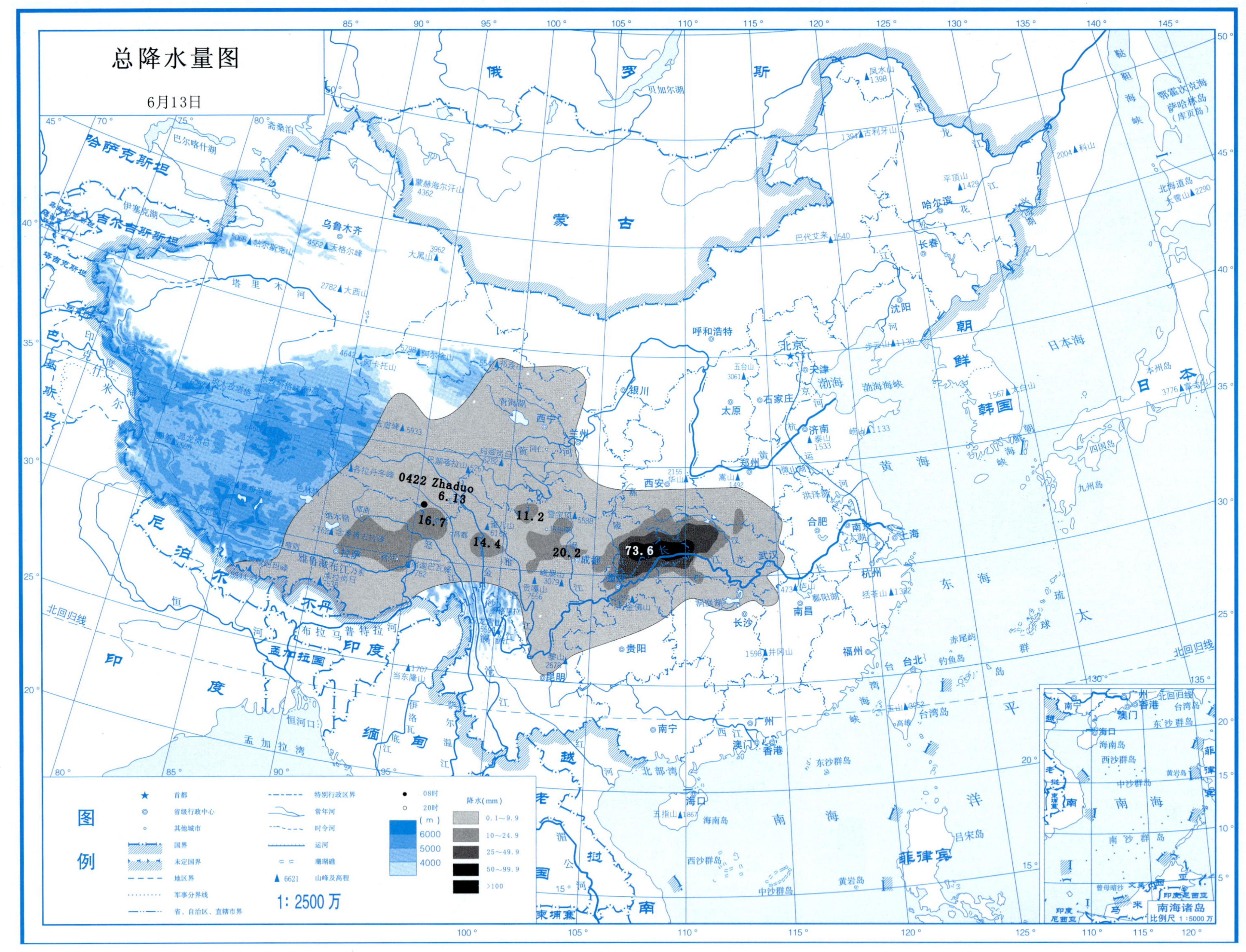
总降水量图
6月13日
0422 Zhaduo
6.13
16.7
14.4
11.2
20.2
73.6
图例
首都
省级行政中心
其他城市
国界
未定国界
地区界
军事分界线
省、自治区、直辖市界
特别行政区界
常年河
时令河
运河
珊瑚礁
山峰及高程
08时
20时
(m)
6000
5000
4000
降水(mm)
0.1～9.9
10～24.9
25～49.9
50～99.9
>100
1:2500万
南海诸岛
比例尺 1:5000万

总降水日数图

6月13日

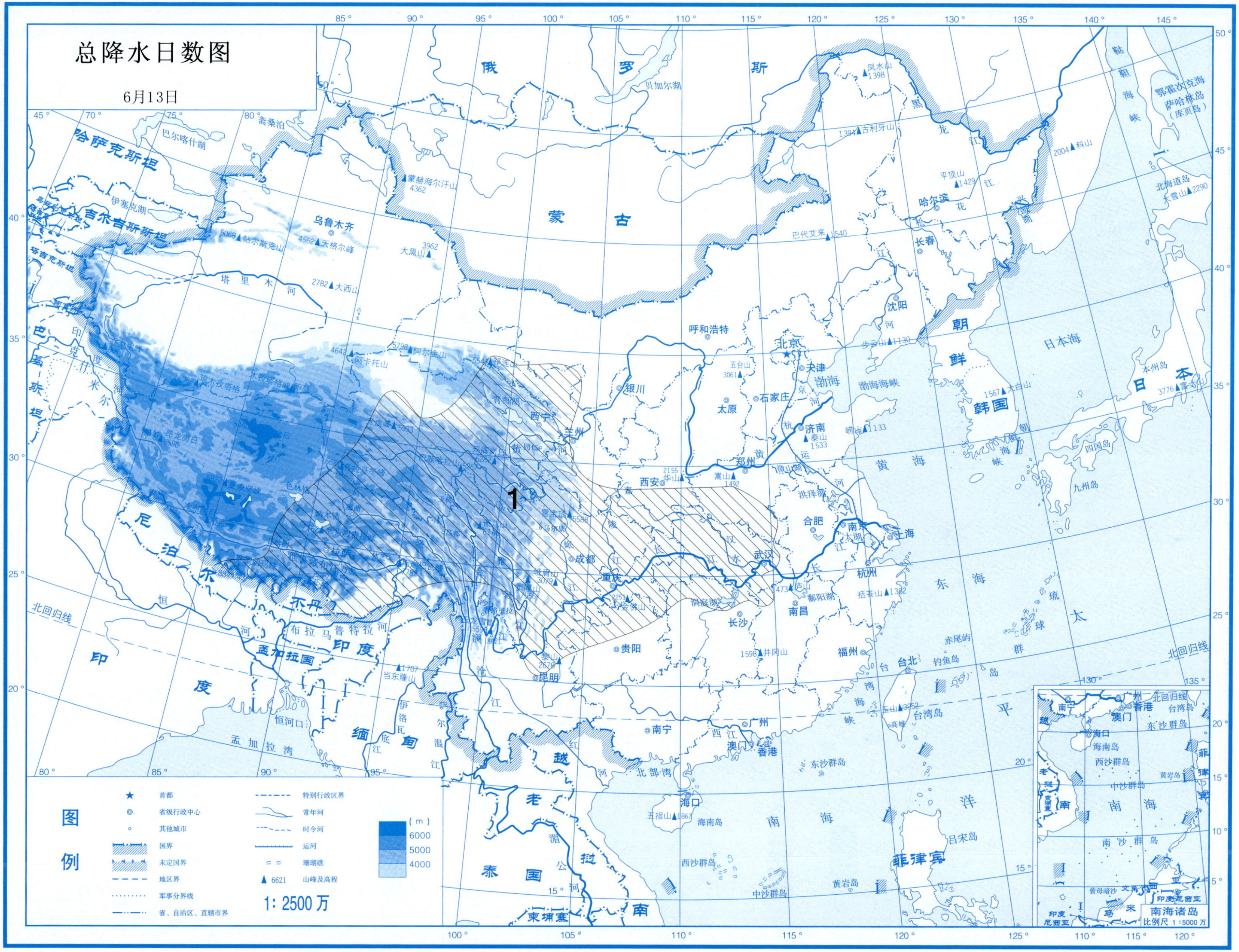

1

图例

- ★ 首都
- ◎ 省级行政中心
- ○ 其他城市
- 国界
- 未定国界
- 地区界
- 军事分界线
- 省、自治区、直辖市界
- 特别行政区界
- 常年河
- 时令河
- 运河
- 珊瑚礁
- ▲ 6621 山峰及高程

(m)
6000
5000
4000

1:2500万

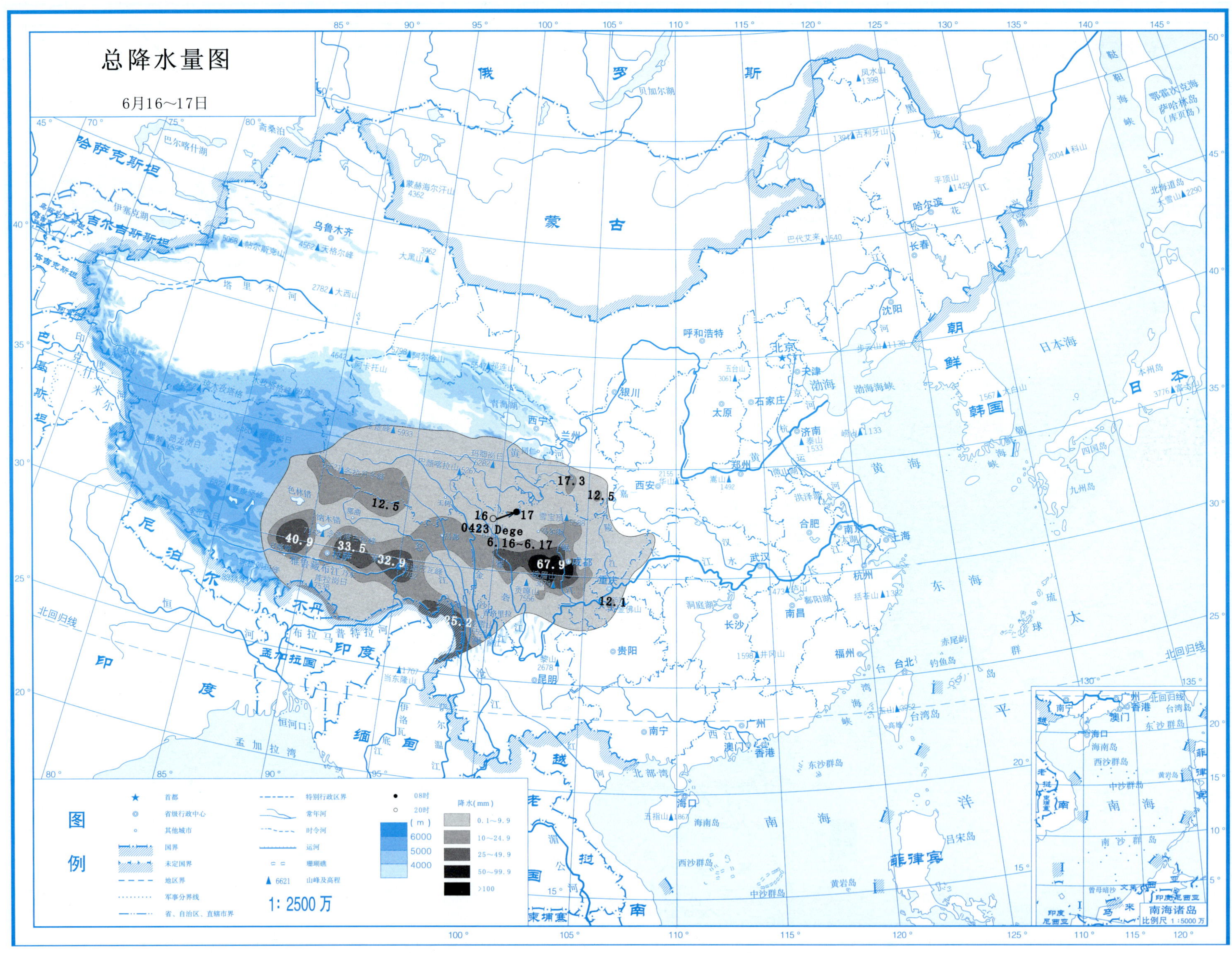
总降水量图
6月16～17日
16
17
0423 Dege
6.16～6.17
40.9
33.5
32.9
67.9
25.2
12.5
17.3
12.5
12.1
图例
首都
省级行政中心
其他城市
国界
未定国界
地区界
军事分界线
省、自治区、直辖市界
特别行政区界
常年河
时令河
运河
珊瑚礁
山峰及高程
1: 2500 万
08时
20时
(m)
6000
5000
4000
降水(mm)
0.1～9.9
10～24.9
25～49.9
50～99.9
>100
南海诸岛
比例尺 1:5000 万

总降水日数图

6月16~17日

图例

- ★ 首都
- ◎ 省级行政中心
- ◦ 其他城市
- 国界
- 未定国界
- 地区界
- 军事分界线
- 省、自治区、直辖市界
- 特别行政区界
- 常年河
- 时令河
- 运河
- 珊瑚礁
- ▲ 6621 山峰及高程

（m）6000 5000 4000

1：2500 万

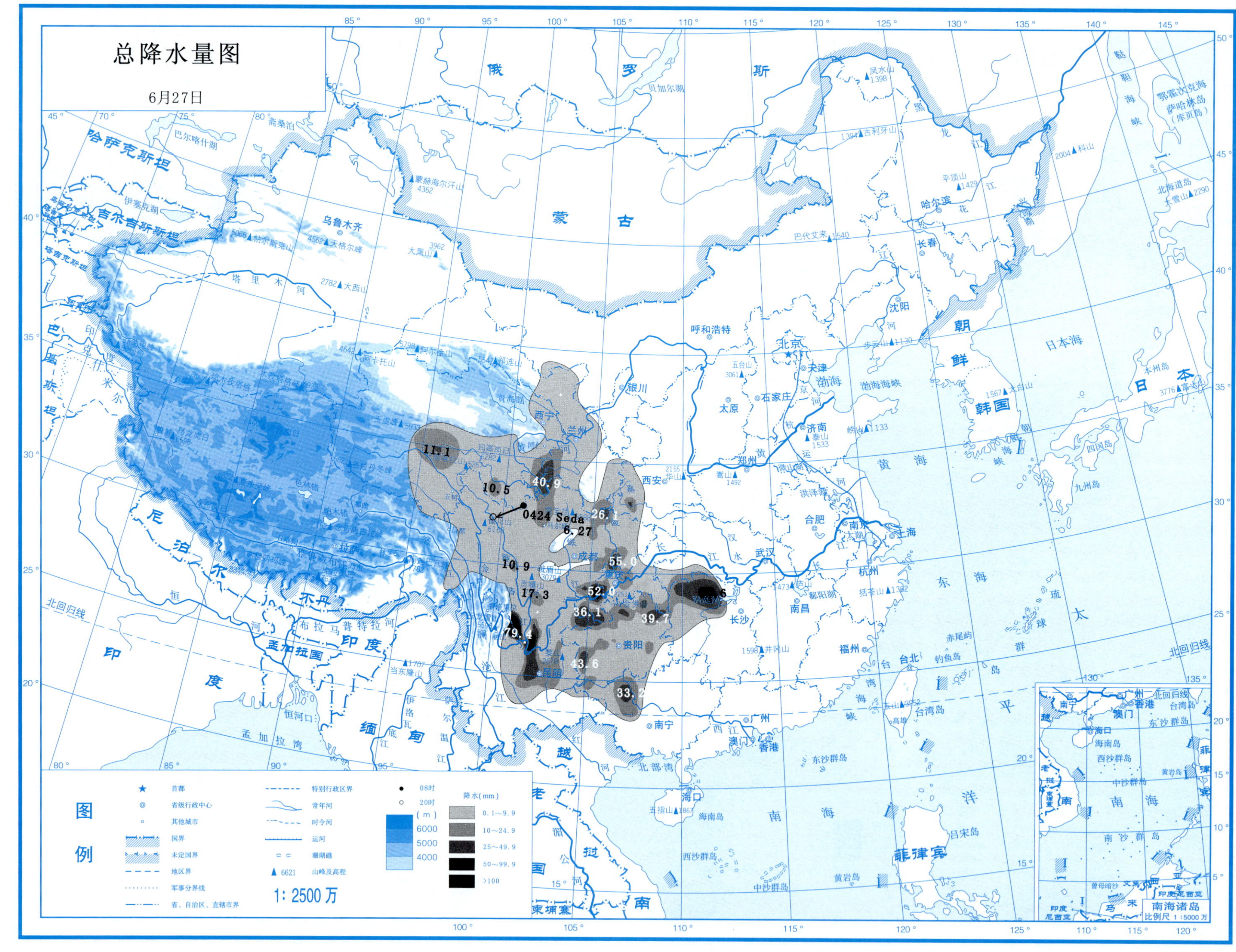
总降水量图
6月27日
0424 Seda
6.27
11.1
10.5
40.9
26.1
10.9
55.0
17.3
52.0
36.1
39.7
79.4
43.6
33.2
图例
首都
省级行政中心
其他城市
国界
未定国界
地区界
军事分界线
省、自治区、直辖市界
特别行政区界
常年河
时令河
运河
珊瑚礁
6621 山峰及高程
08时
20时
(m)
6000
5000
4000
降水(mm)
0.1~9.9
10~24.9
25~49.9
50~99.9
>100
1:2500万
南海诸岛
比例尺 1:5000万

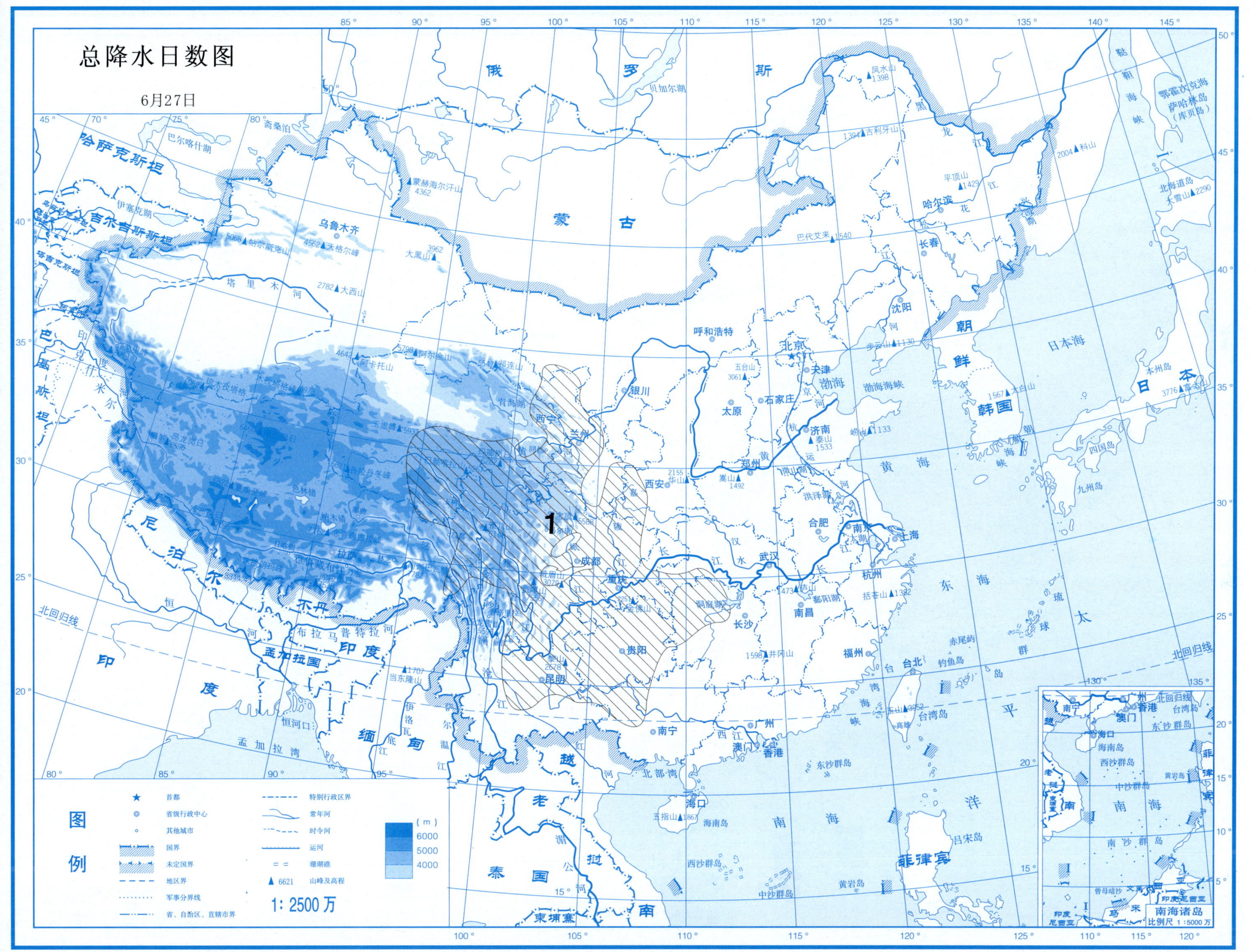
总降水日数图
6月27日
1
图例
首都
省级行政中心
其他城市
国界
未定国界
地区界
军事分界线
省、自治区、直辖市界
特别行政区界
常年河
时令河
运河
珊瑚礁
6621 山峰及高程
(m)
6000
5000
4000
1:2500万
南海诸岛
比例尺 1:5000万
北回归线
俄罗斯
蒙古
哈萨克斯坦
吉尔吉斯斯坦
塔吉克斯坦
巴基斯坦
印度
尼泊尔
不丹
孟加拉国
缅甸
老挝
越南
泰国
柬埔寨
朝鲜
韩国
日本
菲律宾
北京
天津
石家庄
太原
呼和浩特
沈阳
长春
哈尔滨
济南
郑州
西安
银川
兰州
西宁
乌鲁木齐
拉萨
成都
重庆
贵阳
昆明
南宁
长沙
武汉
南昌
合肥
南京
上海
杭州
福州
台北
广州
香港
澳门
海口
渤海
黄海
东海
南海
日本海
太平洋
孟加拉湾
北部湾
台湾岛
海南岛
东沙群岛
西沙群岛
中沙群岛
南沙群岛
黄岩岛
钓鱼岛
赤尾屿

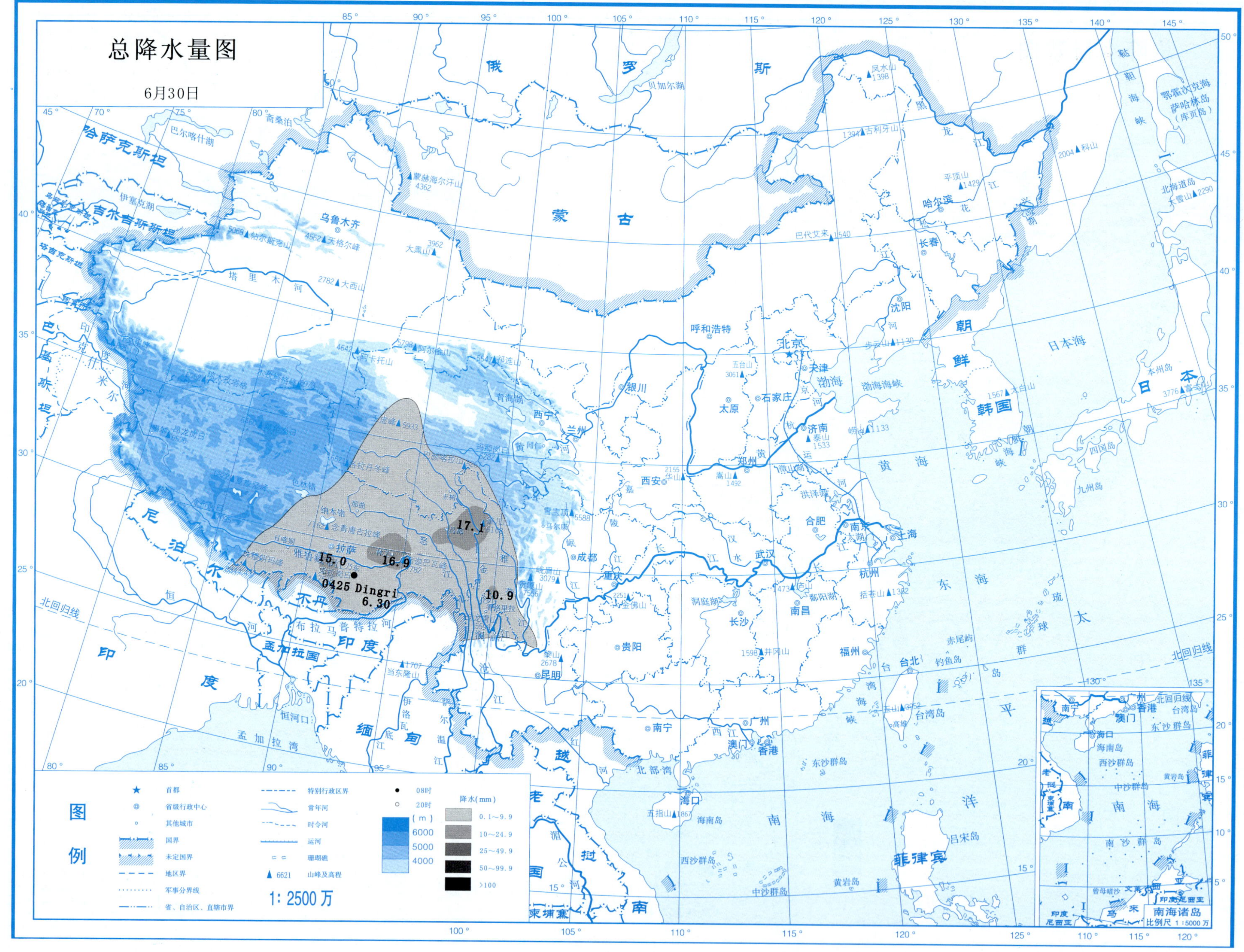
总降水量图
6月30日
17.1
15.0
16.9
0425 Dingri
6.30
10.9
图例
首都
省级行政中心
其他城市
国界
未定国界
地区界
军事分界线
省、自治区、直辖市界
特别行政区界
常年河
时令河
运河
珊瑚礁
6621 山峰及高程
08时
20时
降水(mm)
0.1～9.9
10～24.9
25～49.9
50～99.9
>100
(m)
6000
5000
4000
1:2500万
南海诸岛
比例尺 1:5000万

总降水日数图

6月30日

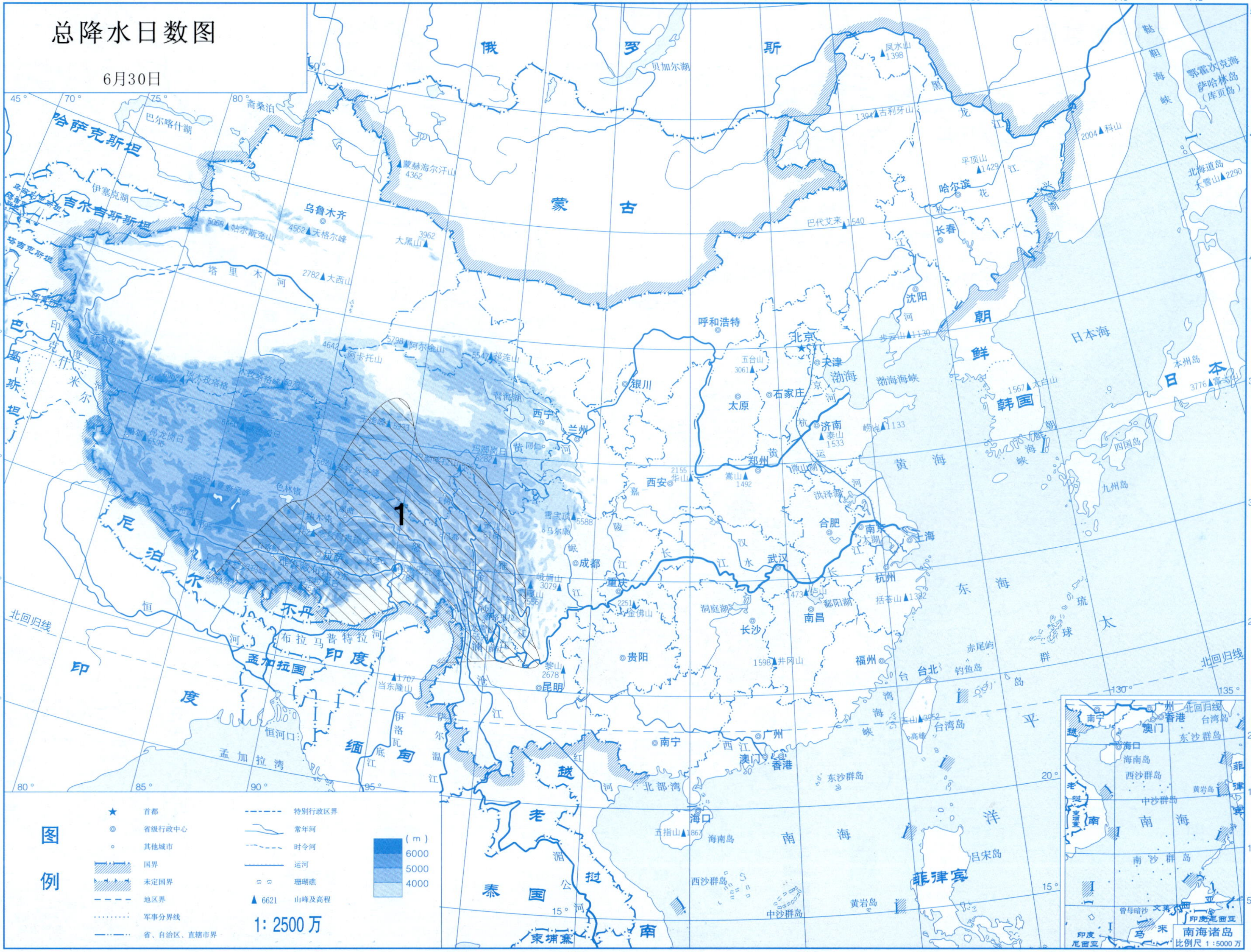

图例

符号	说明	符号	说明
★	首都		特别行政区界
◎	省级行政中心		常年河
○	其他城市		时令河
	国界		运河
	未定国界		珊瑚礁
	地区界	▲ 6621	山峰及高程
	军事分界线		
	省、自治区、直辖市界		

(m)
6000
5000
4000

1：2500万

南海诸岛
比例尺 1：5000万

Page...79

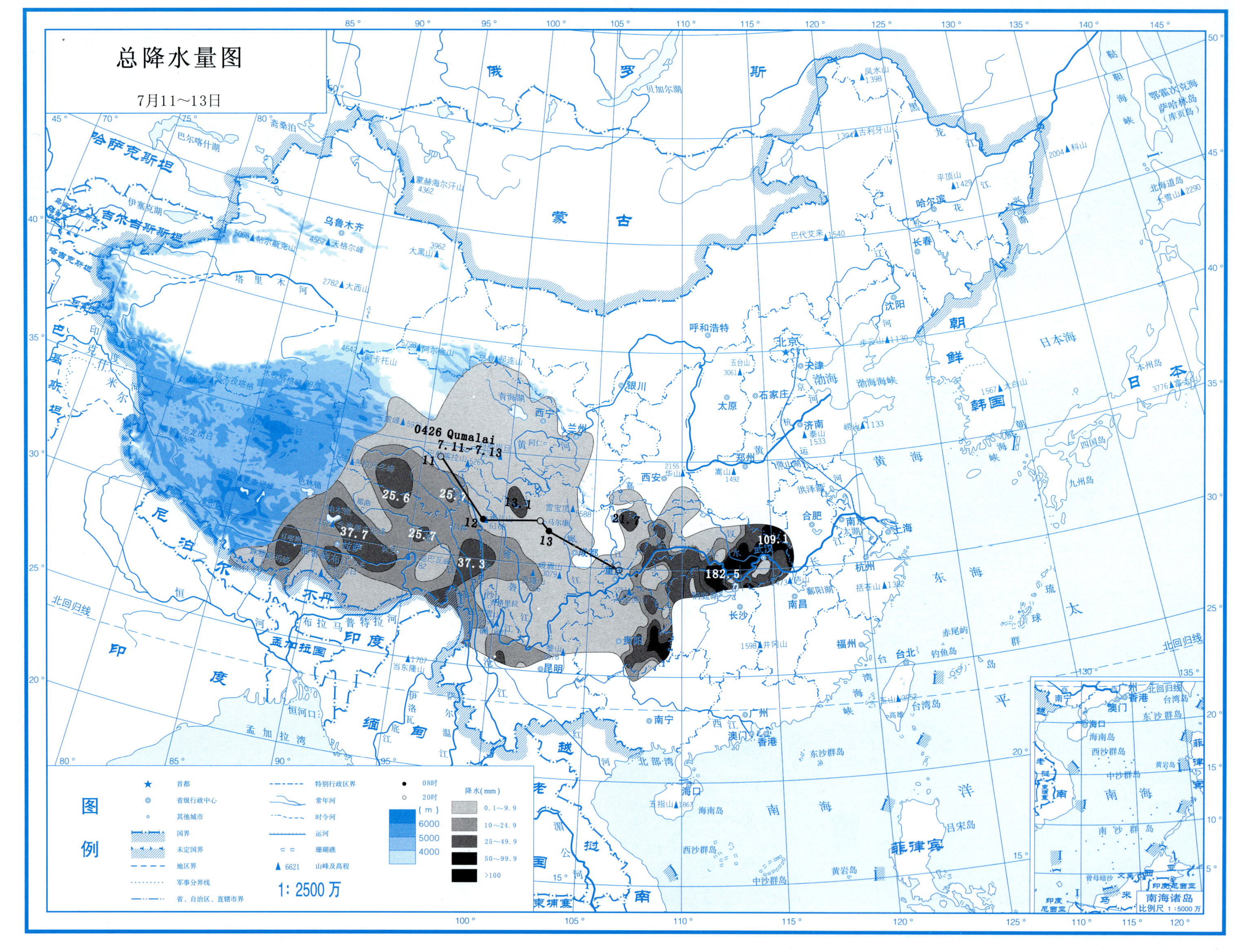
总降水量图
7月11～13日
0426 Qumalai
7.11~7.13
11
12
13
25.6
25.7
13.1
37.7
25.7
37.3
21.7
109.1
182.5
图例
首都
省级行政中心
其他城市
国界
未定国界
地区界
军事分界线
省、自治区、直辖市界
特别行政区界
常年河
时令河
运河
珊瑚礁
6621 山峰及高程
1: 2500万
08时
20时
(m)
6000
5000
4000
降水(mm)
0.1～9.9
10～24.9
25～49.9
50～99.9
>100
南海诸岛
比例尺 1:5000万

总降水日数图

7月11～13日

图例

- ★ 首都
- ◎ 省级行政中心
- ○ 其他城市
- 国界
- 未定国界
- 地区界
- 军事分界线
- 省、自治区、直辖市界
- 特别行政区界
- 常年河
- 时令河
- 运河
- 珊瑚礁
- ▲ 6621 山峰及高程

(m)
6000
5000
4000

1∶2500 万

南海诸岛
比例尺 1∶5000 万

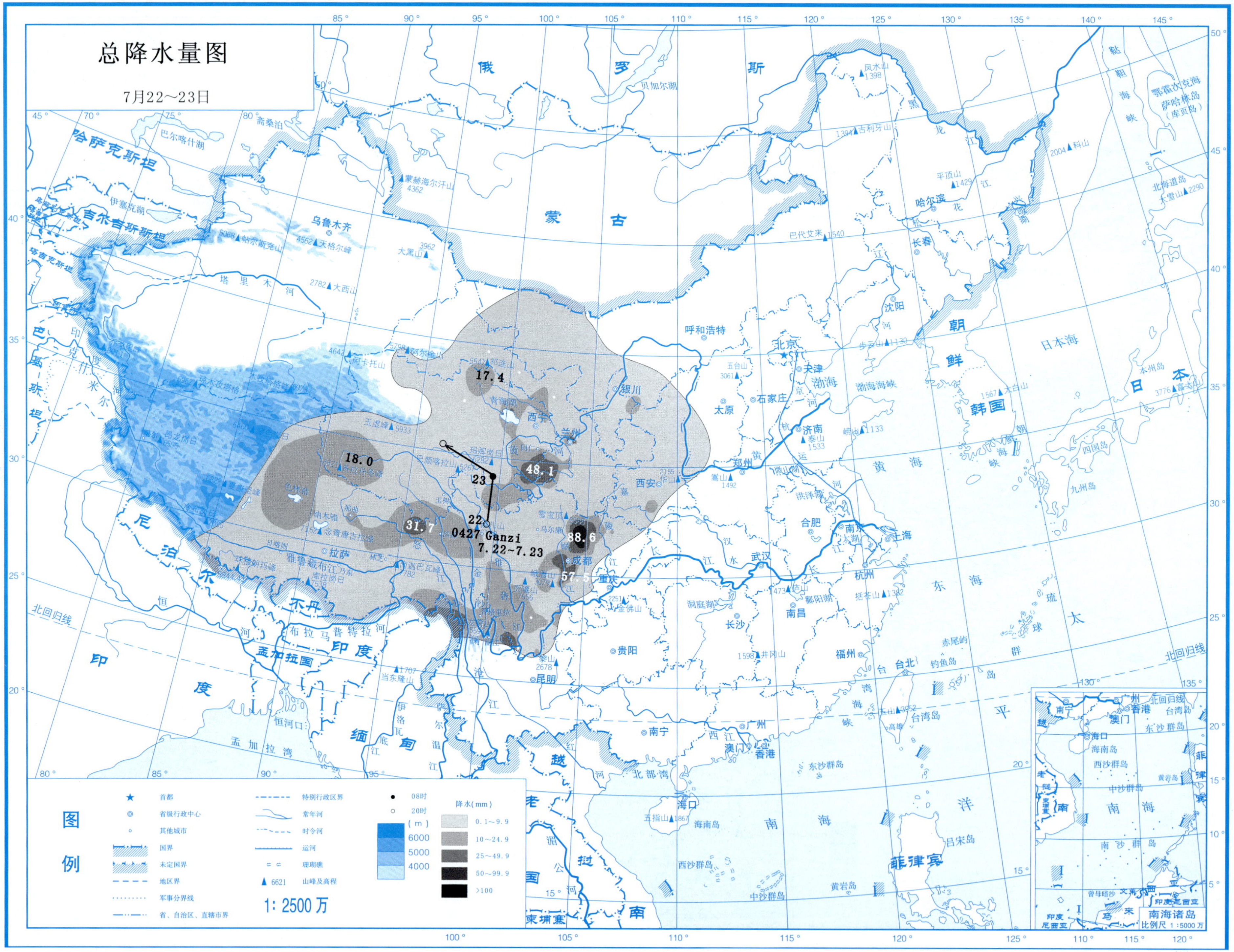

总降水量图

7月22～23日

17.4

18.0

48.1

31.7

88.6

57.5

23

22

0427 Ganzi

7.22～7.23

图例

符号	说明	符号	说明
★	首都		特别行政区界
◎	省级行政中心		常年河
○	其他城市		时令河
	国界		运河
	未定国界		珊瑚礁
	地区界	▲ 6621	山峰及高程
	军事分界线		
	省、自治区、直辖市界		

●	08时
○	20时

海拔(m)
6000
5000
4000

降水(mm)
0.1～9.9
10～24.9
25～49.9
50～99.9
>100

1: 2500万

南海诸岛 比例尺 1:5000万

总降水日数图

7月22～23日

图例

★ 首都
◎ 省级行政中心
○ 其他城市
国界
未定国界
地区界
军事分界线
省、自治区、直辖市界
特别行政区界
常年河
时令河
运河
珊瑚礁
▲ 6621 山峰及高程

(m)
6000
5000
4000

1：2500万

南海诸岛 比例尺 1：5000万

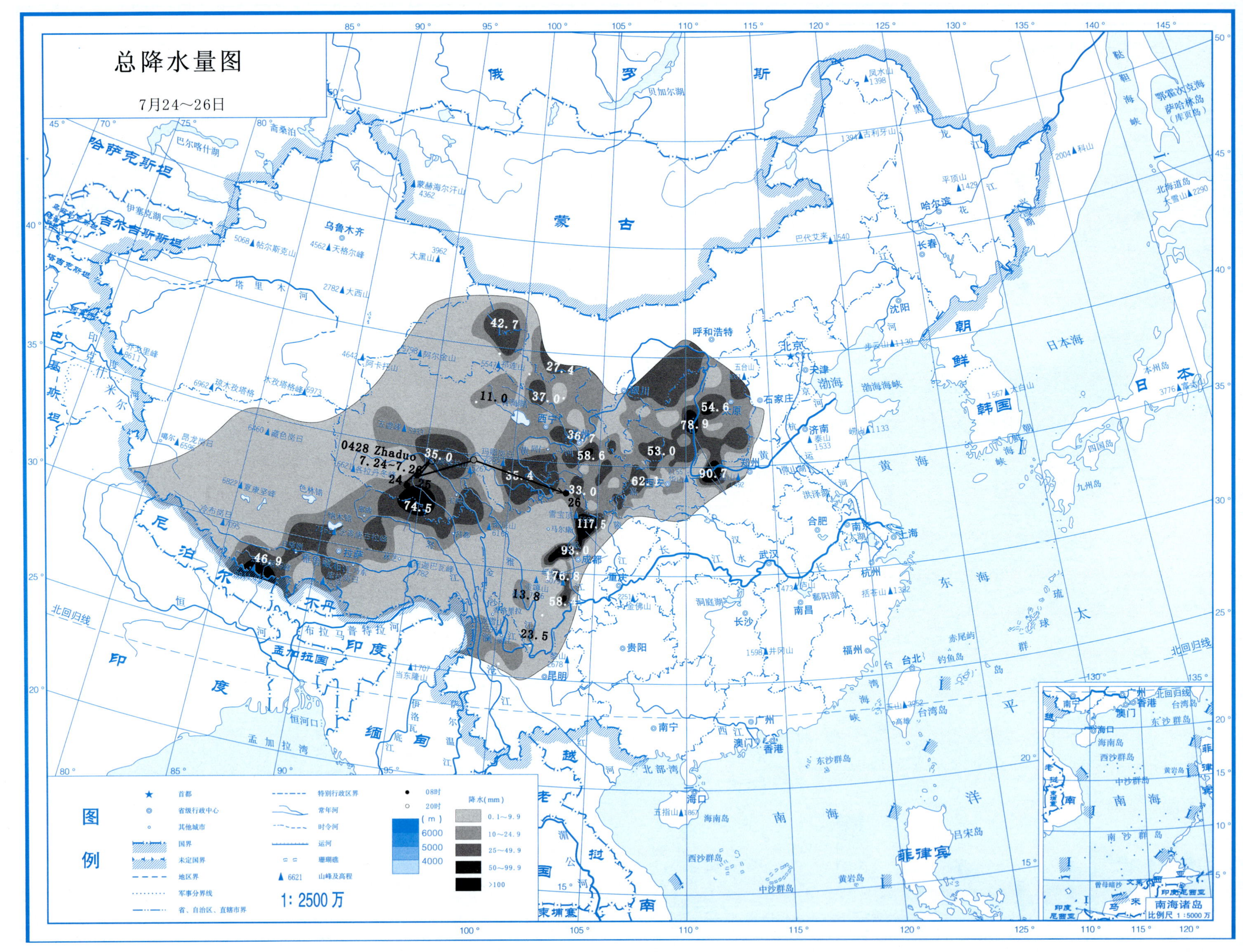
总降水量图
7月24～26日
0428 Zhaduo
7.24-7.26
图例
首都
省级行政中心
其他城市
国界
未定国界
地区界
军事分界线
省、自治区、直辖市界
特别行政区界
常年河
时令河
运河
珊瑚礁
山峰及高程
08时
20时
降水(mm)
0.1～9.9
10～24.9
25～49.9
50～99.9
>100
1: 2500 万
南海诸岛
比例尺 1:5000 万

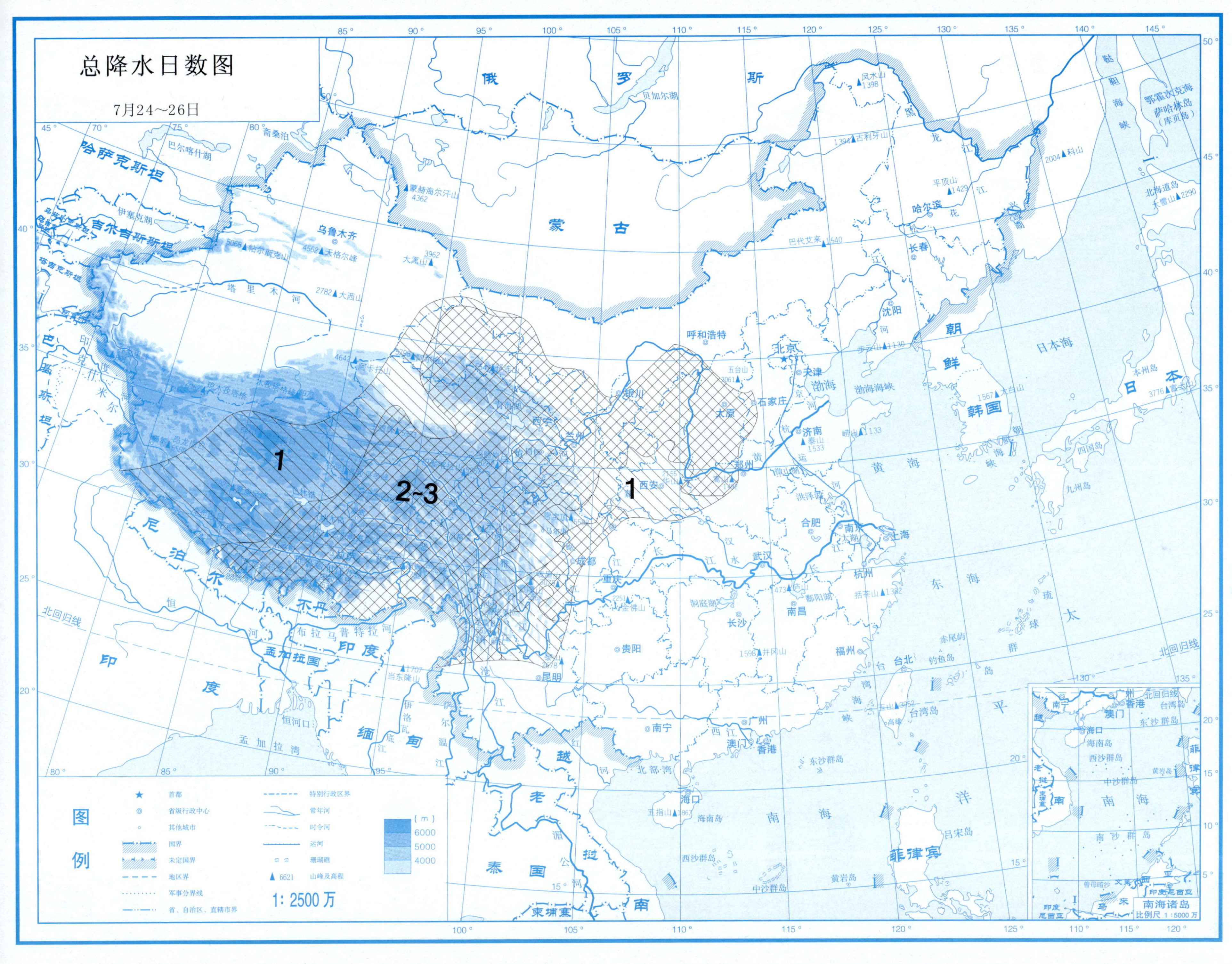
总降水日数图
7月24～26日
1
2~3
1
图例
1: 2500 万

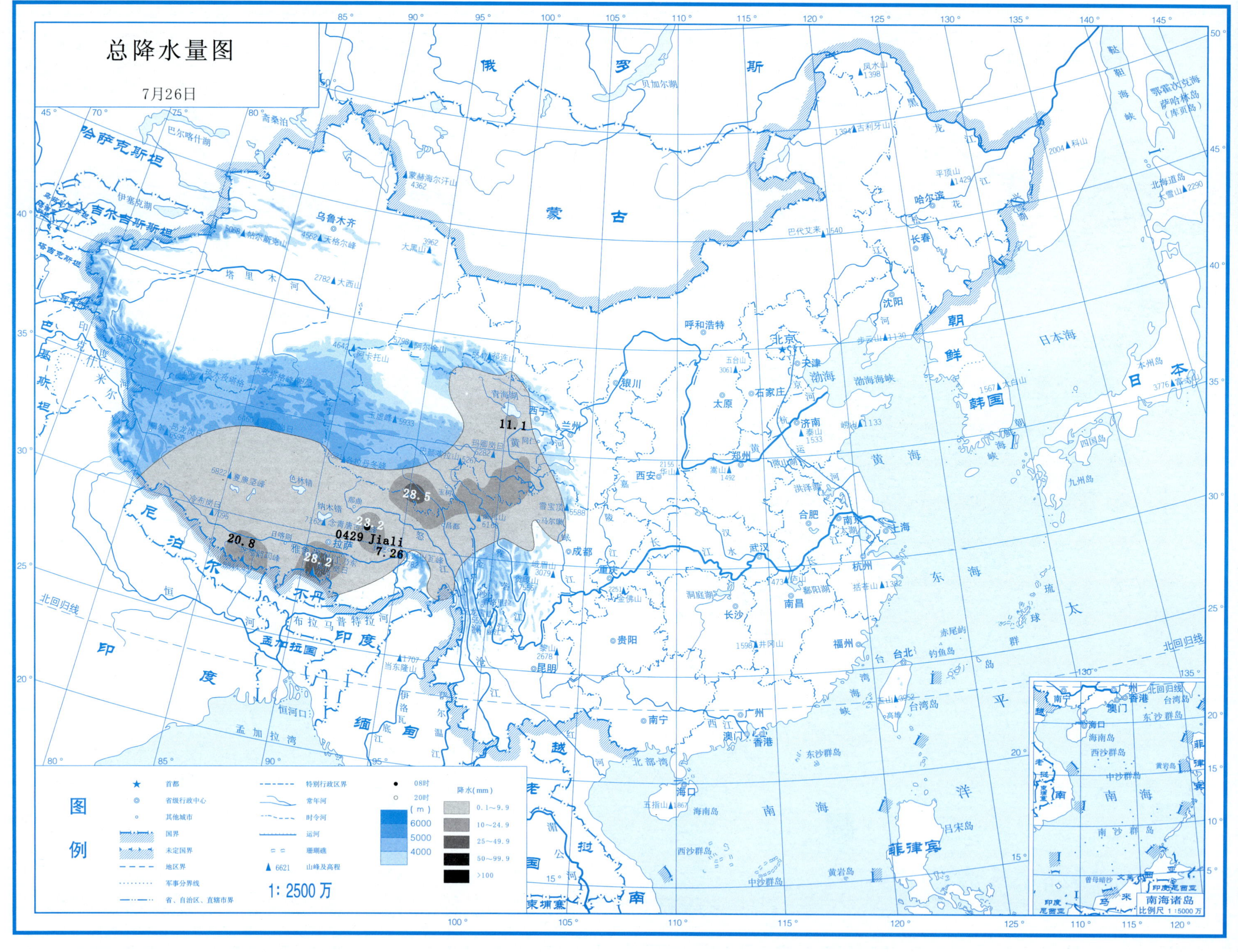
总降水量图
7月26日
11.1
28.5
23.2
20.8
28.2
0429 Jiali
7.26
图例
首都
省级行政中心
其他城市
国界
未定国界
地区界
军事分界线
省、自治区、直辖市界
特别行政区界
常年河
时令河
运河
珊瑚礁
6621 山峰及高程
1: 2500 万
08时
20时
(m)
6000
5000
4000
降水(mm)
0.1～9.9
10～24.9
25～49.9
50～99.9
>100
南海诸岛
比例尺 1:5000 万

总降水日数图

7月26日

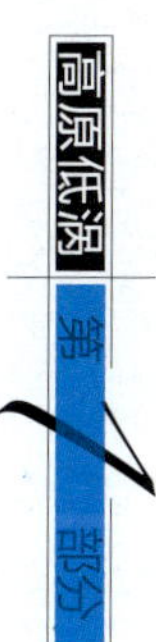

图例

- ★ 首都
- ◎ 省级行政中心
- ○ 其他城市
- 国界
- 未定国界
- 地区界
- 军事分界线
- 省、自治区、直辖市界
- 特别行政区界
- 常年河
- 时令河
- 运河
- 珊瑚礁
- ▲ 6621 山峰及高程

(m)
6000
5000
4000

1: 2500 万

南海诸岛
比例尺 1:5000 万

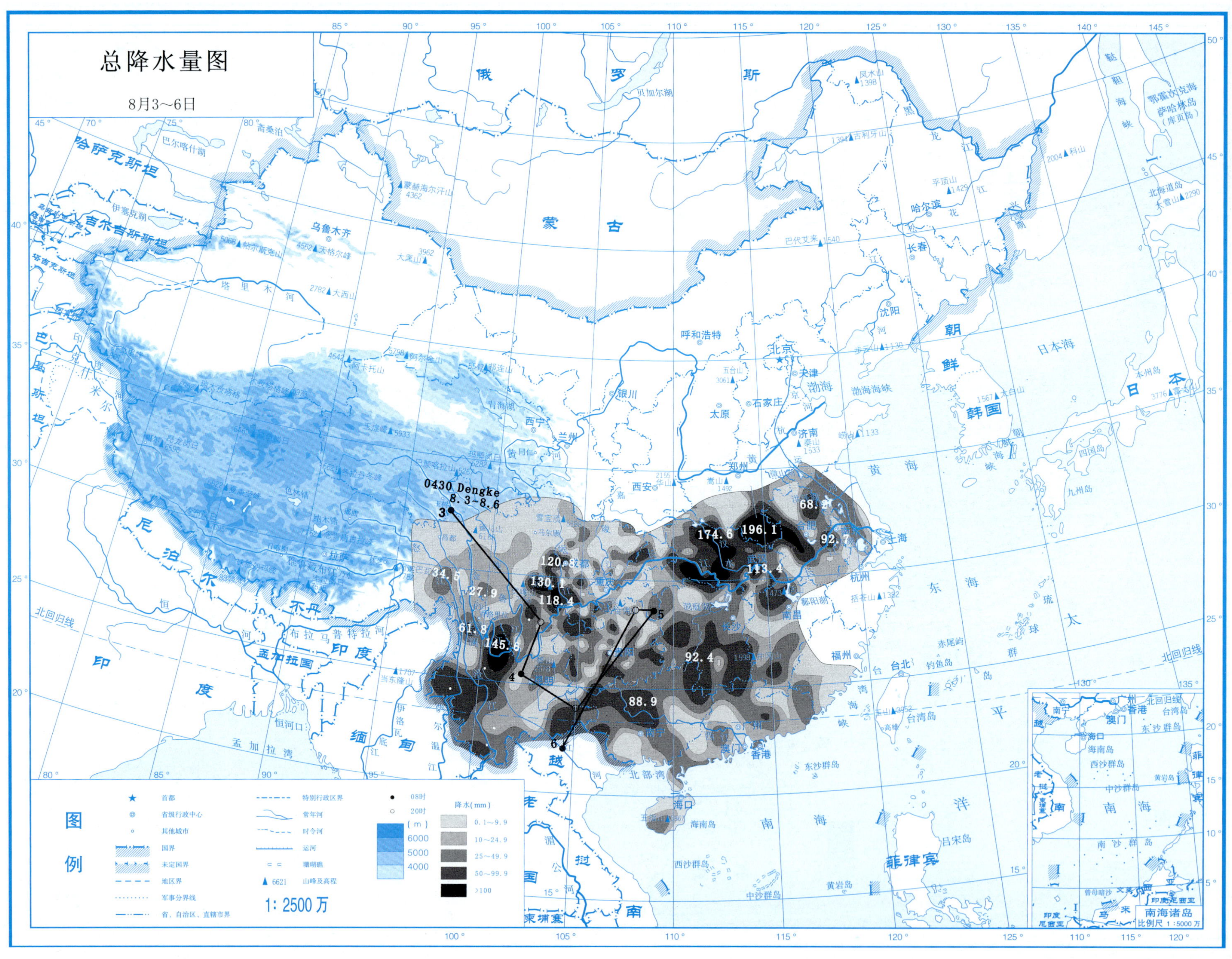
总降水量图
8月3～6日
0430 Dengke
8.3~8.6
174.6
196.1
68.9
92.7
113.4
120.8
130.1
118.4
34.5
27.9
61.8
145.5
92.4
88.9
图例
首都
省级行政中心
其他城市
国界
未定国界
地区界
军事分界线
省、自治区、直辖市界
特别行政区界
常年河
时令河
运河
珊瑚礁
山峰及高程
08时
20时
(m)
6000
5000
4000
降水(mm)
0.1～9.9
10～24.9
25～49.9
50～99.9
>100
1:2500万
南海诸岛
比例尺 1:5000万
俄
罗
斯
蒙
古
哈萨克斯坦
吉尔吉斯斯坦
塔吉克斯坦
巴基斯坦
尼泊尔
不丹
印度
孟加拉国
缅甸
老挝
越南
泰国
柬埔寨
朝鲜
韩国
日本
日本海
黄海
东海
南海
菲律宾
北回归线
乌鲁木齐
呼和浩特
北京
天津
石家庄
太原
济南
郑州
西安
银川
兰州
西宁
拉萨
成都
重庆
贵阳
昆明
南宁
广州
长沙
武汉
南昌
杭州
上海
福州
台北
香港
澳门
海口
沈阳
长春
哈尔滨

总降水日数图

8月3～6日

4

4

2~3

4

4

图例

- ★ 首都
- ◎ 省级行政中心
- ○ 其他城市
- 国界
- 未定国界
- 地区界
- 军事分界线
- 省、自治区、直辖市界
- 特别行政区界
- 常年河
- 时令河
- 运河
- 珊瑚礁
- ▲ 6621 山峰及高程

(m)
6000
5000
4000

1：2500万

南海诸岛
比例尺 1：5000万

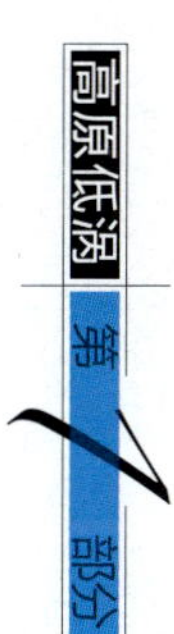

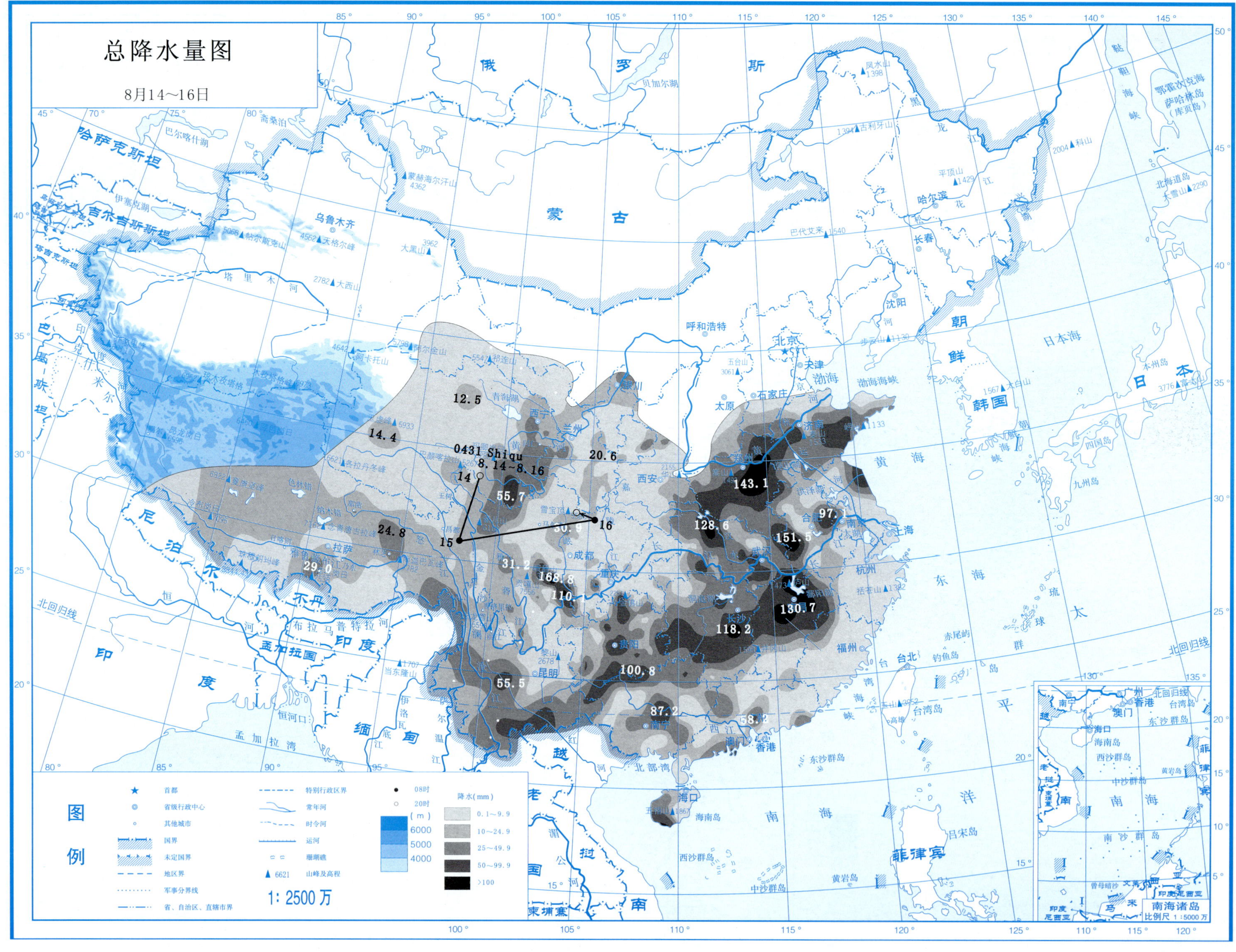
总降水量图
8月14~16日
0431 Shiqu
8.14~8.16
14
15
16
12.5
14.4
20.6
24.8
29.0
30.9
31.2
55.5
55.7
58.2
87.2
97.1
100.8
110.
118.2
128.6
130.7
143.1
151.5
168.8
图例
首都
省级行政中心
其他城市
国界
未定国界
地区界
军事分界线
省、自治区、直辖市界
特别行政区界
常年河
时令河
运河
珊瑚礁
6621 山峰及高程
08时
20时
(m)
6000
5000
4000
降水(mm)
0.1~9.9
10~24.9
25~49.9
50~99.9
>100
1: 2500万
南海诸岛
比例尺 1:5000万

总降水日数图

8月14～16日

1

1

2~3

图例

★ 首都
◎ 省级行政中心
○ 其他城市
国界
未定国界
地区界
军事分界线
省、自治区、直辖市界
特别行政区界
常年河
时令河
运河
珊瑚礁
▲ 6621 山峰及高程

(m)
6000
5000
4000

1: 2500 万

南海诸岛
比例尺 1:5000 万

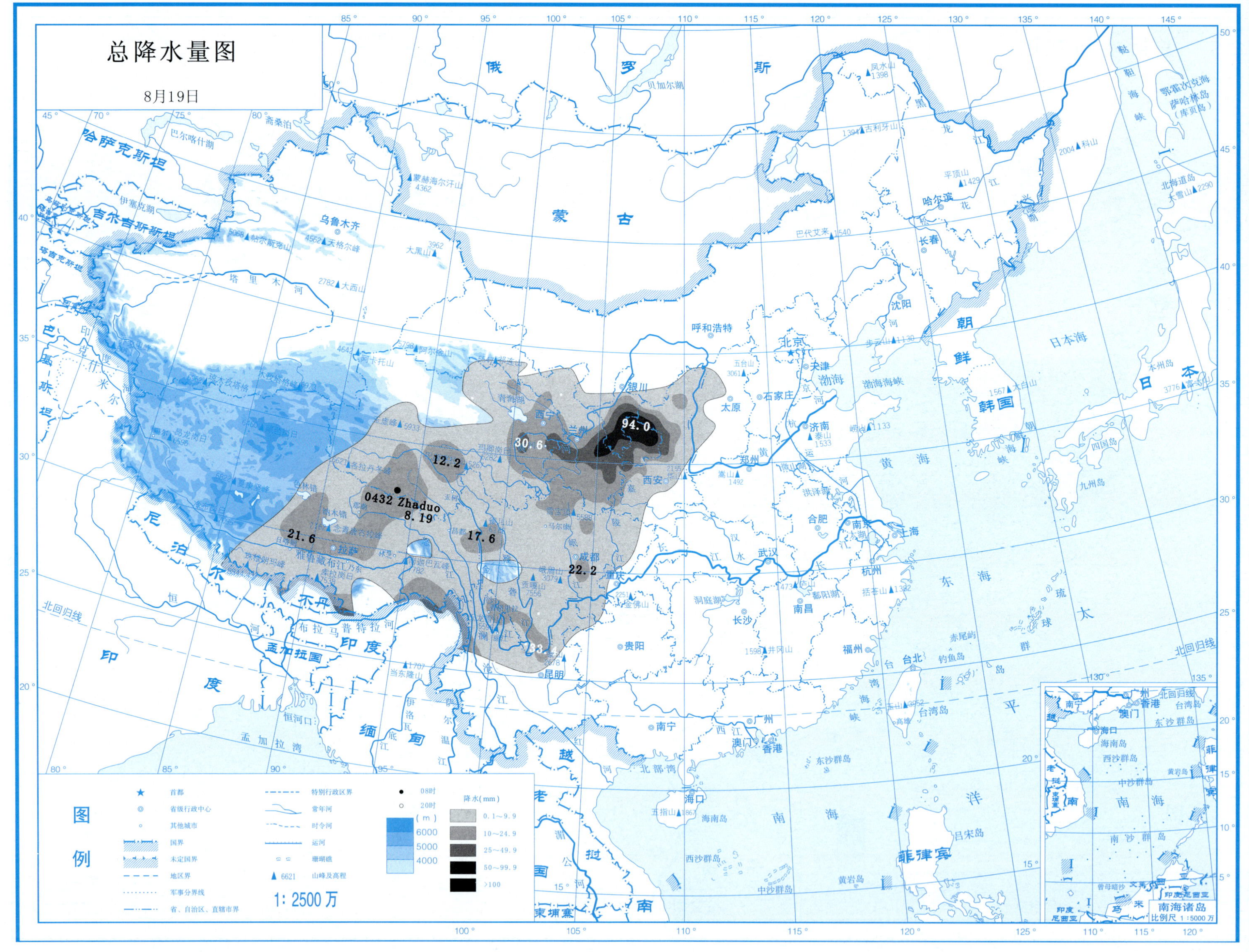
总降水量图
8月19日
0432 Zhaduo
8.19
94.0
30.6
12.2
21.6
17.6
22.2
图例
首都
省级行政中心
其他城市
国界
未定国界
地区界
军事分界线
省、自治区、直辖市界
特别行政区界
常年河
时令河
运河
珊瑚礁
山峰及高程
1: 2500万
08时
20时
(m)
6000
5000
4000
降水(mm)
0.1～9.9
10～24.9
25～49.9
50～99.9
>100
南海诸岛
比例尺 1:5000万

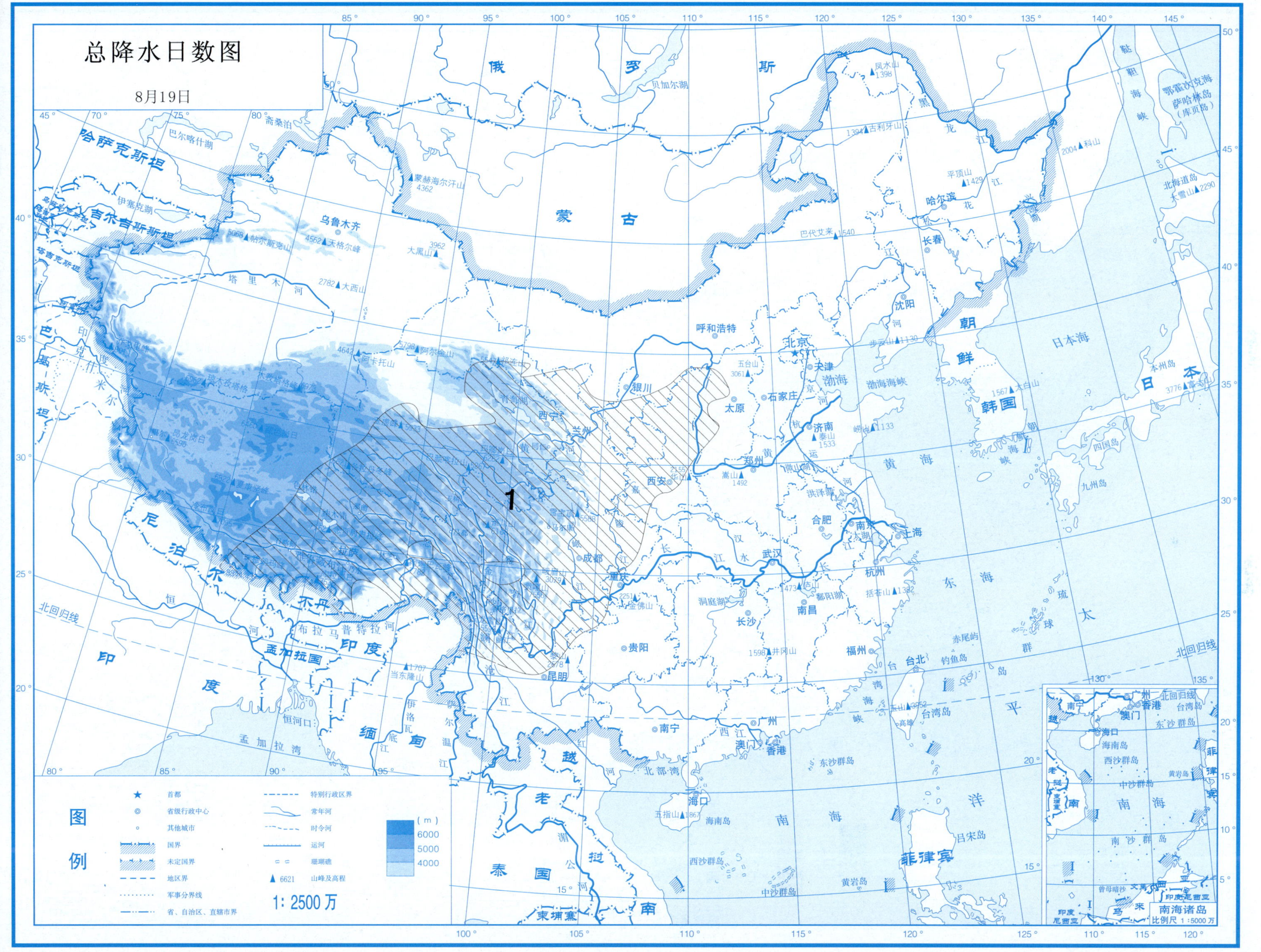
总降水日数图
8月19日
1
图例
首都
省级行政中心
其他城市
国界
未定国界
地区界
军事分界线
省、自治区、直辖市界
特别行政区界
常年河
时令河
运河
珊瑚礁
6621 山峰及高程
(m)
6000
5000
4000
1: 2500万
南海诸岛
比例尺 1:5000万

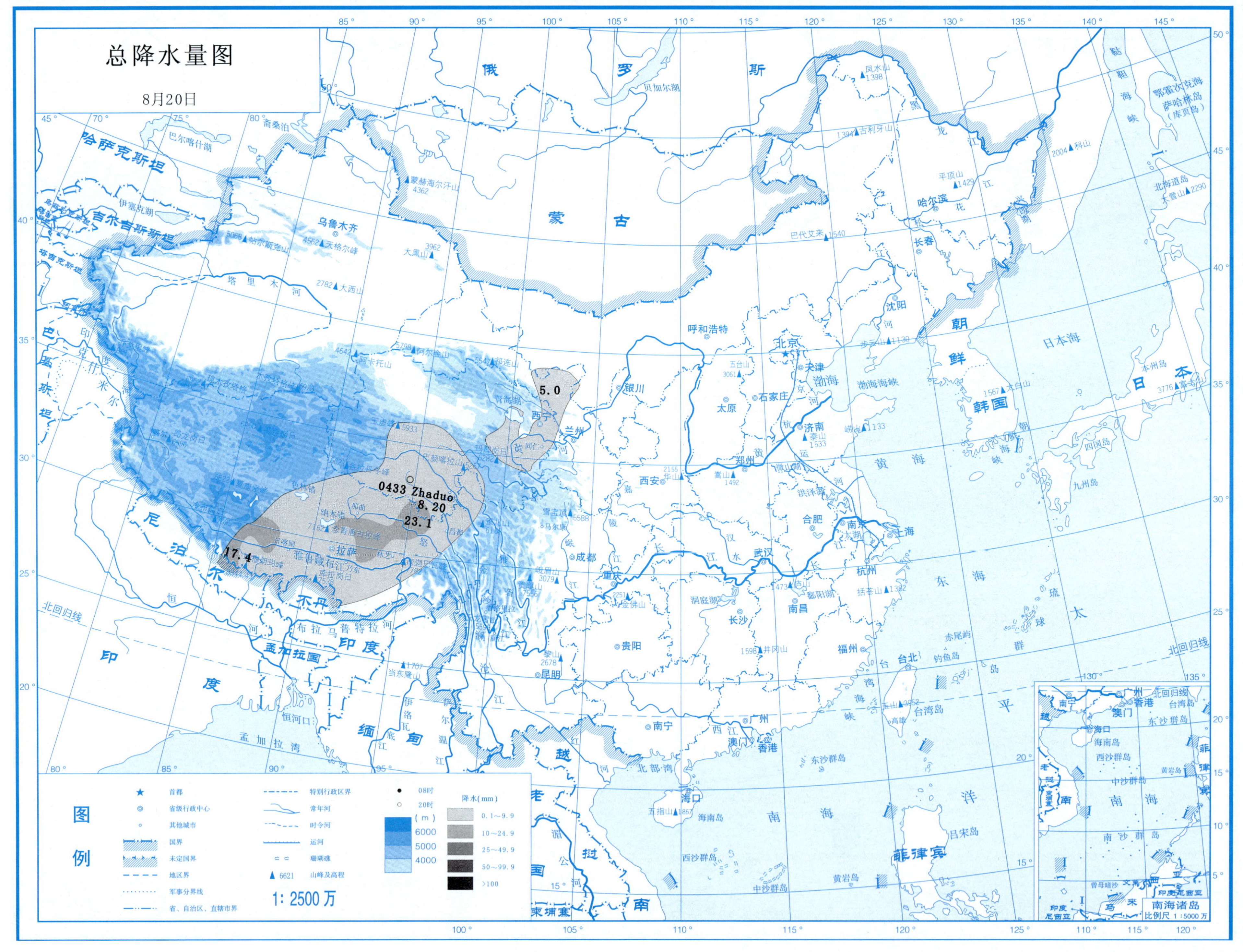
总降水量图
8月20日
0433 Zhaduo
8.20
23.1
17.4
5.0
图例
首都
省级行政中心
其他城市
国界
未定国界
地区界
军事分界线
省、自治区、直辖市界
特别行政区界
常年河
时令河
运河
珊瑚礁
6621 山峰及高程
08时
20时
(m)
6000
5000
4000
降水(mm)
0.1～9.9
10～24.9
25～49.9
50～99.9
>100
1: 2500万
南海诸岛
比例尺 1:5000万

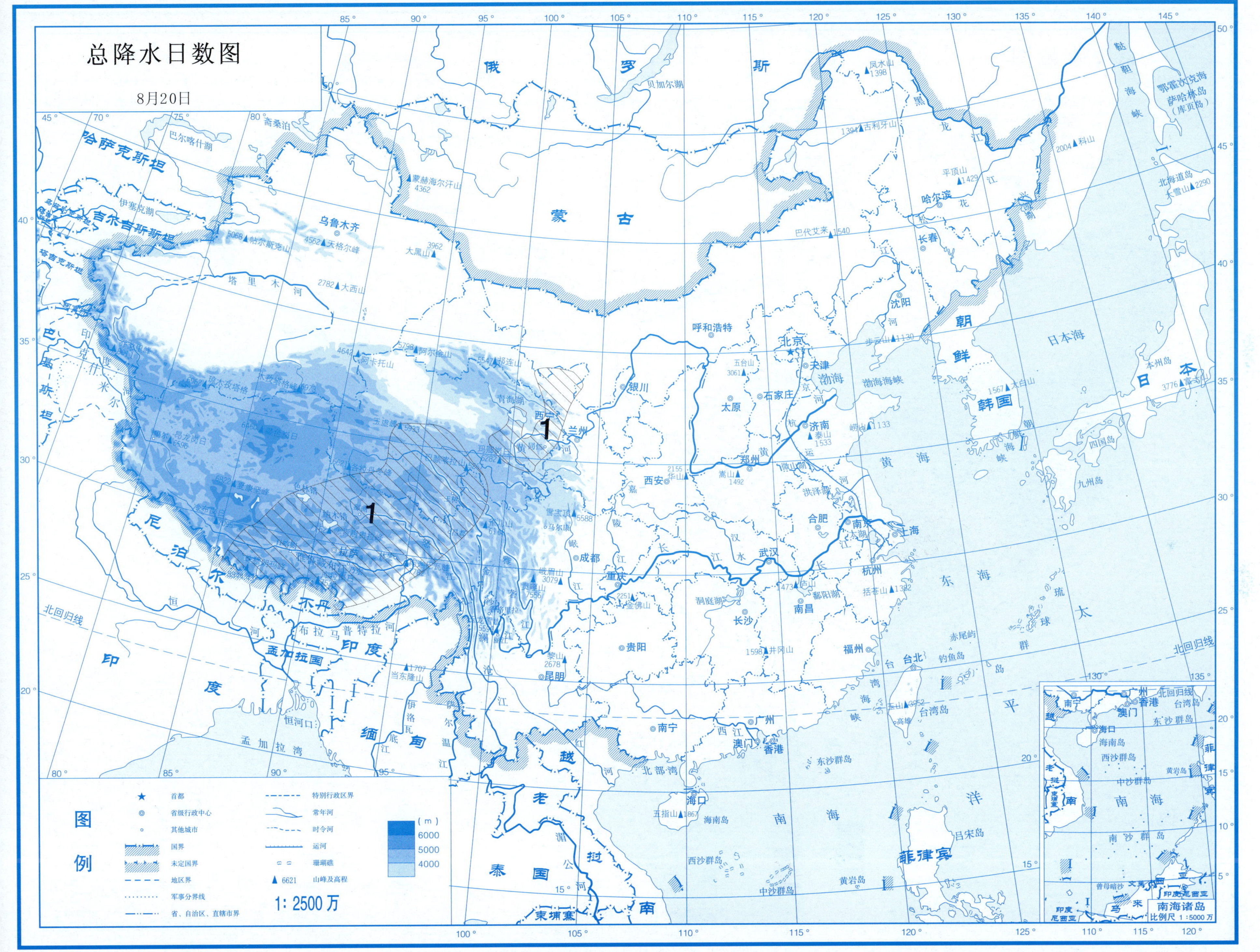

Page. 95

高原低涡

第7部分

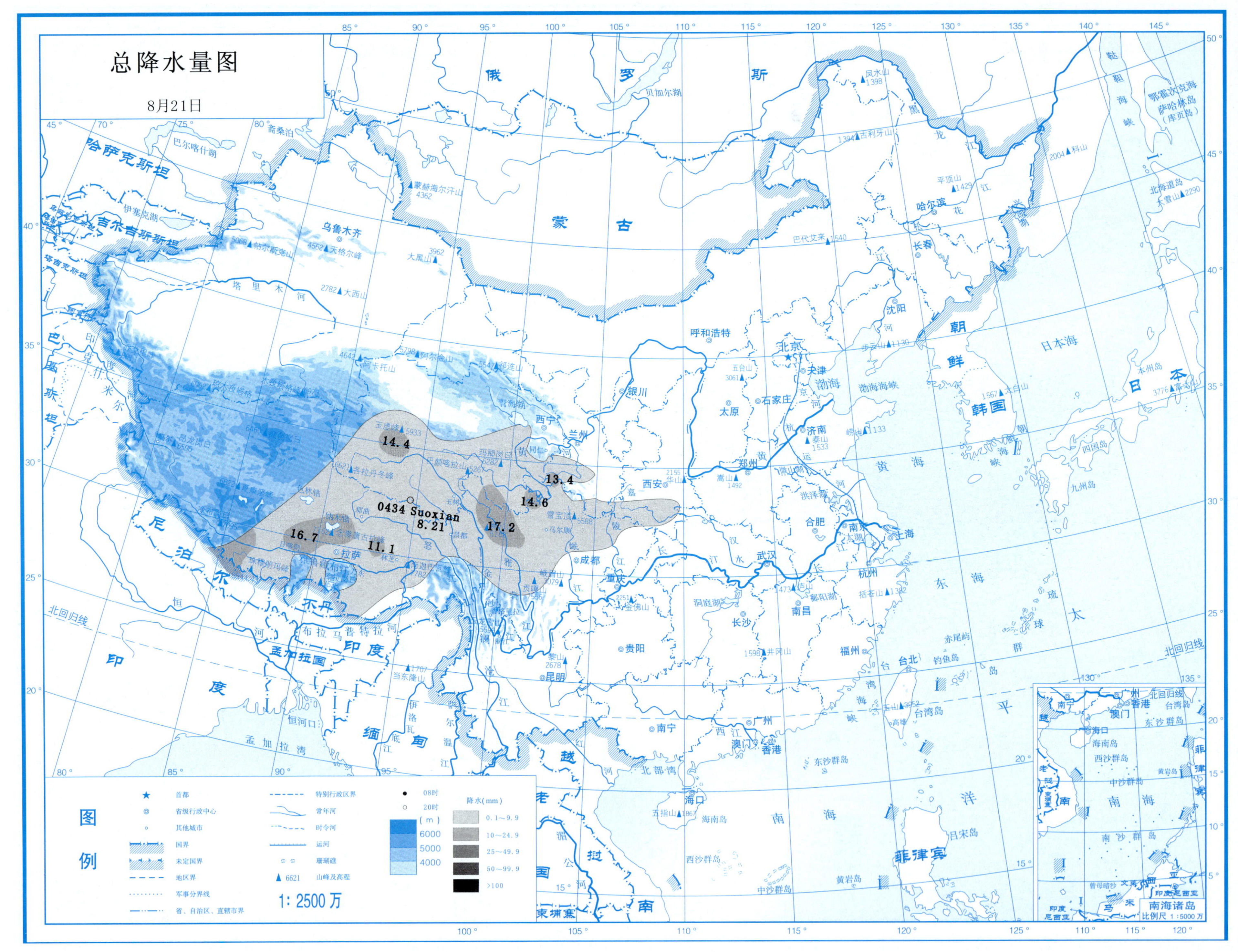
总降水量图
8月21日
0434 Suoxian
8.21
14.4
13.4
14.6
17.2
16.7
11.1
图例
首都
省级行政中心
其他城市
国界
未定国界
地区界
军事分界线
省、自治区、直辖市界
特别行政区界
常年河
时令河
运河
珊瑚礁
6621 山峰及高程
1: 2500万
08时
20时
(m)
6000
5000
4000
降水(mm)
0.1～9.9
10～24.9
25～49.9
50～99.9
>100
南海诸岛
比例尺 1:5000万

总降水日数图
8月21日
图例
首都
省级行政中心
其他城市
国界
未定国界
地区界
军事分界线
省、自治区、直辖市界
特别行政区界
常年河
时令河
运河
珊瑚礁
6621 山峰及高程
(m)
6000
5000
4000
1: 2500 万
南海诸岛
比例尺 1:5000 万

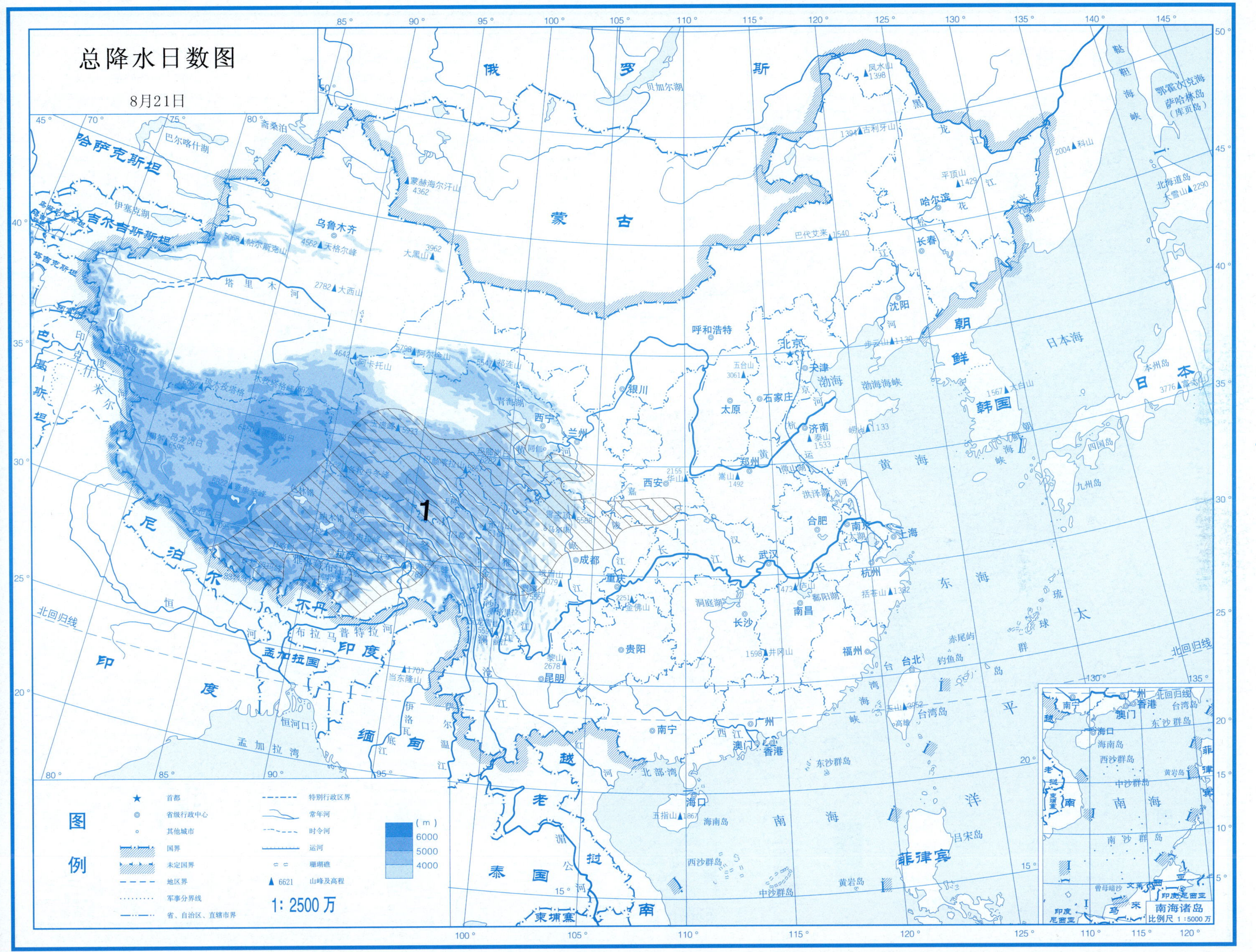

高原低涡 第7部分

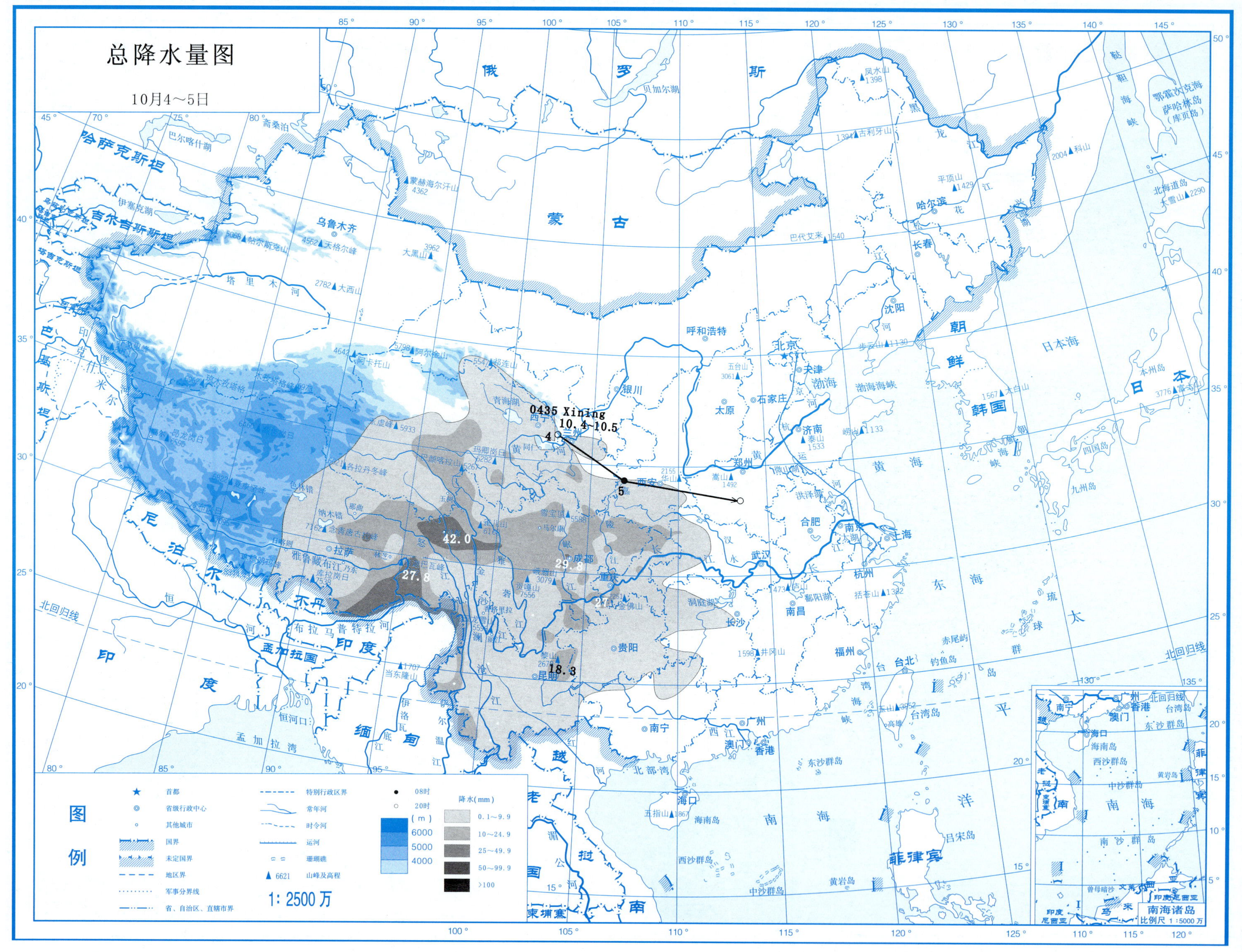
总降水量图
10月4～5日
0435 Xining
10.4–10.5
4
5
42.0
29.8
27.8
27.1
18.3
图例
首都
省级行政中心
其他城市
国界
未定国界
地区界
军事分界线
省、自治区、直辖市界
特别行政区界
常年河
时令河
运河
珊瑚礁
山峰及高程
08时
20时
(m)
6000
5000
4000
降水(mm)
0.1～9.9
10～24.9
25～49.9
50～99.9
>100
1: 2500万
南海诸岛
比例尺 1:5000万

总降水日数图

10月4～5日

图例

★	首都	- - -	特别行政区界
◎	省级行政中心		常年河
○	其他城市		时令河
	国界		运河
	未定国界		珊瑚礁
- - -	地区界	▲ 6621	山峰及高程
······	军事分界线		
-·-·-	省、自治区、直辖市界		

(m) 6000 5000 4000

1: 2500 万

南海诸岛 比例尺 1:5000 万

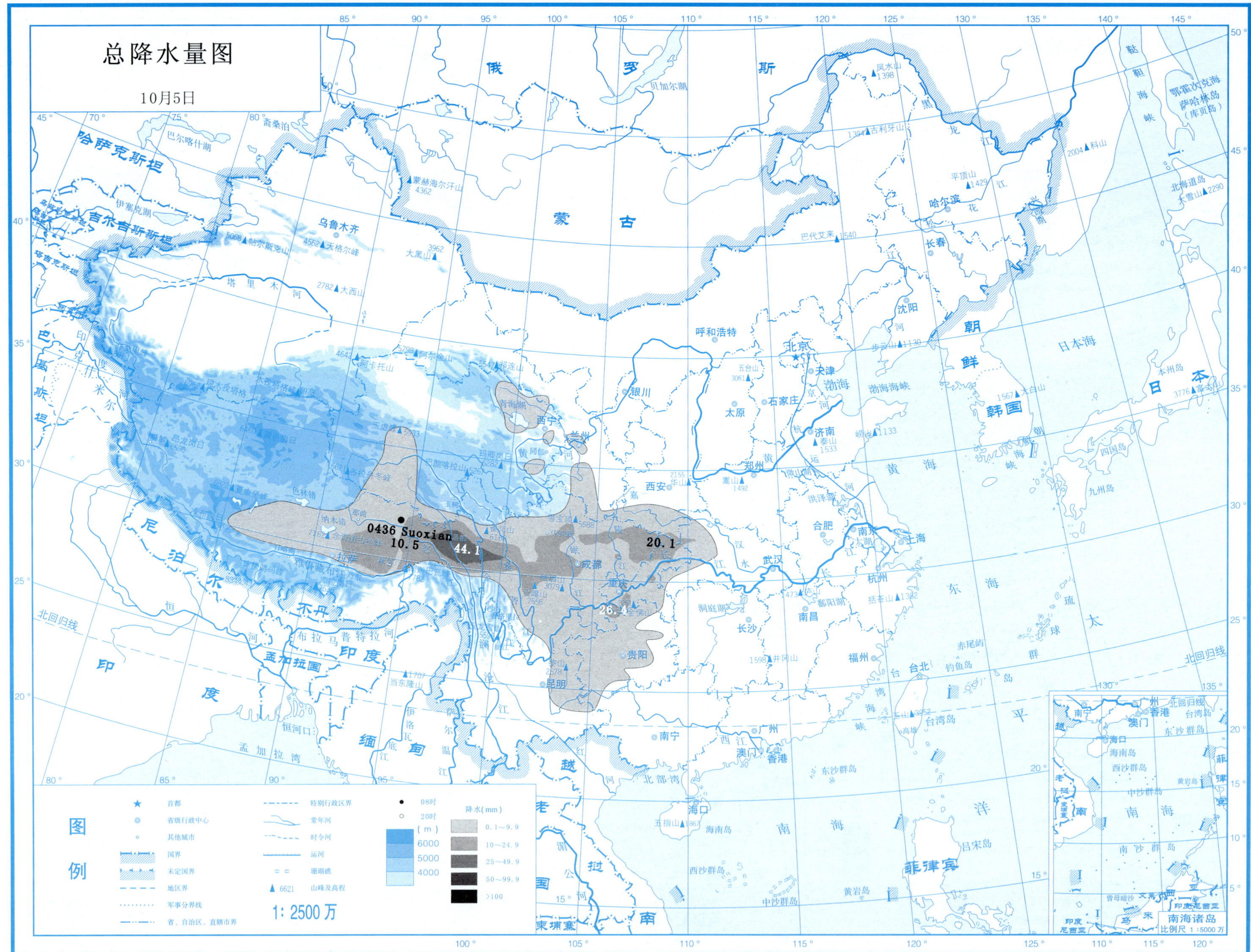
总降水量图
10月5日
0436 Suoxian
10.5
44.1
20.1
26.4
图例
首都
省级行政中心
其他城市
国界
未定国界
地区界
军事分界线
省、自治区、直辖市界
特别行政区界
常年河
时令河
运河
珊瑚礁
6621 山峰及高程
08时
20时
(m)
6000
5000
4000
降水(mm)
0.1~9.9
10~24.9
25~49.9
50~99.9
>100
1: 2500万
南海诸岛
比例尺 1:5000万

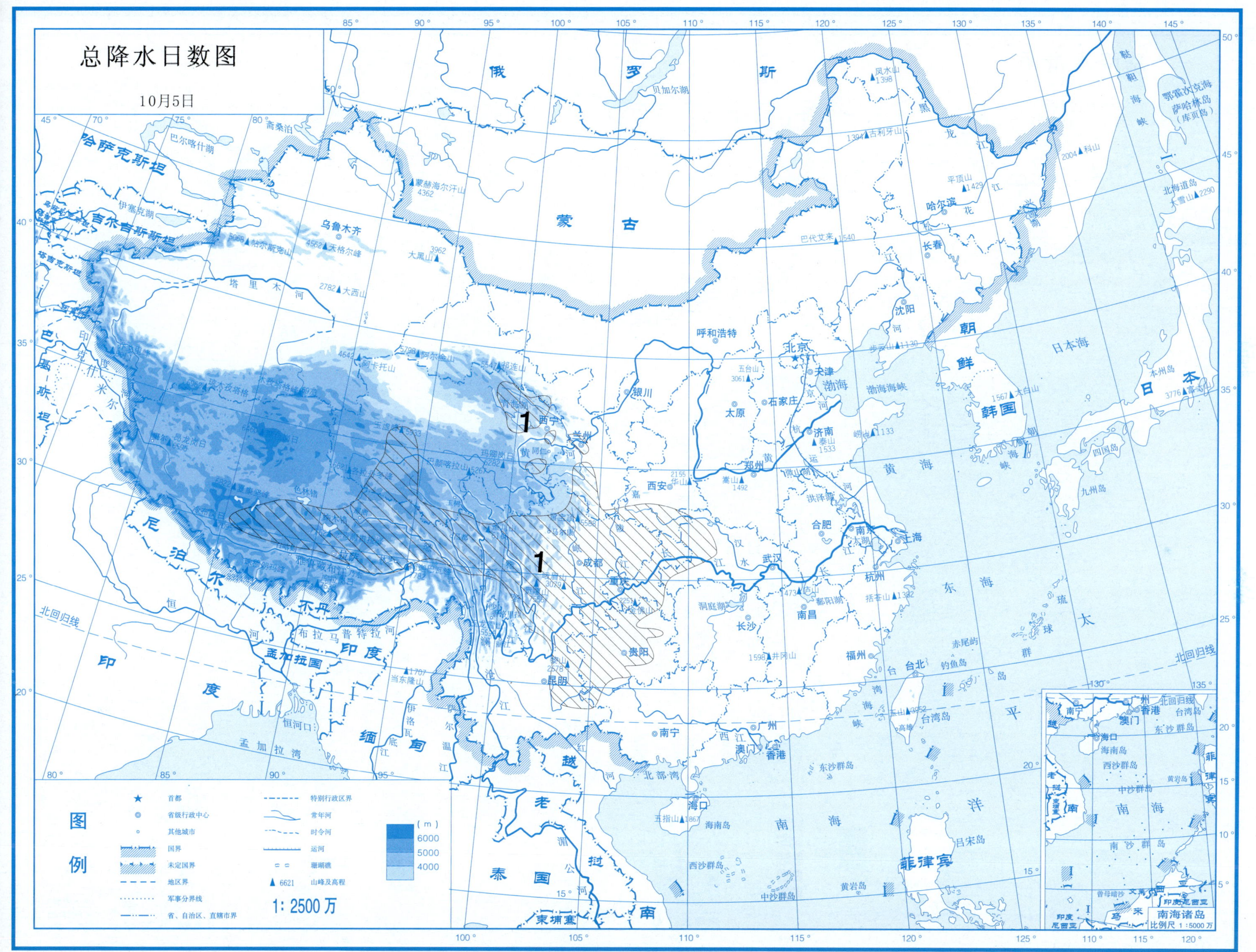
总降水日数图
10月5日
图例
首都
省级行政中心
其他城市
国界
未定国界
地区界
军事分界线
省、自治区、直辖市界
特别行政区界
常年河
时令河
运河
珊瑚礁
山峰及高程
(m)
6000
5000
4000
1: 2500万
南海诸岛
比例尺 1:5000万

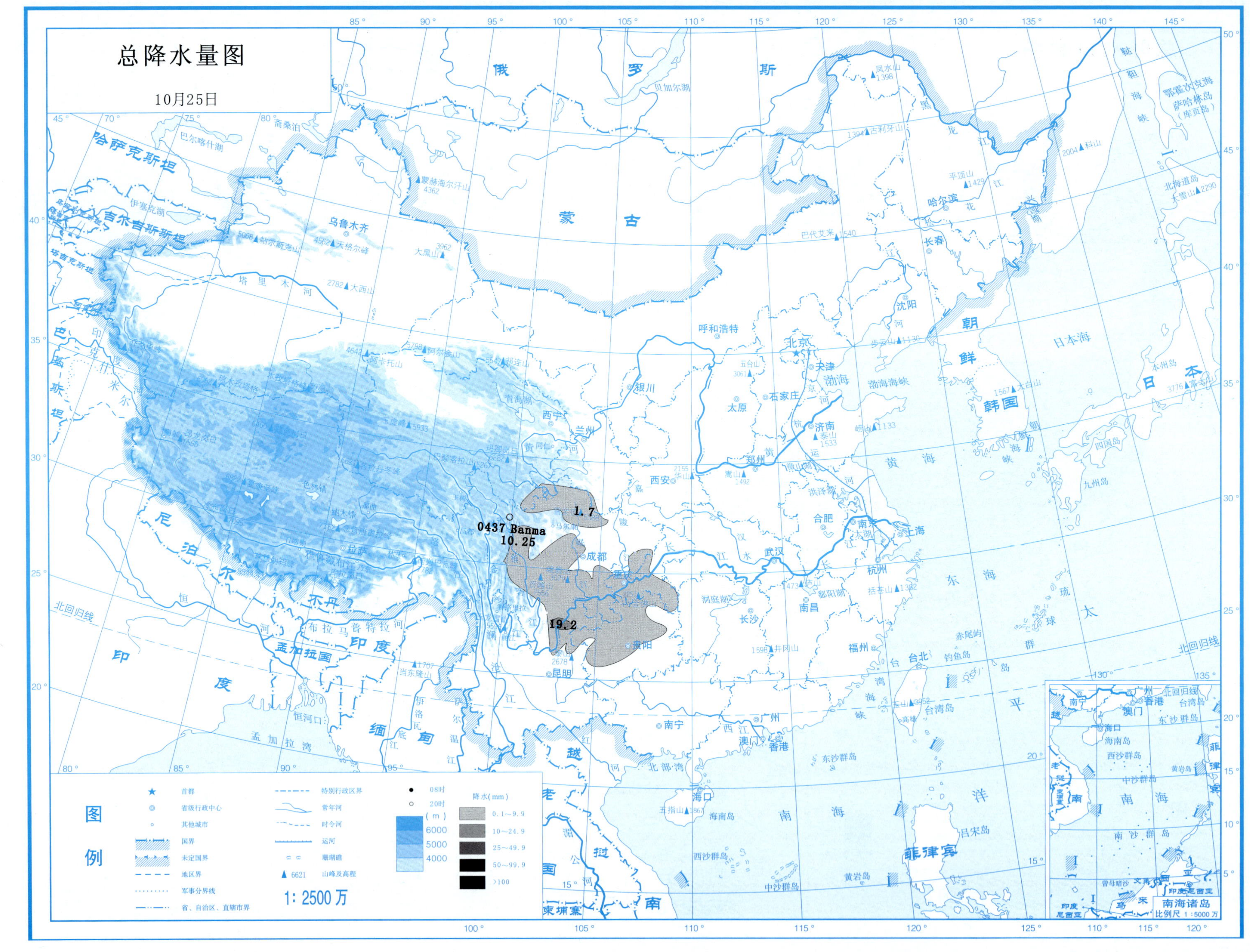

总降水量图
10月25日
1.7
0437 Banma
10.25
19.2
图例
首都
省级行政中心
其他城市
国界
未定国界
地区界
军事分界线
省、自治区、直辖市界
特别行政区界
常年河
时令河
运河
珊瑚礁
6621 山峰及高程
08时
20时
(m)
6000
5000
4000
降水(mm)
0.1～9.9
10～24.9
25～49.9
50～99.9
>100
1:2500万
南海诸岛
比例尺 1:5000万

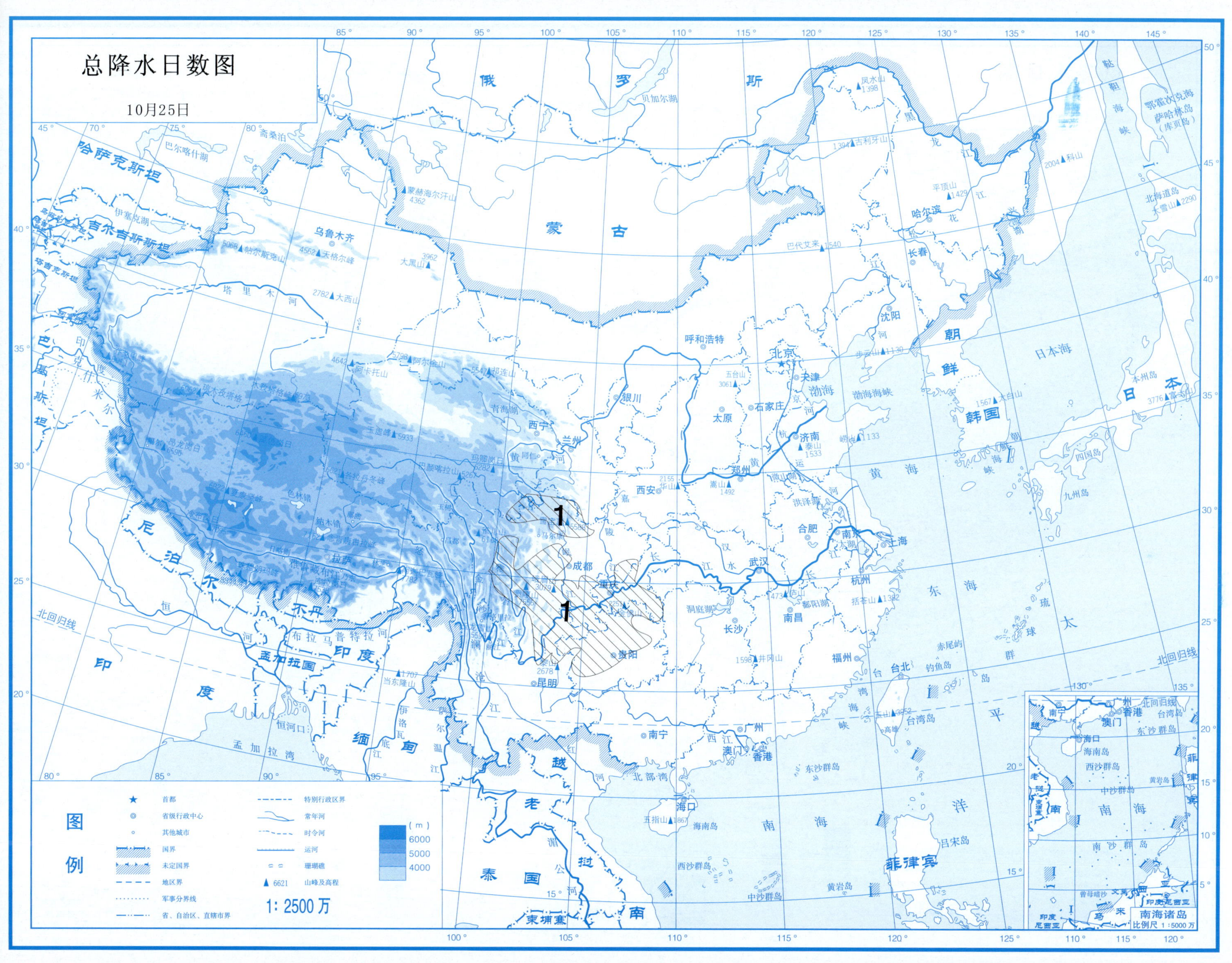
总降水日数图
10月25日
1
1
图例
首都
省级行政中心
其他城市
国界
未定国界
地区界
军事分界线
省、自治区、直辖市界
特别行政区界
常年河
时令河
运河
珊瑚礁
6621 山峰及高程
（m）
6000
5000
4000
1：2500 万
南海诸岛
比例尺 1：5000 万

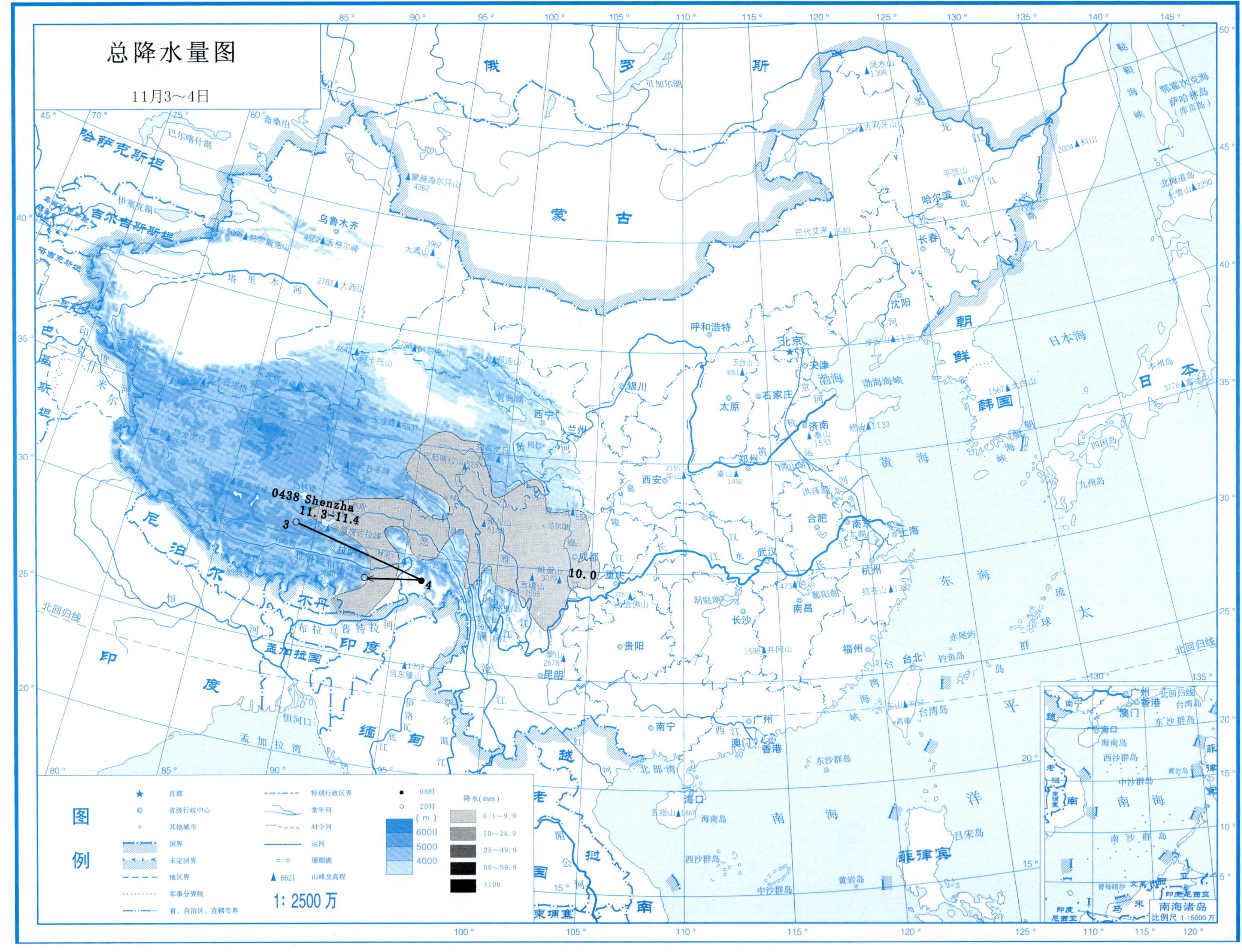

总降水量图
11月3～4日
0438 Shenzha
11.3~11.4
3
4
10.0
图例
首都
省级行政中心
其他城市
国界
未定国界
地区界
军事分界线
省、自治区、直辖市界
特别行政区界
常年河
时令河
运河
珊瑚礁
山峰及高程
1: 2500万
08时
20时
(m)
6000
5000
4000
降水(mm)
0.1～9.9
10～24.9
25～49.9
50～99.9
>100
南海诸岛
比例尺 1:5000万

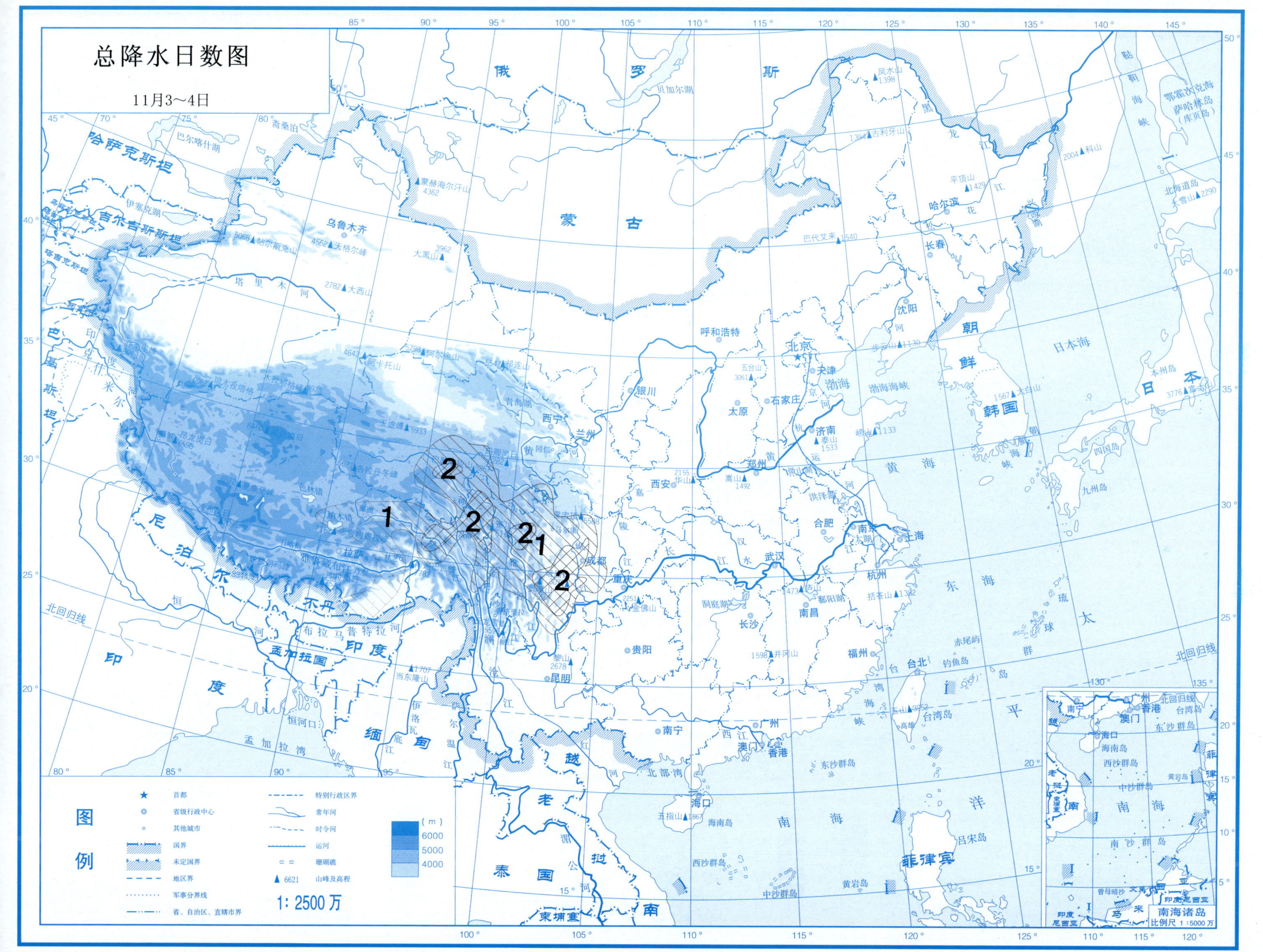
总降水日数图
11月3~4日
图例
首都
省级行政中心
其他城市
国界
未定国界
地区界
军事分界线
省、自治区、直辖市界
特别行政区界
常年河
时令河
运河
珊瑚礁
6621 山峰及高程
(m)
6000
5000
4000
1: 2500 万
南海诸岛
比例尺 1:5000 万

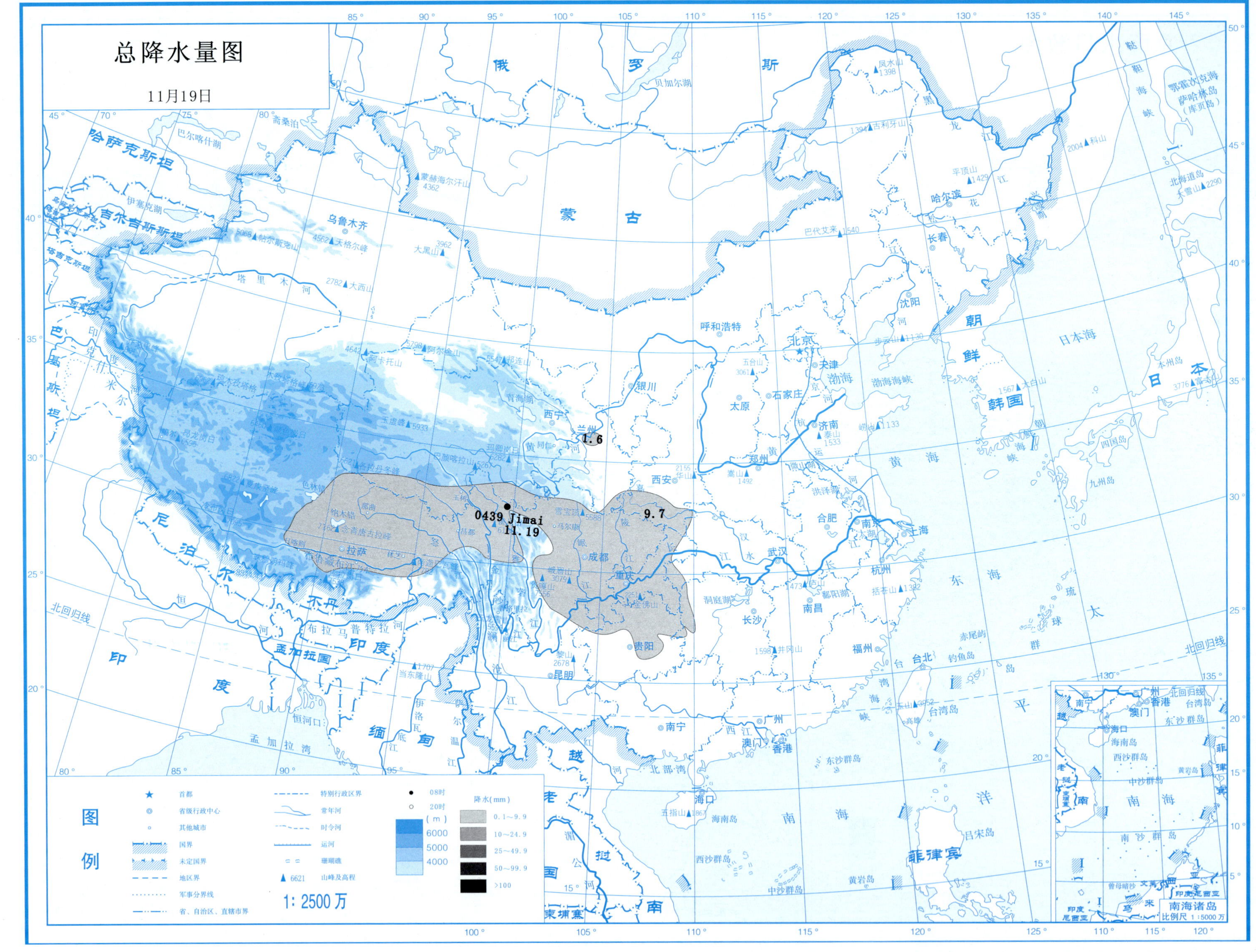

总降水量图
11月19日
0439 Jimai
11.19
1.6
9.7
图例
首都
省级行政中心
其他城市
国界
未定国界
地区界
军事分界线
省、自治区、直辖市界
特别行政区界
常年河
时令河
运河
珊瑚礁
6621 山峰及高程
1: 2500万
08时
20时
(m)
6000
5000
4000
降水(mm)
0.1～9.9
10～24.9
25～49.9
50～99.9
>100
南海诸岛
比例尺 1:5000万

总降水日数图

11月19日

图例

符号	含义	符号	含义
★	首都		特别行政区界
◎	省级行政中心		常年河
○	其他城市		时令河
	国界		运河
	未定国界		珊瑚礁
	地区界	▲ 6621	山峰及高程
	军事分界线		
	省、自治区、直辖市界		

(m)
6000
5000
4000

1：2500万

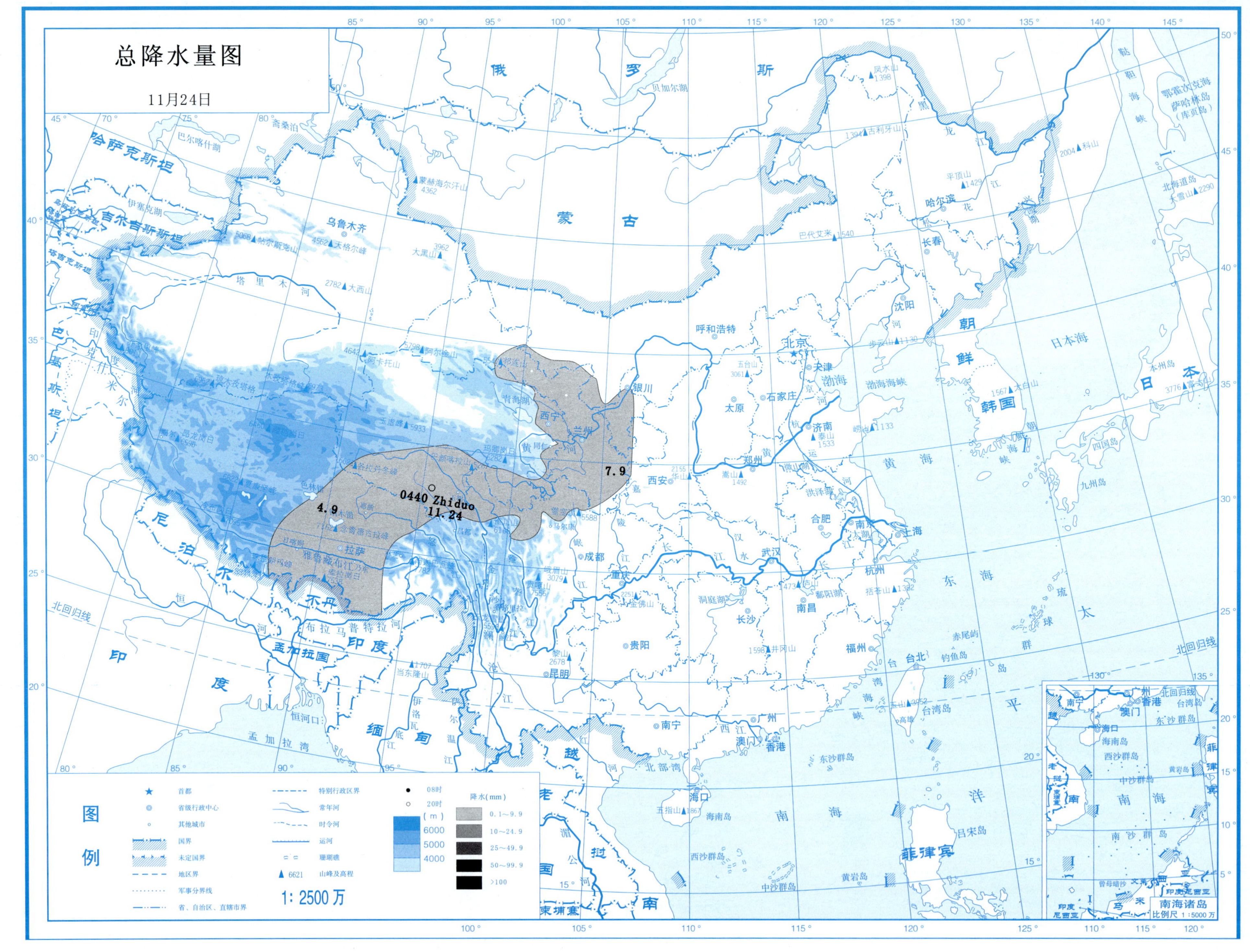

总降水量图
11月24日
0440 Zhiduo
11.24
4.9
7.9
图例
首都
省级行政中心
其他城市
国界
未定国界
地区界
军事分界线
省、自治区、直辖市界
特别行政区界
常年河
时令河
运河
珊瑚礁
6621 山峰及高程
1:2500万
08时
20时
(m)
6000
5000
4000
降水(mm)
0.1～9.9
10～24.9
25～49.9
50～99.9
>100
南海诸岛
比例尺 1:5000万

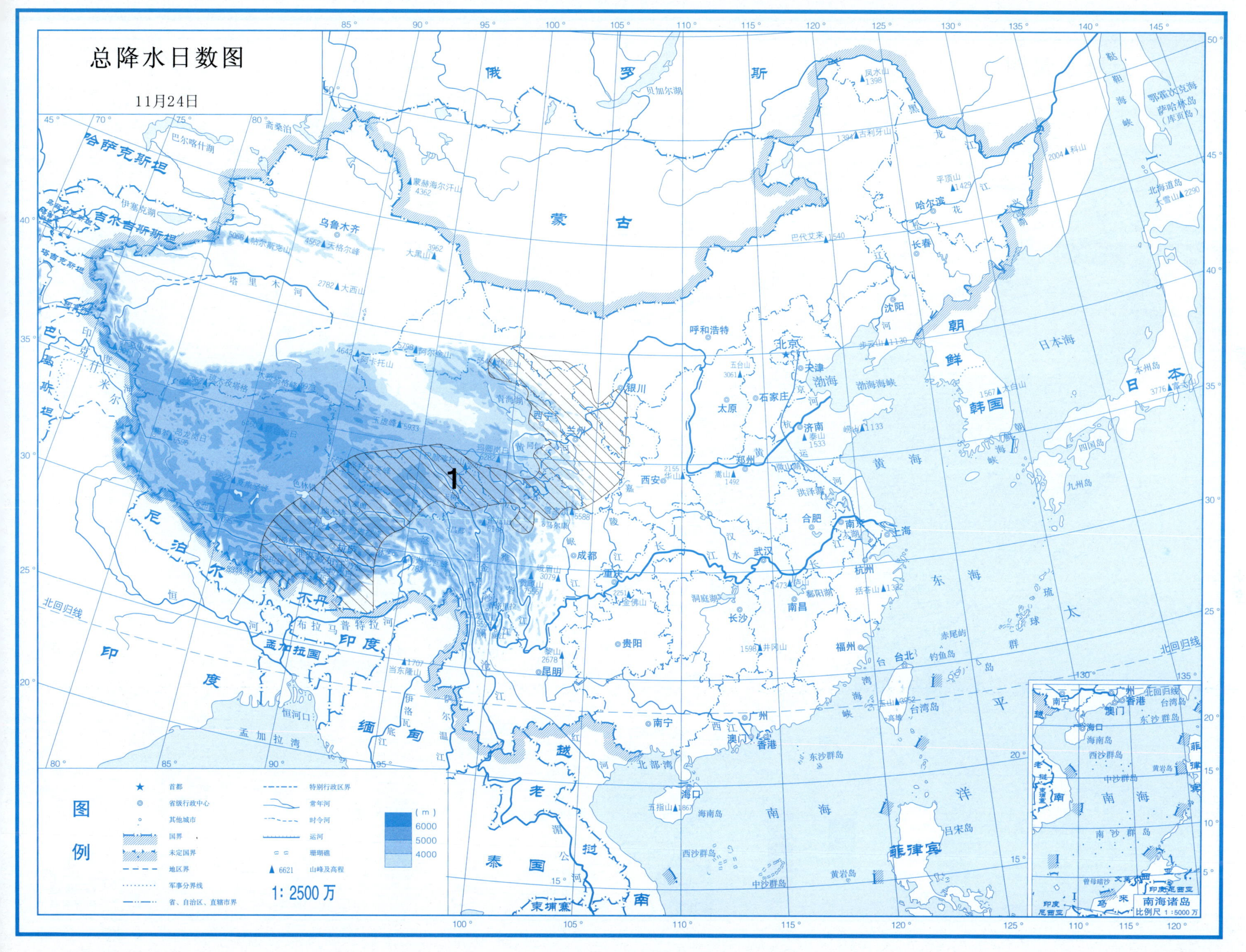

总降水日数图
11月24日
1
图例
首都
省级行政中心
其他城市
国界
未定国界
地区界
军事分界线
省、自治区、直辖市界
特别行政区界
常年河
时令河
运河
珊瑚礁
6621 山峰及高程
(m)
6000
5000
4000
1: 2500 万
俄
罗
斯
蒙
古
哈萨克斯坦
吉尔吉斯斯坦
塔吉克斯坦
巴基斯坦
尼泊尔
不丹
印度
孟加拉国
缅甸
老挝
泰国
越南
柬埔寨
朝鲜
韩国
日本
菲律宾
北京
天津
石家庄
太原
呼和浩特
沈阳
长春
哈尔滨
上海
南京
杭州
合肥
福州
南昌
济南
郑州
武汉
长沙
广州
南宁
海口
成都
重庆
贵阳
昆明
拉萨
西宁
兰州
银川
西安
乌鲁木齐
台北
香港
澳门
渤海
黄海
东海
南海
日本海
太平洋
孟加拉湾
北部湾
台湾岛
海南岛
东沙群岛
西沙群岛
中沙群岛
南沙群岛
黄岩岛
钓鱼岛
赤尾屿
贝加尔湖
巴尔喀什湖
伊塞克湖
斋桑泊
青海湖
洞庭湖
鄱阳湖
洪泽湖
太湖
北回归线
南海诸岛
比例尺 1:5000 万

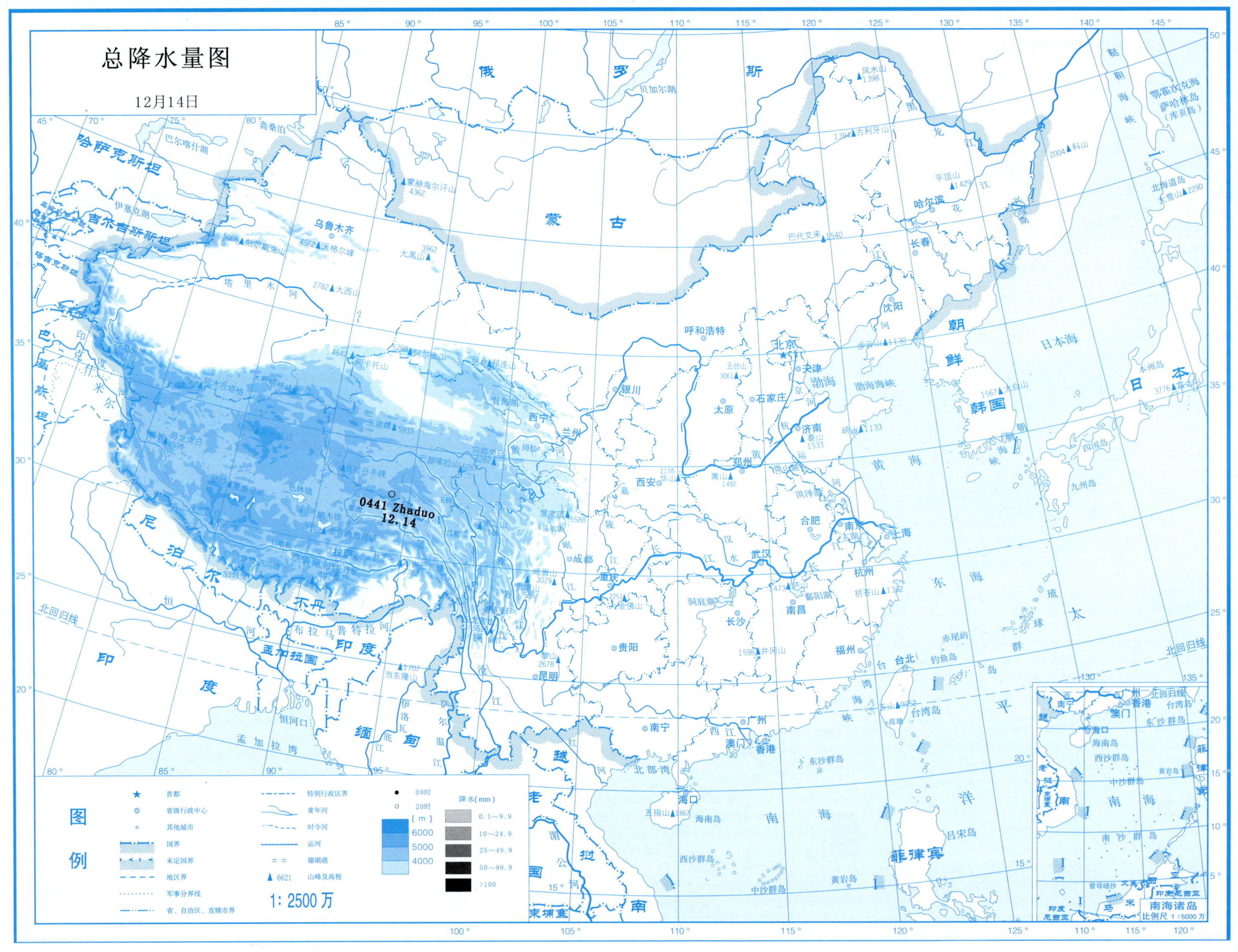
总降水量图
12月14日
0441 Zhaduo
12.14
图例
首都
省级行政中心
其他城市
国界
未定国界
地区界
军事分界线
省、自治区、直辖市界
特别行政区界
常年河
时令河
运河
珊瑚礁
6621 山峰及高程
1: 2500 万
08时
20时
(m)
6000
5000
4000
降水(mm)
0.1～9.9
10～24.9
25～49.9
50～99.9
>100
南海诸岛
比例尺 1:5000 万

总降水日数图

12月14日

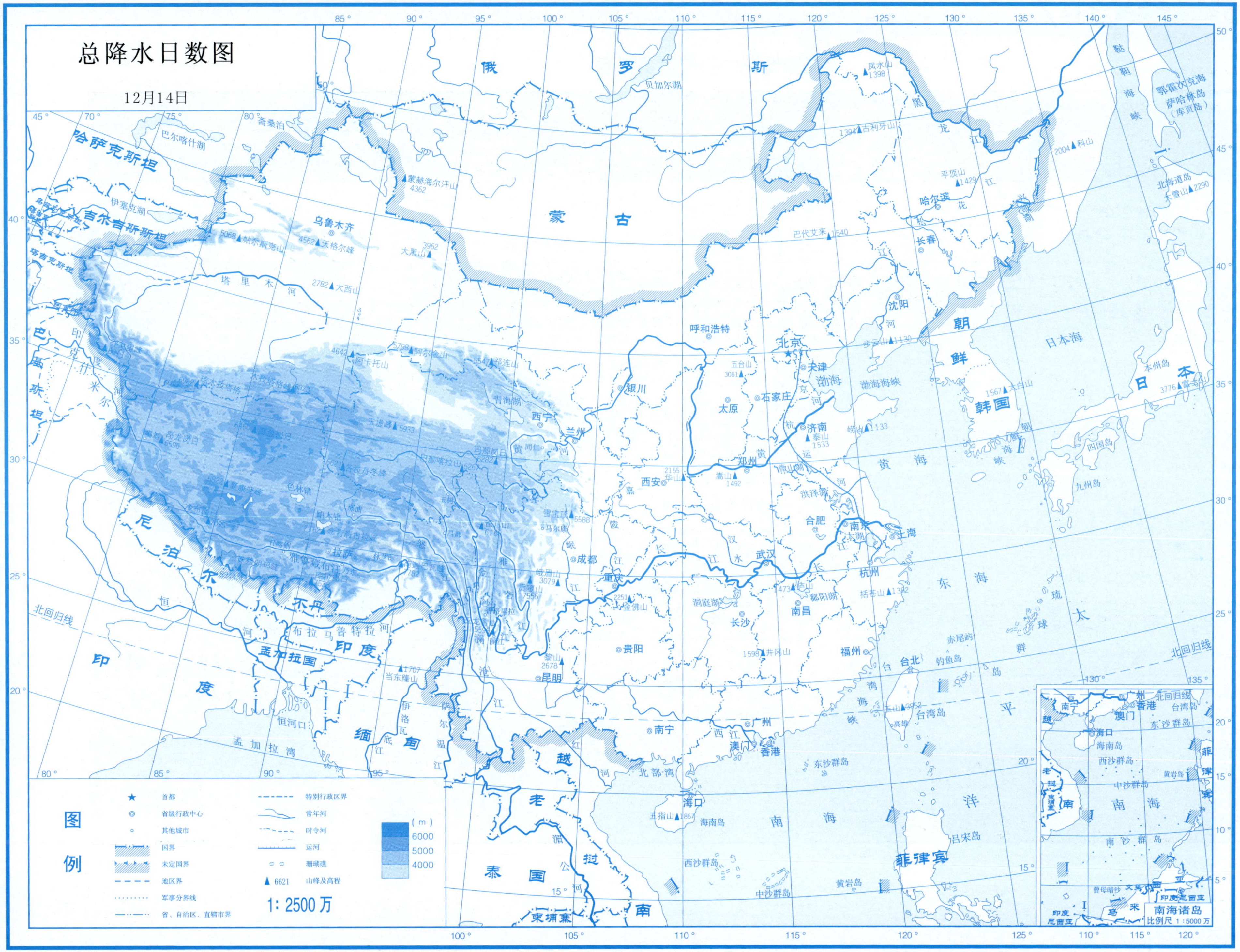

图例

符号	说明	符号	说明
★	首都		特别行政区界
◎	省级行政中心		常年河
○	其他城市		时令河
	国界		运河
	未定国界		珊瑚礁
	地区界	▲ 6621	山峰及高程
	军事分界线		
	省、自治区、直辖市界		

(m) 6000 5000 4000

1:2500万

南海诸岛 比例尺 1:5000万

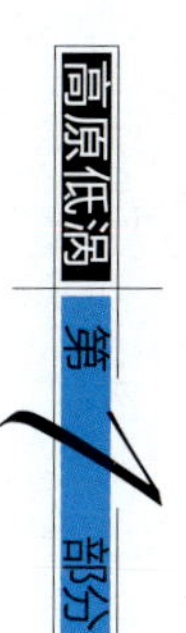

高原低涡中心位置资料表

月	日	时	中心位置		位势高度/位势什米
			北纬/(°)	东经/(°)	
① 2月3日 (0401)泽当，Zedang					
2	3	20	28.7	92.3	559
消失					
② 3月6日 (0402)治多,Zhiduo					
3	6	8	33.9	95.3	568
		20	32.0	103.5	568
消失					
③ 3月7日 (0403)邓柯,Dengke					
3	7	8	32.6	98.0	568
消失					
④ 3月8日 (0404)锋当,Fengdang					
3	8	8	28.8	91.8	579
消失					

月	日	时	中心位置		位势高度/位势什米
			北纬/(°)	东经/(°)	
⑤ 3月13～15日 (0405)林芝,Linzhi					
3	13	20	29.0	95.5	576
	14	08	29.0	92.7	579
		20	29.5	94.5	577
	15	8	28.6	97.2	573
消失					
⑥ 4月1日 (0406)林芝,Linzhi					
4	1	8	28.0	95.0	572
		20	29.0	95.5	575
消失					
⑦ 4月2日 (0407)锋当,Fengdang					
4	2	20	28.3	92.2	576
消失					

月	日	时	中心位置		位势高度/位势什米
			北纬/(°)	东经/(°)	
⑧ 4月4日 (0408)扎多,Zhaduo					
4	4	8	32.5	95.6	575
		20	30.0	102.3	574
消失					
⑨ 4月7～10日 (0409)曲麻莱,Qumalai					
4	7	20	34.3	95.1	571
	8	8	35.6	97.3	570
		20	35.7	103.5	567
	9	08	36.3	104.5	563
		20	38.1	109.5	565
	10	8	36.4	113.7	561
		20	36.3	121.2	562
消失					

高原低涡中心位置资料表（续-1）

月	日	时	中心位置		位势高度/位势什米
			北纬/(°)	东经/(°)	
⑩ 4月14日 (0410)甘孜,Ganzi					
4	14	8	32.4	100.0	568
消失					
⑪ 4月15～19日 (0411)扎多,Zhaduo					
4	15	8	32.7	94.5	568
		20	34.7	100.0	568
	16	8	35.3	100.0	567
		20	33.0	111.0	569
	17	8	32.5	112.7	567
		20	29.5	112.0	564
	18	8	33.0	113.0	562
		20	34.5	120.5	558
	19	8	34.4	122.5	561
消失					
⑫ 4月22～23日 (0412)托托河，Tuotuohe					
4	22	20	33.5	92.4	575
	23	8	32.9	91.7	576
消失					
⑬ 4月25～26日 (0413)班戈,Bange					
4	25	20	31.7	89.5	577
	26	8	31.2	89.7	577
		20	31.2	90.7	579
消失					
⑭ 4月27～28日 (0414)索县,Suoxian					
4	27	8	31.6	94.8	579
		20	35.0	101.5	575
	28	8	36.3	104.3	574
消失					
⑮ 5月3日 (0415)乌图美仁,Wutumeiren					
5	3	8	37.5	93.0	570
消失					
⑯ 5月11日 (0416)康定,Kangding					
5	11	20	30.0	102.0	578
消失					
⑰ 5月21～22日 (0417)曲麻莱,Qumalai					
5	21	8	34.8	95.4	572
		20	35.3	98.5	570
	22	8	34.0	102.5	575
		20	34.7	105.4	576
消失					

高原低涡中心位置资料表（续-2）

月	日	时	中心位置		位势高度/位势什米
			北纬/(°)	东经/(°)	
⑱5月23日 (0418)伍道梁,Wudaoliang					
5	23	20	34.5	96.0	577
消失					
⑲5月28日 (0419)日德,Ride					
5	28	20	35.0	100.3	577
消失					
⑳6月8～10日 (0420)曲麻莱,Qumalai					
6	8	20	34.5	95.5	578
	9	8	34.0	102.3	579
		20	34.5	104.0	580
	10	8	34.7	104.0	580
		20	34.7	107.5	582
消失					

月	日	时	中心位置		位势高度/位势什米
			北纬/(°)	东经/(°)	
㉑6月11～12日 (0421)乌图美仁,Wutumeiren					
6	11	8	37.0	92.5	579
		20	37.8	100.0	581
	12	8	40.5	99.0	578
消失					
㉒6月13日 (0422)扎多,Zhaduo					
6	13	8	32.5	95.3	584
消失					
㉓6月16～17日 (0423)德格,Dege					
6	16	20	32.3	99.8	578
	17	8	32.8	101.0	578
消失					

月	日	时	中心位置		位势高度/位势什米
			北纬/(°)	东经/(°)	
㉔6月27日 (0424)色达,Seda					
6	27	8	32.8	101.0	582
		20	32.1	99.5	582
消失					
㉕6月30日 (0425)定日,Dingri					
6	30	8	28.5	92.5	583
消失					
㉖7月11～13日 (0426)曲麻莱,Qumalai					
7	11	20	34.5	96.0	580
	12	8	31.8	98.8	580
		20	32.0	102.0	582
	13	8	31.6	102.5	581
		20	30.0	106.5	582
消失					

高原低涡中心位置资料表（续-3）

月	日	时	中心位置		位势高度/位势什米
			北纬/(°)	东经/(°)	
㉗ 7月22～23日 (0427)甘孜,Ganzi					
7	22	20	32.0	99.4	584
	23	8	34.0	99.5	584
		20	35.4	98.6	584
消失					
㉘ 7月24～26日 (0428)扎多,Zhaduo					
7	24	8	33.0	94.2	584
		20	34.5	95.3	584
	25	8	33.7	94.5	583
		20	34.8	97.8	584
	26	8	33.6	103.0	584
消失					
㉙ 7月26日 (0429)嘉黎,Jiali					
7	26	8	30.7	93.0	584
消失					
㉚ 8月3～6日 (0430)邓柯,Dengke					
8	3	8	32.5	97.5	583
		20	27.8	103.0	583
	4	8	25.5	102.0	583
		20	24.0	105.0	583
	5	8	28.5	109.0	580
		20	28.5	108.0	582
	6	8	22.0	104.5	582
消失					
㉛ 8月14～16日 (0431)石渠,Shiqu					
8	14	20	32.8	98.8	585
8	15	8	30.8	98.0	585
		20	32.2	105.3	586
	16	8	32.5	104.3	585
消失					
㉜ 8月19日 (0432)扎多,Zhaduo					
8	19	8	32.8	94.0	578
消失					
㉝ 8月20日 (0433)扎多,Zhaduo					
8	20	20	33.5	94.7	582
消失					

高原低涡中心位置资料表（续-4）

月	日	时	中心位置		位势高度/位势什米
			北纬/(°)	东经/(°)	
㉞ 8月21日 (0434)索县,Suoxian					
8	21	20	32.6	94.5	584
消失					
㉟ 10月4～5日 (0435)西宁,Xining					
10	4	20	36.5	102.9	576
	5	8	34.6	106.7	576
		20	33.8	113.7	575
消失					
㊱ 10月5日 (0436)索县,Suoxian					
10	5	8	31.7	94.5	579
消失					
㊲ 10月25日 (0437)班玛,Banma					
10	25	20	32.3	100.0	581
消失					

月	日	时	中心位置		位势高度/位势什米
			北纬/(°)	东经/(°)	
㊳ 11月3～4日 (0438)申扎,Shenzha					
11	3	20	30.5	88.8	576
	4	8	28.8	96.0	576
		20	28.5	93.0	576
消失					
㊴ 11月19日 (0439)吉迈,Jimai					
11	19	8	32.7	99.5	570
消失					
㊵ 11月24日 (0440)治多,Zhiduo					
11	24	20	33.0	95.5	572
消失					

月	日	时	中心位置		位势高度/位势什米
			北纬/(°)	东经/(°)	
㊶ 12月14日 (0441)扎多,Zhaduo					
12	14	20	32.7	94.0	572
消失					

第二部分

高原切变线

Tibetan Plateau Shear Line

2004年 高原切变线概况

2004年发生在青藏高原上的切变线共有41次，其中在青藏高原东部生成的切变线共有38次，在青藏高原西部生成的切变线共有3次（表11～表13）。

2004年初生高原切变线出现于2月上旬，最后一个高原切变线生成在11月下旬（表11）。从月际分布看，主要集中在6～8月，占了一大半（表11）。移出高原的青藏高原切变线少，分别在5月、8月、10月各1次（表14）。此外，从1～12月，除了1月和12月外，各月都有1～9次高原切变线生成，各月生成高原切变线的次数差异大，具体详见表11。

2004年青藏高原切变线源地绝大多数在青藏高原东部。移出高原的青藏高原切变线共有3次，它们都生成于青藏高原东部（表14～表16），移出高原的地点主要集中在四川、云南，其中，四川2次，云南1次（表17）。

本年度高原切变线北、南两侧最大风速的最多频率分别是北侧以6～8m/s，占49%；南侧以10～14m/s，占56%（表18）。夏半年，高原切变线北、南两侧最大风速的最多频率分别是北侧以8～10m/s，占50.5%；南侧以10～14m/s，占59.7%（表19）。冬半年，高原切变线北、南两侧最大风速的最多频率分别是北侧以4～8m/s，占66.7 %；南侧以12～18m/s，占55.5 %（表20）。

全年除影响青藏高原以外对我国其余地区有影响的高原切变线共有38次。其中9次高原切变线造成过程降水量在100mm以上，造成过程降水量为150mm以上的高原切变线有5次，S0408、

S0412、S0416、S0425、S0432分别在云南腾冲、重庆巫溪、四川崇州、四川雅安、贵州沿河造成过程降水量159.4mm、152.2mm、160.7mm、171.6mm、164.4mm，降水日数分别为3天、3天、1天、1天、1天。

当年影响我国降水强的主要是S0412、S0433高原切变线，S0412高原切变线造成过程降水量为25mm以上的区域最大，分布在河西走廊、长江中上游。高原切变线造成过程降水量为100mm以上的中心区最多的是S0433高原切变线，共有4个中心区，主要分布在四川、重庆、湖北、湖南。6月3日在高原中部昌都到安多生成的S0412高原切变线，切变线北、南两侧最大风速分别是6m/s、12m/s，先向偏北折向偏南移，后反复折向2次，5日20时移到高原东南部，切变线加强，切变线北、南两侧最大风速分别是8m/s、14m/s。以后36小时内少动，7日8时切变线在高原东南部减弱，切变线北、南两侧最大风速分别是2m/s、10m/s，最后消失。受其影响，湖北、重庆、四川、湖南、陕西、贵州、云南普降大到暴雨，降水日数为4～5天；西藏、青海、甘肃部分也普降中雨。8月22日生成在高原东部托勒到甘孜的S0433高原切变线，切变线北、南两侧最大风速分别是8m/s、14m/s，是当年影响我国降水另一强的高原切变线，起初在高原东部缓慢向东南移，24日20时移出高原，25日20时移到四川盆地西部，切变线有些减弱，切变线北、南两侧最大风速分别是8m/s、10m/s，最后消失。受其影响，四川、重庆、贵州、湖北、江西、云南普降大到暴雨，降水日数为1～3天；西藏、青海、甘肃、陕西部分也普降中雨。

2004年对我国长江流域降水影响最大的高原切变线是6月16日生成在高原中东部红原到安多的0413高原切变线，切变线北、南两侧最大风速分别是4m/s、14m/s，该高原切变线生成后向东南移动，17日20时，高原切变线加强，切变线北、南两侧最大风速分别是10m/s、20m/s，从此时起向西北方向移动，18日20时又移回到了高原中东部，最后消失。受其影响，四川、重庆、湖北、湖南普降大到暴雨，降水日数为2～3天；尤其是湖北、湖南有成片暴雨到大暴雨区，降水日数为2～3天；西藏、青海、贵州部分也普降中到大雨。

表11 高原切变线出现次数

月 年	1	2	3	4	5	6	7	8	9	10	11	12	合计
2004	0	1	3	3	3	6	9	8	2	5	1	0	41
几率 / %	0.00	2.44	7.32	7.32	7.32	14.63	21.95	19.51	4.88	12.19	2.44	0.00	100

表12 高原东部切变线出现次数

月 年	1	2	3	4	5	6	7	8	9	10	11	12	合计
2004	0	1	2	3	3	6	9	7	2	4	1	0	38
几率 / %	0.00	2.63	5.26	7.90	7.90	15.79	23.68	18.42	5.26	10.53	2.63	0.00	100

表13 高原西部切变线出现次数

月 年	1	2	3	4	5	6	7	8	9	10	11	12	合计
2004	0	0	1	0	0	0	0	1	0	1	0	0	3
几率 / %	0.00	0.00	33.33	0.00	0.00	0.00	0.00	33.33	0.00	33.34	0.00	0.00	100

表14 高原切变线移出高原次数

年＼月	1	2	3	4	5	6	7	8	9	10	11	12	合计
2004	0	0	0	0	1	0	0	1	0	1	0	0	3
移出几率 / %	0.00	0.00	0.00	0.00	2.44	0.00	0.00	2.44	0.00	2.44	0.00	0.00	7.32
月移出率 / %	0.00	0.00	0.00	0.00	33.33	0.00	0.00	33.33	0.00	33.34	0.00	0.00	100

表15 高原东部切变线移出高原次数

年＼月	1	2	3	4	5	6	7	8	9	10	11	12	合计
2004	0	0	0	0	1	0	0	1	0	1	0	0	3
移出几率 / %	0.00	0.00	0.00	0.00	2.44	0.00	0.00	2.44	0.00	2.44	0.00	0.00	7.32
月移出率 / %	0.00	0.00	0.00	0.00	33.33	0.00	0.00	33.33	0.00	33.34	0.00	0.00	100

表16 高原西部切变线移出高原次数

年＼月	1	2	3	4	5	6	7	8	9	10	11	12	合计
2004	0	0	0	0	0	0	0	0	0	0	0	0	0
移出几率 / %	0.00	0.00	0.00	0.00	0.00	0.00	0.00	0.00	0.00	0.00	0.00	0.00	0.00
月移出率 / %	0.00	0.00	0.00	0.00	0.00	0.00	0.00	0.00	0.00	0.00	0.00	0.00	0.00

表17　高原切变线移出高原的地区分布

地区 年	新疆	甘肃	宁夏	四川	陕西	重庆	贵州	云南	合计
2004				2				1	3
出高原率 / %				66.7				33.3	100

表18　高原切变线两侧最大风速频率分布

最大风速 / (m/s)	2	4	6	8	10	12	14	16	18	20	22	24	26	28	30	合计
北侧 / %	1.16	10.47	30.232	18.605	16.28	13.95	3.49	2.326	1.16		2.326					99.999
南侧 / %		6.977	11.63	12.791	20.93	13.95	20.93	5.814	3.49	1.16					2.326	99.998

表19　夏半年高原切变线两侧最大风速频率分布

最大风速 / (m/s)	2	4	6	8	10	12	14	16	18	20	22	24	26	28	30	合计
北侧 / %	1.3	9.1	30	19.4	16.8	14.3	3.9	1.3	2.6		1.3					100
南侧 / %		7.8	10.4	13	23.4	14.3	22.0	5.2	1.3	1.3					1.3	100

表20　冬半年高原切变线两侧最大风速频率分布

最大风速 / (m/s)	2	4	6	8	10	12	14	16	18	20	22	24	26	28	30	合计
北侧 / %		22.22	33.33	11.11		11.11		11.11			11.11					99.99
南侧 / %			22.22	11.11		11.11	11.11	11.11	22.22						11.11	99.99

高原切变线纪要表

序号	编号	中英文名称	起止日期(月.日)	最大风速/(m/s)		发现时起-终点经纬度	移出高原的地区	移出高原时间	移出高原的风速/(m/s)		路径趋向	影响切变线移出高原的天气系统
				北侧	南侧				北侧	南侧		
1	S200401	吉迈-拉萨，Jimai-Lasa	2.3	22	18	101°E,34°N-92°E,29°N					南移	
2	S200402	吉迈-日喀则，Jimai-Rikaze	3.7	4	26	99°E,33°N-89°E,28°N					原地生消	
3	S200403	林芝-定日，Linzhi-Dingri	3.8	12	14	93°E,30°N-88°E,27°N					原地生消	
4	S200404	红原-察隅，Hongyuan-Chayu	3.29	6	30	104°E,31.5°N-97°E,29°N					原地生消	
5	S200405	合作-昌都，Hezuo-Changdu	4.3	4	6	103°E,34°N-96°E,32°N					原地生消	
6	S200406	红原-当雄，Hongyuan-Dangxiong	4.26	8	18	102°E,31°N-91°E,31°N					原地生消	
7	S200407	丁青-锋当，Dingqing-Fengdang	4.27	6	8	95°E,32°N-92°E,29°N					原地生消	
8	S200408	玉树-安多，Yushu-Anduo	5.17～5.19	10	30	98°E,33°N-91°E,33°N	云南贵州	5.19^{20}	10	30	南转东南移	青藏高压南移
9	S200409	合作-安多，Hezuo-Anduo	5.29	8	8	104°E,34°N-91°E,33°N					原地生消	
10	S200410	兰州-格尔木，Lanzhou-Geermu	5.31	6	14	104°E,36°N-96°E,35°N					原地生消	
11	S200411	外斯-那曲，Waisi-Naqu	6.2	22	14	102°E,34°N-92°E,32°N					原地生消	
12	S200412	昌都-安多，Changdu-Anduo	6.3～6.7	8	16	97°E,32°N-91°E,33°N					东北转西南移多次折向	
13	S200413	红原-安多，Hongyuan-Anduo	6.16～6.18	10	20	103°E,34°N-91°E,33°N					东南转西北移	

高原切变线纪要表（续-1）

序号	编号	中英文名称	起止日期（月.日）	最大风速/(m/s)		发现时起-终点经纬度	移出高原的地区	移出高原时间	移出高原最大风速/(m/s)		路径趋向	影响切变线移出高原的天气系统
				北侧	南侧				北侧	南侧		
14	S200414	西宁-安多，Xining-Anduo	6.23	8	12	103°E,37°N-92°E,32.5°N					东南移	
15	S200415	昌都-安多，Changdu-Anduo	6.24	8	16	98°E,32°N-91°E,33°N					东北移	
16	S200416	红原-巴塘，Hongyuan-Batang	6.30	6	6	104°E,32°N-98°E,30°N					原地生消	
17	S200417	都兰-班戈，Dulan-Bange	7.1～7.2	10	12	99°E,36°N-92°E,30°N					东南移	
18	S200418	吉迈-托托河，Jimai-Tuotuohe	7.3	6	10	100°E,33°N-91°E,34°N					原地生消	
19	S200419	治多-拉萨，Zhiduo-Lasa	7.6	8	16	96°E,34°N-92°E,30°N					原地生消	
20	S200420	昌都-安多，Changdu-Anduo	7.6	6	10	98°E,31.8°N-91°E,33.2°N					原地生消	
21	S200421	红原-当雄，Hongyuan-Dangxiong	7.7	6	18	102°E,32.5°N-91°E,31°N					原地生消	
22	S200422	都兰-安多，Dulan-Anduo	7.8	8	10	100°E,32.5°N-92°E,33°N					原地生消	
23	S200423	吉迈-拉萨，Jimai-Lasa	7.26～7.27	12	6	100°E,33°N-90°E,30°N					稍东移	
24	S200424	乌鞘岭-当雄，Wushaoling-Dangxiong	7.28	6	6	103°E,37°N-91°E,31°N					原地生消	
25	S200425	合作-巴塘，Hezuo-Batang	7.30	8	14	104°E,35°N-99°E,29°N					稍东移	
26	S200426	格尔木-定日，Geermu-Dingri	8.7～8.8	6	8	96°E,37°N-87°E,29°N					东移	
27	S200427	诺木洪-日喀则，Nuomuhong-Rikaze	8.9	14	14	96°E,36°N-88°E,28°N					东北移	

高原切变线纪要表（续-2）

序号	编号	中英文名称	起止日期(月.日)	最大风速/(m/s)		发现时起–终点经纬度	移出高原的地区	移出高原时间	移出高原最大风速/(m/s)		路径趋向	影响切变线移出高原的天气系统
				北侧	南侧				北侧	南侧		
28	S200428	都兰–那曲，Dulan–Naqu	8.11	4	8	97°E,37°N–91°E,32°N					东南移	
29	S200429	红原–拉萨，Hongyuan–Lasa	8.15	10	8	104°E,33°N–91°E,30°N					原地生消	
30	S200430	红原–拉萨，Hongyuan–Lasa	8.17	4	8	103°E,33°N–91°E,29°N					原地生消	
31	S200431	西宁–当雄，Xining–Dangxiong	8.19	10	14	102°E,37°N–91°E,31°N					原地生消	
32	S200432	马尔康–拉萨，Maerkang–Lasa	8.21	14	14	102.5°E,32°N–91.5°E,31°N					东移	
33	S200433	托勒–甘孜，Tuole–Ganzi	8.22～8.24	8	14	98°E,38°N–101°E,32°N	陕西、四川、云南	8.24[20]	8	10	内向反，后转东南移	副高减弱东退
34	S200434	甘孜–拉萨，Ganzi–Lasa	9.19～9.20	12	10	100°E,32°N–91°E,30°N					北转南移	
35	S200435	武都–那曲，Wudu–Naqu	9.28～9.30	18	16	104°E,34°N–91°E,32°N					北转南移多次折向	
36	S200436	华家岭–尼木，Huajialing–Nimu	10.4	10	12	105°E,35°N–90°E,30°N					原地生消	
37	S200437	西宁–安多，Xining–Anduo	10.20	18	14	102°E,37°N–91°E,33°N					原地生消	
38	S200438	略阳–扎多，Lueyang–Zhaduo	10.23	12	12	106°E,33°N–95°E,32°N					原地生消	
39	S200439	红原–江孜，Hongyuan–Jiangzi	10.24～10.25	10	14	103°E,32°N–90°E,28°N	四川	10.25[08]	6	14	东北转东南移	随槽东南移
40	S200440	曲麻莱–江孜，Qumalai–Jiangzi	10.30～10.31	16	10	95°E,35°N–87°E,29°N					东南移后少动	
41	S200441	石渠–托托河，Shiqu–Tuotuohe	11.24	6	12	99°E,33°N–92°E,33°N					原地生消	

高原切变线对我国影响简表

序号	编号	简述活动的情况	高原切变线对我国的影响			
			项目	时间(月.日)	概况	极值
1	S0401	高原东南部南行	降水	2.3	西藏、青海东南部，四川大部，重庆地区降水量在15mm以下，降水日数为1天。	重庆长寿 12mm（1天）
2	S0402	高原东南部生消	降水	3.7	西藏、青海东南部，四川大部，重庆、湖南、湖北、云南小部分地区降水量在20mm以下，降水日数为1天。	四川白玉 18.7mm（1天）
3	S0403	高原南部生消	降水	3.8	西藏、青海东南部地区降水量为0.1～3mm，降水日数为1天。	西藏波密 2.7mm（1天）
4	S0404	高原东南部生消	降水	3.29	西藏东部，四川、贵州大部，湖北、云南小部分地区降水量为0.1～75mm，降水日数为1天。其中个别地区中雨，维西暴雨。	云南维西 73.6mm（1天）
5	S0405	高原东部生消	降水	4.3	四川西部地区降水总量为0.1～13mm，降水日数为1天。	四川雅江 1.4mm（1天）
6	S0406	高原东南部生消	降水	4.26	西藏东部、四川大部分地区降水量为0.1～25mm，降水日数为1天。	四川峨眉山 22.1mm（1天）
7	S0407	高原南部生消	降水	4.27	西藏东部、四川西部地区降水量为0.1～25mm，降水日数为1天。	西藏丁青 25mm（1天）
8	S0408	东南行出高原	降水	5.17～5.19	西藏东部，四川西部，云南、贵州地区降水总量为0.1～160mm，降水日数为2～3天。其中，云南、贵州、四川部分地区降水总量为25～160mm，降水日数为2～3天。	云南腾冲 159.4mm（3天）
9	S0409	高原中东部生消	降水	5.29	西藏东部，青海、四川、重庆大部，甘肃、陕西南部地区降水量为0.1～55mm，降水日数为1天。其中，四川、重庆、甘肃部分地区大到暴雨，降水日数为1天。	甘肃陇西 54.8mm（1天）
10	S0410	高原东北部生消	降水	5.31	西藏中东部、青海大部地区降水量为0.1～20mm，降水日数为1天。	西藏拉萨 19.7mm（1天）
11	S0411	高原中东部生消	降水	6.2	西藏中东部，青海南部，四川、重庆大部，陕西南部地区降水量为0.1～21mm，降水日数为1天。	四川马尔康 20.1mm（1天）

高原切变线对我国影响简表（续-1）

序号	编号	简述活动的情况	高原切变线对我国的影响			
			项目	时间（月.日）	概况	极值
12	S0412	高原中东部向南行	降水	6.3～6.7	青藏高原中、东部，四川、重庆、贵州、云南、甘肃、陕西南部，宁夏大部，山西、湖北、湖南小部分地区降水总量为0.1～155mm，降水日数为4～5天。其中，西藏、四川、重庆、贵州、云南个别地区降水总量为50～155mm，降水日数为3～5天。	重庆巫溪 152.2mm（3天）
13	S0413	高原中东部向东南折向西北行	降水	6.16～6.18	青藏高原中、东部，青海南部，四川、重庆、湖北、贵州，云南、甘肃、湖南、江西小部分地区降水总量为0.1～110mm，降水日数为2～3天。其中，西藏、四川、重庆、湖北、湖南个别地区降水总量为50～110mm，降水日数为2～3天。	湖南石门105.3mm（2～3天）
14	S0414	高原中东部东南行	降水	6.23	西藏、青海东部，四川、重庆大部和甘肃小部分地区降水量为0.1～55mm，降水日数为1天。其中，西藏、四川、重庆个别地区大到暴雨。	重庆涪陵 54.3mm（1天）
15	S0415	高原东部东北行	降水	6.24	青海南部、西藏中东部、四川大部分地区降水量为0.1～26mm，降水日数为1天。	四川布拖 25.5mm（1天）
16	S0416	高原东南部生消	降水	6.30	西藏青海东部，四川大部，重庆、云南小部分地区降水量为0.1～165mm，降水日数为1天。其中，四川、重庆个别地区暴雨到大暴雨。	四川崇州 160.7mm（1天）
17	S0417	高原东部东南行	降水	7.1～7.2	西藏中东部，青海东、南部，四川、重庆和云南、贵州、陕西、湖北小部分地区降水总量为0.1～70mm，降水日数为1～2天。其中，四川、重庆、云南、贵州个别地区降水总量为25～70mm，降水日数为1～2天。	重庆武隆 67.7mm（2天）
18	S0418	高原中东部生消	降水	7.3	西藏东部、青海南部、四川西部降水量为0.1～20mm，降水日数为1天。	四川得荣16.5mm（1天）
19	S0419	高原中部生消	降水	7.6	西藏中东部，青海南部地区降水量为0.1～16mm，降水日数为1天。	西藏浪卡子 15.1mm（1天）
20	S0420	高原东部生消	降水	7.6	西藏东部、青海南部、四川西南部地区降水量为0.1～16mm，降水日数为1天。	西藏比如 15.1mm（1天）

高原切变线对我国影响简表（续-2）

序号	编号	简述活动的情况	高原切变线对我国的影响			
			项目	时间(月.日)	概况	极值
21	S0421	高原中东部生消	降水	7.7	西藏中东部、青海南部、四川西南部、云南大部分地区降水总量为0.1～45mm，降水日数为1天。	云南玉溪 40.7mm（1天）
22	S0422	高原东北部生消	降水	7.8	西藏中东部、青海大部、四川西北部、甘肃中部地区降水量为0.1～45mm，降水日数为1天。	西藏拉萨 41mm（1天）
23	S0423	高原东南部少动	降水	7.26～7.27	西藏中东部，青海东南部，四川、陕西、甘肃、云南小部分地区降水总量为0.1～145mm，降水日数为1～2天。其中，四川、陕西、西藏个别地区降水总量为50～145mm，降水日数为2天。	四川都江堰市 144.9mm（2天）
24	S0424	高原东部生消	降水	7.28	青海东部、甘肃南部、四川北部、宁夏西部地区降水量为0.1～35mm，降水日数为1天。	四川内江 34.5mm（1天）
25	S0425	高原东部边缘生消	降水	7.30	西藏东部，四川大部，陕西、甘肃、重庆、云南小部分降水量为0.1～175mm，降水日数为1天。其中，四川、湖北个别地区降水量为50～175mm。	四川雅安 171.6mm（1天）
26	S0426	高原东部东行	降水	8.7～8.8	西藏中东部、青海东南部、四川西北部地区降水总量为0.1～25mm，降水日数为1～2天。	青海同德 22.7mm（2天）
27	S0427	高原中部东北行	降水	8.9	西藏中部，青海大部，甘肃、四川、陕西小部分地区降水量为0.1～40mm，降水日数为1天。	四川雅安 39.7mm（1天）

高原切变线对我国影响简表（续-3）

序号	编号	简述活动的情况	高原切变线对我国的影响			
			项目	时间（月.日）	概况	极值
28	S0428	高原中部东南行	降水	8.11	西藏、四川中部，青海、甘肃、陕西大部地区降水量为0.1～60mm，降水日数为1天。其中，四川、陕西个别地区大到暴雨。	四川石棉 60mm（1天）
29	S0429	高原东南部生消	降水	8.15	西藏中东部，青海东部，甘肃南部，四川西部地区降水量为0.1～40mm，降水日数为1天。	青海班玛 35.5mm（1天）
30	S0430	高原东南部生消	降水	8.17	西藏东南部、南部，四川西部地区降水总量为0.1～25mm，降水日数为1天。	四川理塘 23.5mm（1天）
31	S0431	高原东部生消	降水	8.19	西藏中、东部，青海、四川、陕西、甘肃大部，宁夏地区降水量为0.1～95mm，降水日数为1天。其中，青海、甘肃、陕西个别地区大到暴雨。	甘肃环县 94mm（1天）
32	S0432	高原东南部东南行	降水	8.21	西藏中东部，青海南部，四川、重庆、湖北、湖南、贵州北部地区降水量为0.1～165mm，降水日数为1天。其中，贵州、湖南、湖北有一条状大到暴雨区。	贵州沿河 164.4mm（1天）
33	S0433	高原东部东南行出高原	降水	8.22～8.24	西藏东部，青海、甘肃、宁夏大部，四川、陕西、湖北、重庆、贵州、湖南、云南小部分地区降水总量为0.1～145mm，降水日数为1～2天。其中，四川、湖北、重庆有降水总量>100mm的中心区。	湖北浠水 142.7mm（2天）

高原切变线对我国影响简表（续-4）

序号	编号	简述活动的情况	高原切变线对我国的影响			
			项目	时间(月.日)	概况	极值
34	S0434	高原中东部徘徊	降水	9.19～9.20	西藏中东部、青海南部、四川西部地区降水总量为0.1～35mm，降水日数为2天。	四川小金 31.1mm（2天）
35	S0435	高原东部迴旋东南行	降水	9.28～9.30	西藏、青海中东部，四川、重庆、河南、陕西，宁夏、甘肃、山西大部分地区降水总量为0.1～125mm，降水日数为2～3天。其中，四川、陕西、河南有一长条状降水总量为50～125mm的雨区，降水日数为2～3天。	四川南江 122.4mm(2～3天)
36	S0436	高原中东部生消	降水	10.4	西藏、青海中东部，四川、甘肃、重庆、贵州小部分地区降水量为0.1～20mm，降水日数为1天。	四川资中 19.2mm（1天）
37	S0437	高原中东部生消	降水	10.20	甘肃中南部，青海、四川小部分地区降水量为0.1～8mm，降水日数为1天。	青海门源 8mm（1天）
38	S0438	高原东南部生消	降水	10.23	四川、重庆大部，西藏、青海、甘肃小部分地区降水量为0.1～10mm，降水日数为1天。	青海外斯 10mm（1天）
39	S0439	高原东部东南行出高原	降水	10.24～10.25	四川、重庆大部，西藏、贵州小部分地区降水总量为0.1～20mm，降水日数为1～2天。	四川甘洛 19.2mm（1天）
40	S0440	高原中部东南行	降水	10.30～10.31	西藏中东部、青海南部、四川西部地区降水总量为0.1～18mm，降水日数为1～2天。	四川芦山 17.7mm（2天）
41	S0441	高原中东部生消	降水	11.24	四川东部，重庆、甘肃、陕西大部，西藏、青海、湖北、宁夏、河南小部分地区降水量为0.1～30mm，降水日数为1天。	陕西长安 27.5mm（1天）

2004年高原切变线编号、名称、日期对照表

未移出高原的高原切变线		移出高原的高原切变线
① S0401吉迈-拉萨	⑨ S0409合作-安多	⑧ S0408玉树-安多
Jimai-Lasa	Hezuo-Anduo	Yushu-Anduo
2.3	5.29	5.17～5.19
② S0402吉迈-日喀则	⑩ S0410兰州-格尔木	㉝ S0433托勒-甘孜
Jimai-Rikaze	Lanzhou-Geermu	Tuole-Ganzi
3.7	5.31	8.22～8.24
③ S0403林芝-定日	⑪ S0411外斯-那曲	㊴ S0439红原-江孜
Linzhi-Dingri	Waisi-Naqu	Hongyuan-Jiangzi
3.8	6.2	10.24～10.25
④ S0404红原-察隅	⑫ S412昌都-安多	
Hongyuan-Chayu	Changdu-Anduo	
3.29	6.3～6.7	
⑤ S0405合作-昌都	⑬ S0413红原-安多	
Hezuo-Changdu	Hongyuan-Anduo	
4.3	6.16～6.18	
⑥ S0406红原-当雄	⑭ S0414西宁-安多	
Hongyuan-Dangxiong	Xining-Anduo	
4.26	6.23	
⑦ S0407丁青-锋当	⑮ S0415昌都-安多	
Dingqing-Fengdang	Changdu-Anduo	
4.27	6.24	

2004年高原切变线编号、名称、日期对照表（续）

未移出高原的高原切变线			
⑯ S0416红原-巴塘	㉒ S0422都兰-安多	㉘ S0428都兰-那曲	㉟ S0435武都-那曲
Hongyuan-Batang	Dulan-Anduo	Dulan-Naqu	Wudu-Naqu
6.30	7.8	8.1	9.28～9.30
⑰ S0417都兰-班戈	㉓ S0423吉迈-拉萨	㉙ S200429红原-拉萨	㊱ S0436华家岭-尼木
Dulan-Bange	Jimai-Lasa	Hongyuan-Lasa	Huajialing-Nimu
7.1～7.2	7.26～7.27	8.15	10.4
⑱ S0418吉迈-托托河	㉔ S0424乌鞘岭-当雄	㉚ S0430红原-拉萨	㊲ S0437西宁-安多
Jimai-Tuotuohe	Wushaoling-Dangxiong	Hongyuan-Lasa	Xining-Anduo
7.3	7.28	8.17	10.20
⑲ S0419治多-拉萨	㉕ S0425合作-巴塘	㉛ S0431西宁-当雄	㊳ S0438略阳-扎多
Zhiduo-Lasa	Hezuo-Batang	Xining-Dangxiong	Lueyang-Zhaduo
7.6	7.30	8.19	10.23
⑳ S0420昌都-安多	㉖ S0426格尔木-定日	㉜ S0432马尔康-拉萨	㊵ S0440曲麻莱-江孜
Changdu-Anduo	Geermu-Dingri	Maerkang-Lasa	Qumalai-Jiangzi
7.6	8.7～8.8	8.21	10.30～10.31
㉑ S0421红原-当雄	㉗ S0427诺木洪-日喀则	㉞ S0434甘孜-拉萨	㊶ S0441石渠-托托河
Hongyuan-Dangxiong	Nuomuhong-Rikaze	Ganzi-Lasa	Shiqu-Tuotuohe
7.7	8.9	9.19～9.20	11.24

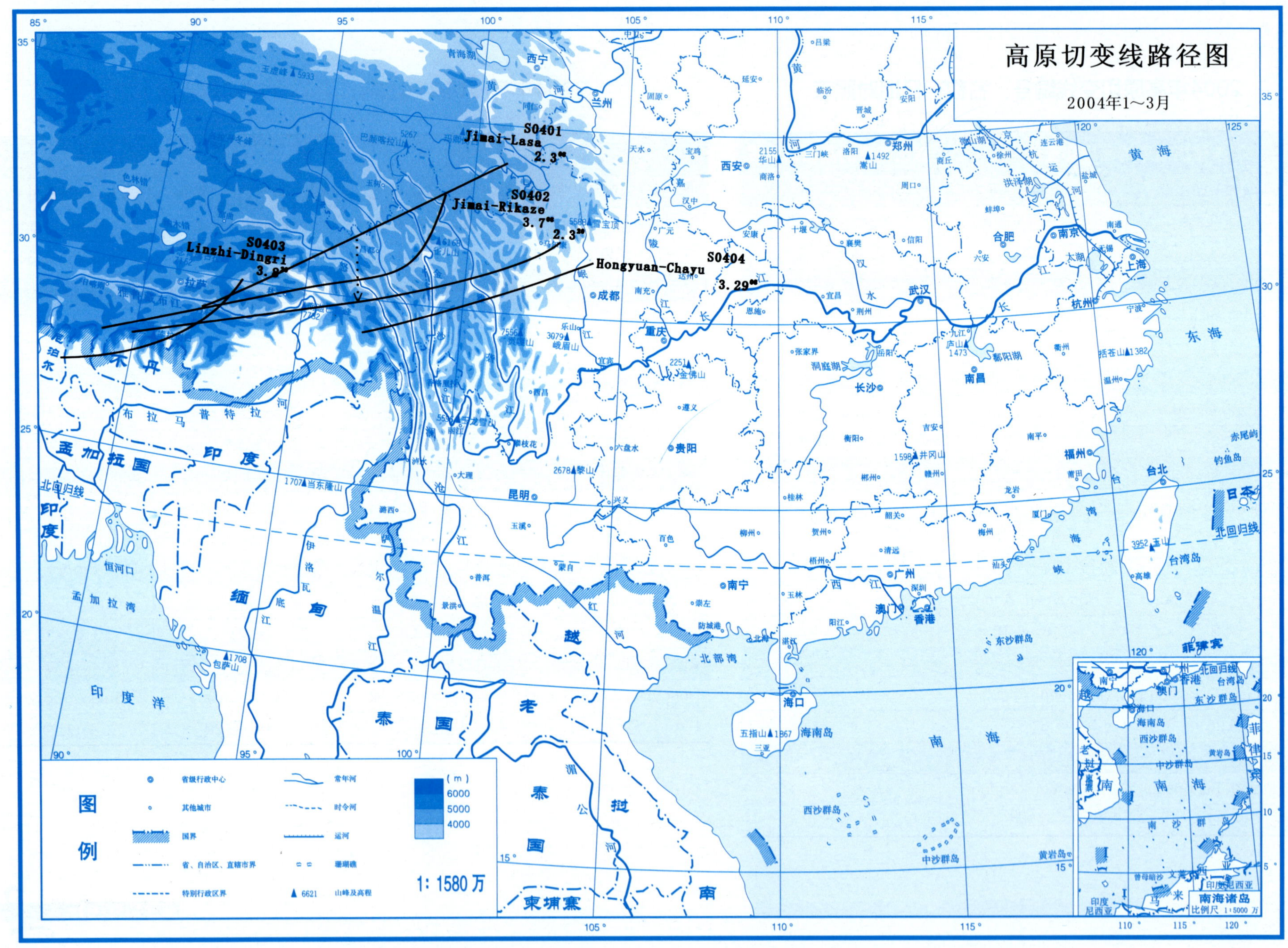
高原切变线路径图
2004年1～3月
S0401
Jimai-Lasa
2.3
S0402
Jimai-Rikaze
3.7
2.3
S0403
Linzhi-Dingri
S0404
Hongyuan-Chayu
3.29
图例
省级行政中心
其他城市
国界
省、自治区、直辖市界
特别行政区界
常年河
时令河
运河
珊瑚礁
山峰及高程
1: 1580万
南海诸岛
比例尺 1:5000万

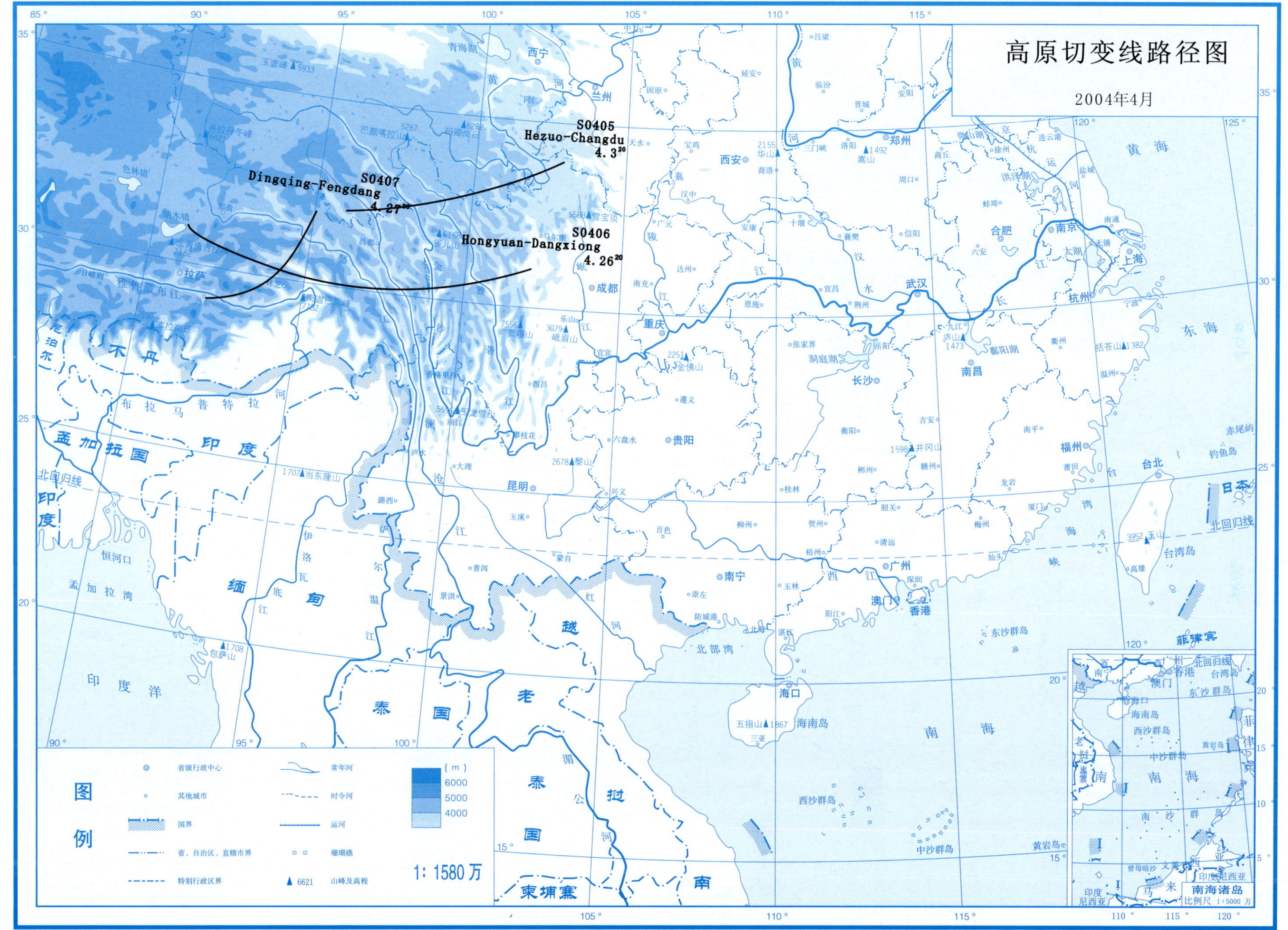
高原切变线路径图
2004年4月
S0405
Hezuo-Changdu
4.3[20]
S0407
Dingqing-Fengdang
4.27[08]
S0406
Hongyuan-Dangxiong
4.26[20]
1: 1580万

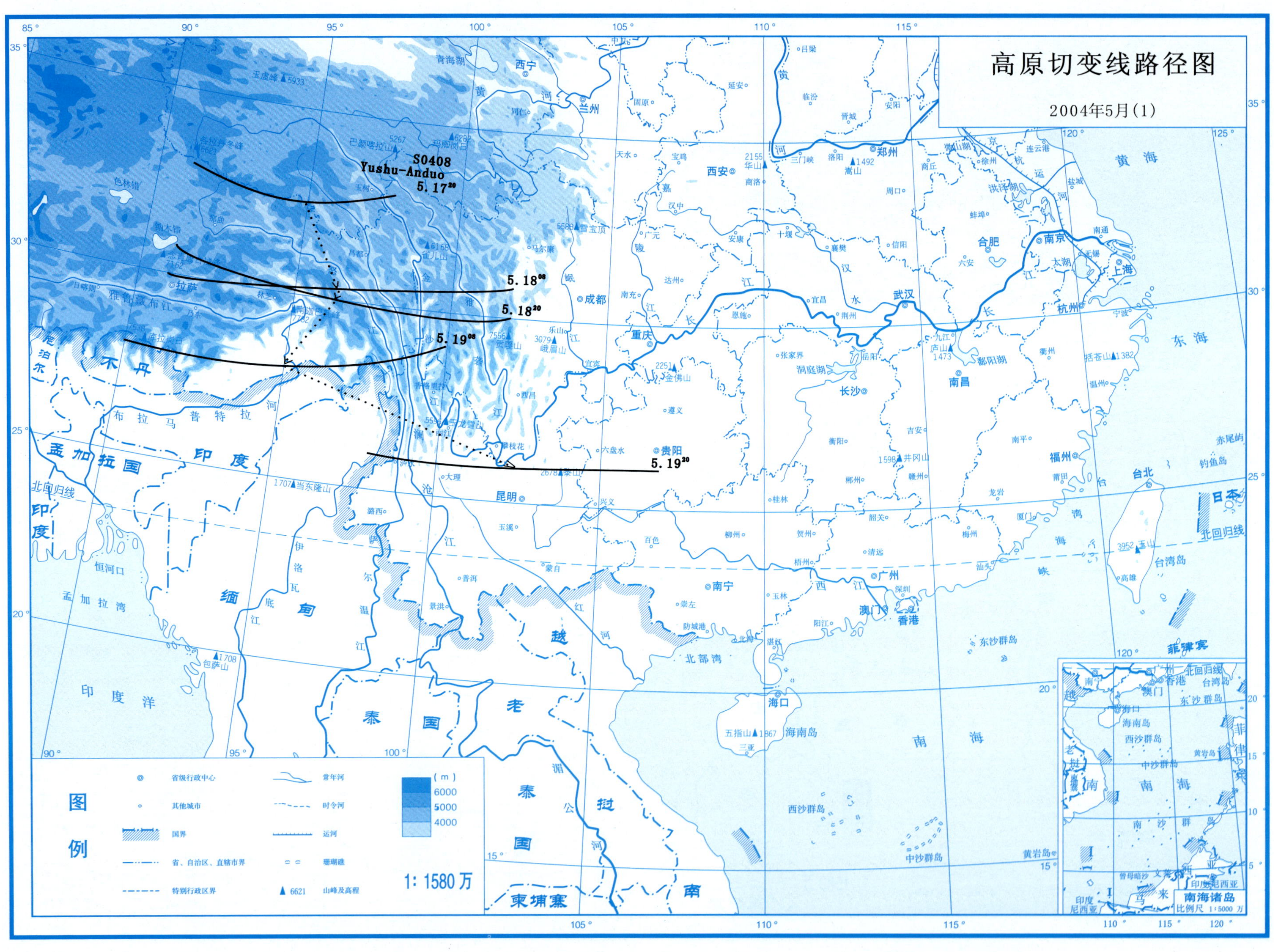
高原切变线路径图
2004年5月(1)
S0408
Yushu-Anduo
5.17²⁰
5.18⁰⁸
5.18²⁰
5.19⁰⁸
5.19²⁰
图例
省级行政中心
其他城市
国界
省、自治区、直辖市界
特别行政区界
常年河
时令河
运河
珊瑚礁
山峰及高程
(m)
6000
5000
4000
1:1580万
南海诸岛
比例尺 1:5000万

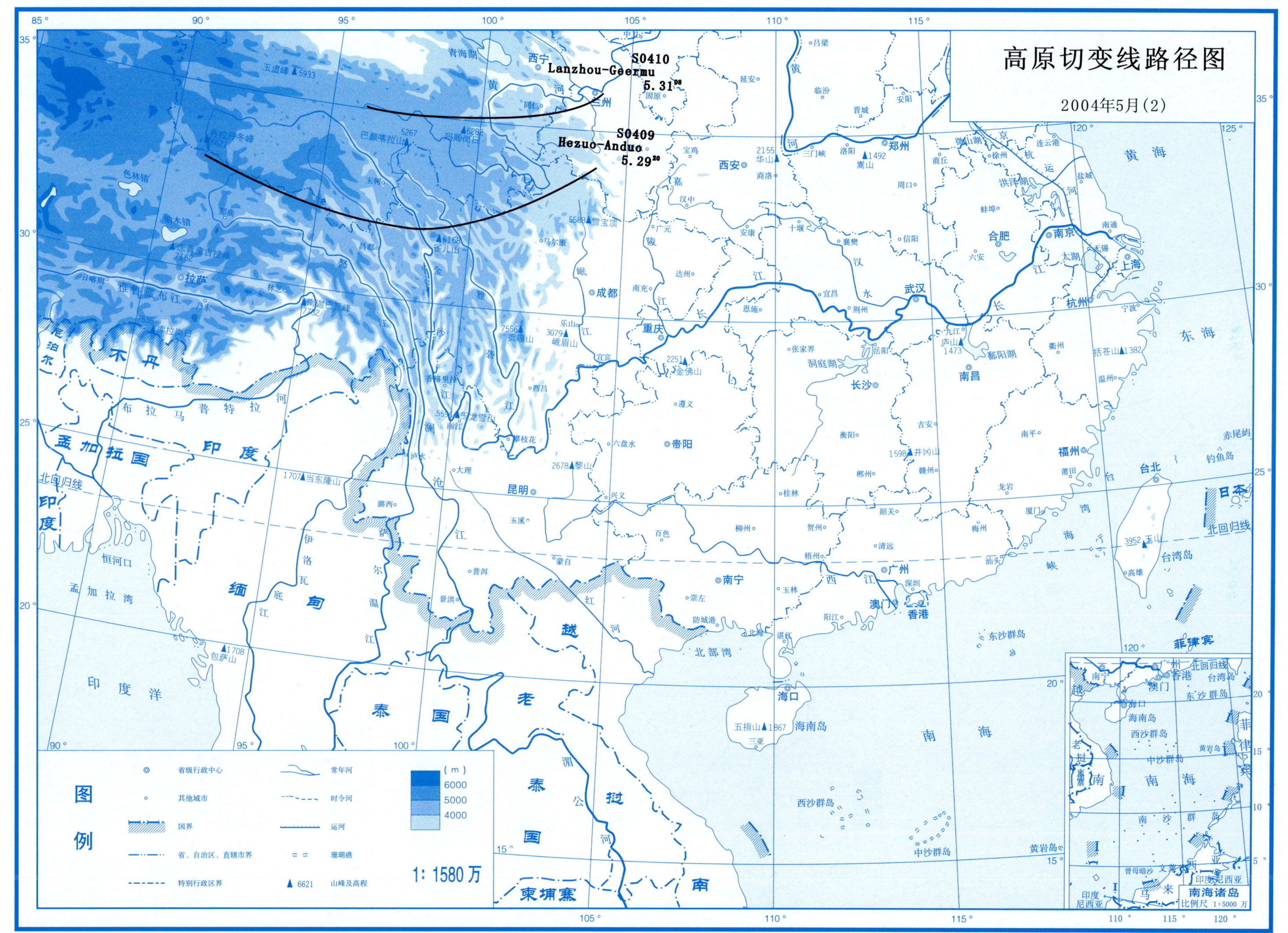

高原切变线路径图
2004年5月(2)
S0410
Lanzhou-Geermu
5.31^{08}
S0409
Hezuo-Anduo
5.29^{20}
图例
省级行政中心
其他城市
国界
省、自治区、直辖市界
特别行政区界
常年河
时令河
运河
珊瑚礁
6621 山峰及高程
(m)
6000
5000
4000
1:1580万
南海诸岛
比例尺 1:5000万

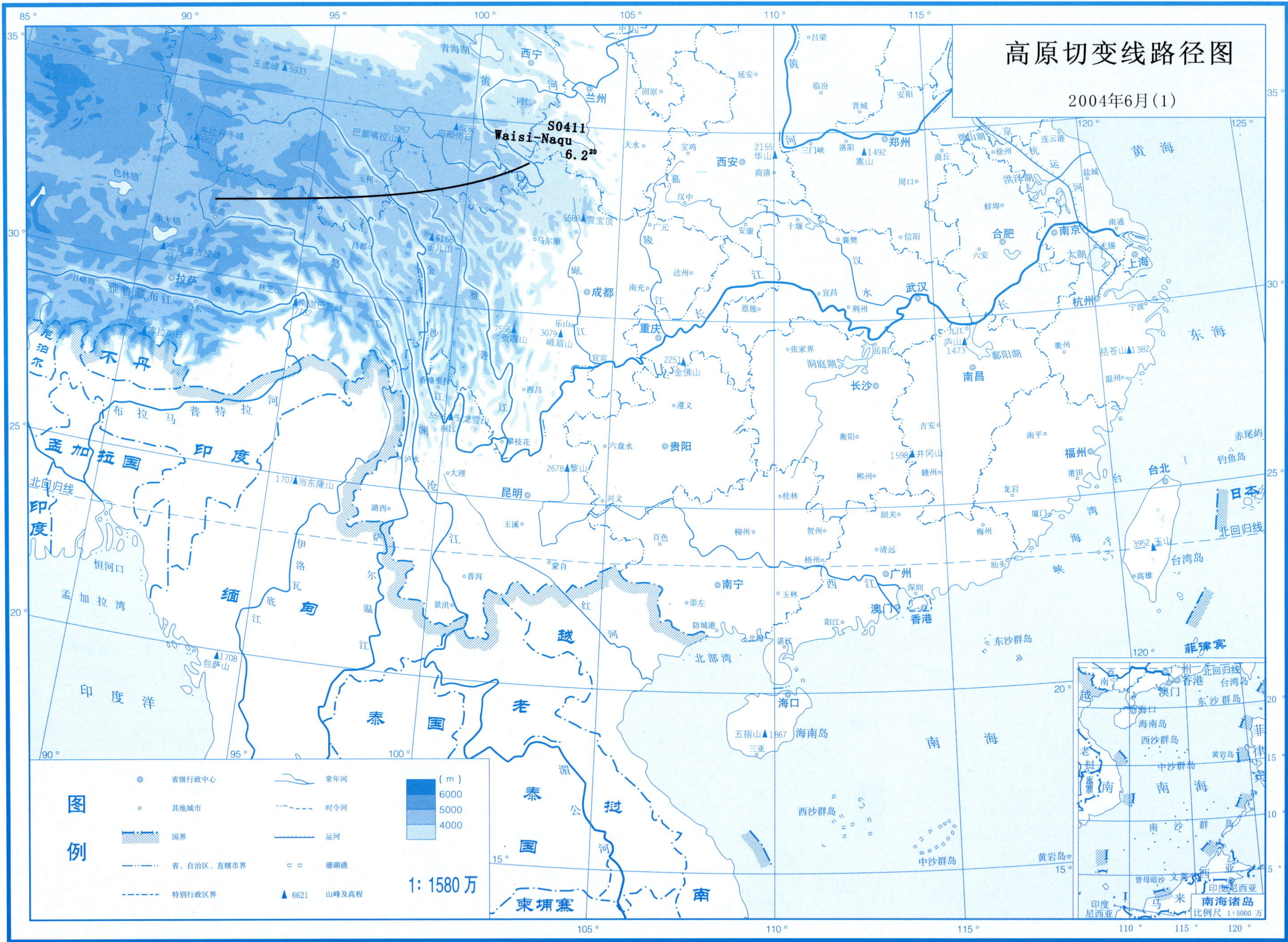

高原切变线路径图
2004年6月(1)
S0411
Waisi-Naqu
6.2 20
图例
省级行政中心
其他城市
国界
省、自治区、直辖市界
特别行政区界
常年河
时令河
运河
珊瑚礁
6621 山峰及高程
(m)
6000
5000
4000
1∶1580万
南海诸岛
比例尺 1∶5000 万

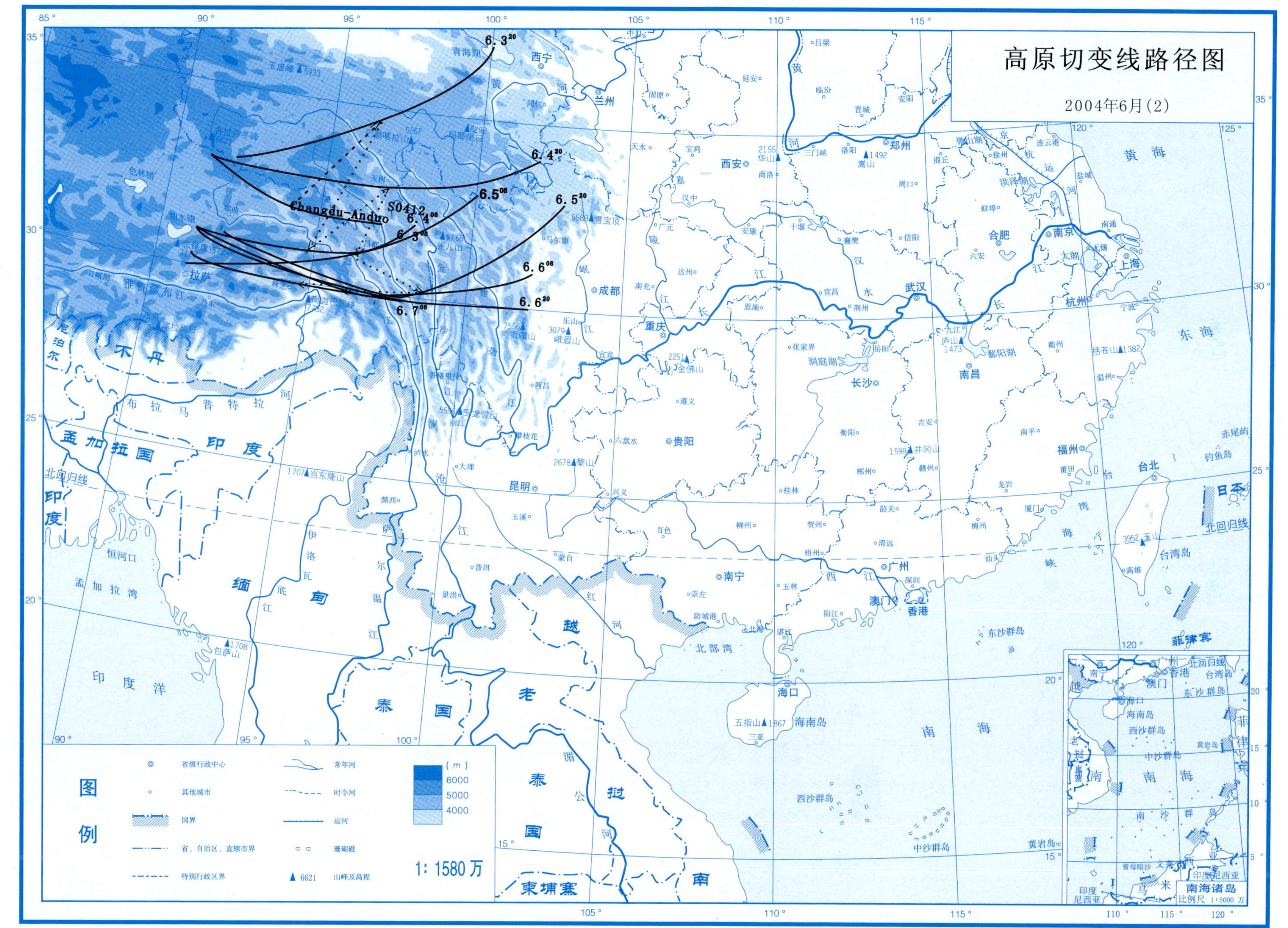
高原切变线路径图
2004年6月(2)
6.3[20]
6.4[20]
6.5[08]
6.5[20]
6.4[08]
6.3[08]
6.6[08]
6.6[20]
6.7[08]
S0412
Changdu-Anduo
1：1580万

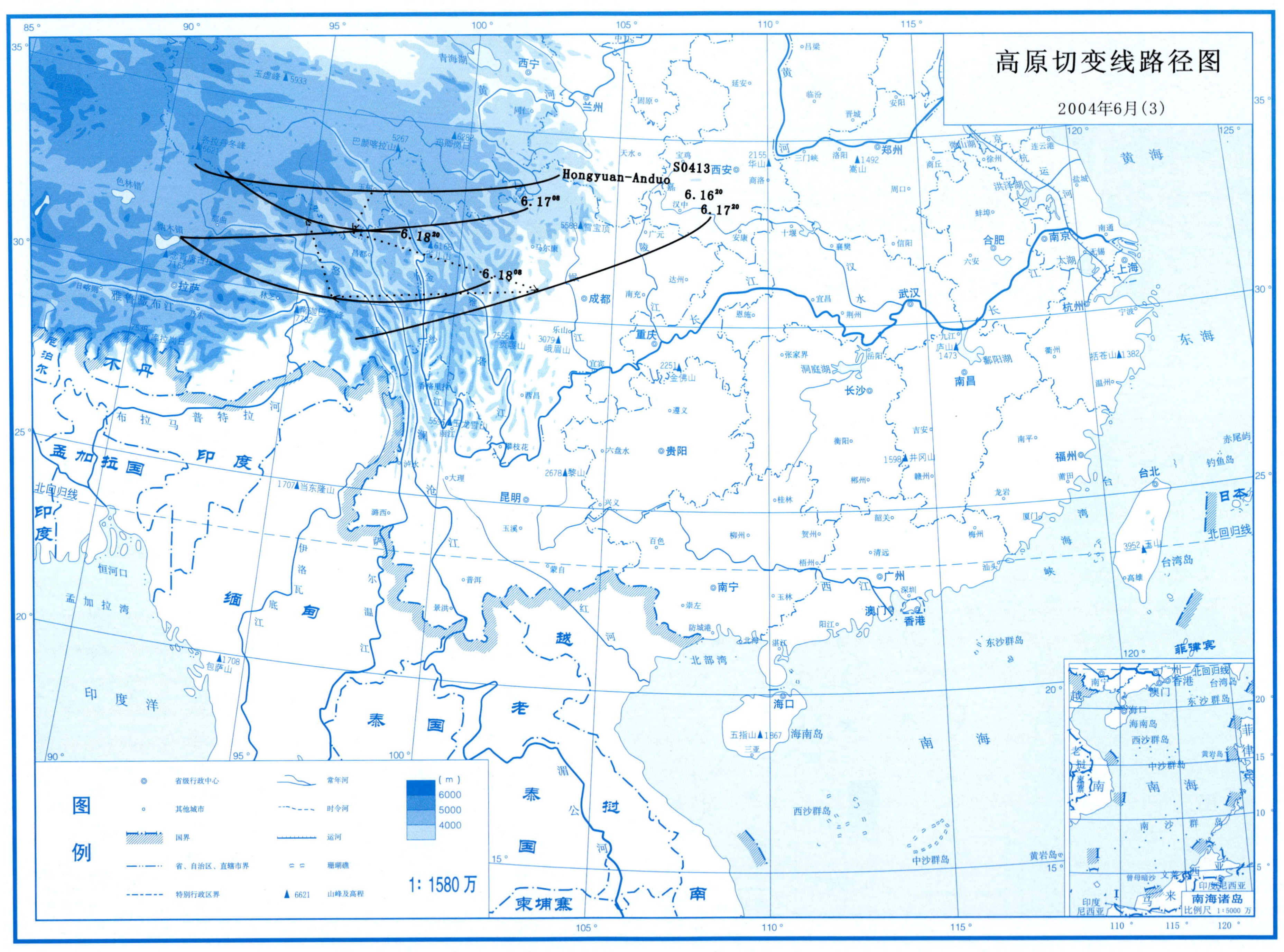
高原切变线路径图
2004年6月(3)
Hongyuan-Anduo
S0413
6.16^{20}
6.17^{20}
6.17^{08}
6.18^{20}
6.18^{08}
图例
省级行政中心
其他城市
国界
省、自治区、直辖市界
特别行政区界
常年河
时令河
运河
珊瑚礁
山峰及高程
(m)
6000
5000
4000
1: 1580万
南海诸岛
比例尺 1:5000万

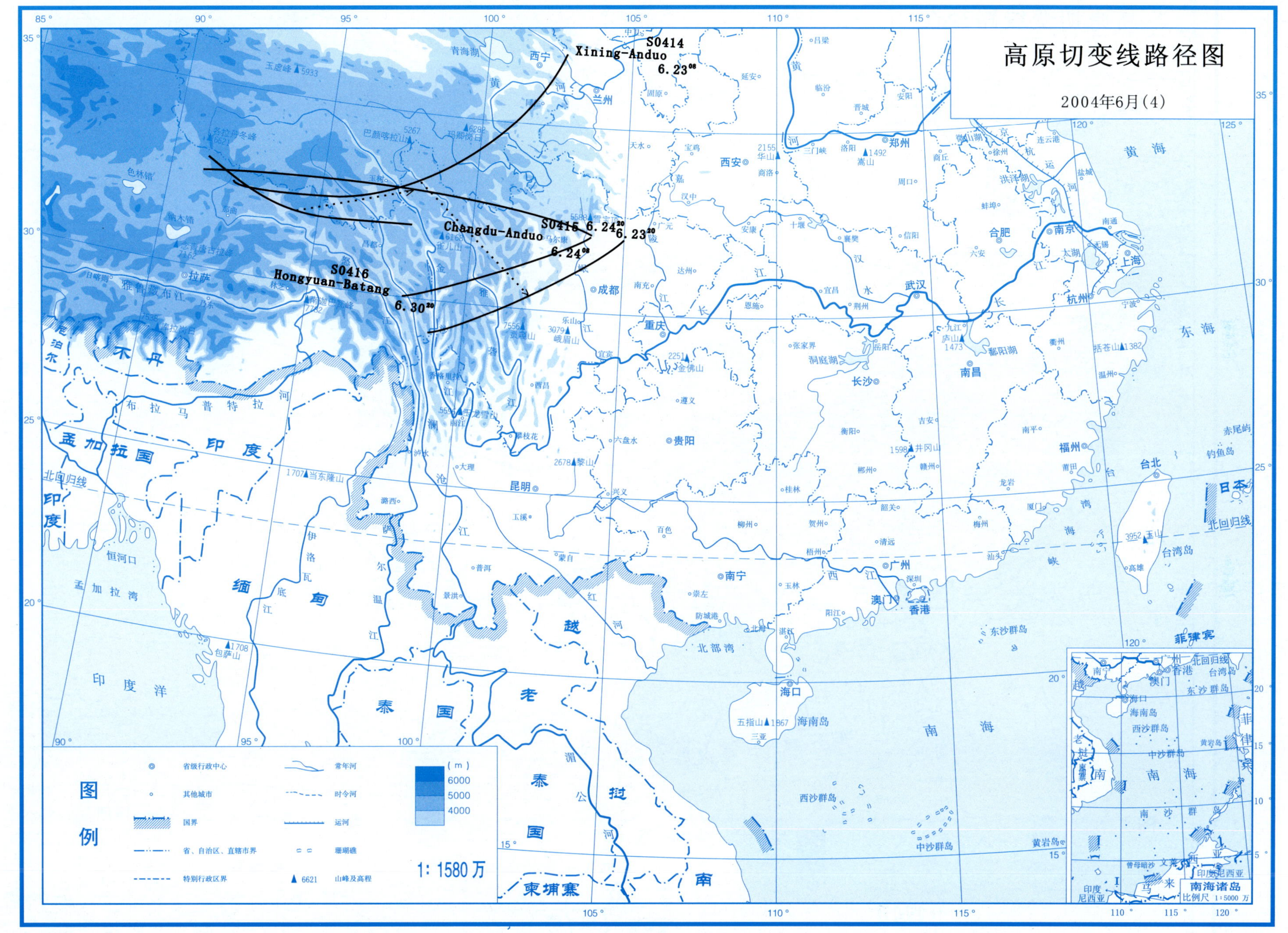
高原切变线路径图
2004年6月(4)
S0414
Xining-Anduo
6.23[08]
S0415 6.24[20]
Changdu-Anduo
6.23[20]
6.24[08]
S0416
Hongyuan-Batang
6.30[20]
图例
省级行政中心
其他城市
国界
省、自治区、直辖市界
特别行政区界
常年河
时令河
运河
珊瑚礁
6621 山峰及高程
(m)
6000
5000
4000
1:1580万
南海诸岛
比例尺 1:5000万

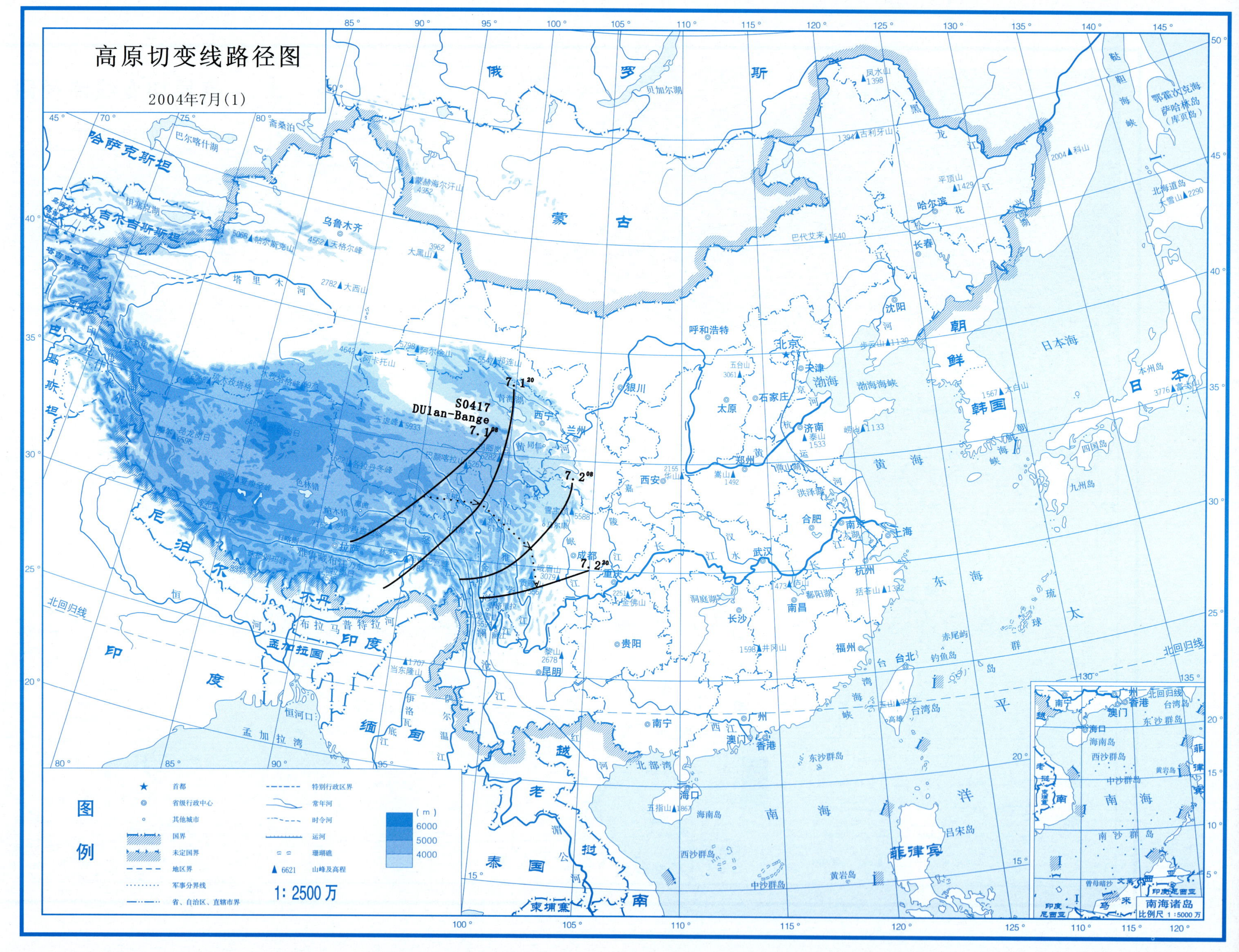
高原切变线路径图
2004年7月(1)
S0417
DUlan-Bange
7.1^20
7.1^08
7.2^08
7.2^20
图例
首都
省级行政中心
其他城市
国界
未定国界
地区界
军事分界线
省、自治区、直辖市界
特别行政区界
常年河
时令河
运河
珊瑚礁
山峰及高程
(m)
6000
5000
4000
1: 2500 万
南海诸岛
比例尺 1:5000 万

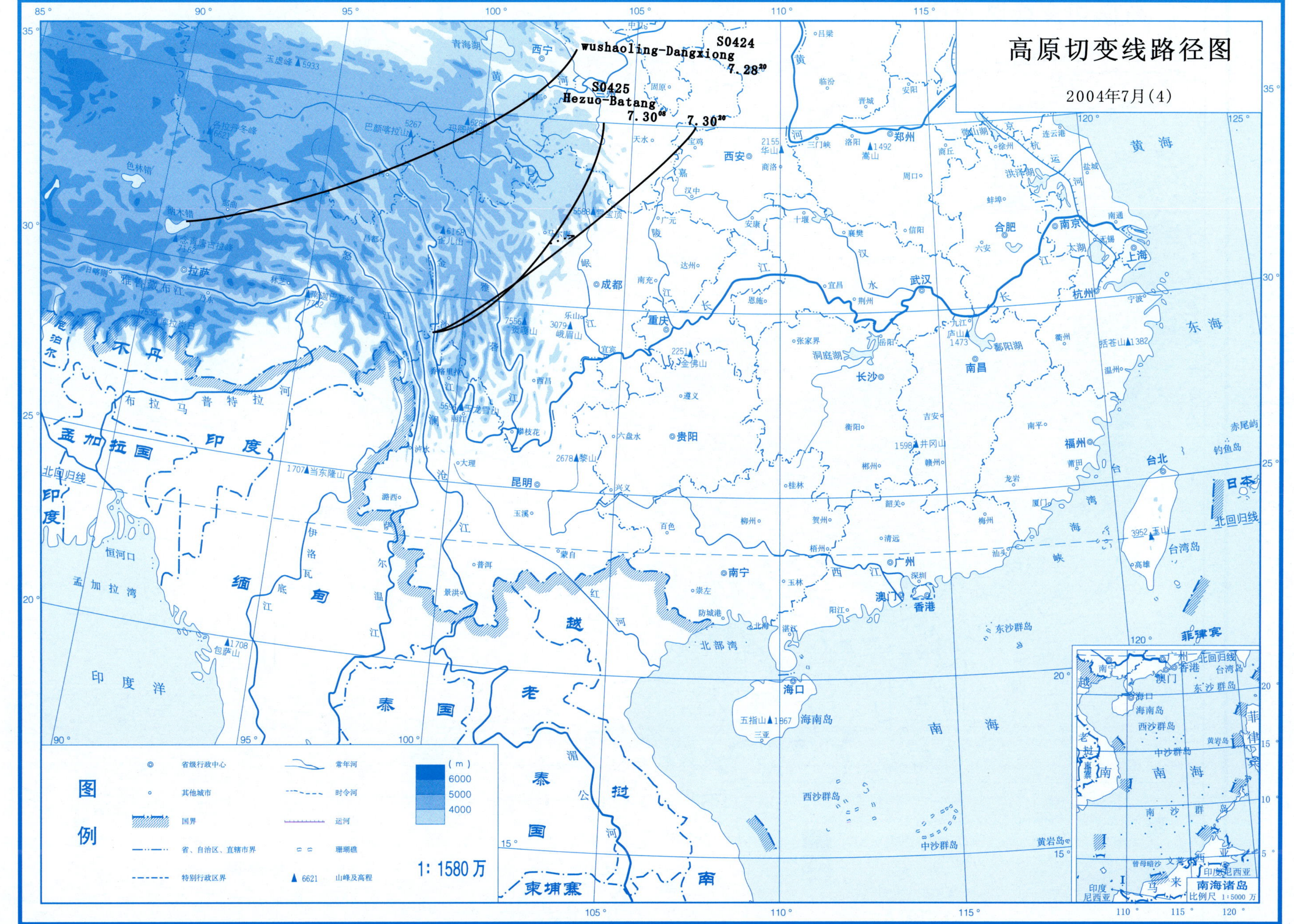
高原切变线路径图
2004年7月(4)
wushaoling-Dangxiong
S0424
7.28[20]
S0425
Hezuo-Batang
7.30[08]
7.30[20]
图例
省级行政中心
其他城市
国界
省、自治区、直辖市界
特别行政区界
常年河
时令河
运河
珊瑚礁
6621 山峰及高程
(m)
6000
5000
4000
1: 1580万
南海诸岛
比例尺 1:5000万

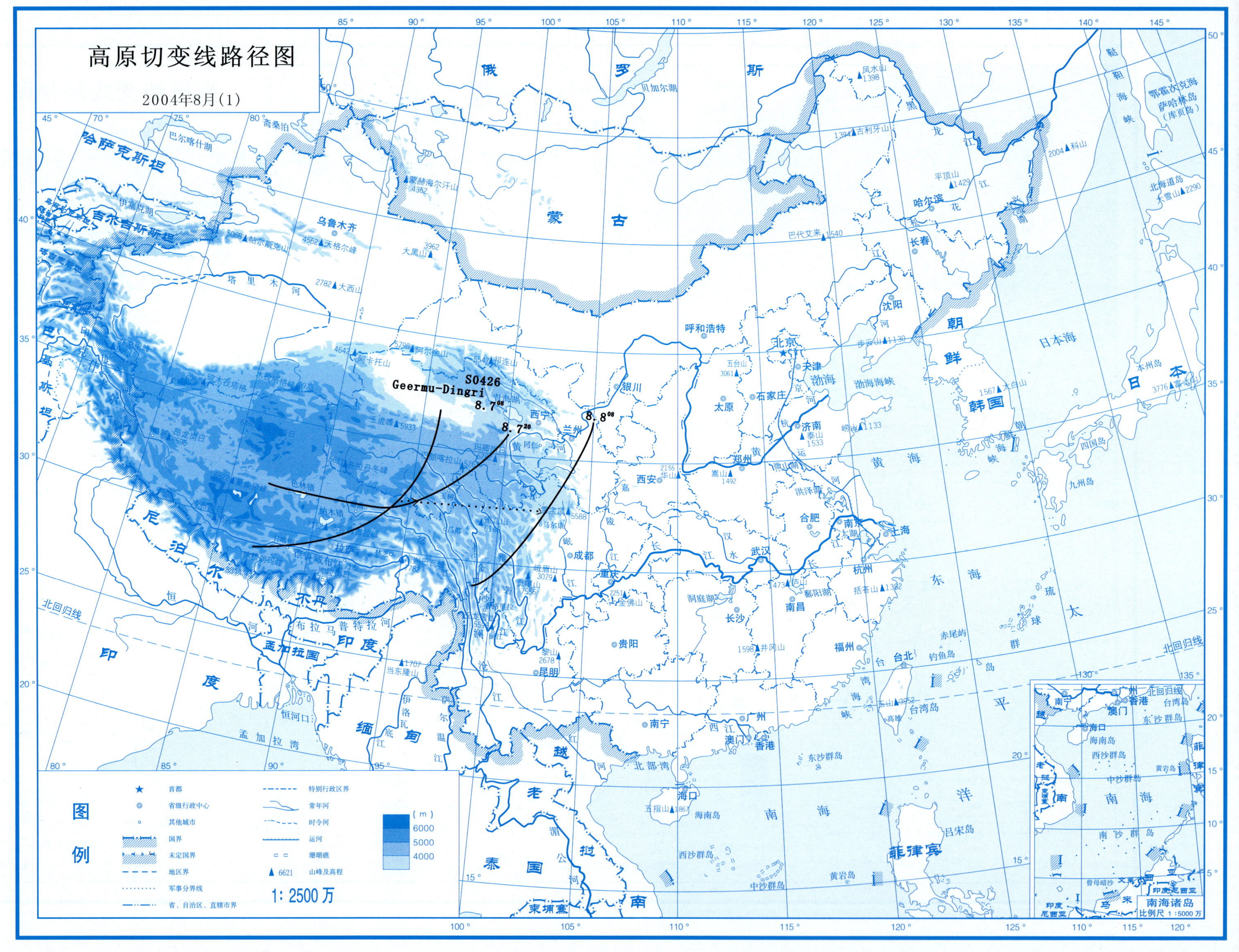
高原切变线路径图
2004年8月(1)
S0426
Geermu-Dingri
8.7⁰⁸
8.7²⁰
8.8⁰⁸
图例
首都
省级行政中心
其他城市
国界
未定国界
地区界
军事分界线
省、自治区、直辖市界
特别行政区界
常年河
时令河
运河
珊瑚礁
6621 山峰及高程
(m)
6000
5000
4000
1: 2500 万
南海诸岛
比例尺 1:5000 万

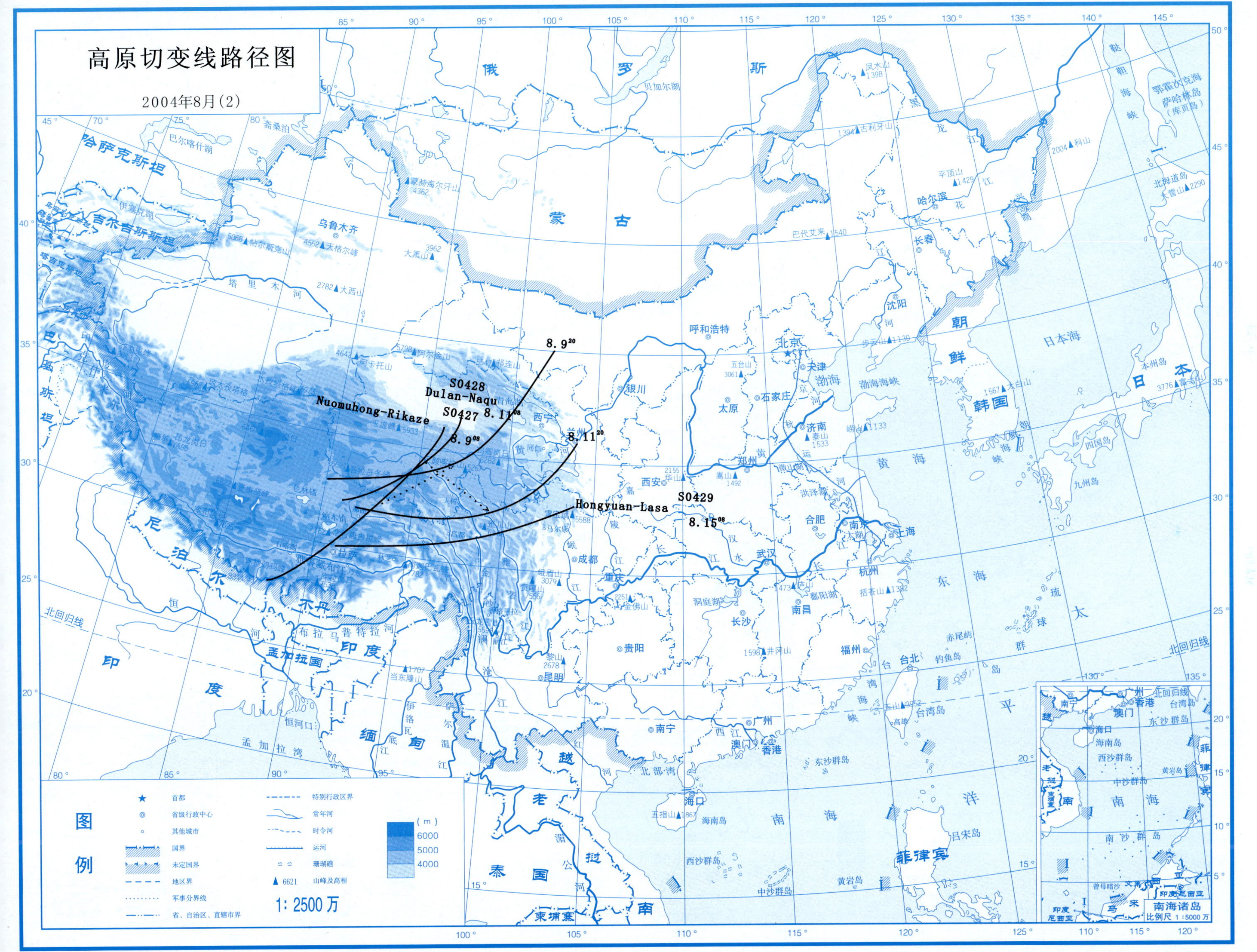

高原切变线路径图
2004年8月(2)
8. 9^{20}
S0428
Dulan-Naqu
8. 11^{08}
Nuomuhong-Rikaze
S0427
8. 9^{08}
8. 11^{20}
Hongyuan-Lasa
S0429
8. 15^{08}
图例
首都
省级行政中心
其他城市
国界
未定国界
地区界
军事分界线
省、自治区、直辖市界
特别行政区界
常年河
时令河
运河
珊瑚礁
6621 山峰及高程
(m)
6000
5000
4000
1: 2500万
南海诸岛
比例尺 1:5000万

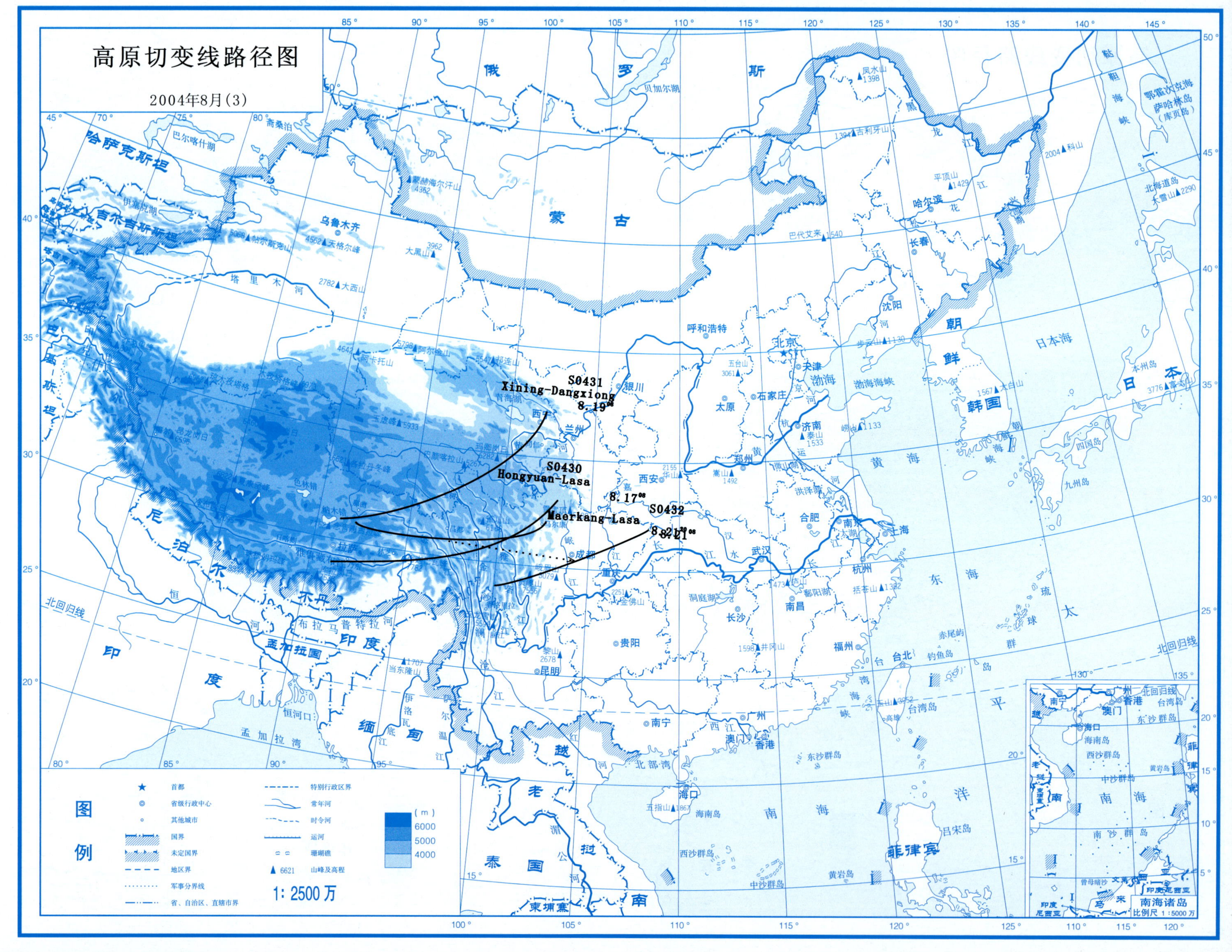
高原切变线路径图
2004年8月(3)
S0431
Xining-Dangxiong
8.19 08
S0430
Hongyuan-Lasa
8.17 08
S0432
Maerkang-Lasa
8.21 08
图例
首都
省级行政中心
其他城市
国界
未定国界
地区界
军事分界线
省、自治区、直辖市界
特别行政区界
常年河
时令河
运河
珊瑚礁
山峰及高程
(m)
6000
5000
4000
1: 2500万
南海诸岛
比例尺 1:5000 万

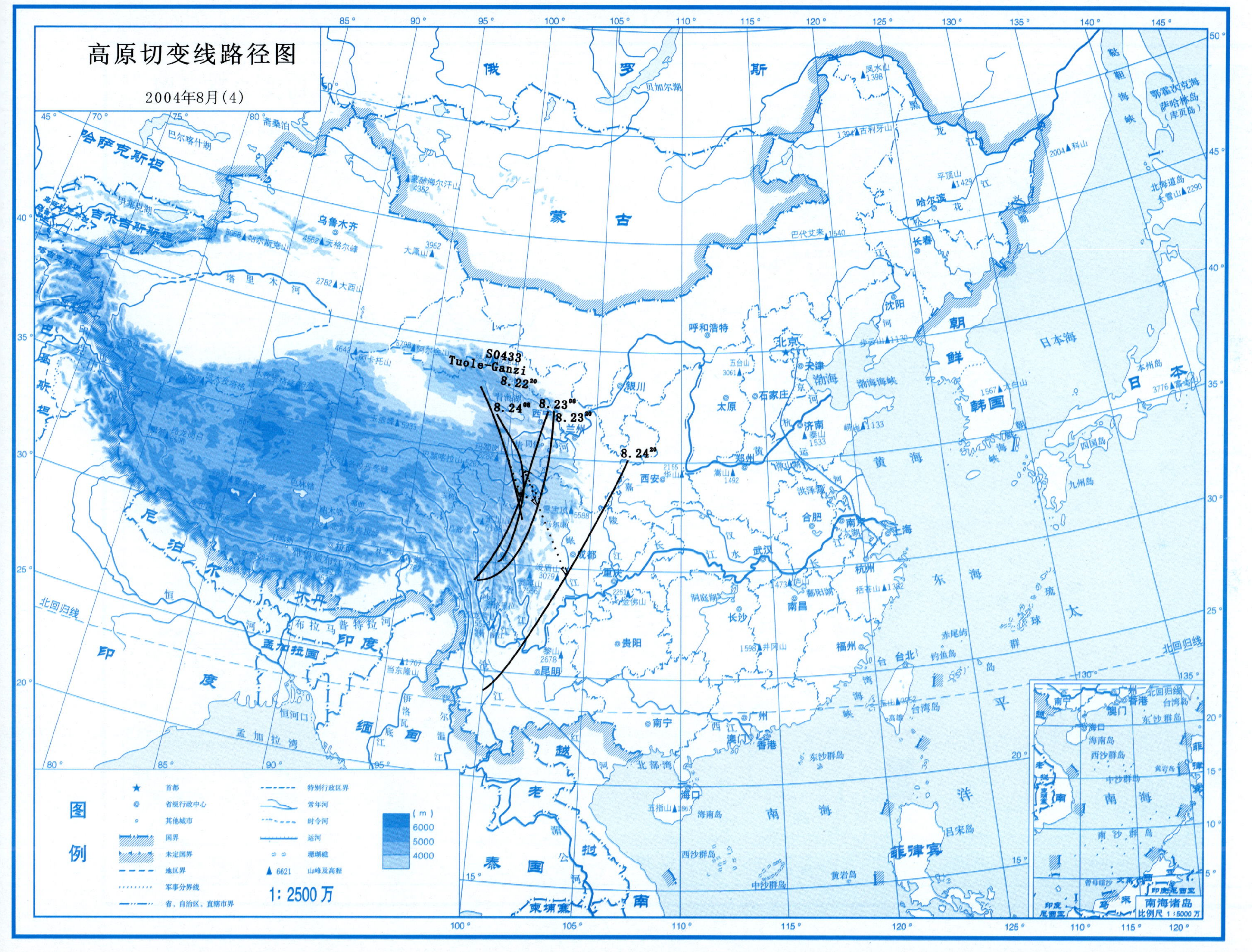
高原切变线路径图
2004年8月(4)
S0433
Tuole-Ganzi
8.22 20
8.23 08
8.23 20
8.24 08
8.24 20
图例
首都
省级行政中心
其他城市
国界
未定国界
地区界
军事分界线
省、自治区、直辖市界
特别行政区界
常年河
时令河
运河
珊瑚礁
山峰及高程
(m)
6000
5000
4000
1:2500万
南海诸岛
比例尺 1:5000万

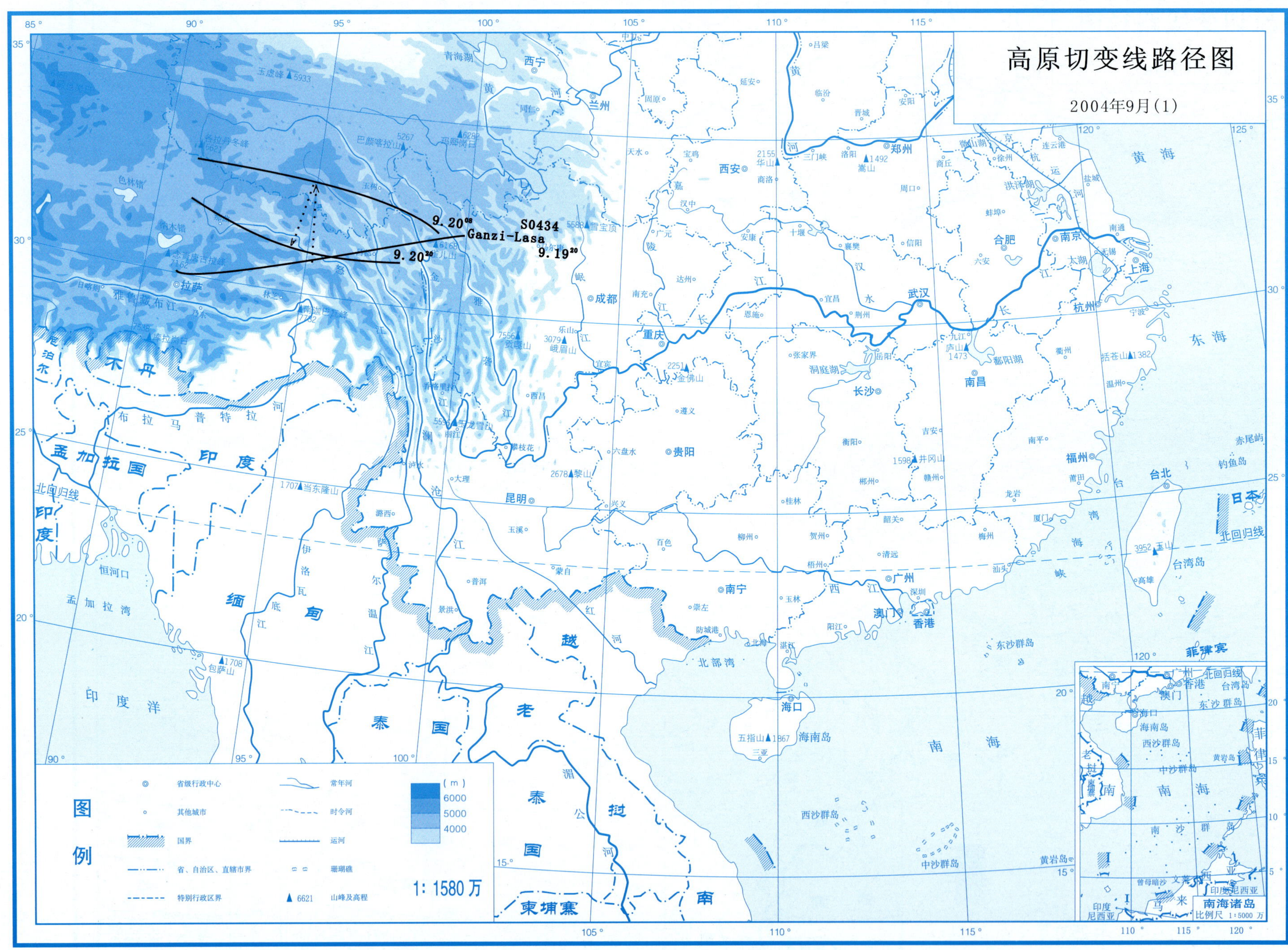
高原切变线路径图
2004年9月(1)
S0434
Ganzi-Lasa
9.20[08]
9.20[20]
9.19[20]
图例
省级行政中心
其他城市
国界
省、自治区、直辖市界
特别行政区界
常年河
时令河
运河
珊瑚礁
6621 山峰及高程
(m)
6000
5000
4000
1: 1580 万
南海诸岛
比例尺 1:5000 万

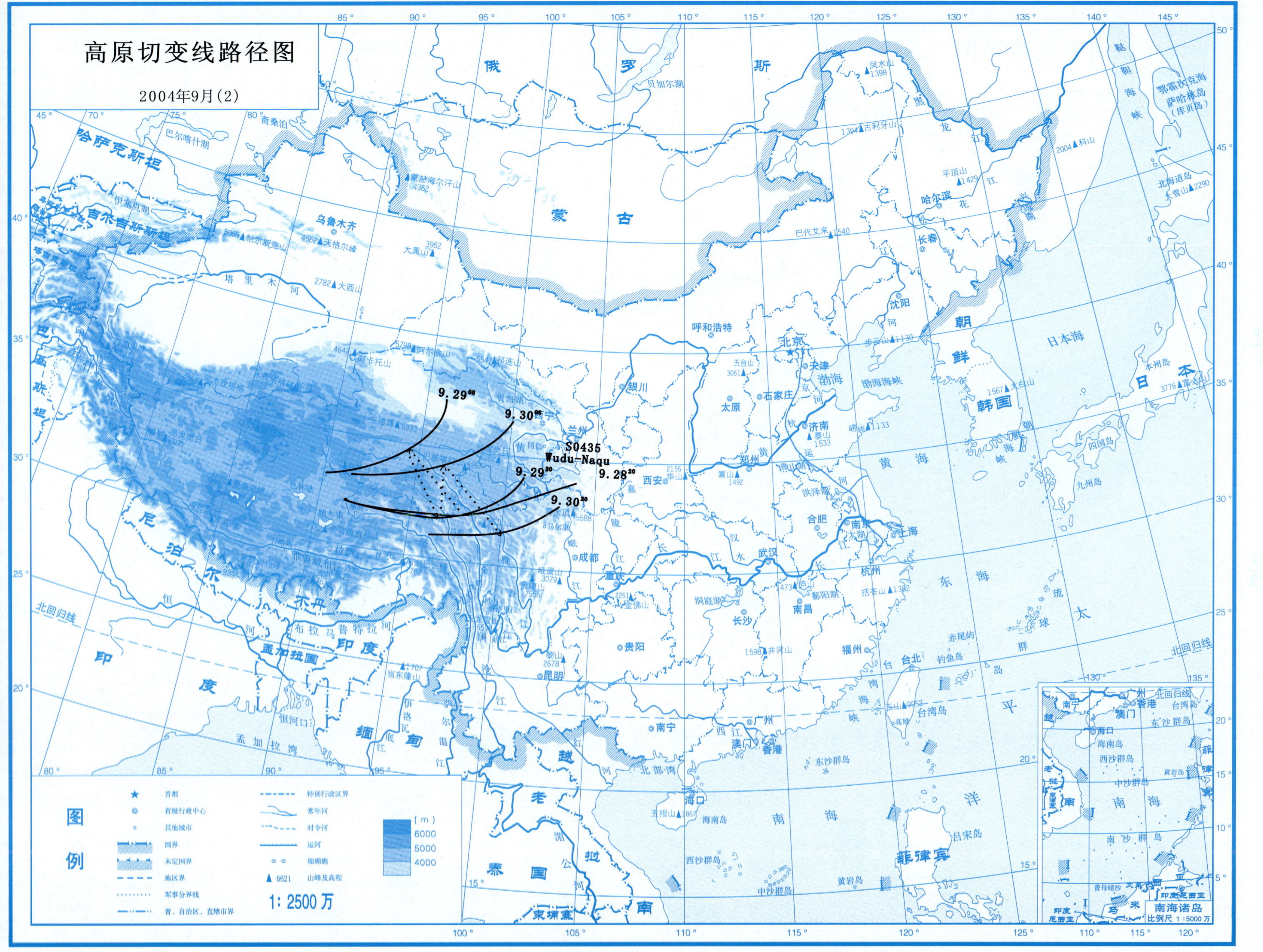
高原切变线路径图
2004年9月(2)
9.29[08]
9.30[08]
S0435
Wudu-Naqu
9.29[20]
9.28[20]
9.30[20]
图例
首都
省级行政中心
其他城市
国界
未定国界
地区界
军事分界线
省、自治区、直辖市界
特别行政区界
常年河
时令河
运河
珊瑚礁
6621 山峰及高程
1∶2500万
(m)
6000
5000
4000
南海诸岛
比例尺 1∶5000万

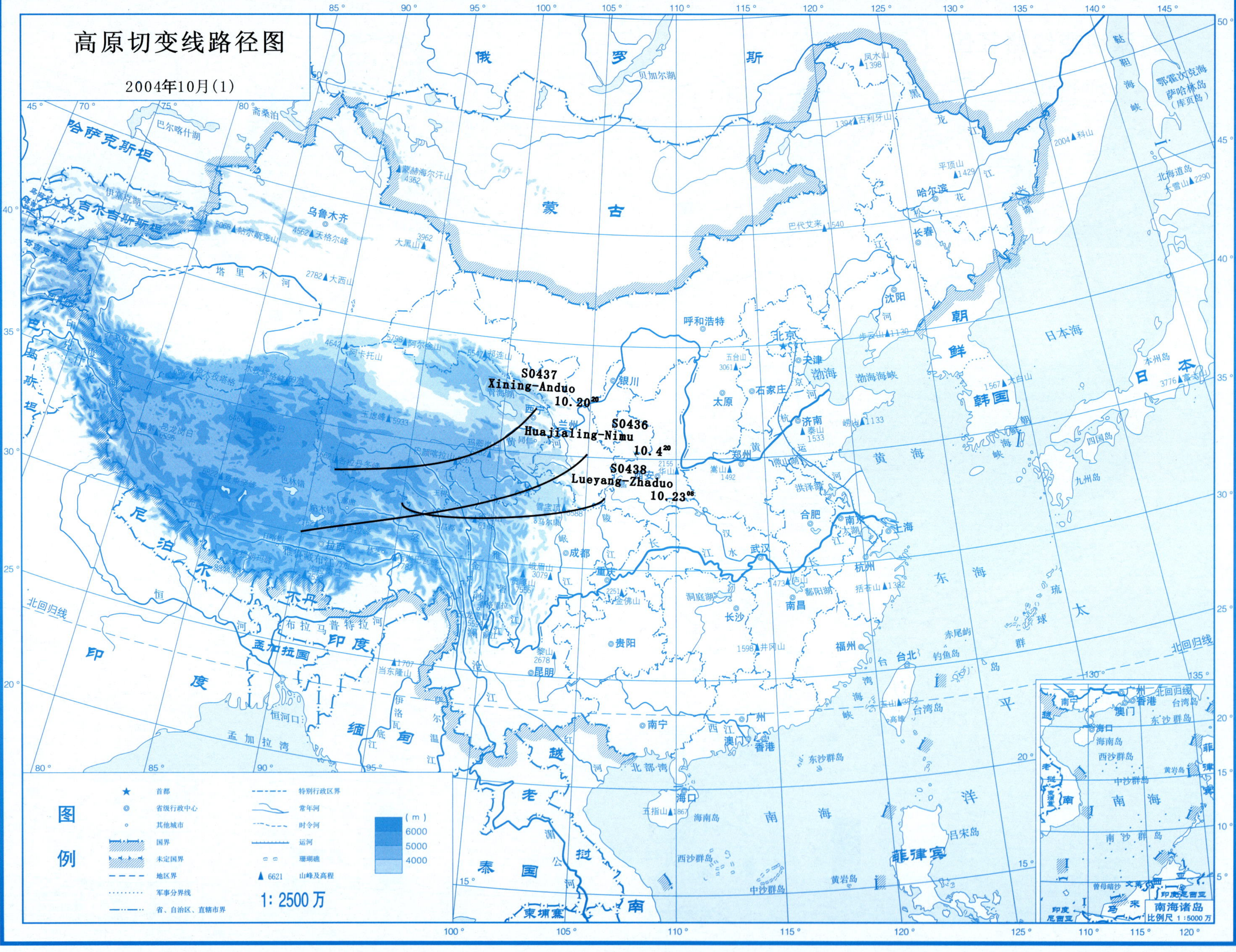
高原切变线路径图
2004年10月(1)
S0437
Xining-Anduo
10.20[20]
S0436
Huajialing-Nimu
10.4[20]
S0438
Lueyang-Zhaduo
10.23[08]
图例
首都
省级行政中心
其他城市
国界
未定国界
地区界
军事分界线
省、自治区、直辖市界
特别行政区界
常年河
时令河
运河
珊瑚礁
6621 山峰及高程
(m)
6000
5000
4000
1:2500万
南海诸岛
比例尺 1:5000万

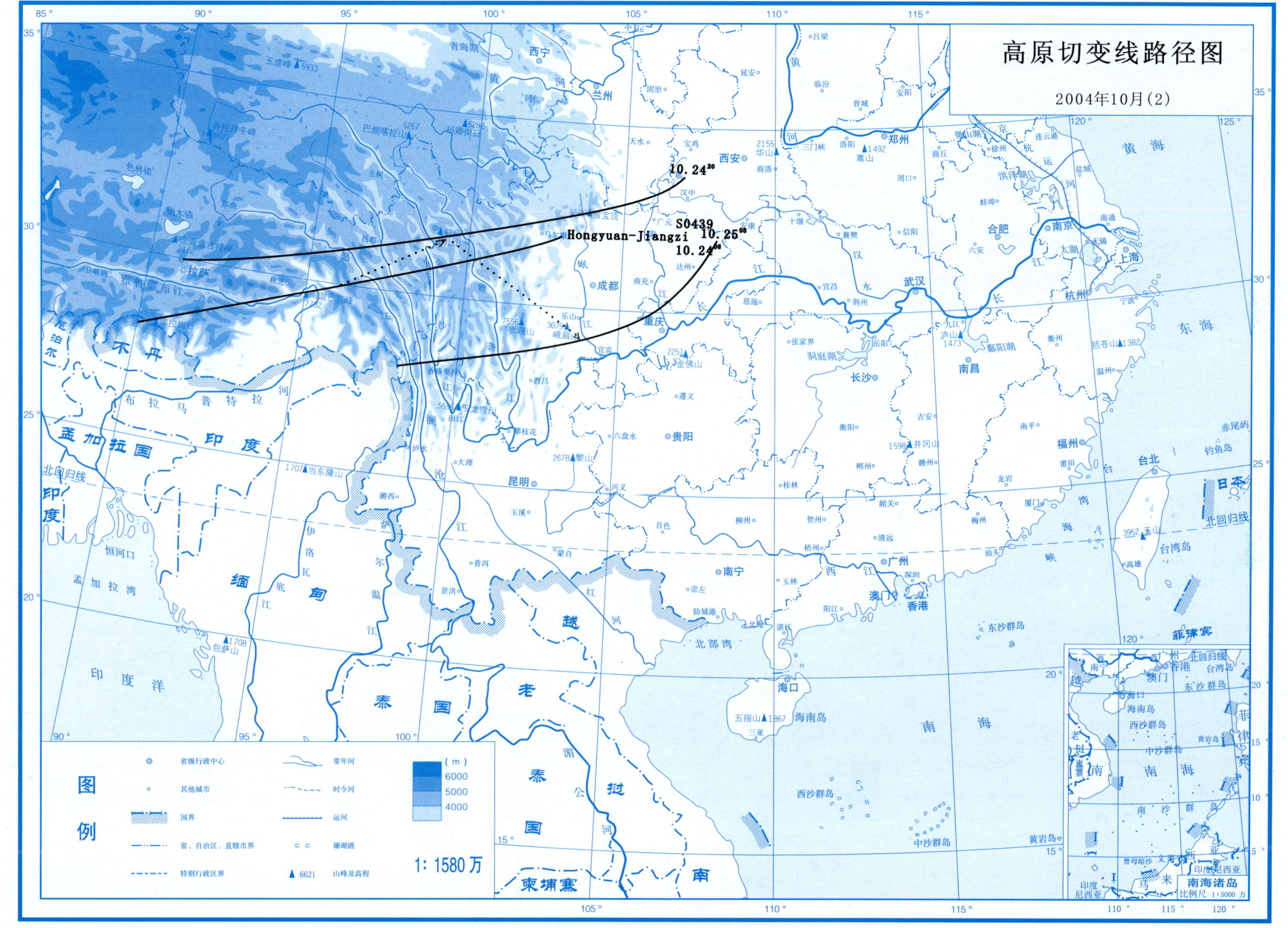
高原切变线路径图
2004年10月(2)
10.24[20]
S0439
Hongyuan-Jiangzi
10.25[08]
10.24[08]
图例
省级行政中心
其他城市
国界
省、自治区、直辖市界
特别行政区界
常年河
时令河
运河
珊瑚礁
山峰及高程
(m)
6000
5000
4000
1:1580万
南海诸岛
比例尺 1:5000万

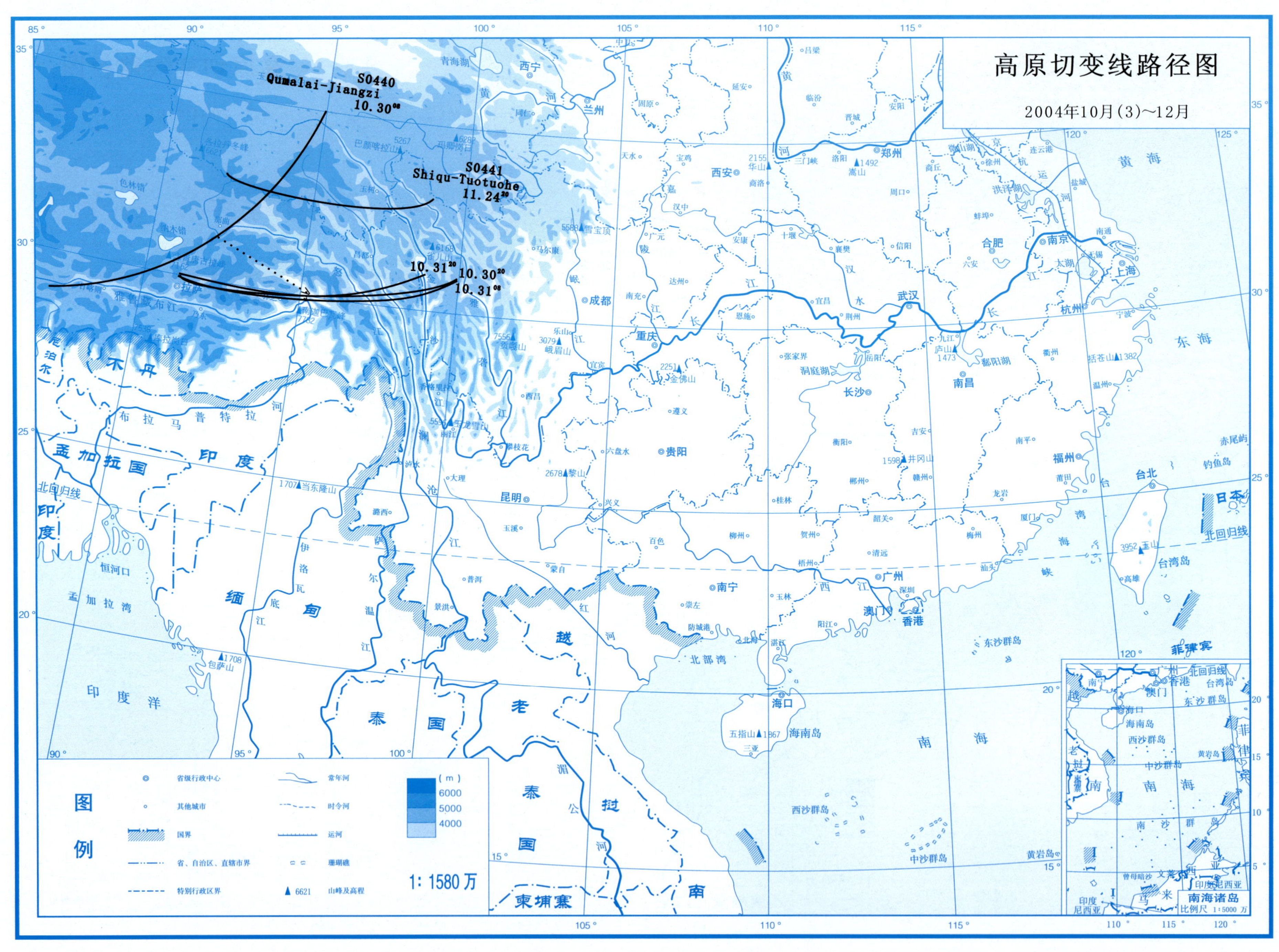
高原切变线路径图
2004年10月(3)~12月
S0440
Qumalai-Jiangzi
10.30
S0441
Shiqu-Tuotuohe
11.24
10.31
10.30
10.31
图例
1:1580万

青 藏 高 原 切 变 线 降 水 资 料

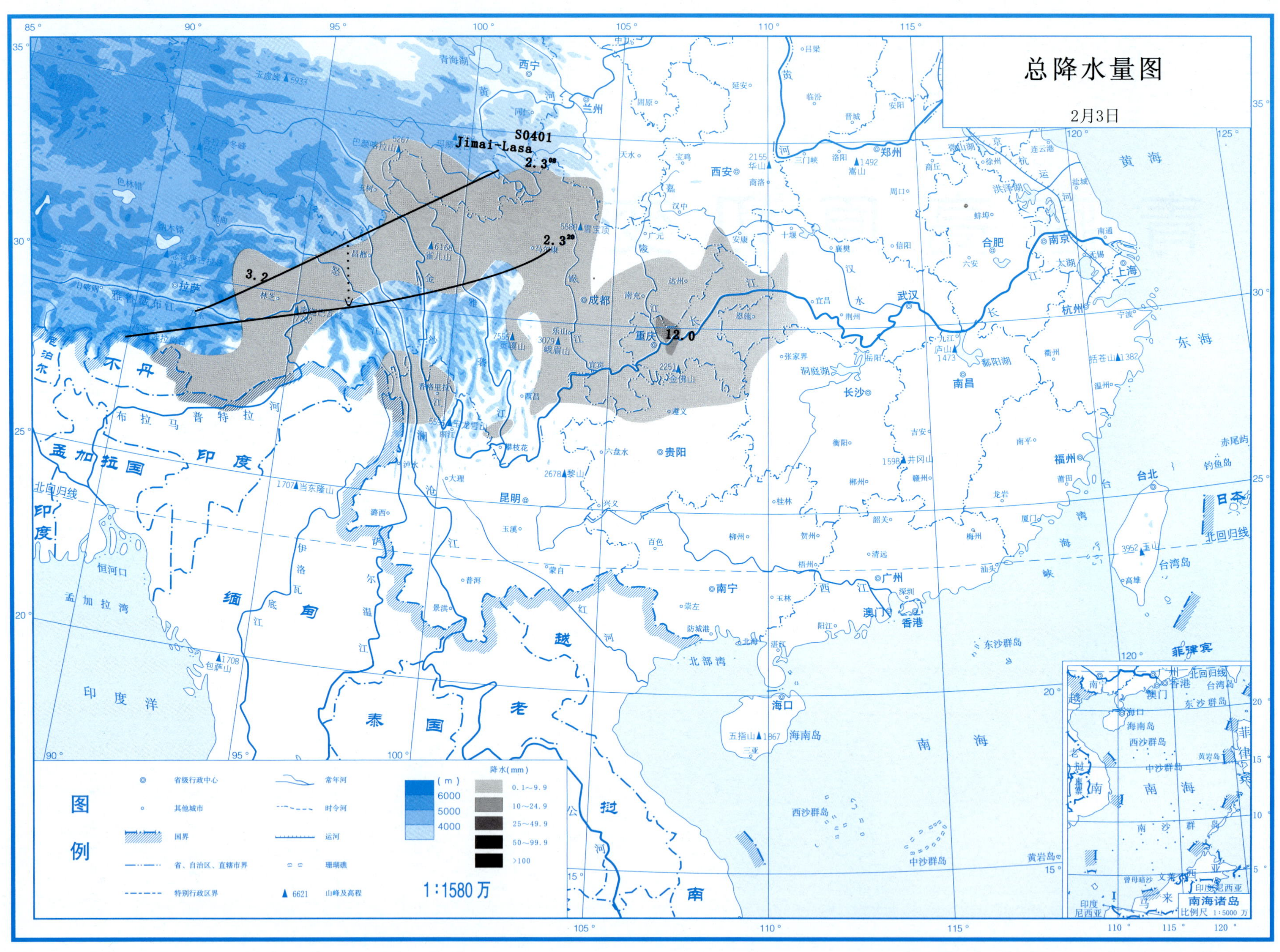
总降水量图
2月3日
S0401
Jimai-Lasa
2.3
3.2
12.0
图例
降水(mm)
0.1~9.9
10~24.9
25~49.9
50~99.9
>100
1:1580万
南海诸岛

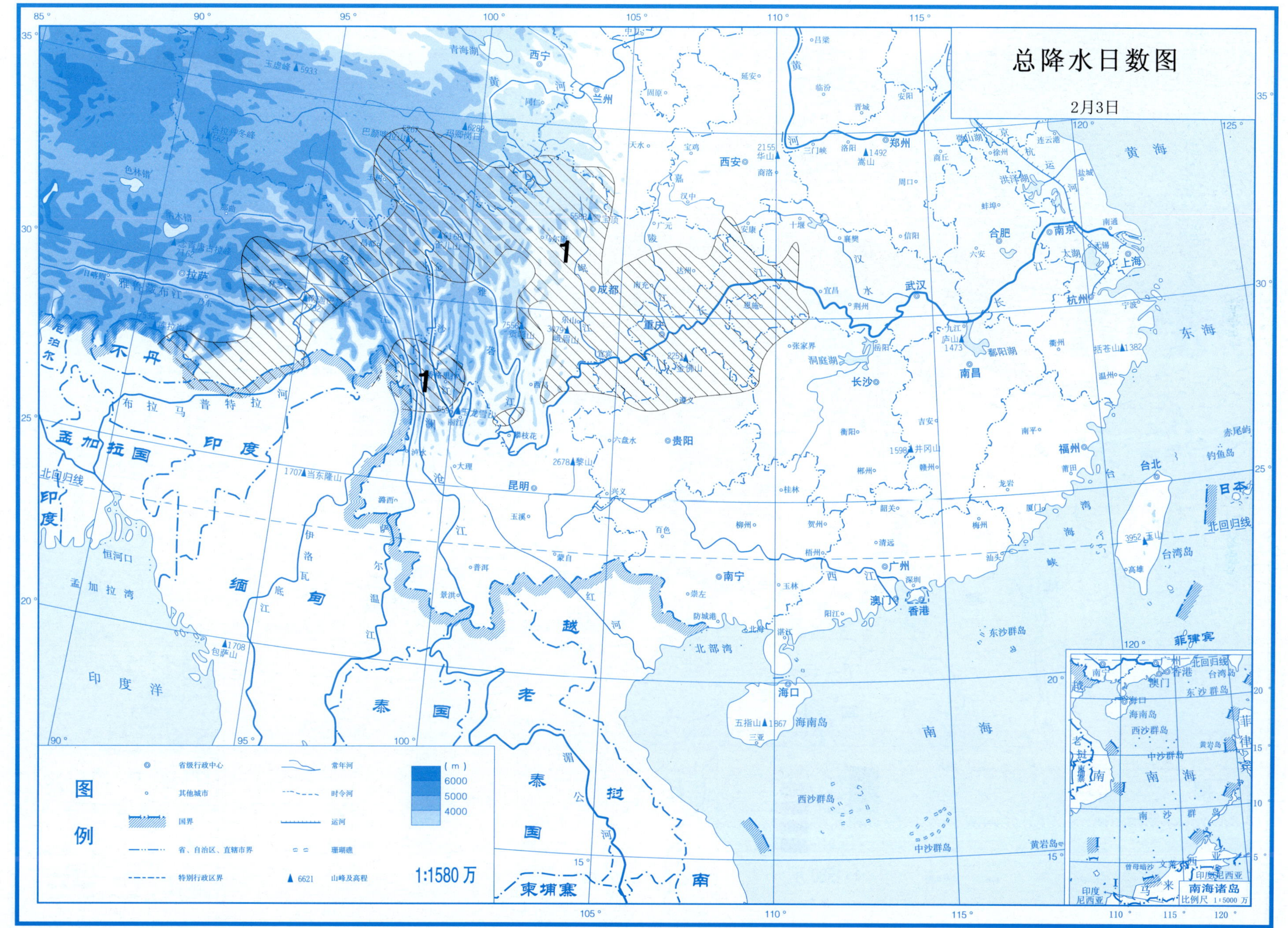

总降水日数图
2月3日
1
1
图例
省级行政中心
其他城市
国界
省、自治区、直辖市界
特别行政区界
常年河
时令河
运河
珊瑚礁
6621 山峰及高程
(m)
6000
5000
4000
1:1580 万
南海诸岛
比例尺 1:5000 万
黄海
东海
南海
北部湾
孟加拉湾
印度洋
北回归线
拉萨
成都
重庆
西宁
兰州
西安
郑州
武汉
南京
上海
杭州
合肥
长沙
南昌
福州
台北
贵阳
昆明
南宁
广州
香港
澳门
海口
海南岛
台湾岛
不丹
尼泊尔
孟加拉国
印度
缅甸
越南
老挝
泰国
柬埔寨
日本
菲律宾

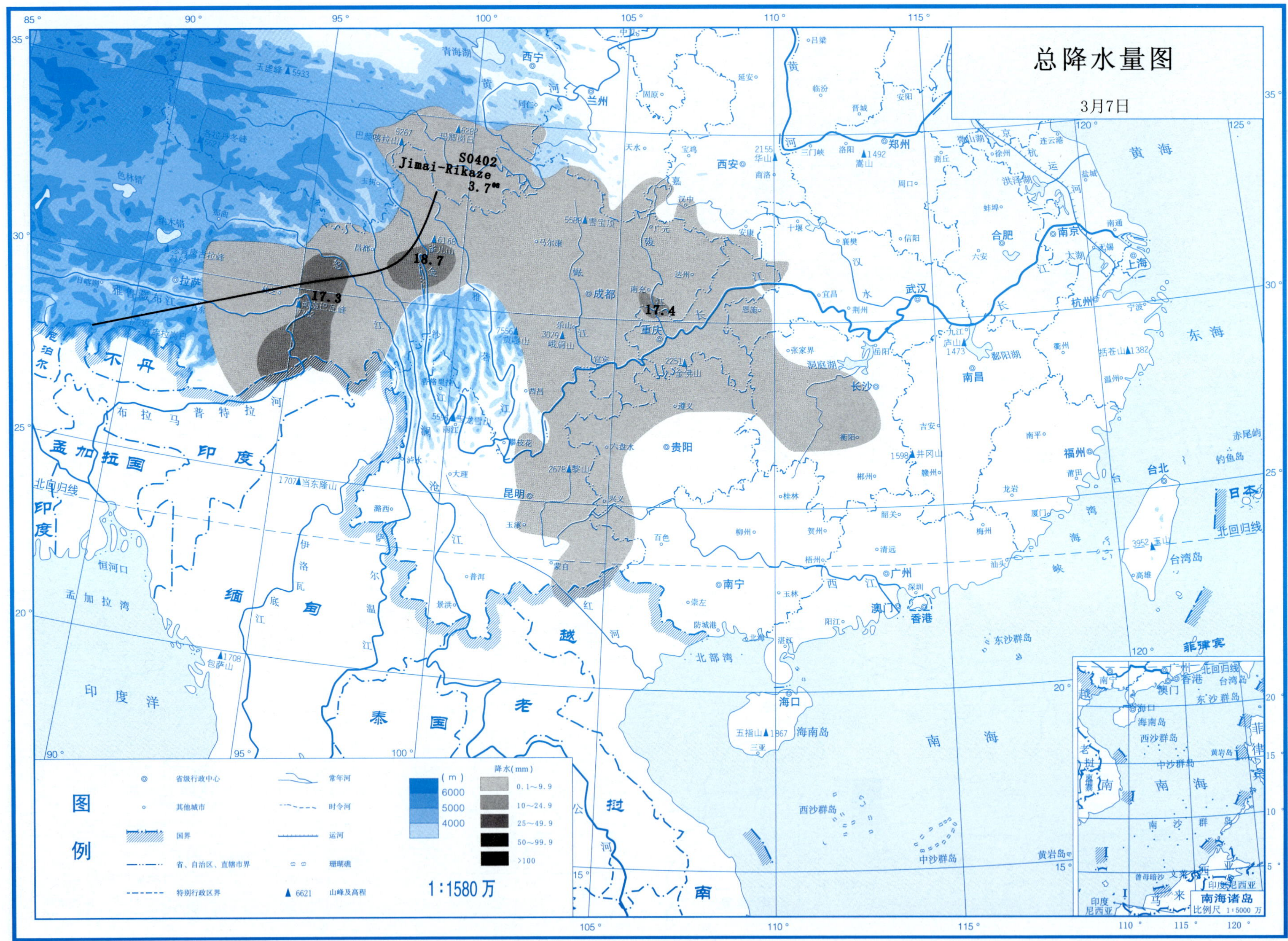
总降水量图
3月7日
S0402
Jimai-Rikaze
3.7
18.7
17.3
17.4
图例
省级行政中心
其他城市
国界
省、自治区、直辖市界
特别行政区界
常年河
时令河
运河
珊瑚礁
6621 山峰及高程
(m)
6000
5000
4000
降水(mm)
0.1～9.9
10～24.9
25～49.9
50～99.9
>100
1:1580万
南海诸岛
比例尺 1:5000万

总降水日数图

3月7日

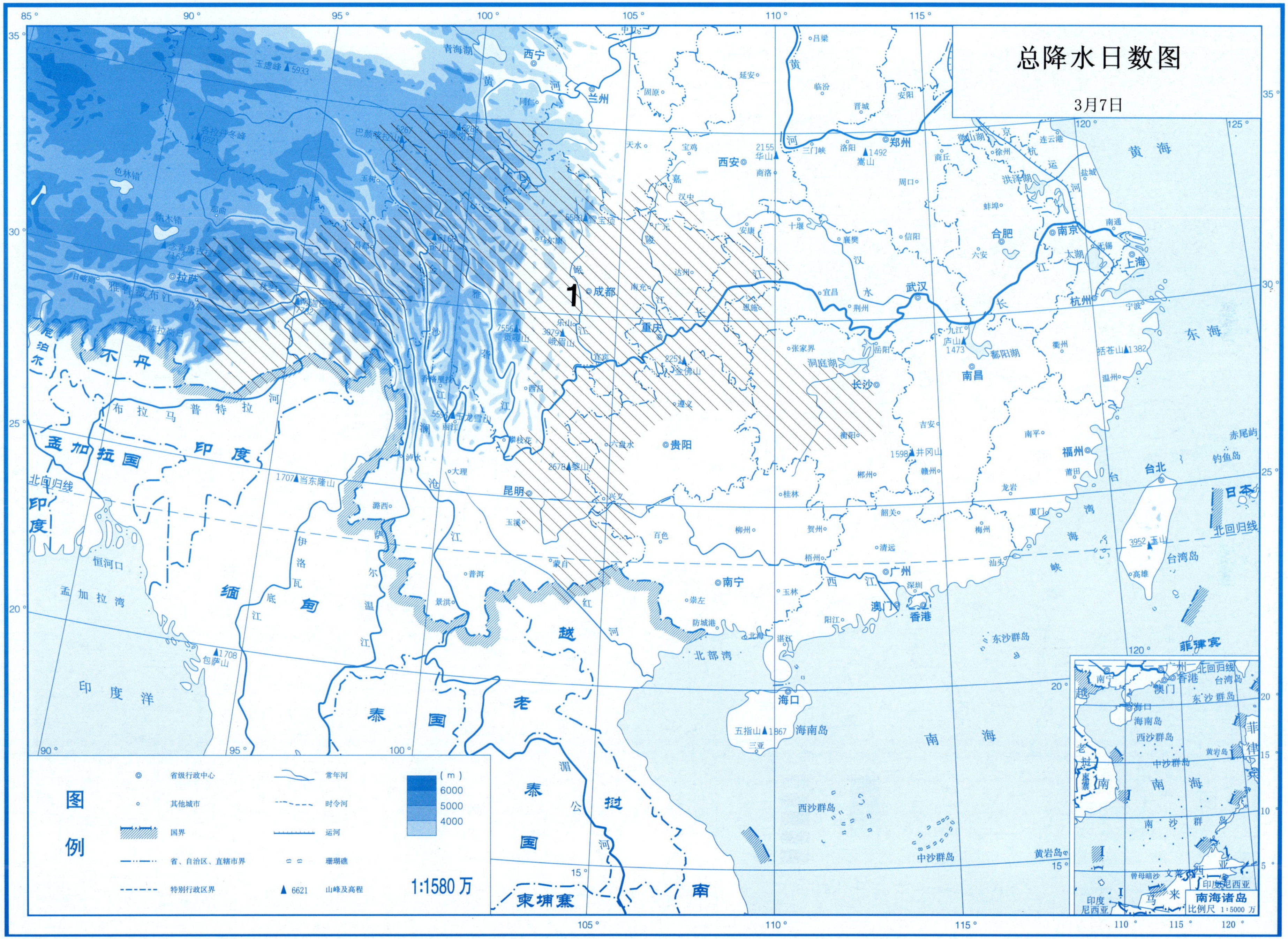

1

图例

◎	省级行政中心		常年河	(m)	
◦	其他城市		时令河		6000
	国界		运河		5000
	省、自治区、直辖市界		珊瑚礁		4000
	特别行政区界	▲ 6621	山峰及高程		

1:1580万

南海诸岛 比例尺 1:5000万

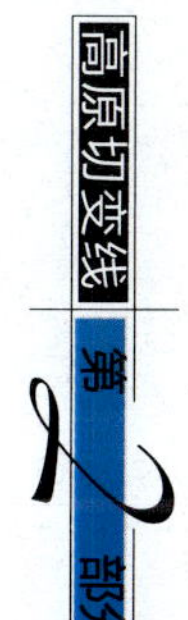

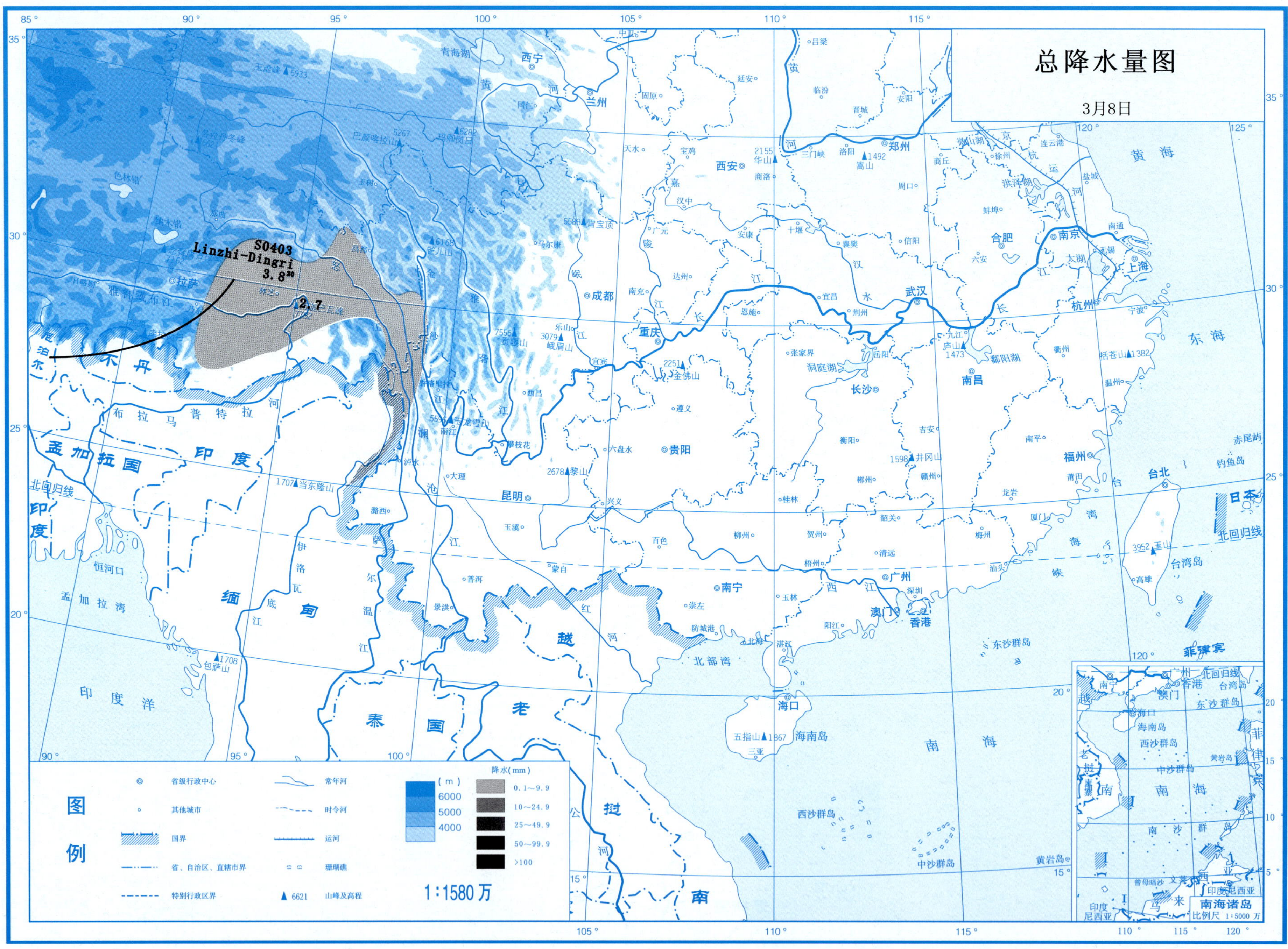

总降水量图
3月8日
S0403
Linzhi-Dingri
3.8
2.7
图例
省级行政中心
其他城市
国界
省、自治区、直辖市界
特别行政区界
常年河
时令河
运河
珊瑚礁
山峰及高程
(m)
6000
5000
4000
降水(mm)
0.1～9.9
10～24.9
25～49.9
50～99.9
>100
1:1580万
南海诸岛
比例尺 1:5000万

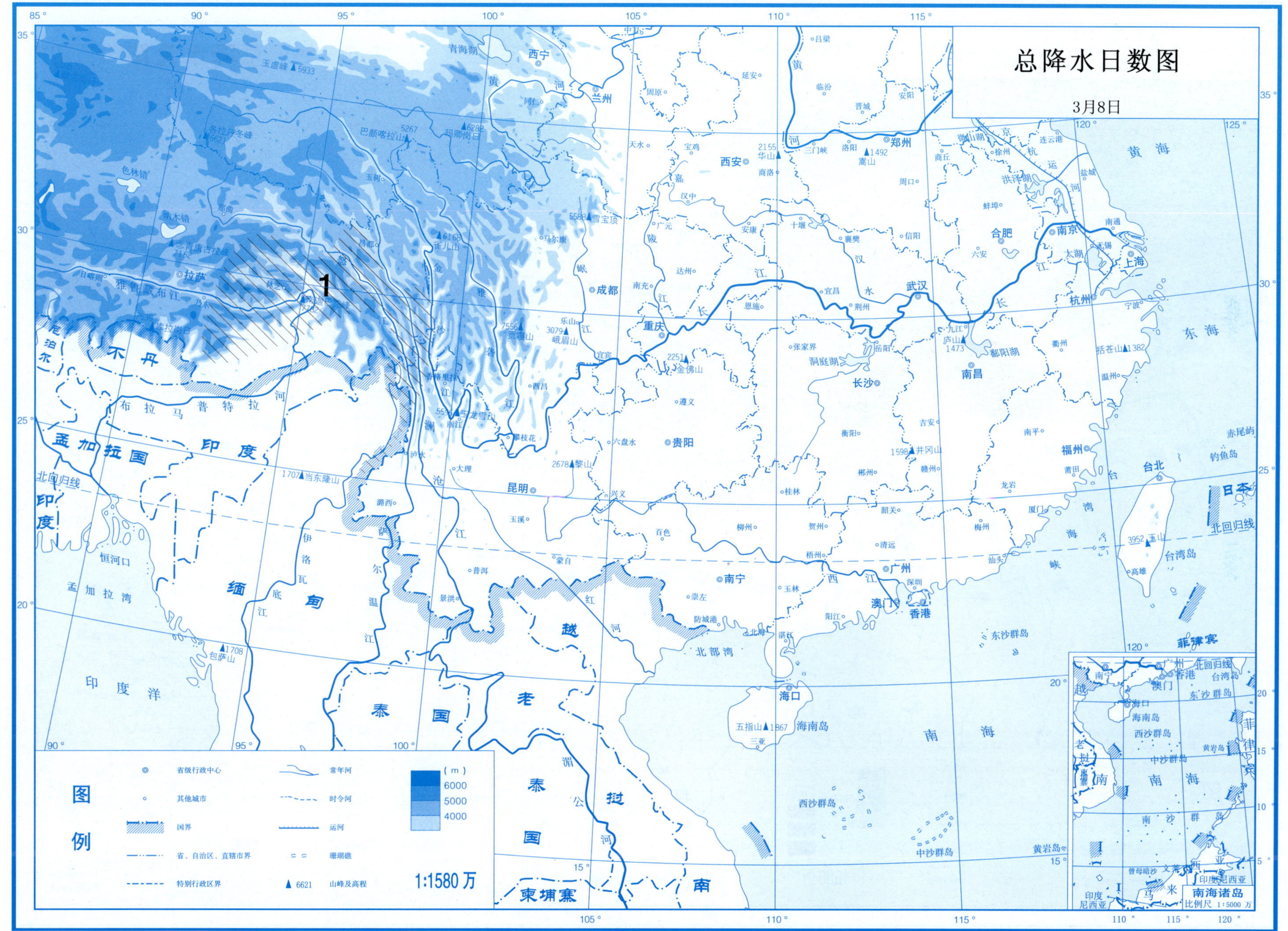
总降水日数图
3月8日
1
图例
省级行政中心
其他城市
国界
省、自治区、直辖市界
特别行政区界
常年河
时令河
运河
珊瑚礁
山峰及高程
(m)
6000
5000
4000
1:1580万
南海诸岛
比例尺 1:5000万
拉萨
西宁
兰州
成都
重庆
昆明
贵阳
西安
郑州
武汉
长沙
南昌
合肥
南京
上海
杭州
福州
台北
广州
南宁
海口
香港
澳门
黄海
东海
南海
台湾岛
海南岛
北部湾
北回归线
不丹
尼泊尔
孟加拉国
印度
缅甸
泰国
老挝
越南
柬埔寨
菲律宾
日本
印度洋
孟加拉湾
东沙群岛
西沙群岛
中沙群岛
黄岩岛

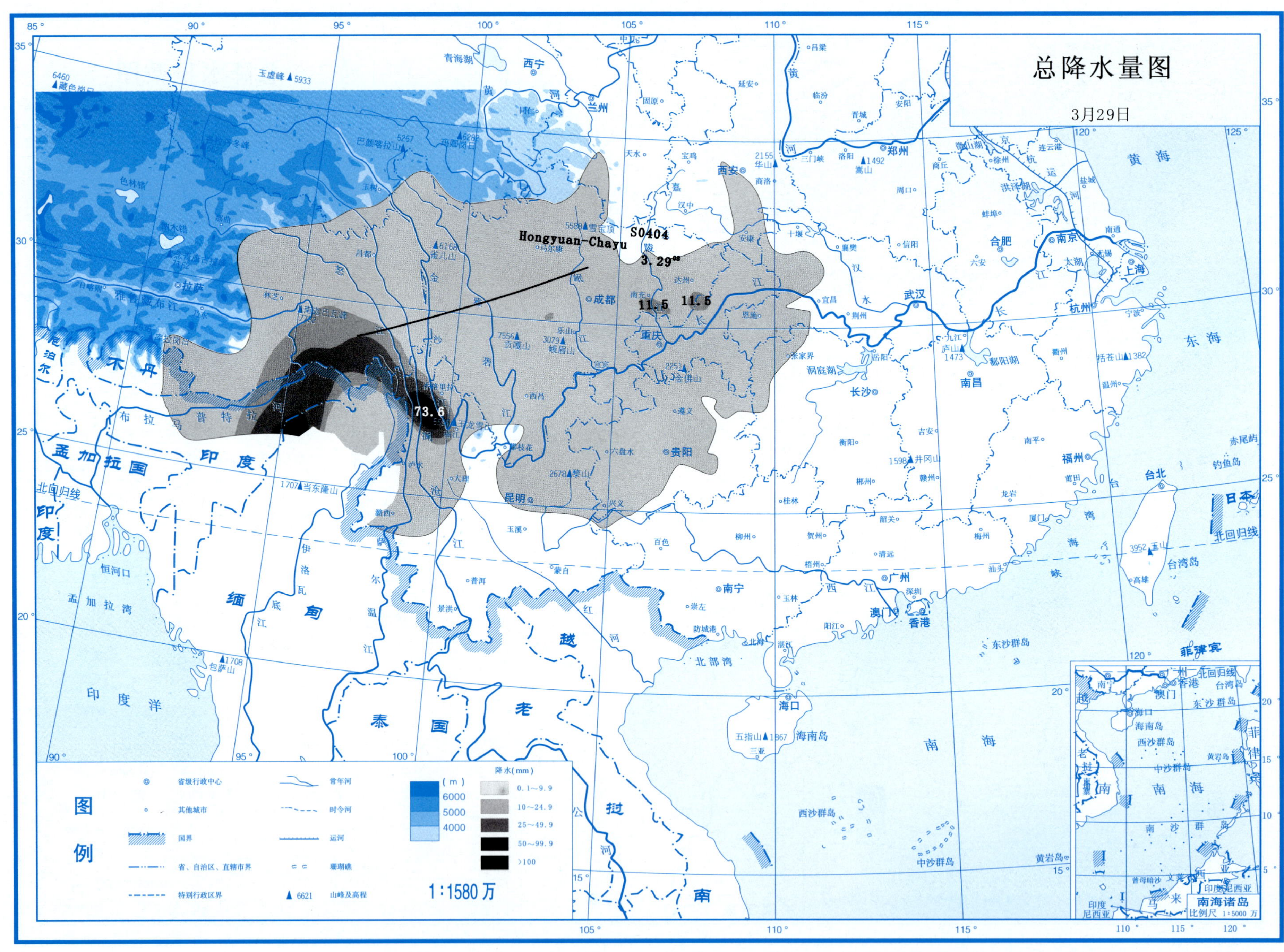
总降水量图
3月29日
Hongyuan-Chayu
S0404
3.29"
11.5
11.5
73.6
图例
省级行政中心
其他城市
国界
省、自治区、直辖市界
特别行政区界
常年河
时令河
运河
珊瑚礁
山峰及高程
(m)
6000
5000
4000
降水(mm)
0.1～9.9
10～24.9
25～49.9
50～99.9
>100
1:1580万
南海诸岛
比例尺 1:5000 万

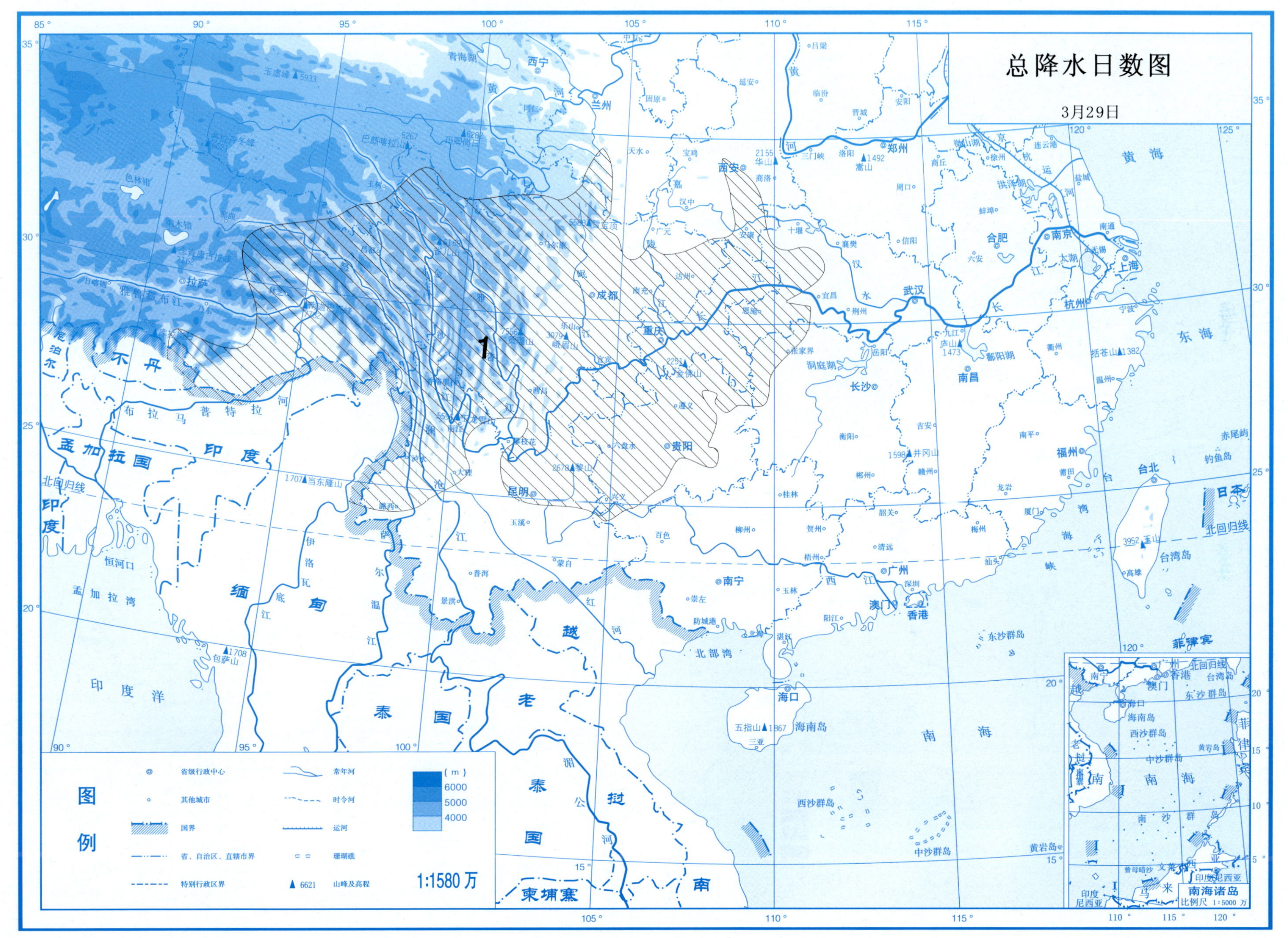

总降水日数图
3月29日
1
图例
省级行政中心
其他城市
国界
省、自治区、直辖市界
特别行政区界
常年河
时令河
运河
珊瑚礁
山峰及高程
(m)
6000
5000
4000
1:1580万
南海诸岛
比例尺 1:5000万

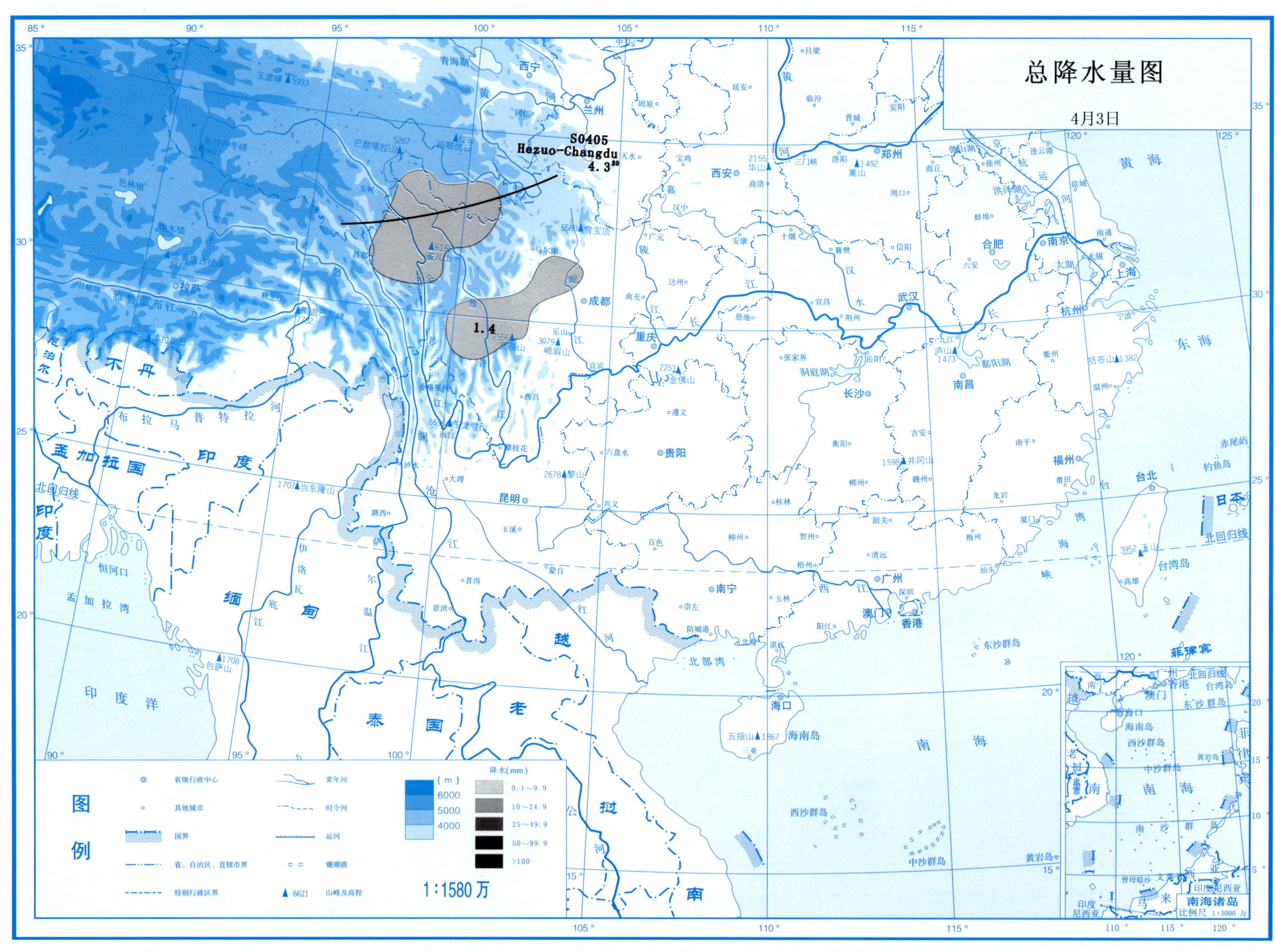

总降水量图
4月3日
S0405
Hezuo-Changdu
4.3[20]
1.4
图例
省级行政中心
其他城市
国界
省、自治区、直辖市界
特别行政区界
常年河
时令河
运河
珊瑚礁
6621 山峰及高程
(m)
6000
5000
4000
降水(mm)
0.1~9.9
10~24.9
25~49.9
50~99.9
>100
1:1580万
西宁
兰州
西安
郑州
成都
重庆
武汉
南京
合肥
上海
杭州
长沙
南昌
贵阳
昆明
福州
台北
广州
南宁
海口
香港
澳门
拉萨
黄海
东海
南海
北部湾
台湾岛
海南岛
孟加拉湾
印度洋
不丹
尼泊尔
印度
孟加拉国
缅甸
泰国
老挝
越南
柬埔寨
日本
菲律宾
北回归线
南海诸岛

总降水日数图
4月3日
1
1
图例
省级行政中心
其他城市
国界
省、自治区、直辖市界
特别行政区界
常年河
时令河
运河
珊瑚礁
6621 山峰及高程
(m)
6000
5000
4000
1:1580万
西宁
兰州
成都
重庆
西安
郑州
武汉
南京
合肥
上海
杭州
长沙
南昌
贵阳
昆明
福州
台北
南宁
广州
澳门
香港
海口
拉萨
青海湖
黄海
东海
南海
台湾岛
海南岛
北部湾
孟加拉湾
印度洋
北回归线
不丹
尼泊尔
印度
孟加拉国
缅甸
泰国
老挝
越南
柬埔寨
菲律宾
日本
西沙群岛
中沙群岛
东沙群岛
黄岩岛
南海诸岛
比例尺 1:5000万
高原切变线
第2部分

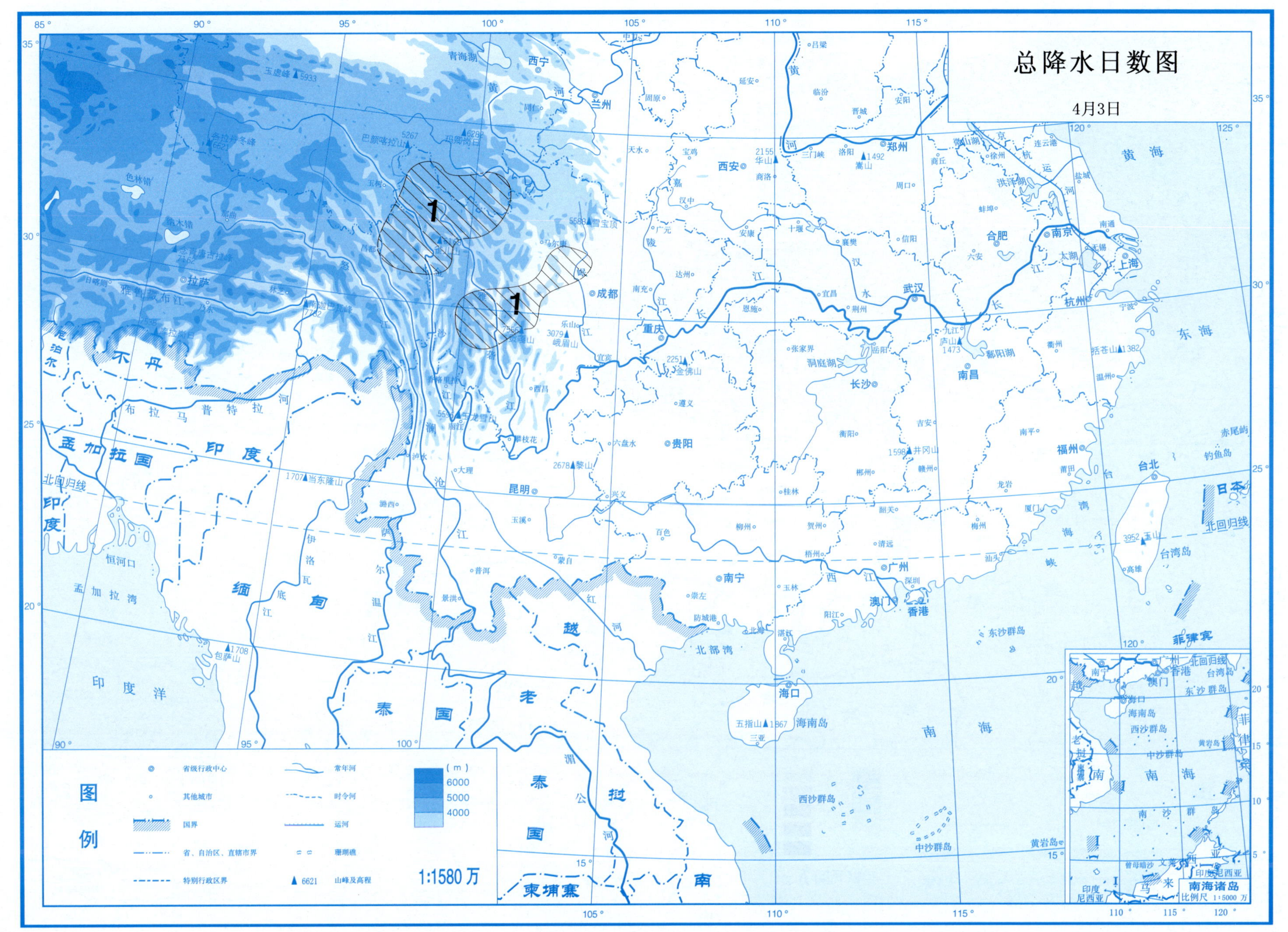

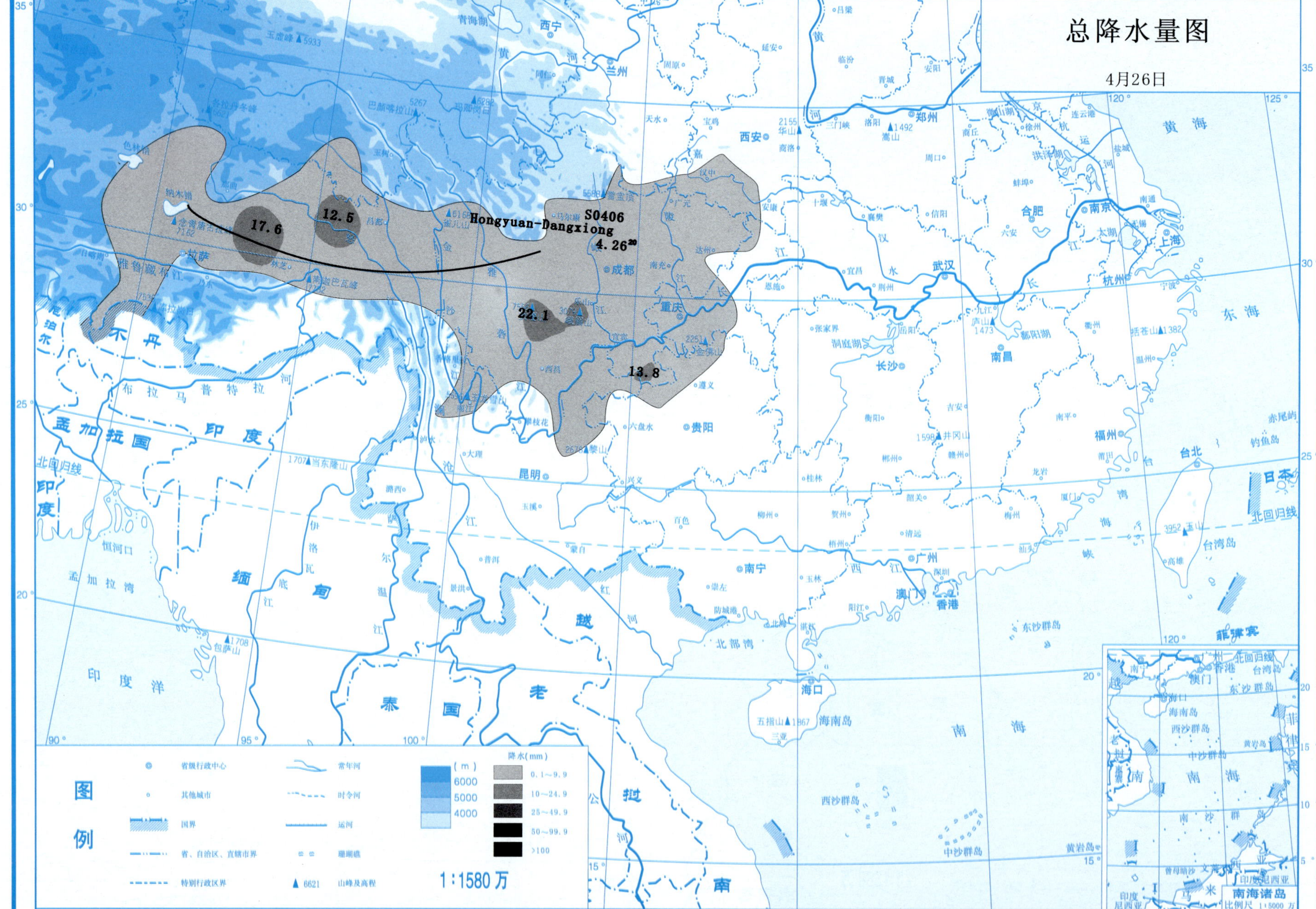
总降水量图
4月26日
S0406
Hongyuan-Dangxiong
4.26[20]
17.6
12.5
22.1
13.8
图例
省级行政中心
其他城市
国界
省、自治区、直辖市界
特别行政区界
常年河
时令河
运河
珊瑚礁
山峰及高程
(m)
6000
5000
4000
降水(mm)
0.1~9.9
10~24.9
25~49.9
50~99.9
>100
1:1580万
南海诸岛
比例尺 1:5000万

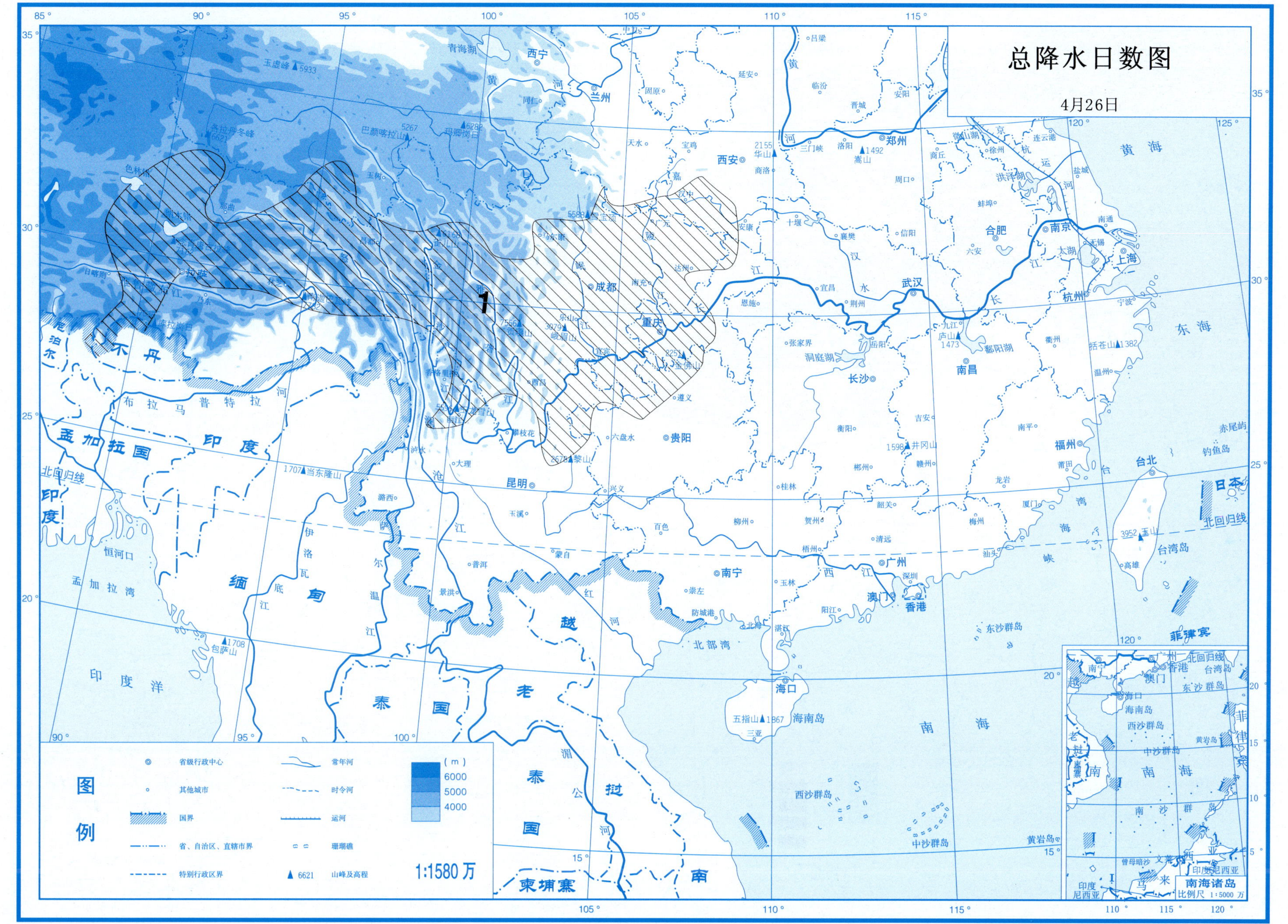
总降水日数图
4月26日
图例
省级行政中心
其他城市
国界
省、自治区、直辖市界
特别行政区界
常年河
时令河
运河
珊瑚礁
6621 山峰及高程
(m)
6000
5000
4000
1:1580万
南海诸岛
比例尺 1:5000万

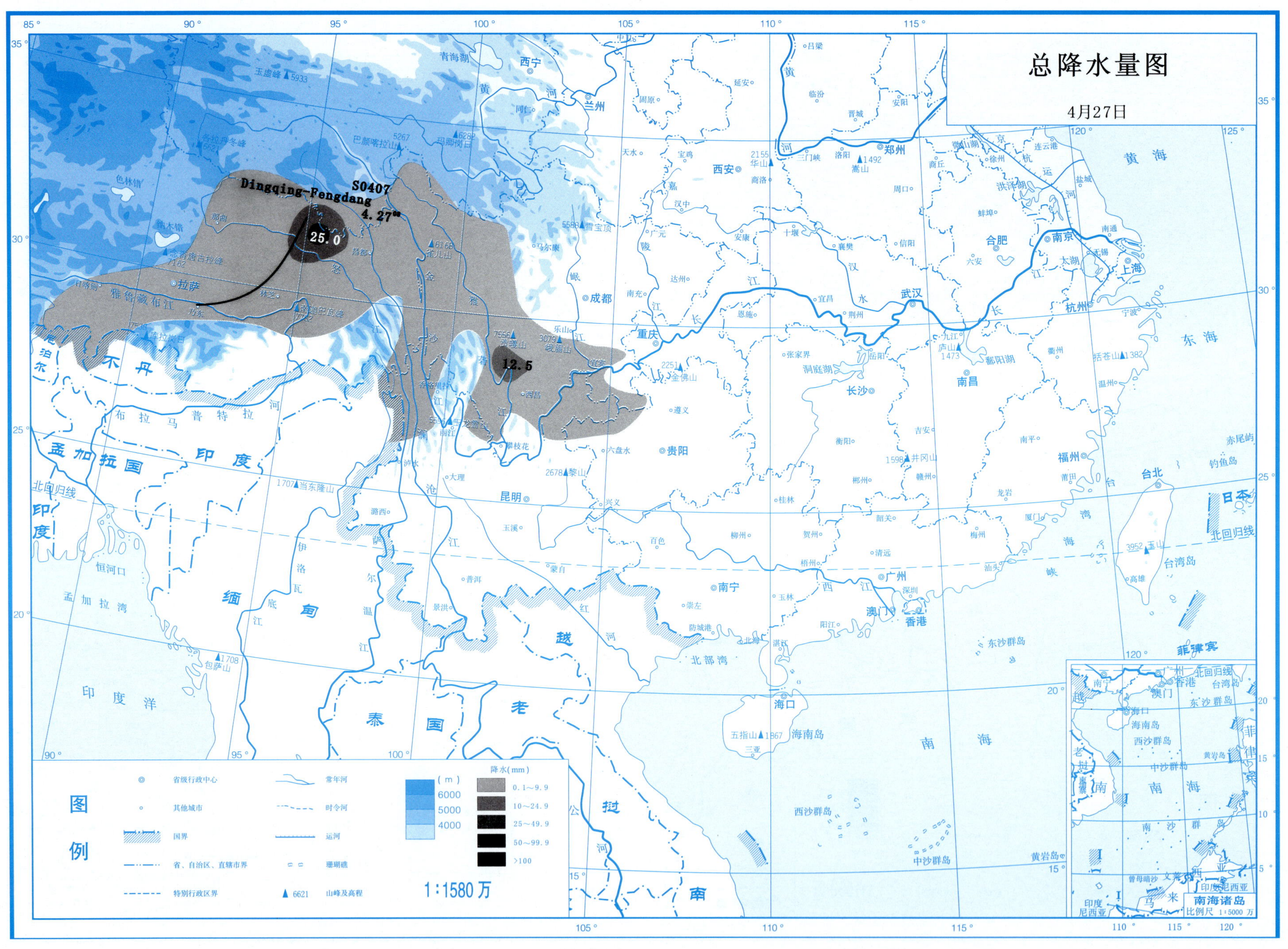
总降水量图
4月27日
Dingqing-Fengdang
S0407
4.27
25.0
12.5
图例
省级行政中心
其他城市
国界
省、自治区、直辖市界
特别行政区界
常年河
时令河
运河
珊瑚礁
6621 山峰及高程
（m）
6000
5000
4000
降水(mm)
0.1～9.9
10～24.9
25～49.9
50～99.9
>100
1:1580万
南海诸岛
比例尺 1:5000万

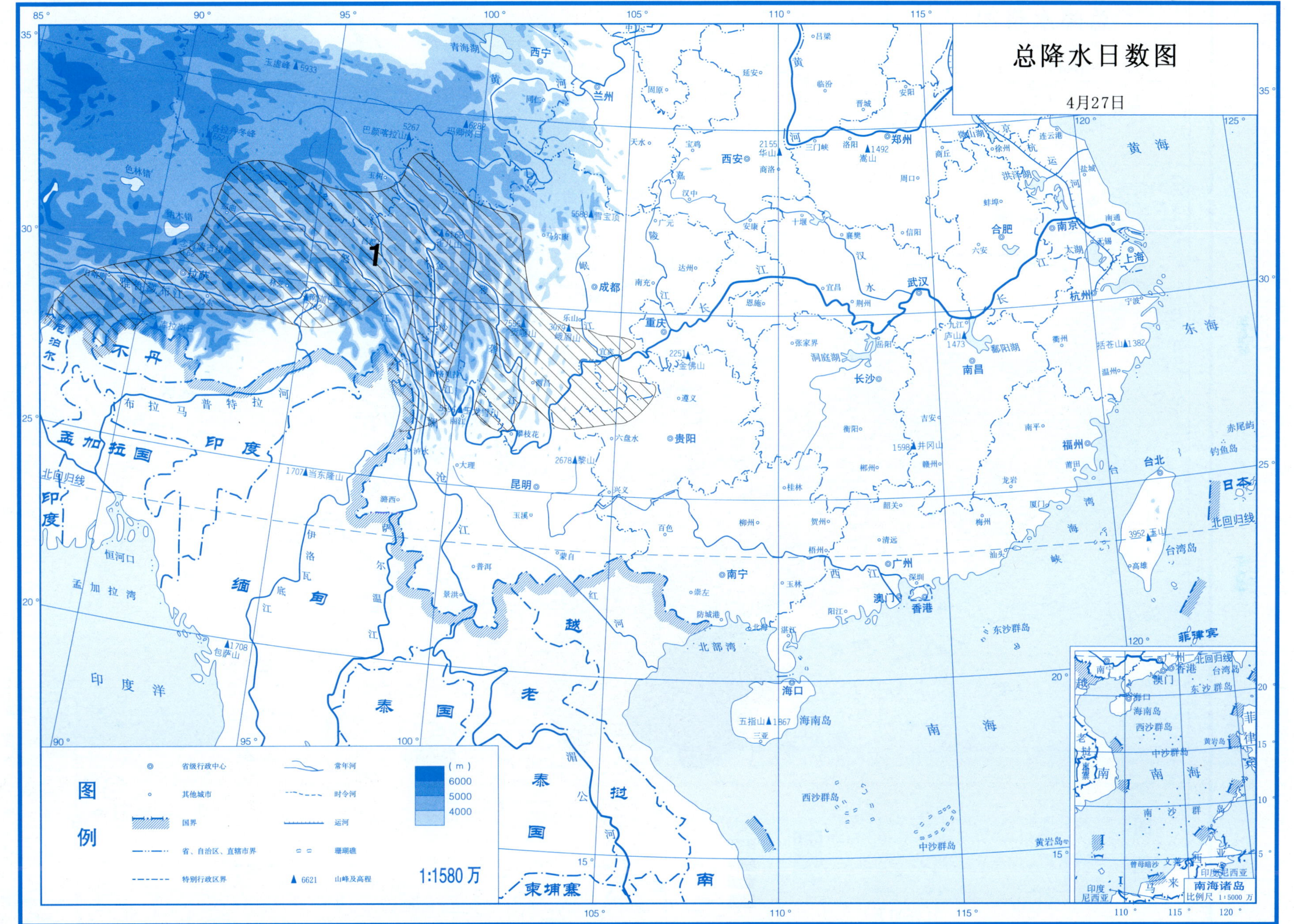
总降水日数图
4月27日
图例
省级行政中心
其他城市
国界
省、自治区、直辖市界
特别行政区界
常年河
时令河
运河
珊瑚礁
6621 山峰及高程
(m)
6000
5000
4000
1:1580万
南海诸岛
比例尺 1:5000 万

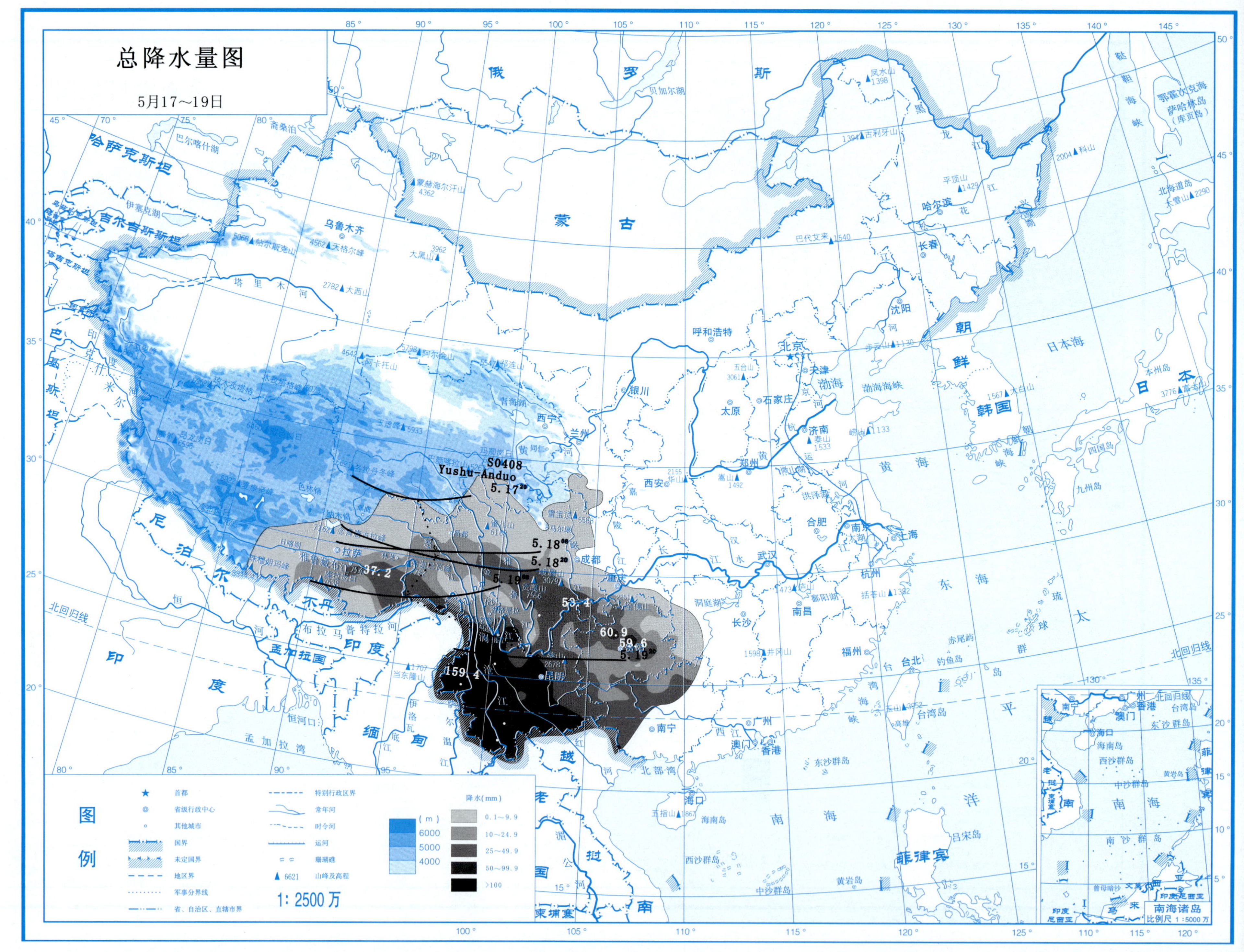
总降水量图
5月17～19日
S0408
Yushu-Anduo
5.17[20]
5.18[08]
5.18[20]
5.19[08]
5.19[20]
37.2
53.4
60.9
59.6
159.4
图例
首都
省级行政中心
其他城市
国界
未定国界
地区界
军事分界线
省、自治区、直辖市界
特别行政区界
常年河
时令河
运河
珊瑚礁
山峰及高程
(m)
6000
5000
4000
降水(mm)
0.1～9.9
10～24.9
25～49.9
50～99.9
>100
1: 2500万
南海诸岛
比例尺 1:5000万

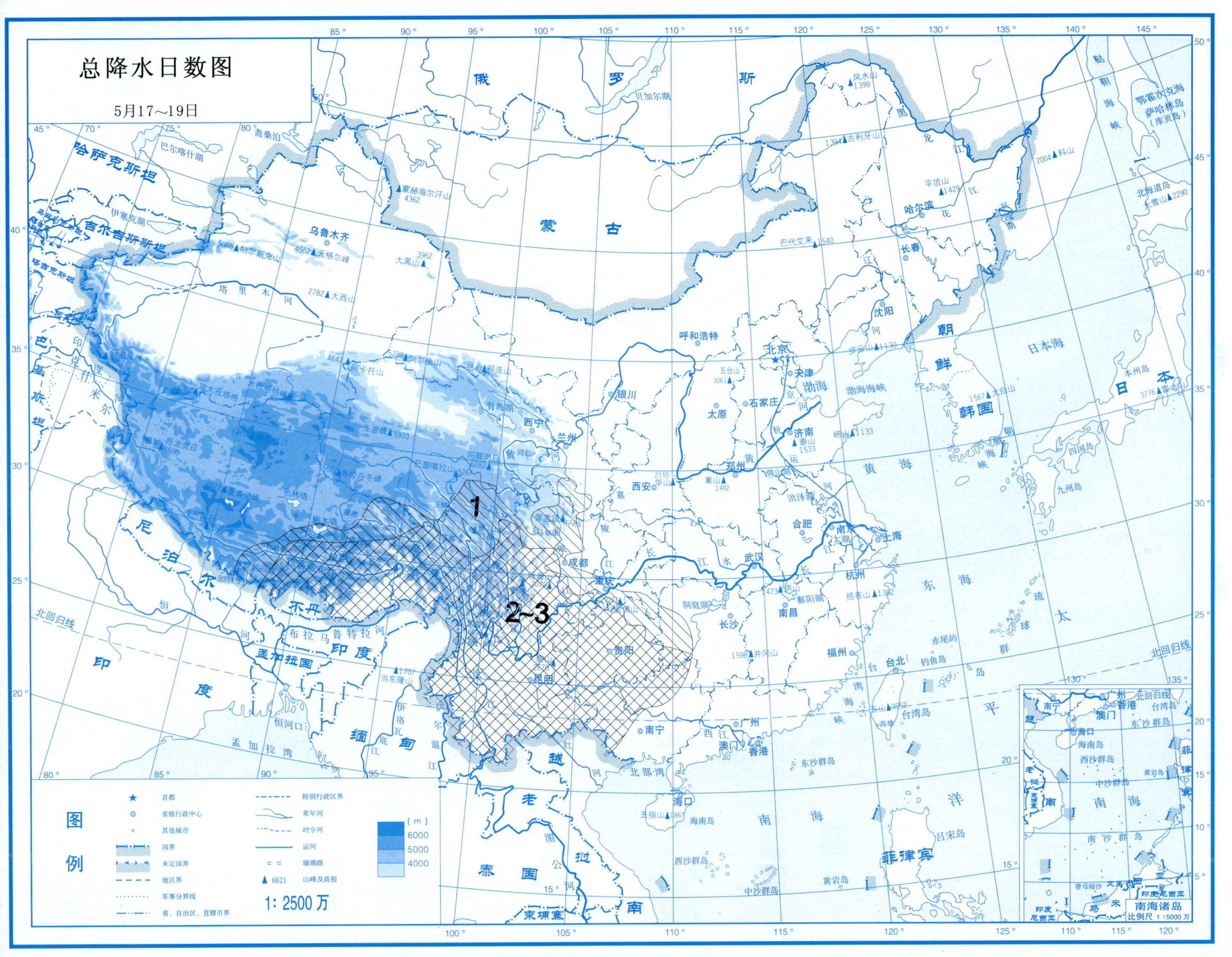
总降水日数图
5月17~19日
1
2~3
图例
首都
省级行政中心
其他城市
国界
未定国界
地区界
军事分界线
省、自治区、直辖市界
特别行政区界
常年河
时令河
运河
珊瑚礁
6621 山峰及高程
(m)
6000
5000
4000
1: 2500万
南海诸岛
比例尺 1:5000万

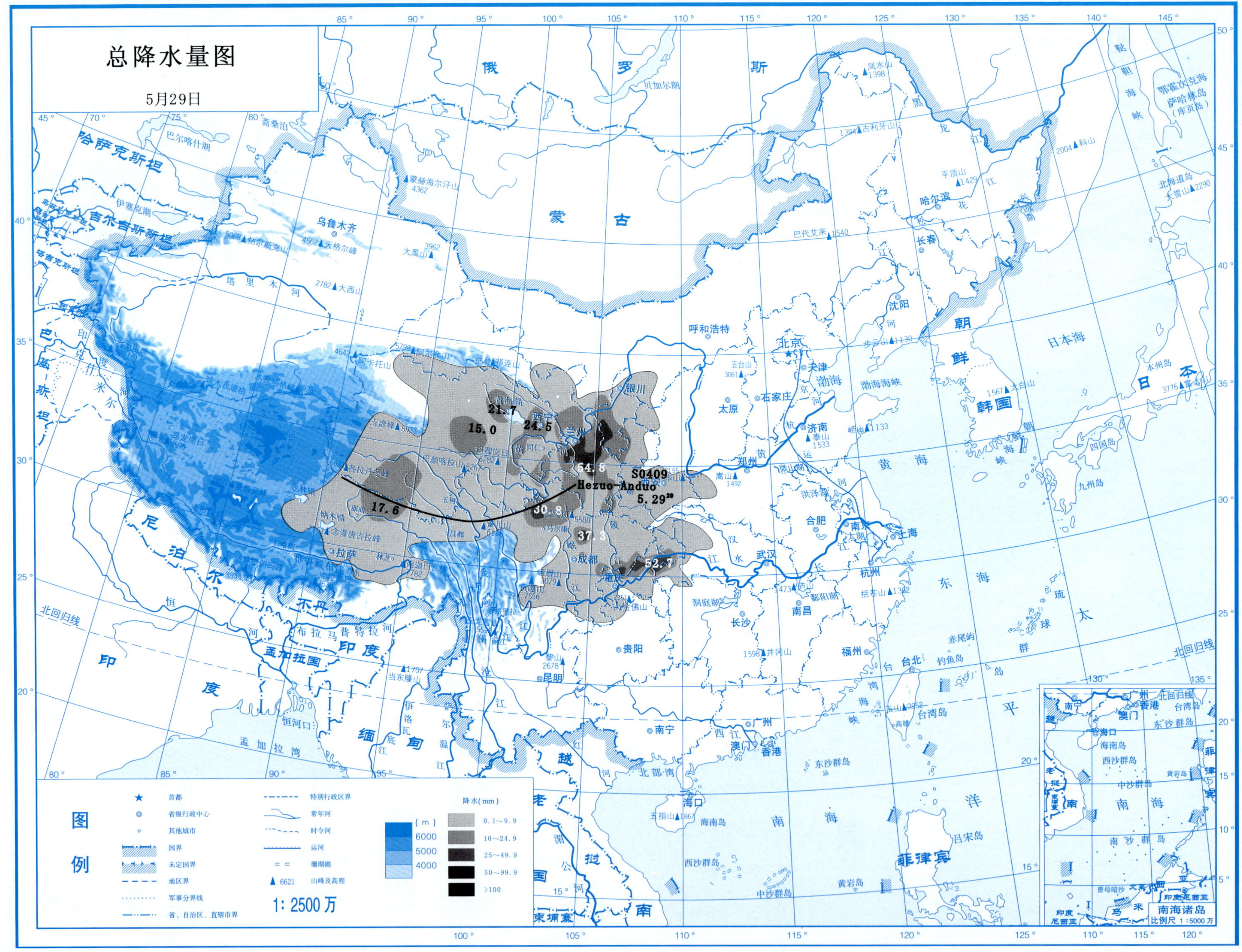
总降水量图
5月29日
21.7
15.0
24.5
54.8
S0409
Hezuo-Anduo
5.29[20]
17.6
30.8
37.3
52.7
图例
首都
省级行政中心
其他城市
国界
未定国界
地区界
军事分界线
省、自治区、直辖市界
特别行政区界
常年河
时令河
运河
珊瑚礁
6621 山峰及高程
(m)
6000
5000
4000
1:2500万
降水(mm)
0.1~9.9
10~24.9
25~49.9
50~99.9
>100
南海诸岛
比例尺 1:5000万

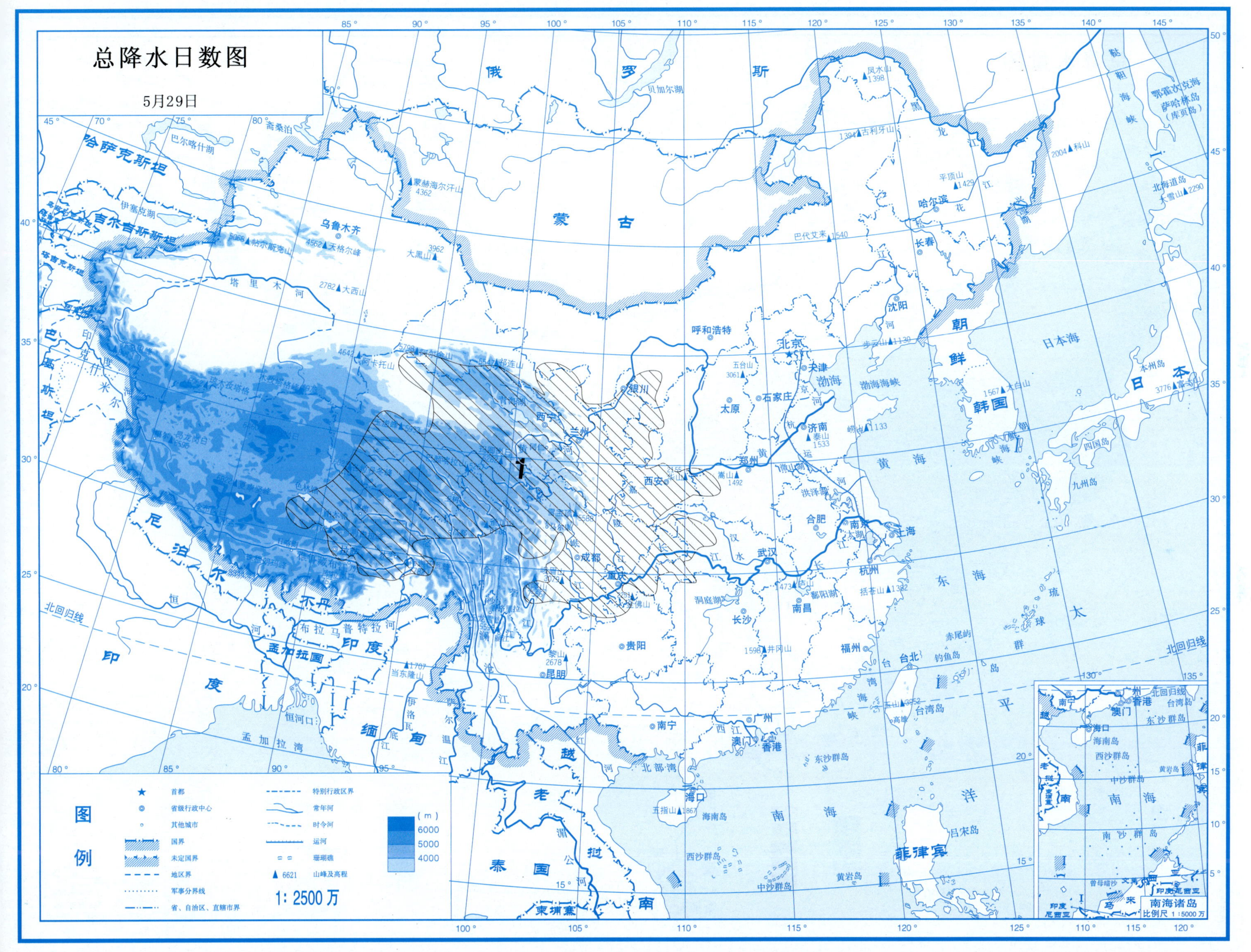
总降水日数图
5月29日
俄 罗 斯
蒙 古
哈萨克斯坦
吉尔吉斯斯坦
塔吉克斯坦
巴基斯坦
阿富汗
尼泊尔
不丹
印度
孟加拉国
缅甸
老挝
泰国
越南
柬埔寨
朝鲜
韩国
日本
日本海
渤海
黄海
东海
南海
太平洋
菲律宾
北京
天津
呼和浩特
沈阳
长春
哈尔滨
乌鲁木齐
银川
西宁
兰州
西安
太原
石家庄
济南
郑州
合肥
南京
上海
杭州
武汉
南昌
长沙
成都
重庆
贵阳
昆明
南宁
广州
福州
台北
香港
澳门
海口
拉萨
北回归线
图例
首都
省级行政中心
其他城市
国界
未定国界
地区界
军事分界线
省、自治区、直辖市界
特别行政区界
常年河
时令河
运河
珊瑚礁
山峰及高程
(m)
6000
5000
4000
1：2500万
南海诸岛
比例尺 1：5000万

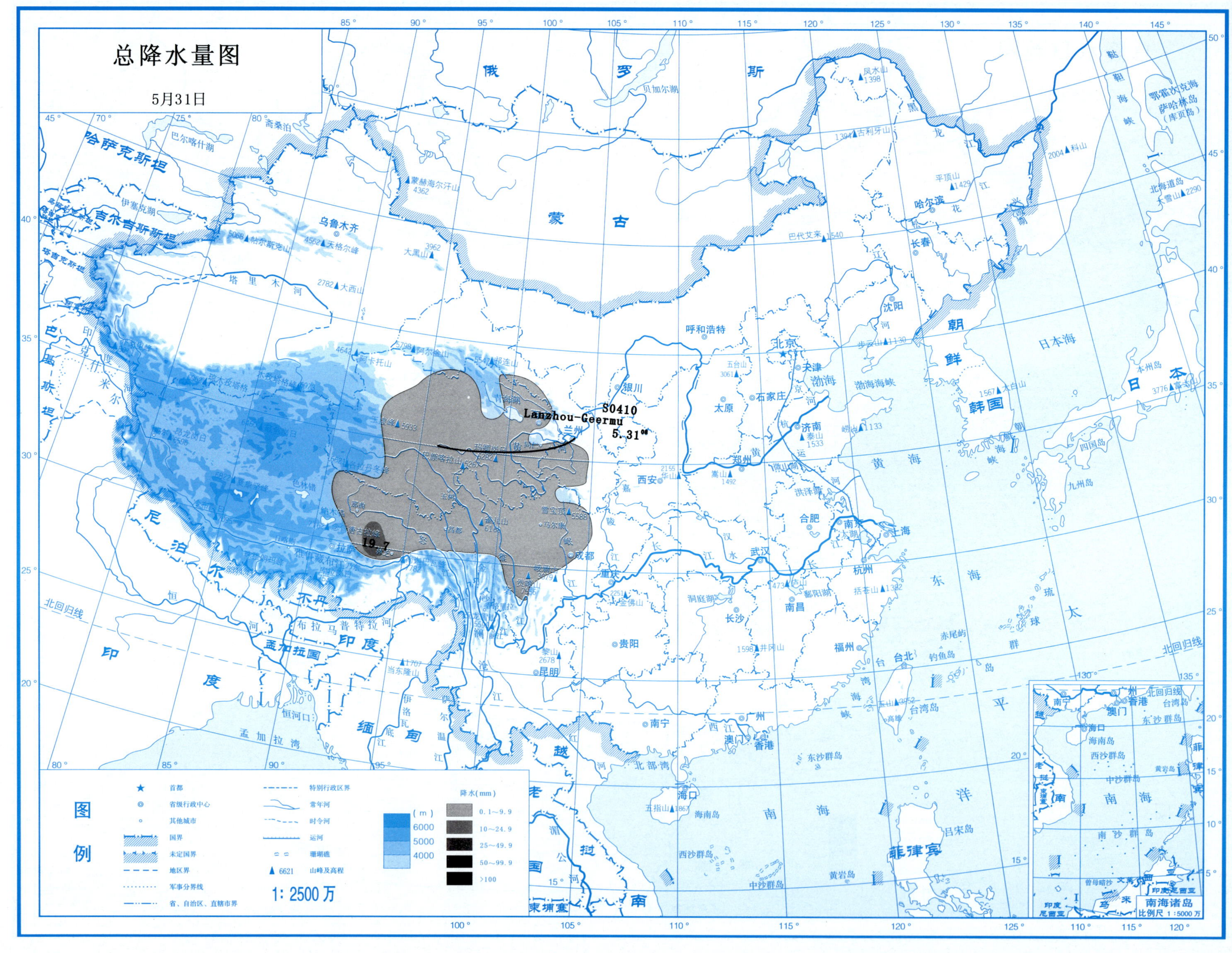
总降水量图
5月31日
S0410
Lanzhou-Geermu
5.31
19.7
图例
首都
省级行政中心
其他城市
国界
未定国界
地区界
军事分界线
省、自治区、直辖市界
特别行政区界
常年河
时令河
运河
珊瑚礁
6621 山峰及高程
1: 2500万
(m)
6000
5000
4000
降水(mm)
0.1～9.9
10～24.9
25～49.9
50～99.9
>100
南海诸岛
比例尺 1:5000 万

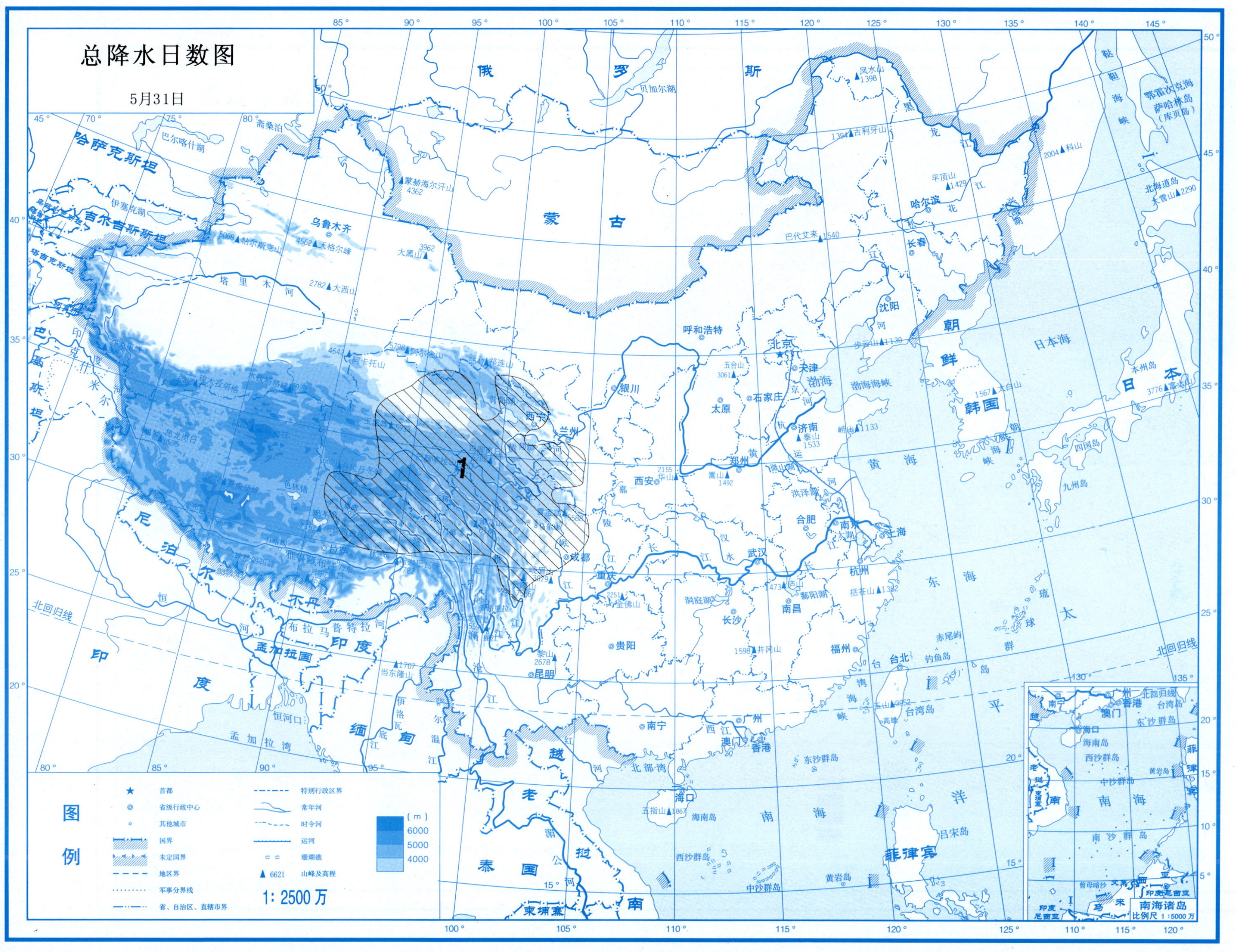
总降水日数图
5月31日
俄 罗 斯
贝加尔湖
蒙 古
哈萨克斯坦
吉尔吉斯斯坦
塔吉克斯坦
巴 基 斯 坦
尼 泊 尔
不丹
孟加拉国
印 度
缅 甸
老 挝
泰 国
柬埔寨
越 南
朝 鲜
韩国
日 本
日本海
黄 海
东 海
南 海
太 平 洋
菲律宾
北回归线
乌鲁木齐
呼和浩特
北京
天津
石家庄
太原
银川
西宁
兰州
济南
郑州
西安
合肥
南京
上海
武汉
杭州
成都
重庆
长沙
南昌
贵阳
福州
台北
昆明
南宁
广州
澳门
香港
海口
沈阳
长春
哈尔滨
台湾岛
海南岛
渤海
渤海海峡
台湾海峡
北部湾
东沙群岛
西沙群岛
中沙群岛
黄岩岛
南沙群岛
钓鱼岛
赤尾屿
吕宋岛
北海道岛
本州岛
四国岛
九州岛
萨哈林岛（库页岛）
鄂霍次克海
鞑靼海峡
1
南海诸岛
比例尺 1∶5000万
图例
首都
省级行政中心
其他城市
国界
未定国界
地区界
军事分界线
省、自治区、直辖市界
特别行政区界
常年河
时令河
运河
珊瑚礁
6621 山峰及高程
（m）
6000
5000
4000
1∶2500万

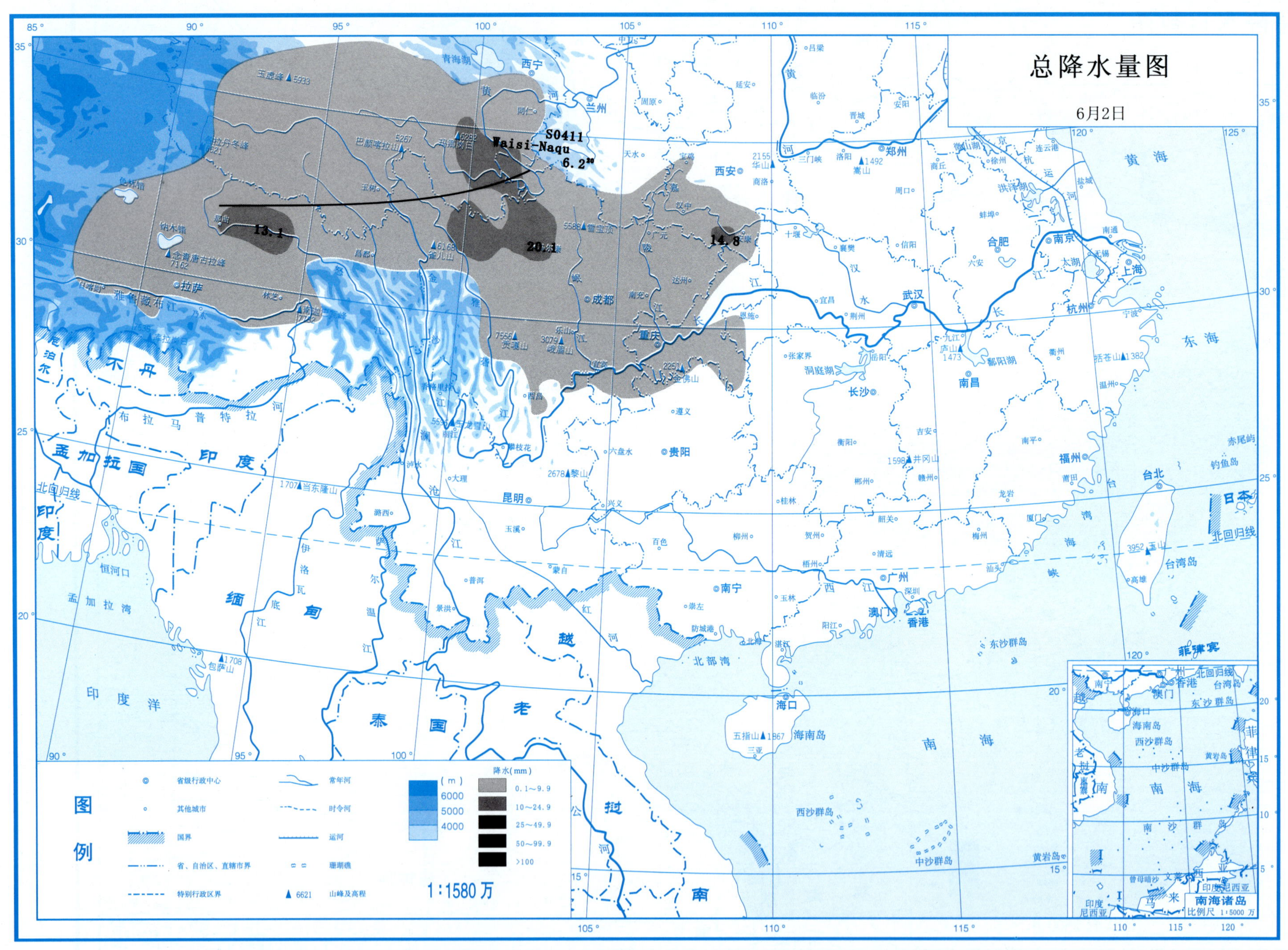
总降水量图
6月2日
S0411
Waisi-Naqu
6.2
13.1
20.1
14.8
图例
降水(mm)
0.1～9.9
10～24.9
25～49.9
50～99.9
>100
1:1580万
南海诸岛

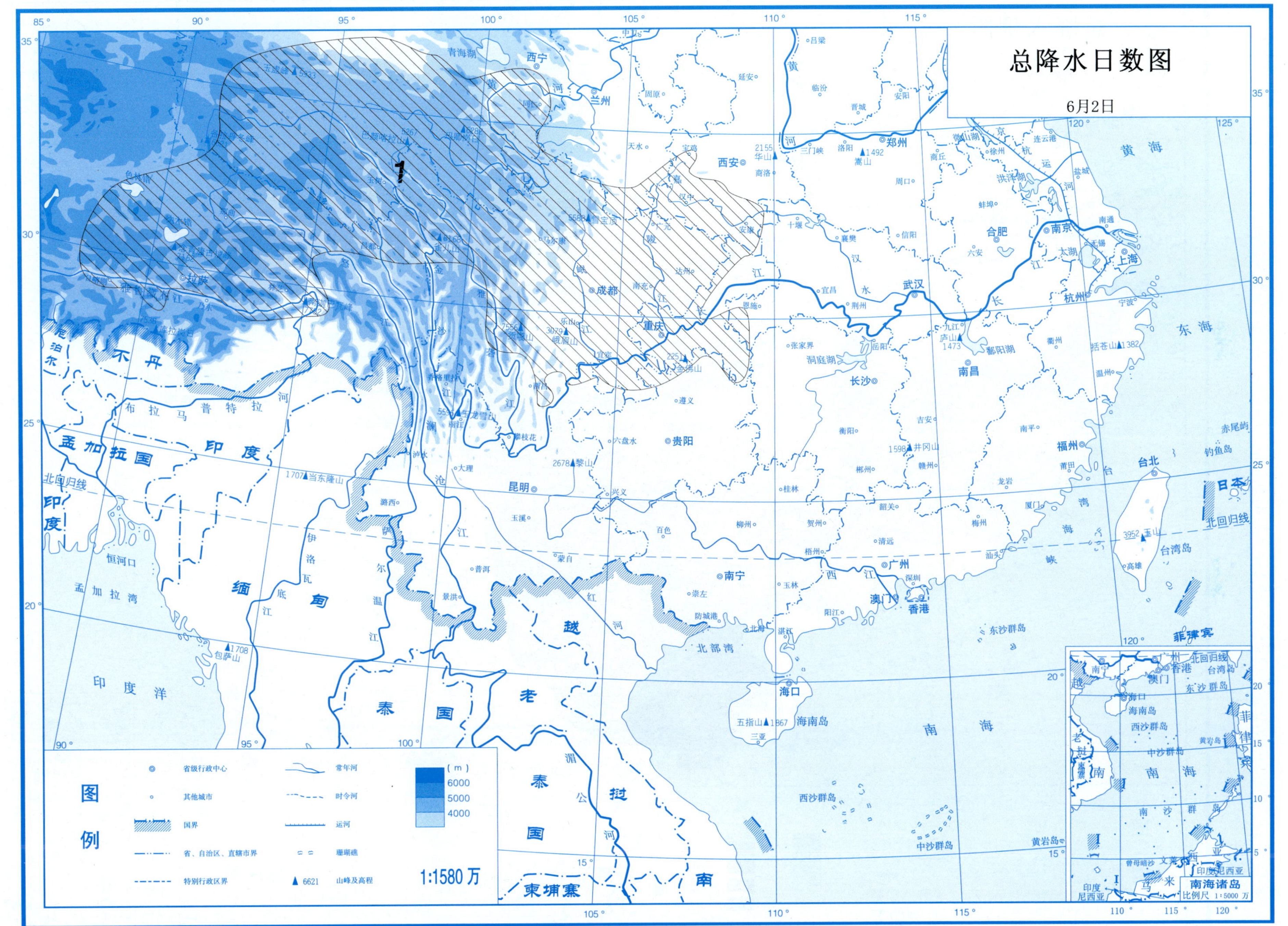
总降水日数图
6月2日
图例
省级行政中心
其他城市
国界
省、自治区、直辖市界
特别行政区界
常年河
时令河
运河
珊瑚礁
6621 山峰及高程
(m)
6000
5000
4000
1:1580万
南海诸岛
比例尺 1:5000万

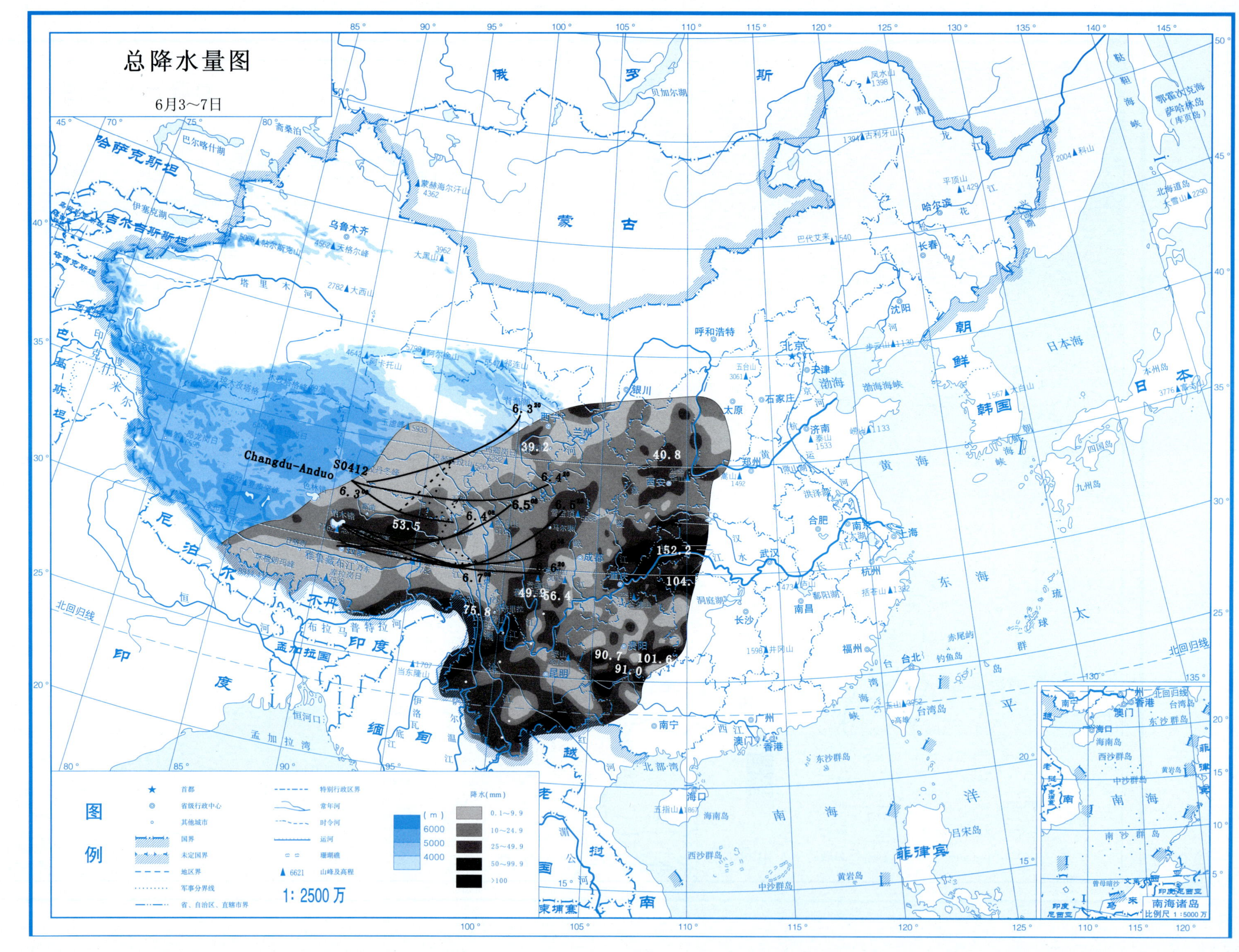

总降水量图
6月3～7日
Changdu-Anduo
S0412
39.2
40.8
53.5
152.2
104.
49.9
56.4
75.8
90.7
101.6
91.0
图例
首都
省级行政中心
其他城市
国界
未定国界
地区界
军事分界线
省、自治区、直辖市界
特别行政区界
常年河
时令河
运河
珊瑚礁
山峰及高程
(m)
6000
5000
4000
降水(mm)
0.1～9.9
10～24.9
25～49.9
50～99.9
>100
1:2500万
南海诸岛
比例尺 1:5000万

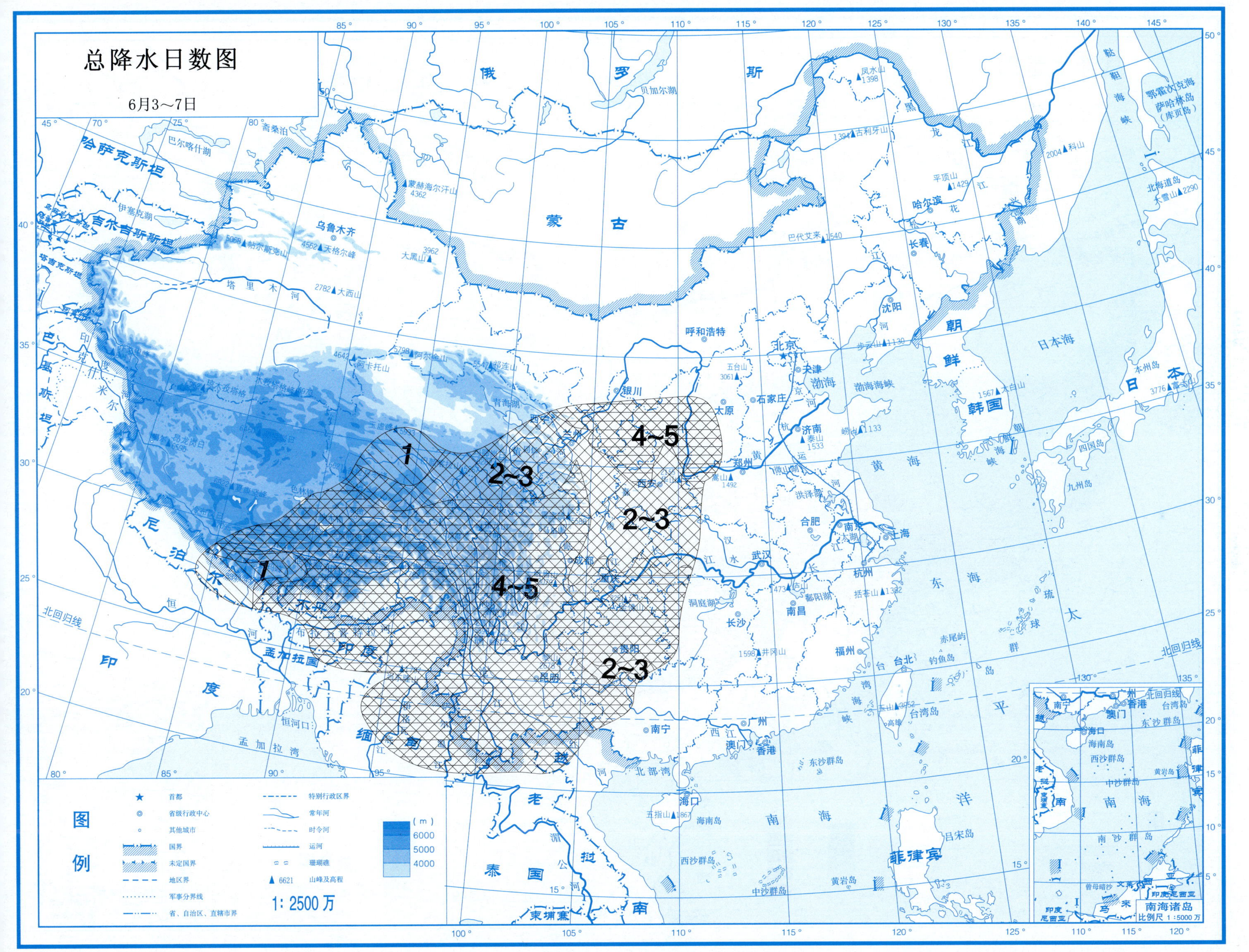

总降水日数图
6月3～7日
1
2~3
4~5
2~3
1
4~5
2~3
图例
首都
省级行政中心
其他城市
国界
未定国界
地区界
军事分界线
省、自治区、直辖市界
特别行政区界
常年河
时令河
运河
珊瑚礁
6621 山峰及高程
(m)
6000
5000
4000
1:2500万
南海诸岛
比例尺 1:5000万
俄罗斯
蒙古
哈萨克斯坦
吉尔吉斯斯坦
塔吉克斯坦
巴基斯坦
尼泊尔
不丹
印度
孟加拉国
缅甸
老挝
泰国
越南
柬埔寨
朝鲜
韩国
日本
日本海
黄海
东海
南海
太平洋
菲律宾
北回归线

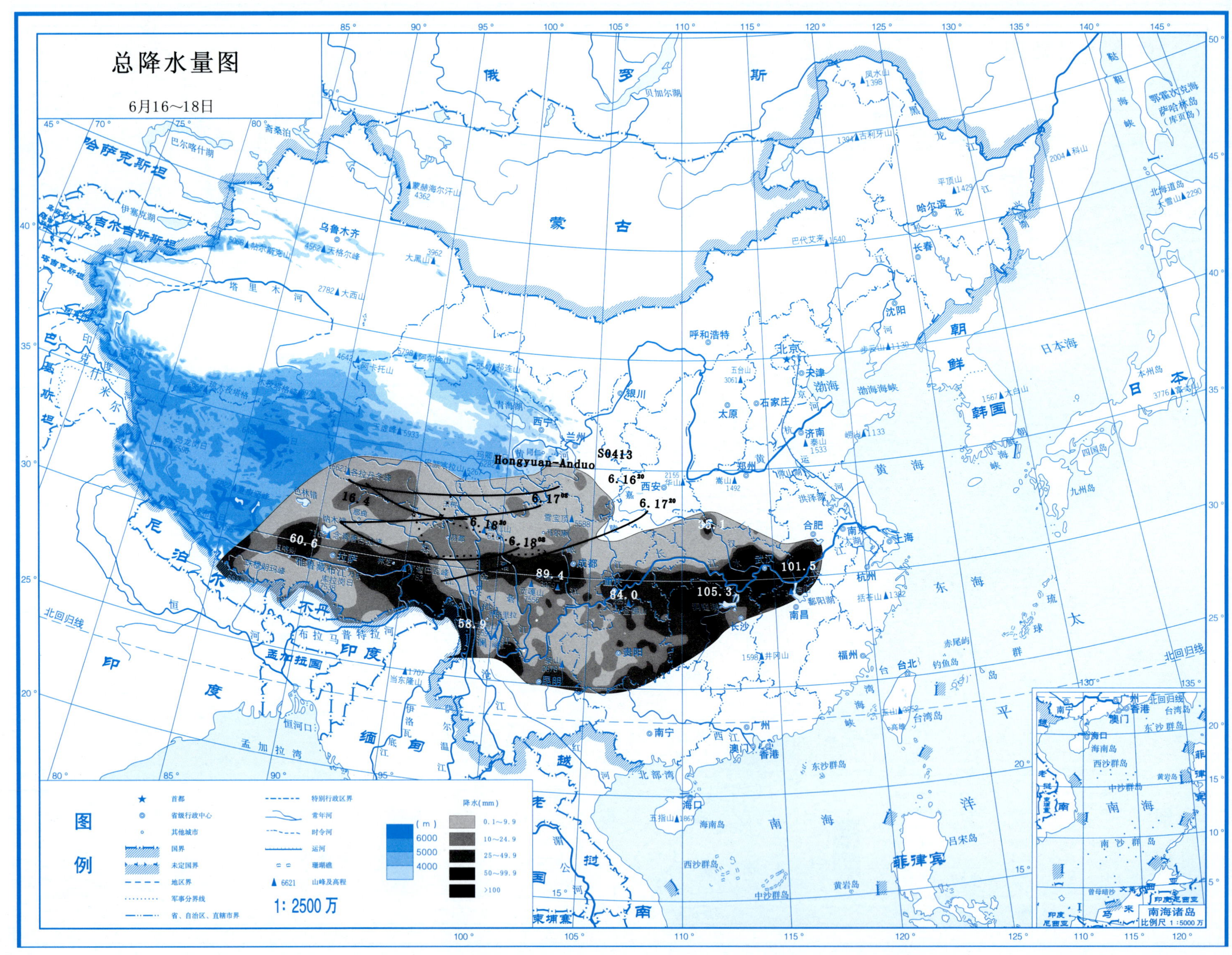

总降水量图
6月16~18日
Hongyuan-Anduo
S0413
6.16²⁰
6.17⁰⁸
6.17²⁰
6.18²⁰
6.18⁰⁸
16.4
60.6
89.4
84.0
105.3
101.5
58.9
俄 罗 斯
蒙 古
哈萨克斯坦
吉尔吉斯斯坦
塔吉克斯坦
巴基斯坦
尼泊尔
不丹
孟加拉国
印度
缅甸
越南
老挝
泰国
柬埔寨
菲律宾
朝鲜
韩国
日本
日本海
黄海
东海
南海
太平洋
北京
天津
石家庄
太原
呼和浩特
银川
兰州
西宁
西安
郑州
济南
合肥
南京
上海
杭州
武汉
南昌
长沙
福州
台北
成都
重庆
贵阳
昆明
拉萨
南宁
广州
香港
澳门
海口
乌鲁木齐
哈尔滨
长春
沈阳
北回归线
图例
首都
省级行政中心
其他城市
国界
未定国界
地区界
军事分界线
省、自治区、直辖市界
特别行政区界
常年河
时令河
运河
珊瑚礁
山峰及高程
1: 2500 万
(m)
6000
5000
4000
降水(mm)
0.1~9.9
10~24.9
25~49.9
50~99.9
>100
南海诸岛
比例尺 1:5000 万

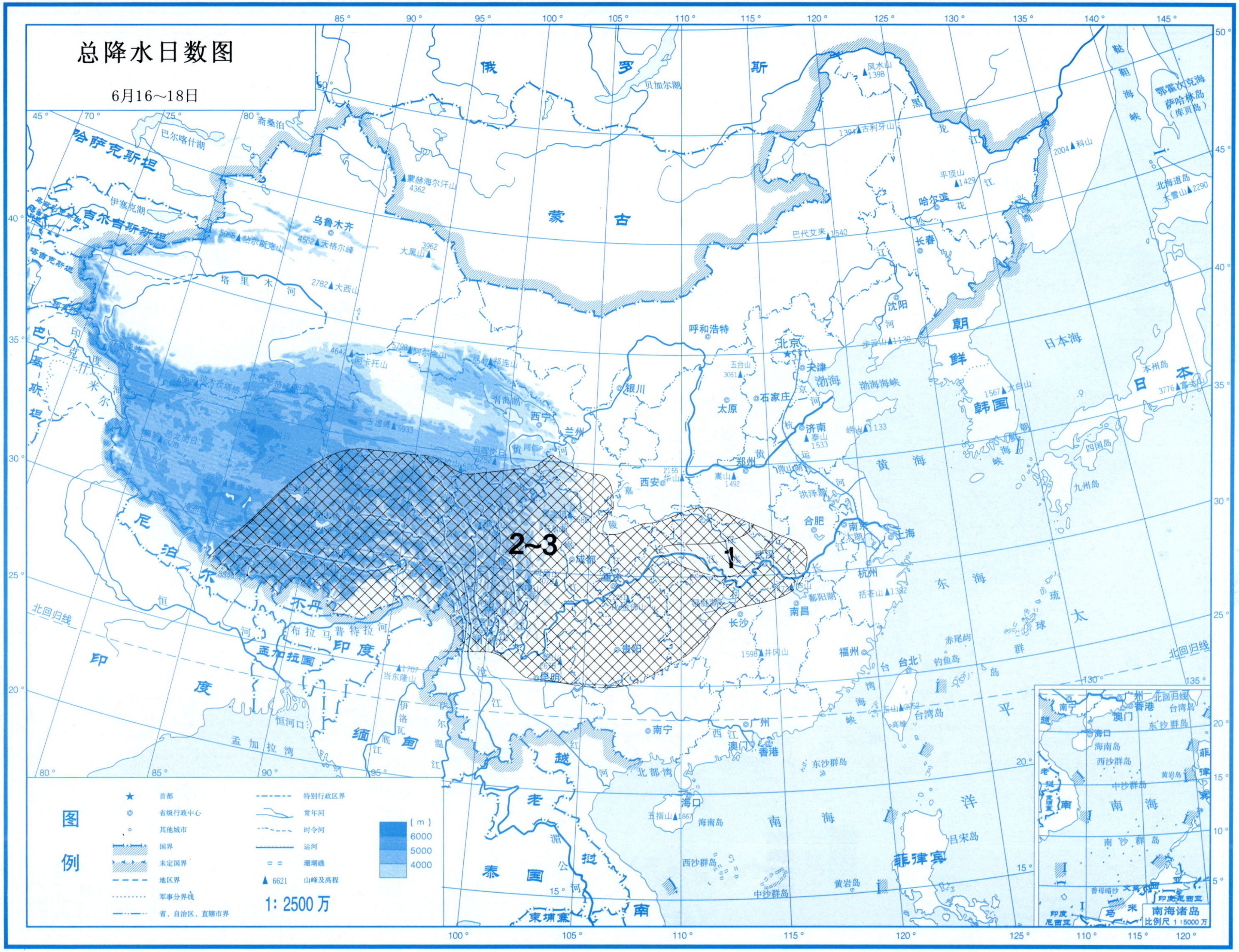

总降水日数图

6月16～18日

2~3

1

图例

★	首都	- - - -	特别行政区界
◎	省级行政中心		常年河
◦	其他城市		时令河
	国界		运河
	未定国界		珊瑚礁
	地区界	▲ 6621	山峰及高程
	军事分界线		
	省、自治区、直辖市界		

(m)
6000
5000
4000

1: 2500 万

南海诸岛
比例尺 1:5000 万

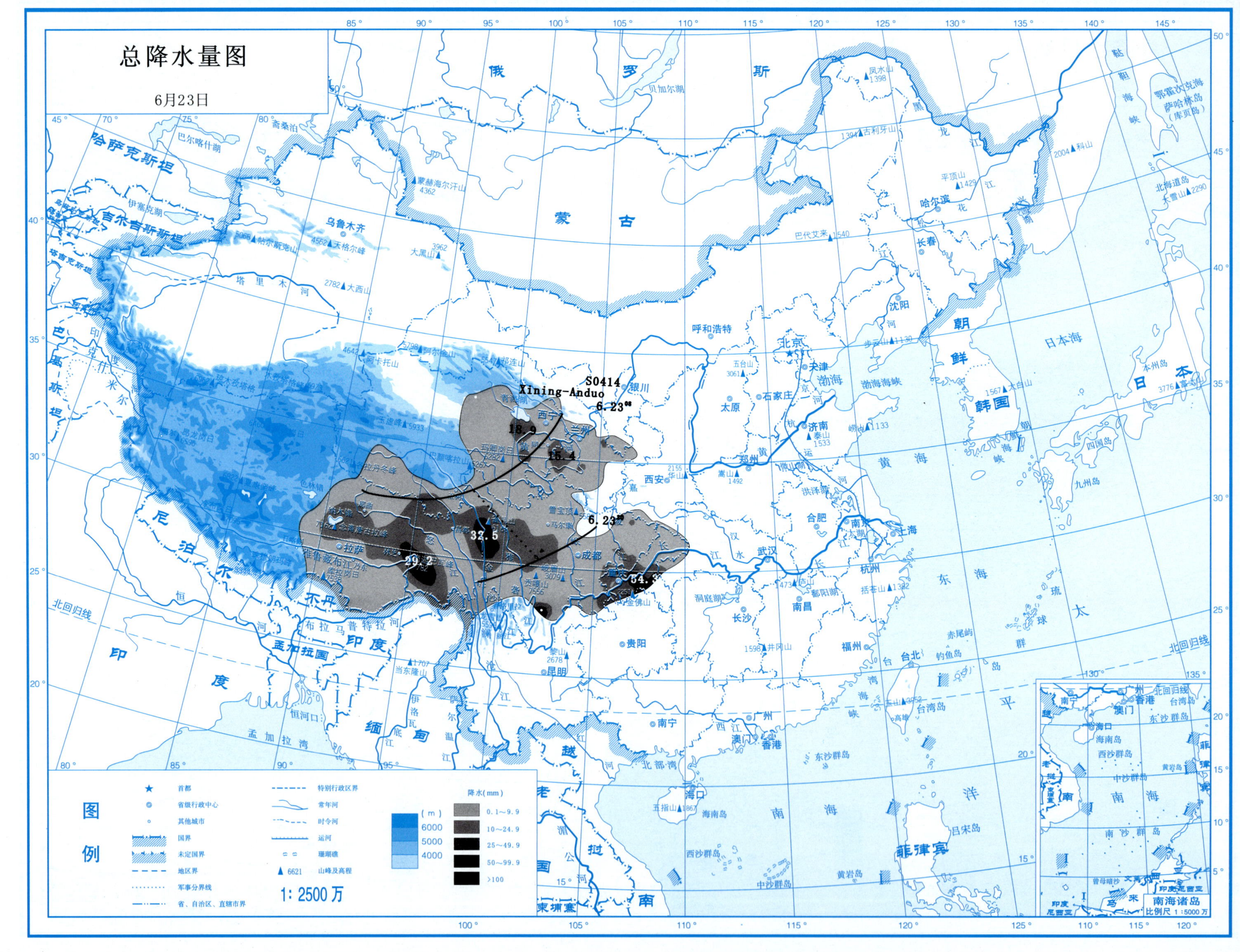
总降水量图
6月23日
S0414
Xining-Anduo
6.23⁰⁸
6.23²⁰
18.9
15.4
32.5
29.2
54.3
图例
首都
省级行政中心
其他城市
国界
未定国界
地区界
军事分界线
特别行政区界
常年河
时令河
运河
珊瑚礁
6621 山峰及高程
省、自治区、直辖市界
(m)
6000
5000
4000
降水(mm)
0.1～9.9
10～24.9
25～49.9
50～99.9
>100
1: 2500万
南海诸岛
比例尺 1:5000万
俄罗斯
蒙古
哈萨克斯坦
吉尔吉斯斯坦
塔吉克斯坦
巴基斯坦
尼泊尔
不丹
印度
孟加拉国
缅甸
老挝
越南
泰国
柬埔寨
朝鲜
韩国
日本
菲律宾
乌鲁木齐
拉萨
西宁
兰州
银川
成都
重庆
西安
呼和浩特
北京
天津
石家庄
太原
济南
郑州
武汉
合肥
南京
上海
杭州
南昌
长沙
贵阳
昆明
南宁
广州
福州
台北
海口
香港
澳门
沈阳
长春
哈尔滨
渤海
黄海
东海
南海
日本海
太平洋
北回归线

总降水日数图

6月23日

图例

- ★ 首都
- ◎ 省级行政中心
- ○ 其他城市
- 国界
- 未定国界
- 地区界
- 军事分界线
- 省、自治区、直辖市界
- 特别行政区界
- 常年河
- 时令河
- 运河
- 珊瑚礁
- ▲6621 山峰及高程

(m)
6000
5000
4000

1：2500万

南海诸岛
比例尺 1：5000万

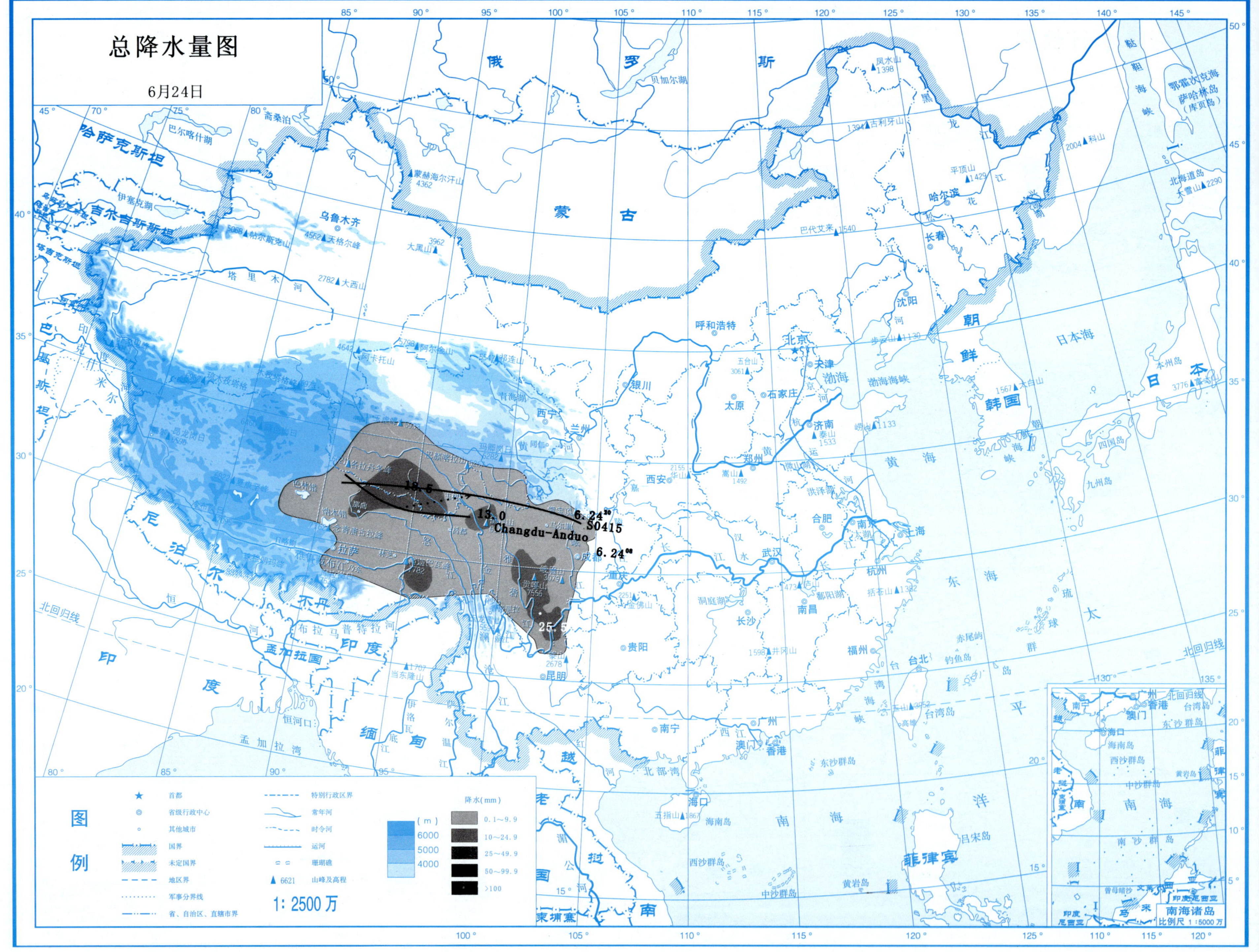
总降水量图
6月24日
18.5
13.0
6.24[30]
S0415
Changdu-Anduo
6.24[00]
25.5
图例
首都
省级行政中心
其他城市
国界
未定国界
地区界
军事分界线
省、自治区、直辖市界
特别行政区界
常年河
时令河
运河
珊瑚礁
6621 山峰及高程
1:2500万
(m)
6000
5000
4000
降水(mm)
0.1～9.9
10～24.9
25～49.9
50～99.9
>100
南海诸岛
比例尺 1:5000万

总降水日数图

6月24日

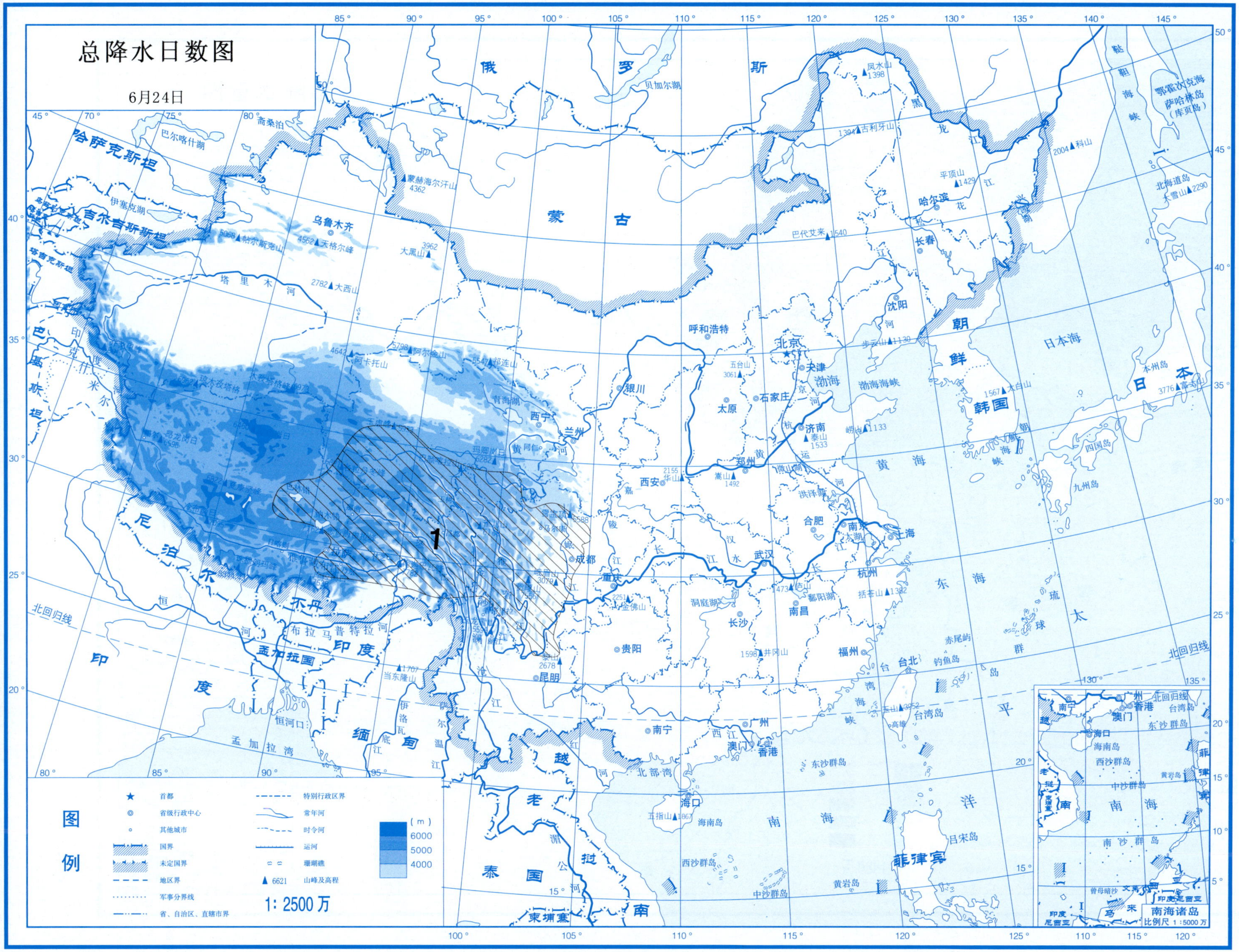

图例

符号	说明	符号	说明
★	首都		特别行政区界
◎	省级行政中心		常年河
○	其他城市		时令河
	国界		运河
	未定国界		珊瑚礁
	地区界	▲ 6621	山峰及高程
	军事分界线		
	省、自治区、直辖市界		

(m)
6000
5000
4000

1: 2500万

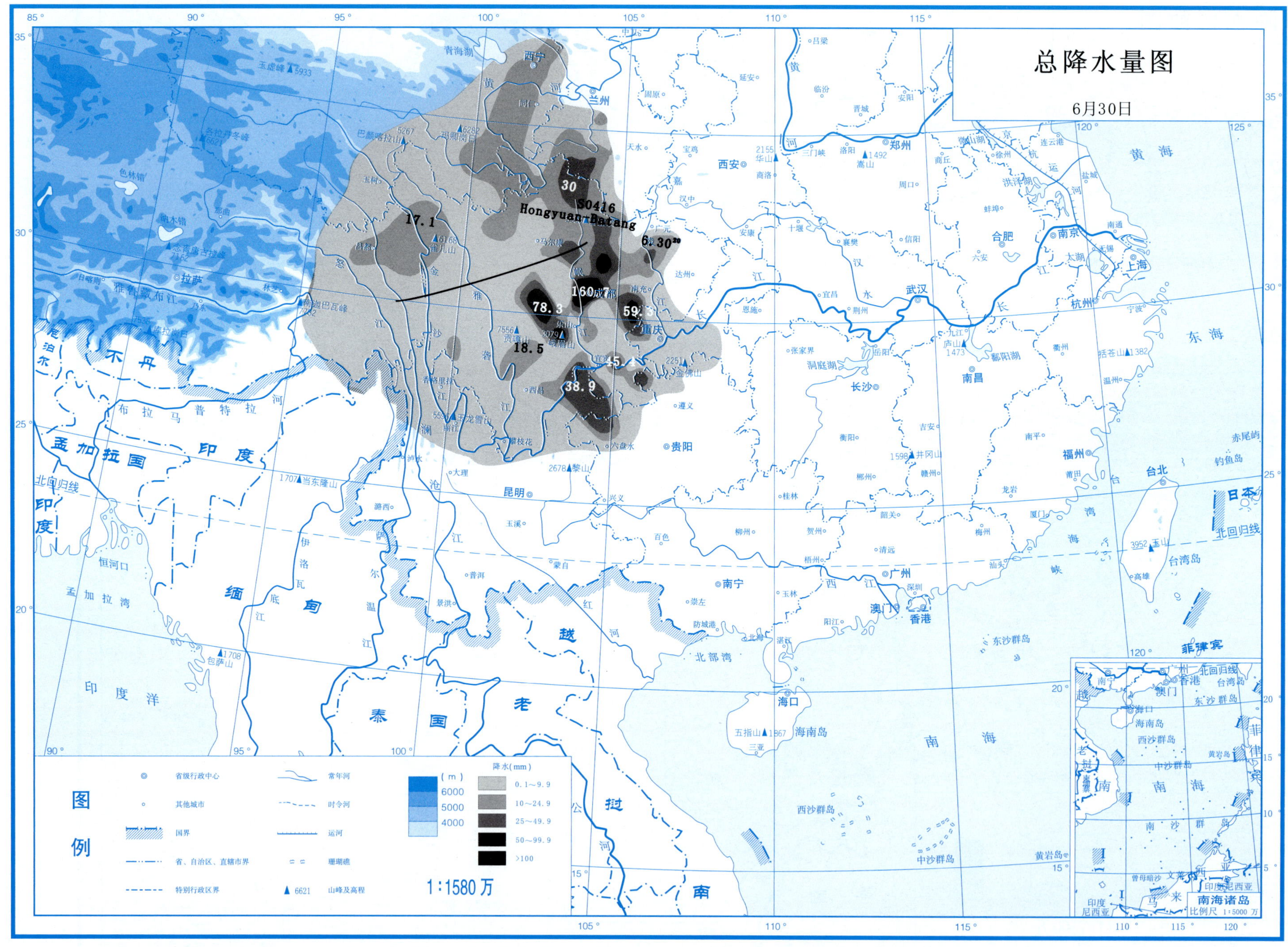
总降水量图
6月30日
S0416
Hongyuan-Batang
6.30²⁰
17.1
30
160.7
78.3
59.3
18.5
45.4
38.9
图例
省级行政中心
其他城市
国界
省、自治区、直辖市界
特别行政区界
常年河
时令河
运河
珊瑚礁
山峰及高程
(m)
6000
5000
4000
降水(mm)
0.1～9.9
10～24.9
25～49.9
50～99.9
>100
1:1580万
南海诸岛
比例尺 1:5000万

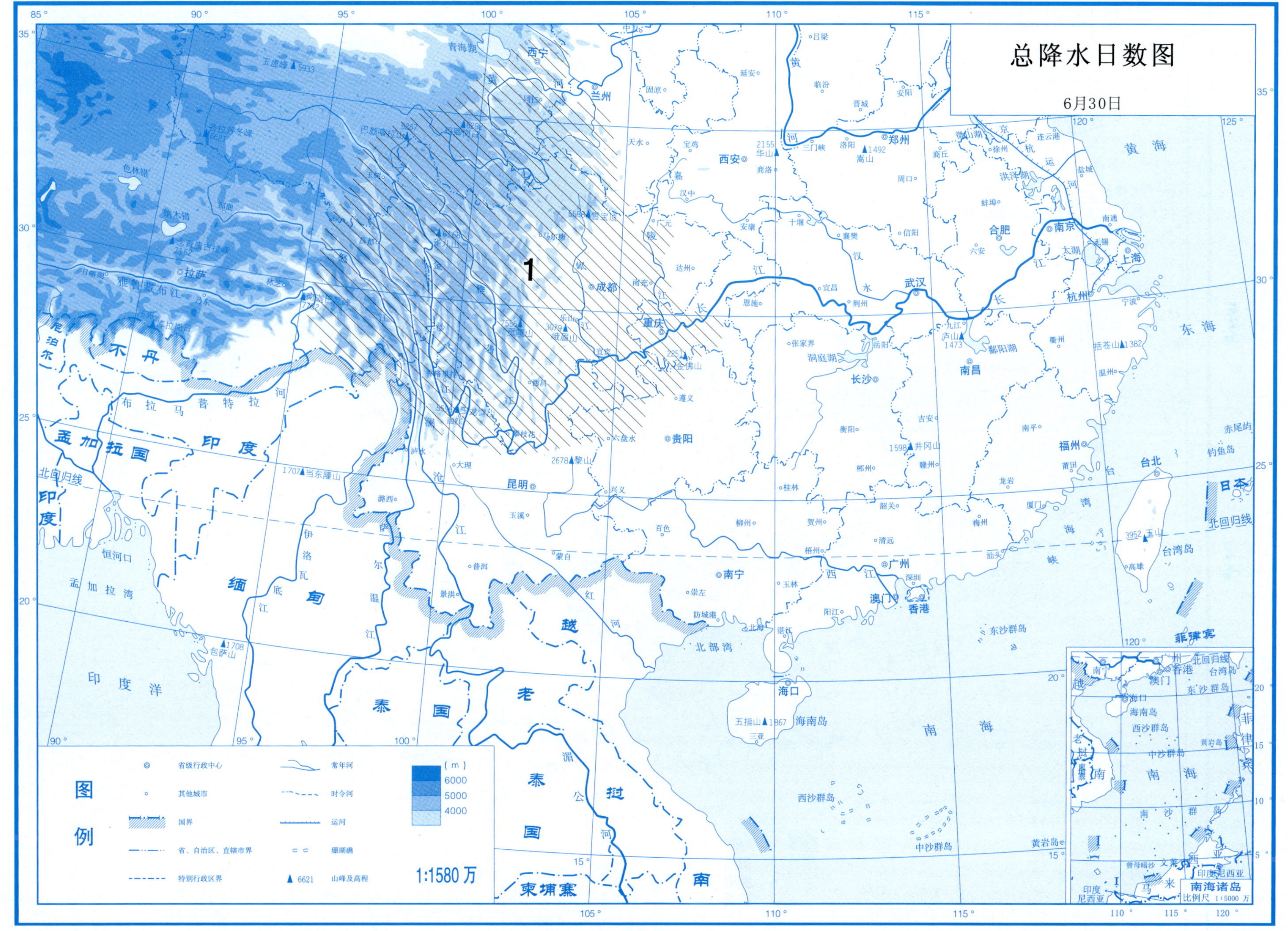
总降水日数图
6月30日
1
图例
省级行政中心
其他城市
国界
省、自治区、直辖市界
特别行政区界
常年河
时令河
运河
珊瑚礁
山峰及高程
1:1580 万
南海诸岛

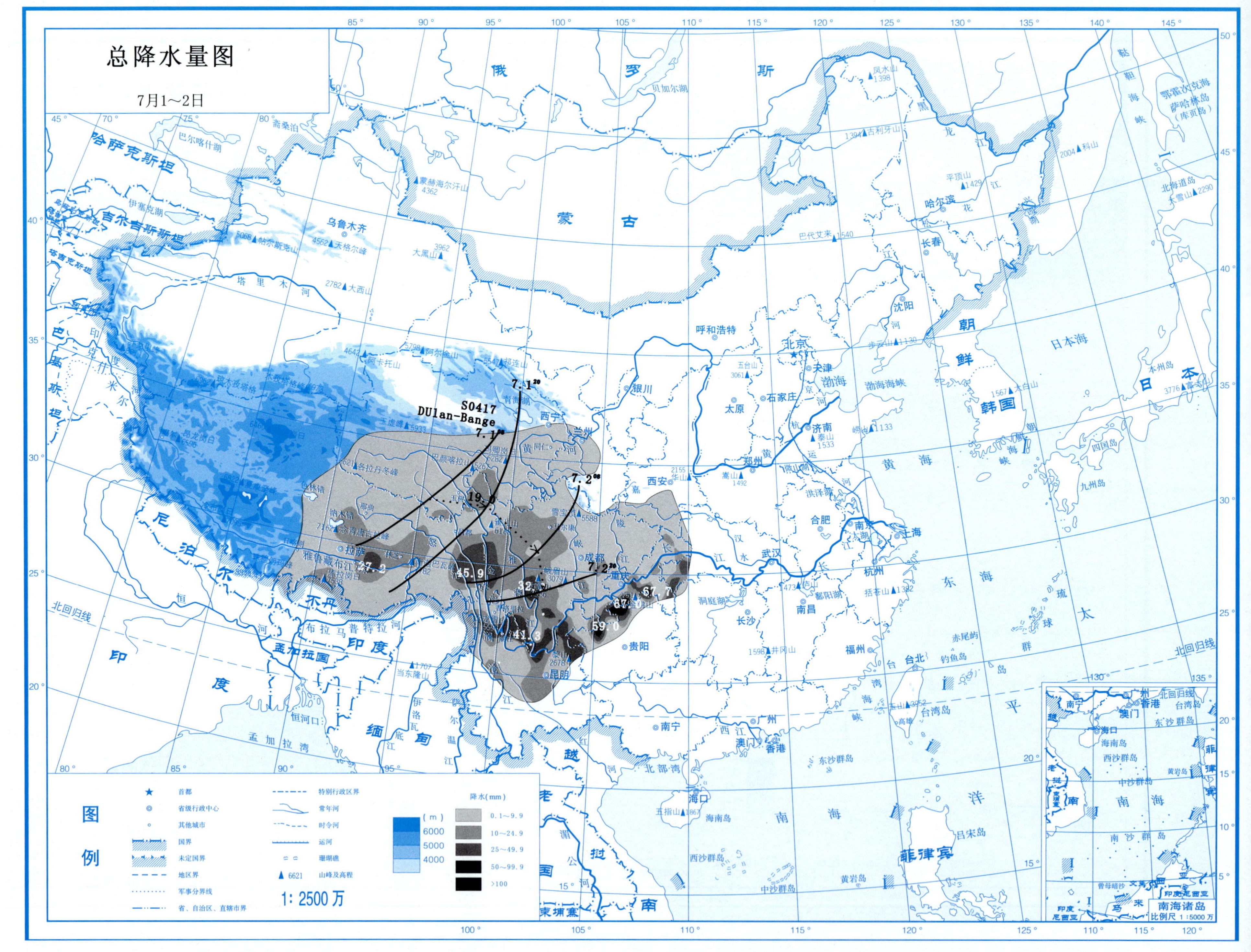
总降水量图
7月1～2日
S0417
DUlan-Bange
7.1[20]
7.1[08]
7.2[08]
7.2[20]
19.0
27.2
45.9
32.0
41.3
67.7
87.0
59.0
图例
首都
省级行政中心
其他城市
国界
未定国界
地区界
军事分界线
省、自治区、直辖市界
特别行政区界
常年河
时令河
运河
珊瑚礁
山峰及高程
1: 2500 万
(m)
6000
5000
4000
降水(mm)
0.1～9.9
10～24.9
25～49.9
50～99.9
>100
南海诸岛
比例尺 1:5000 万

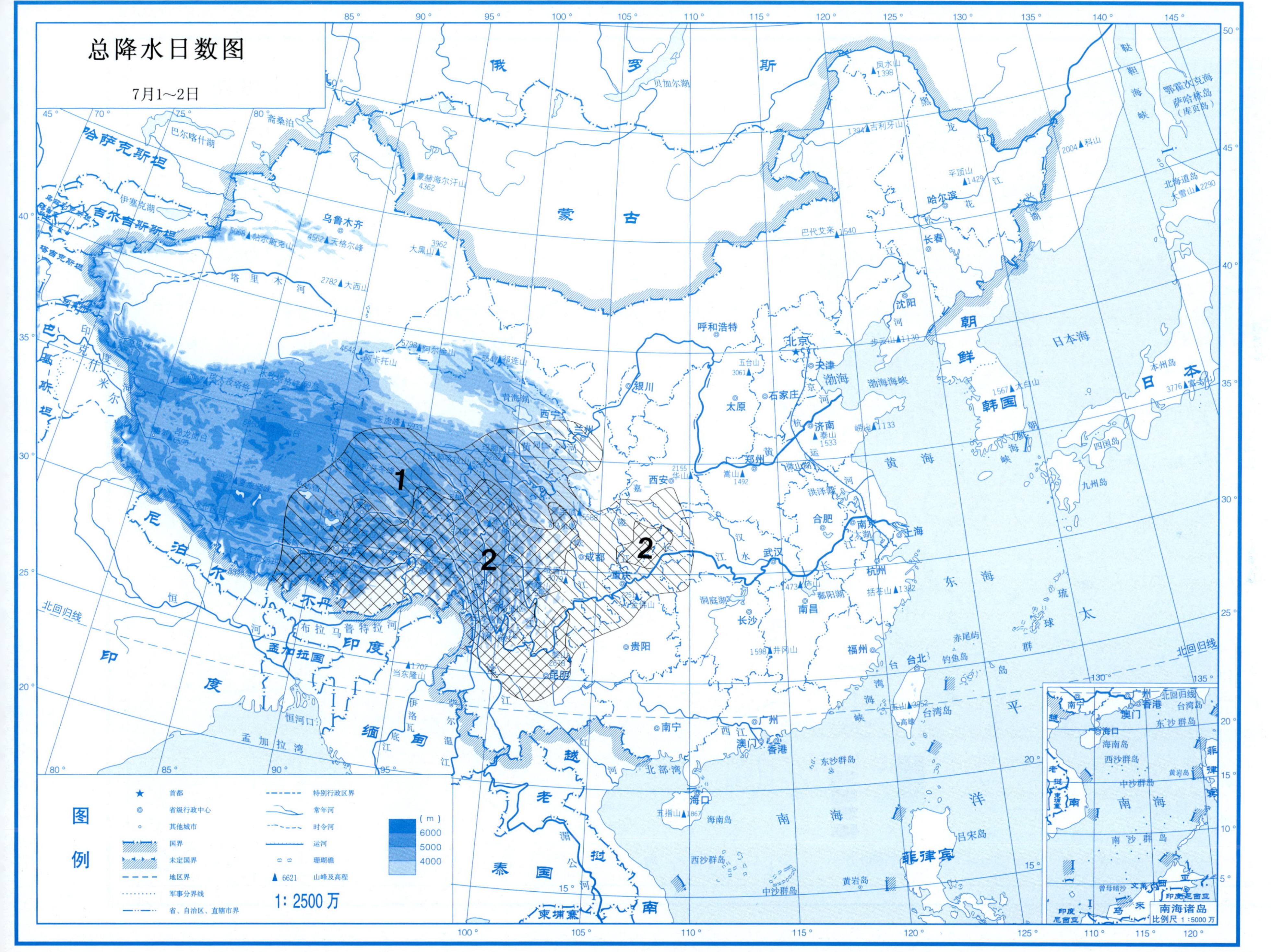
总降水日数图
7月1~2日
1
2
2
图例
首都
省级行政中心
其他城市
国界
未定国界
地区界
军事分界线
省、自治区、直辖市界
特别行政区界
常年河
时令河
运河
珊瑚礁
山峰及高程
1: 2500 万
(m)
6000
5000
4000
南海诸岛
比例尺 1 : 5000 万

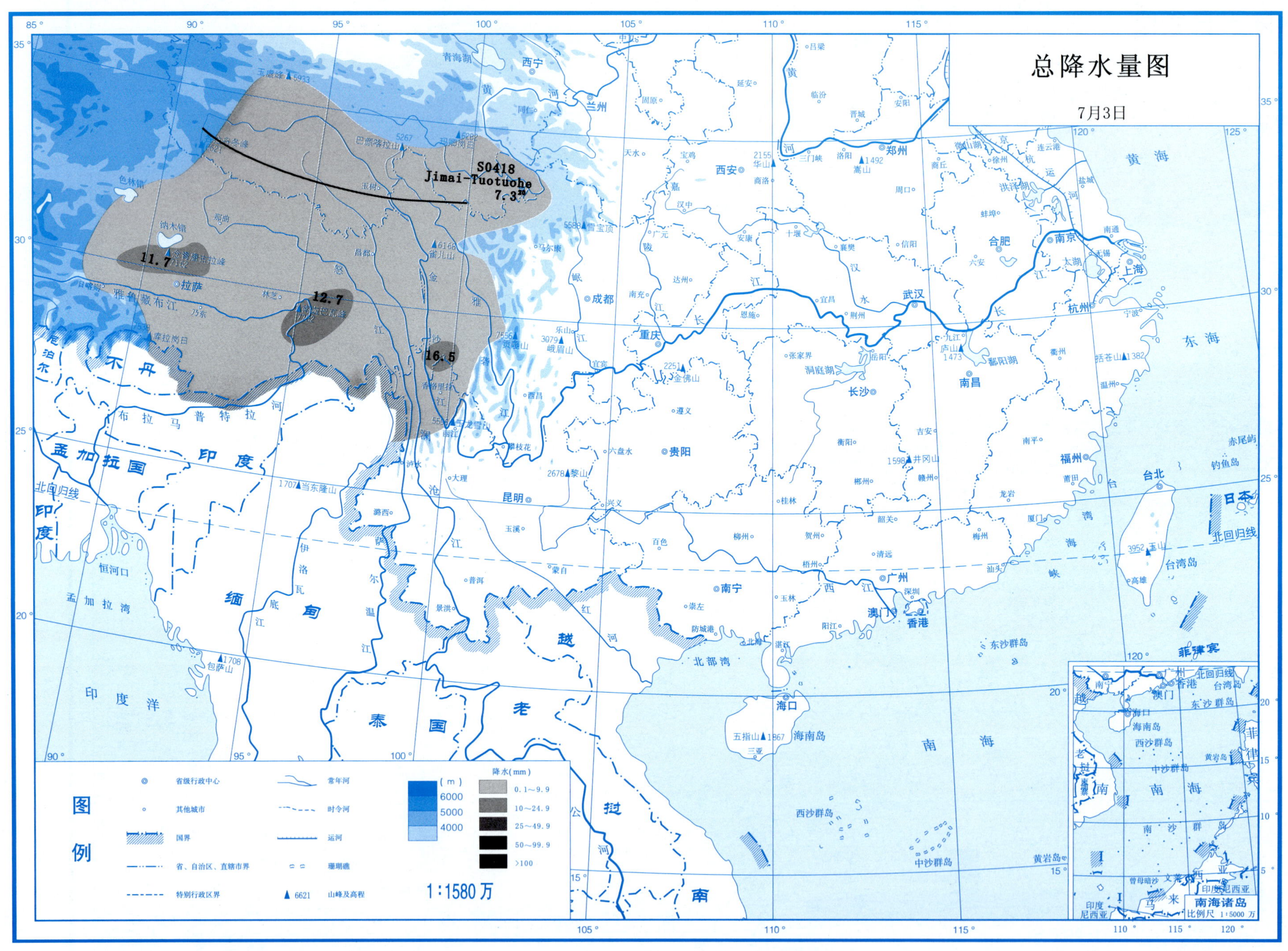
总降水量图
7月3日
S0418
Jimai-Tuotuohe
7.3
11.7
12.7
16.5
图例
省级行政中心
其他城市
国界
省、自治区、直辖市界
特别行政区界
常年河
时令河
运河
珊瑚礁
山峰及高程
(m)
6000
5000
4000
降水(mm)
0.1～9.9
10～24.9
25～49.9
50～99.9
>100
1:1580万
南海诸岛
比例尺 1:5000万

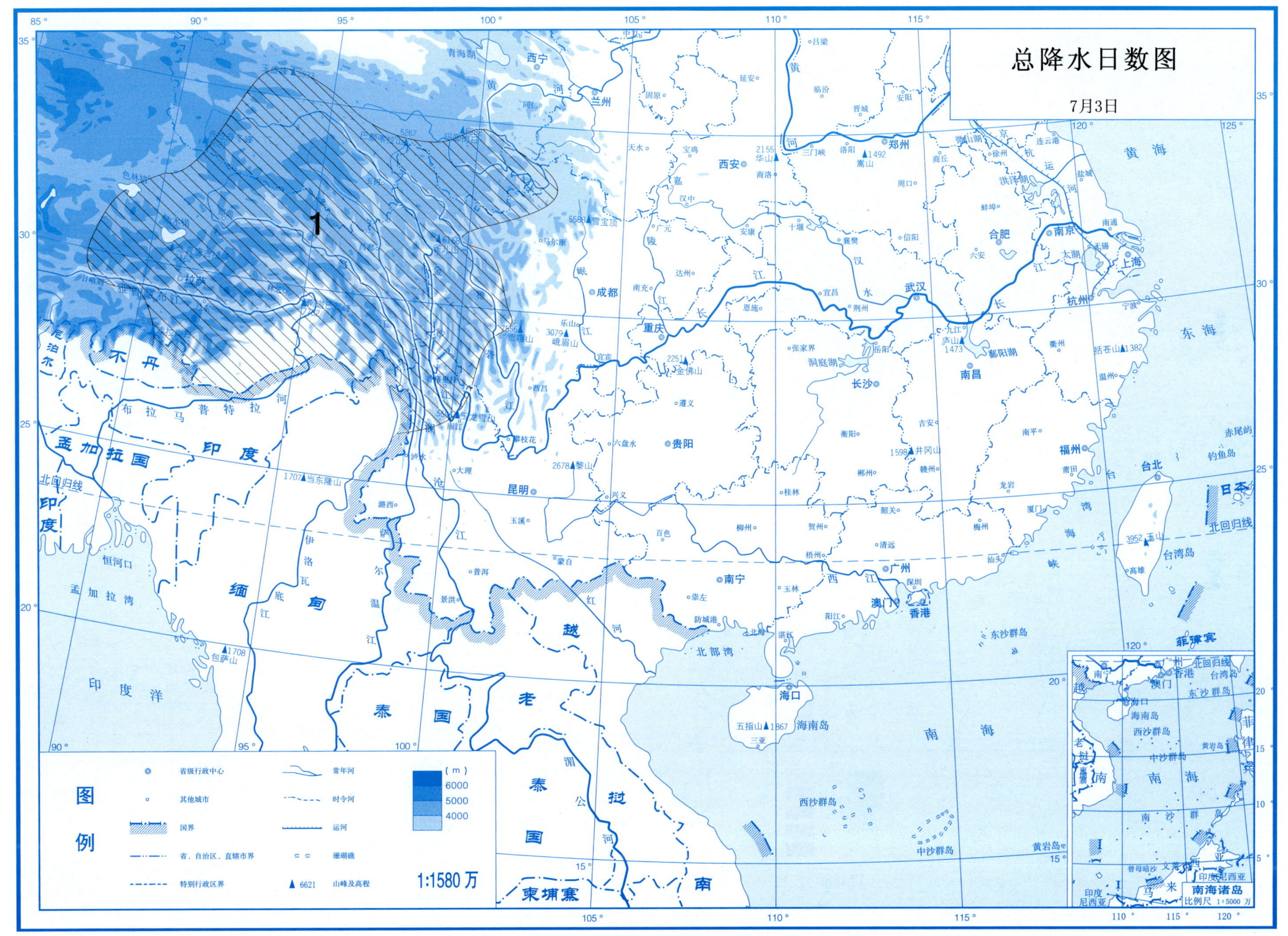
总降水日数图
7月3日
1
图例
省级行政中心
其他城市
国界
省、自治区、直辖市界
特别行政区界
常年河
时令河
运河
珊瑚礁
6621 山峰及高程
(m)
6000
5000
4000
1:1580 万
青海湖
西宁
兰州
西安
郑州
成都
重庆
武汉
南京
合肥
上海
杭州
长沙
南昌
贵阳
昆明
福州
台北
南宁
广州
澳门
香港
海口
拉萨
黄海
东海
南海
北部湾
孟加拉湾
印度洋
不丹
孟加拉国
印度
缅甸
泰国
老挝
越南
柬埔寨
菲律宾
日本
北回归线
海南岛
台湾岛
东沙群岛
西沙群岛
中沙群岛
黄岩岛
南海诸岛
比例尺 1:5000 万

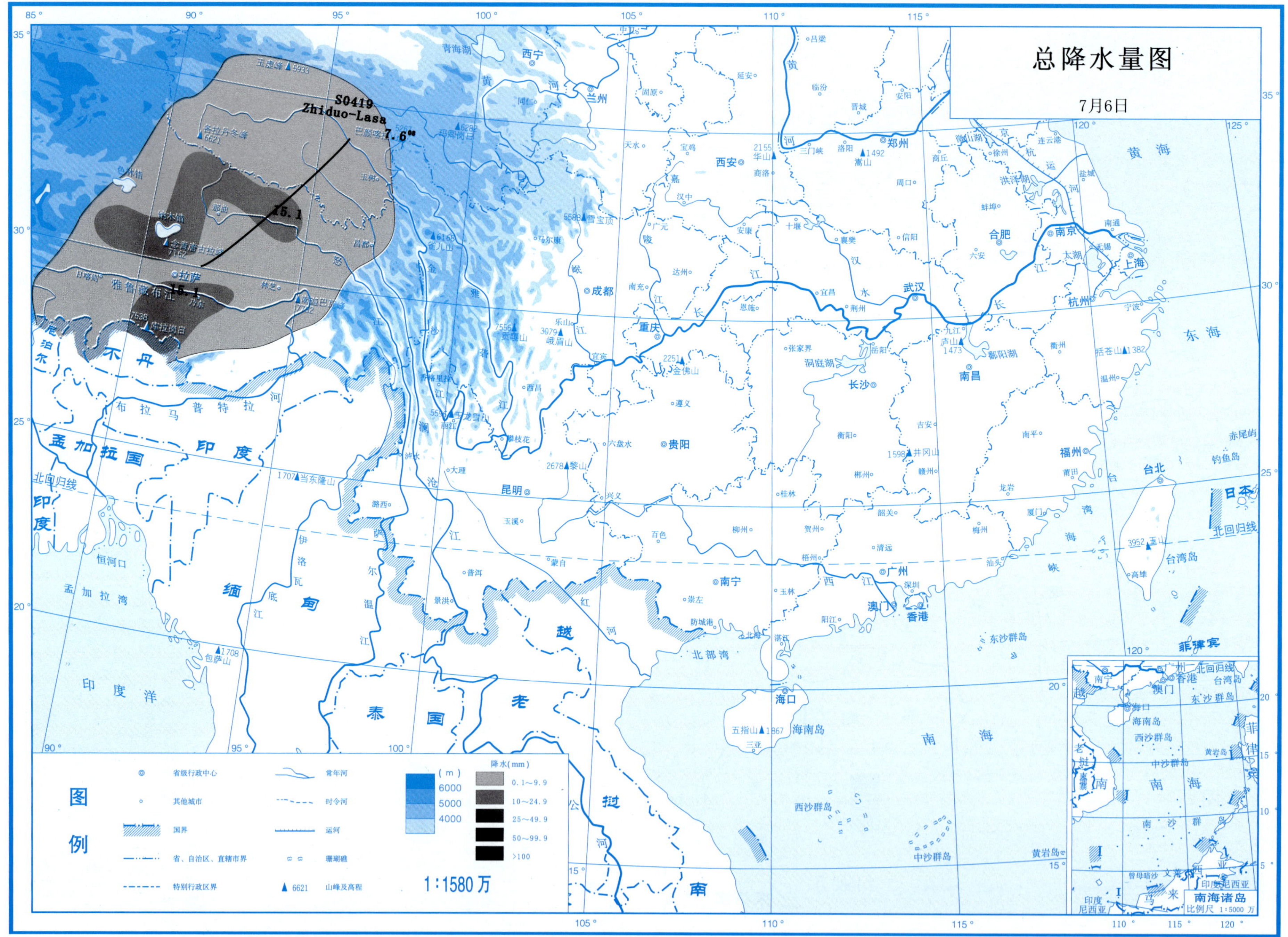
总降水量图
7月6日
S0419
Zhiduo-Lasa
7.6
15.1
15.1
图例
省级行政中心
其他城市
国界
省、自治区、直辖市界
特别行政区界
常年河
时令河
运河
珊瑚礁
6621 山峰及高程
(m)
6000
5000
4000
降水(mm)
0.1～9.9
10～24.9
25～49.9
50～99.9
>100
1:1580万
南海诸岛
比例尺 1:5000万

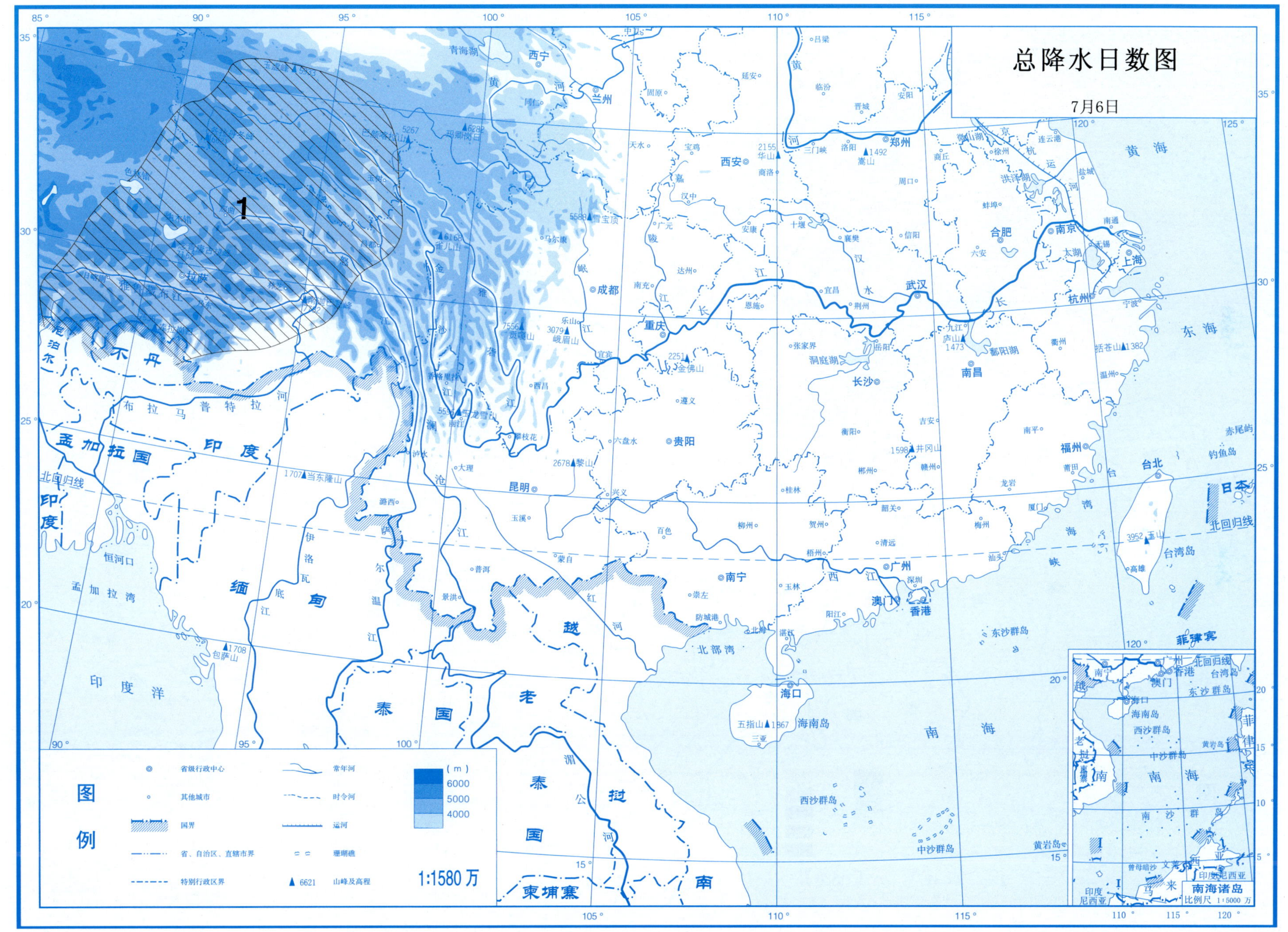
总降水日数图
7月6日
1
图例
省级行政中心
其他城市
国界
省、自治区、直辖市界
特别行政区界
常年河
时令河
运河
珊瑚礁
6621 山峰及高程
(m)
6000
5000
4000
1:1580万
南海诸岛
比例尺 1:5000万

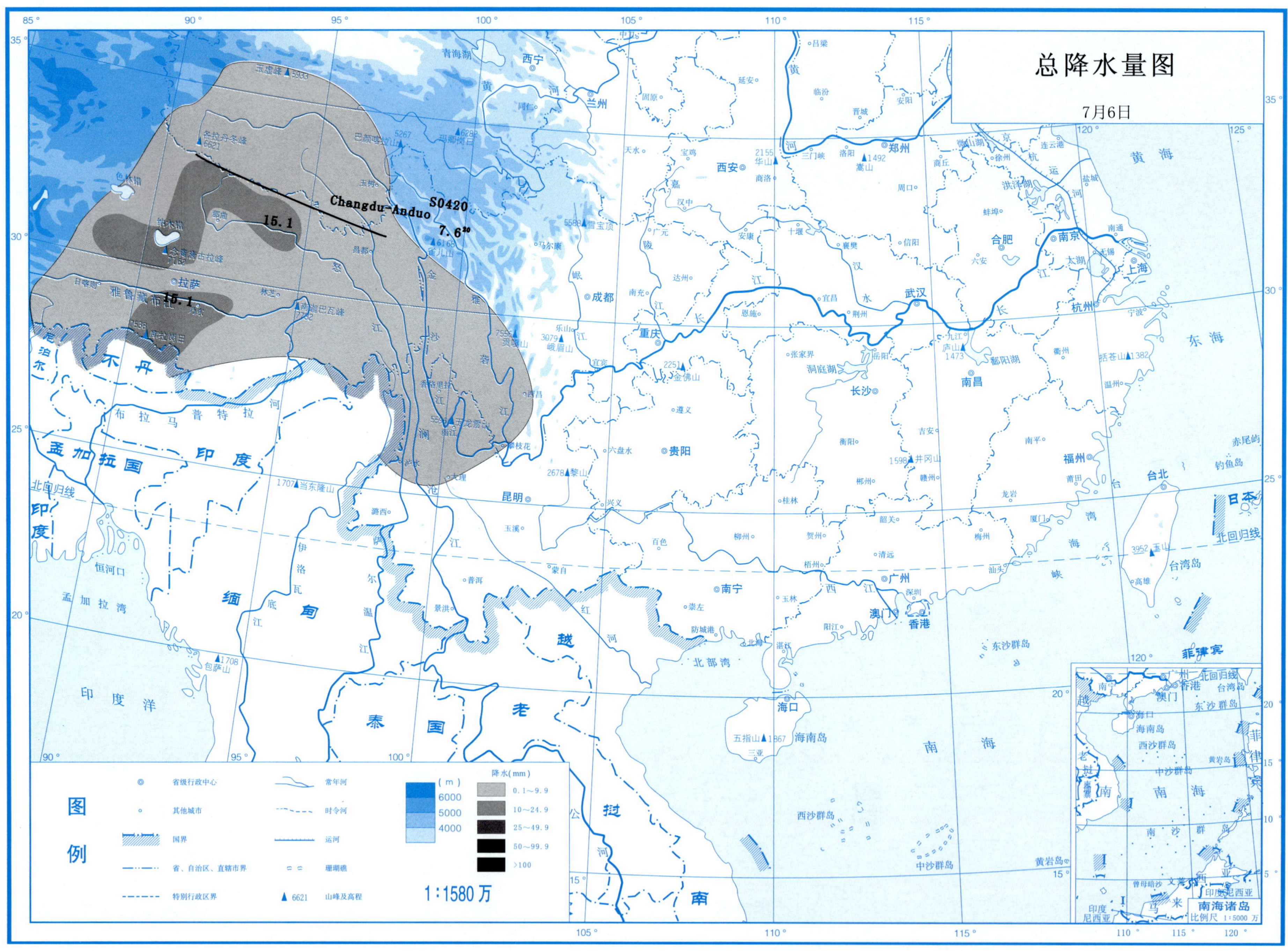
总降水量图
7月6日
Changdu-Anduo
S0420
7.6
15.1
15.1
图例
省级行政中心
其他城市
国界
省、自治区、直辖市界
特别行政区界
常年河
时令河
运河
珊瑚礁
山峰及高程
(m)
6000
5000
4000
降水(mm)
0.1～9.9
10～24.9
25～49.9
50～99.9
>100
1:1580万
南海诸岛
比例尺 1:5000万

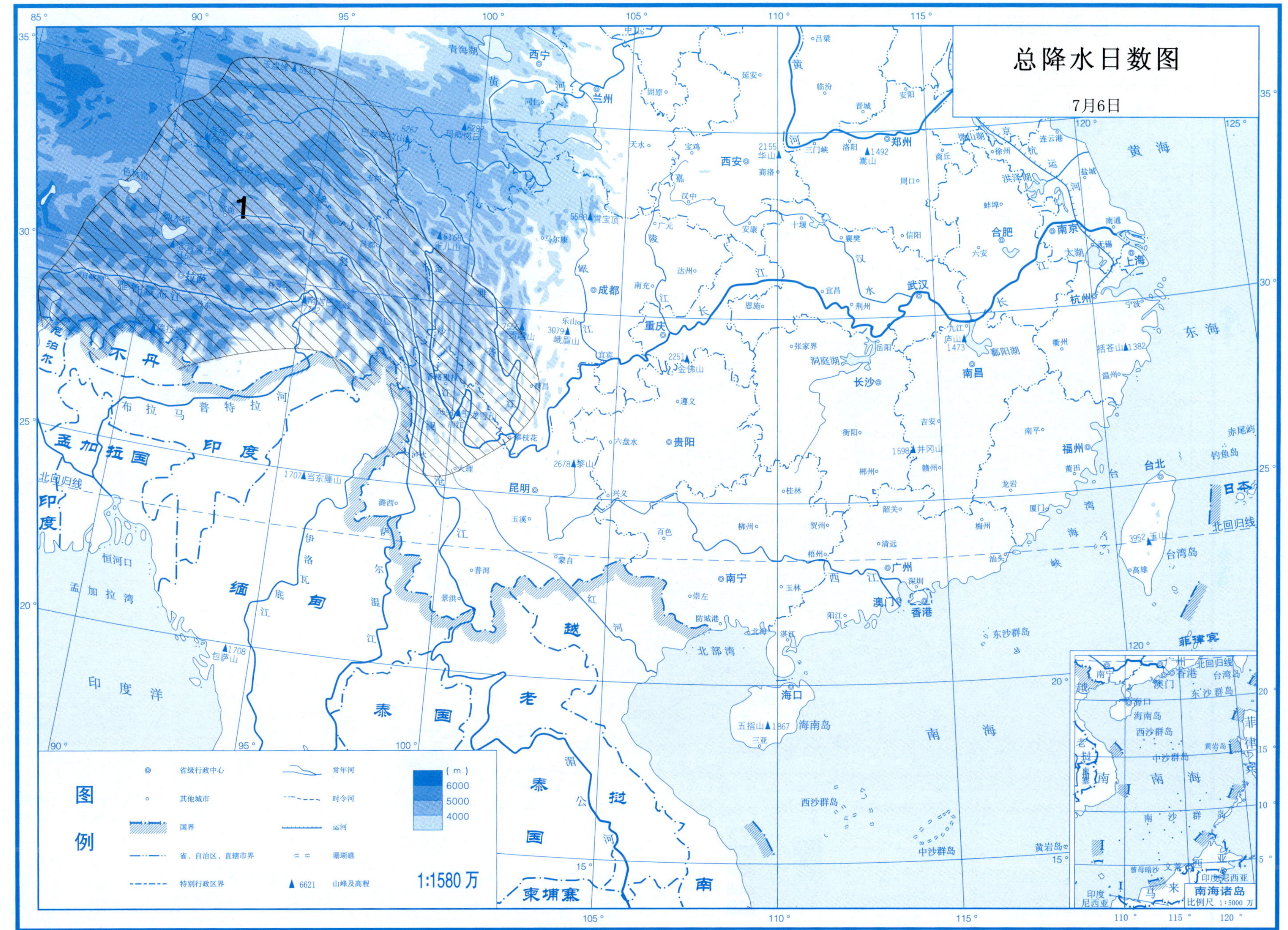
总降水日数图
7月6日
1
图例
省级行政中心
其他城市
国界
省、自治区、直辖市界
特别行政区界
常年河
时令河
运河
珊瑚礁
6621 山峰及高程
(m)
6000
5000
4000
1:1580万
南海诸岛
比例尺 1:5000万

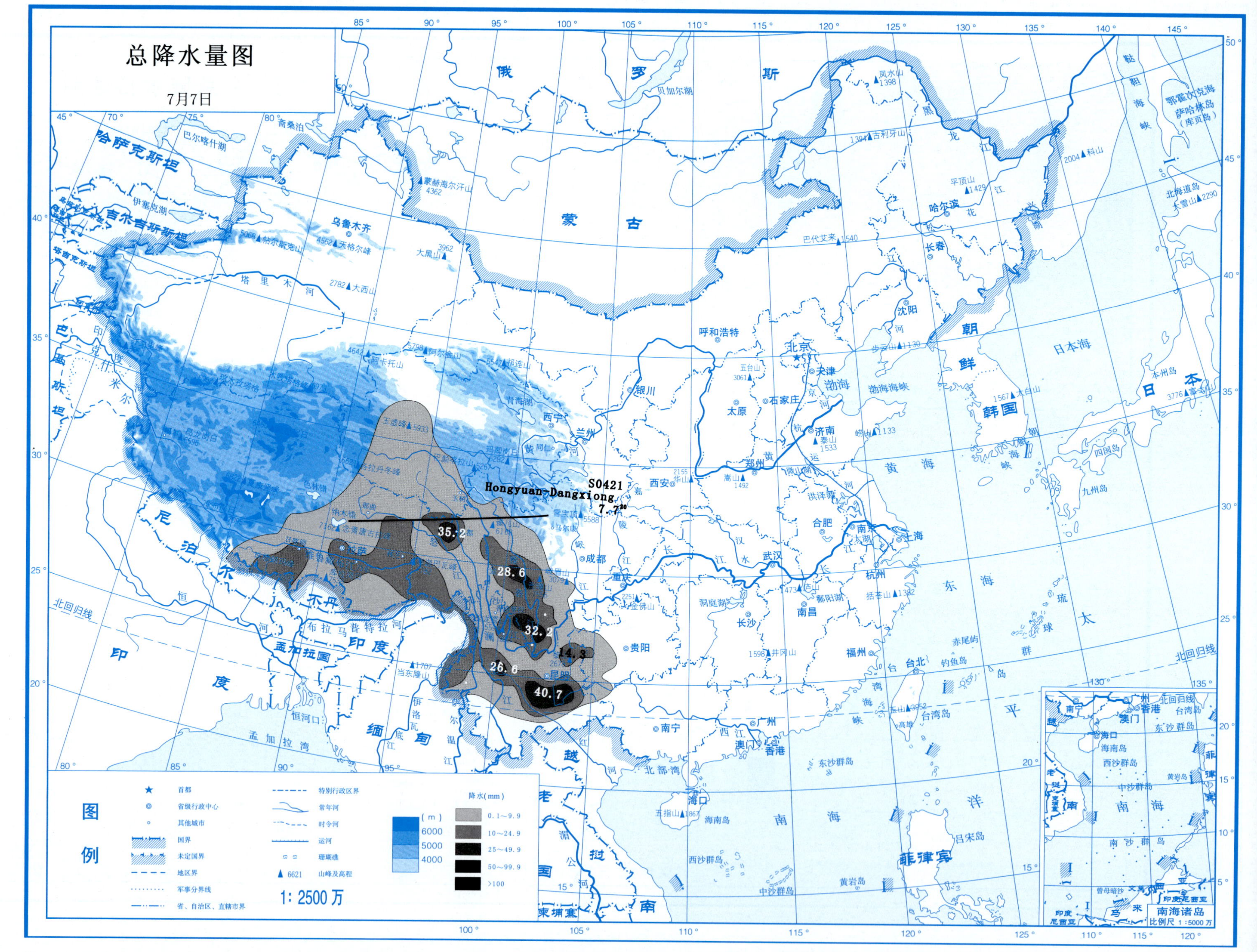
总降水量图
7月7日
S0421
Hongyuan-Dangxiong
7.7[20]
35.2
28.6
32.2
14.3
26.6
40.7
图例
首都
省级行政中心
其他城市
国界
未定国界
地区界
军事分界线
省、自治区、直辖市界
特别行政区界
常年河
时令河
运河
珊瑚礁
6621 山峰及高程
(m)
6000
5000
4000
降水(mm)
0.1～9.9
10～24.9
25～49.9
50～99.9
>100
1:2500万
南海诸岛
比例尺 1:5000万

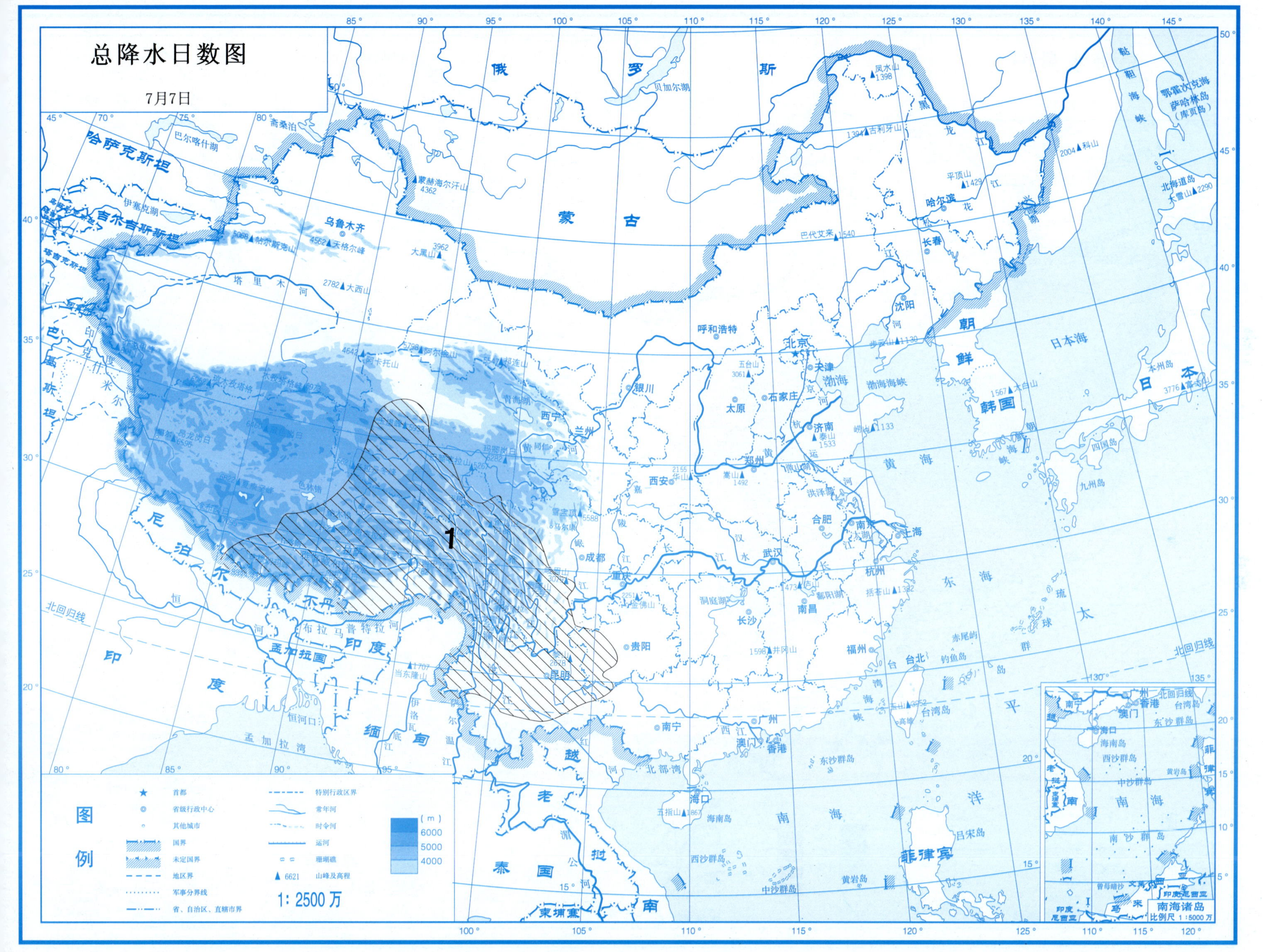
总降水日数图
7月7日
1
图例
首都
省级行政中心
其他城市
国界
未定国界
地区界
军事分界线
省、自治区、直辖市界
特别行政区界
常年河
时令河
运河
珊瑚礁
6621 山峰及高程
(m)
6000
5000
4000
1: 2500 万
南海诸岛
比例尺 1:5000 万
俄 罗 斯
蒙 古
哈萨克斯坦
吉尔吉斯斯坦
塔吉克斯坦
巴基斯坦
尼泊尔
不丹
印度
孟加拉国
缅甸
老挝
泰国
越南
柬埔寨
朝鲜
韩国
日本
菲律宾
乌鲁木齐
西宁
兰州
银川
呼和浩特
北京
天津
石家庄
太原
济南
郑州
西安
成都
重庆
武汉
合肥
南京
上海
杭州
南昌
长沙
贵阳
昆明
南宁
广州
香港
澳门
福州
台北
海口
沈阳
长春
哈尔滨
日本海
黄海
东海
南海
渤海
太平洋
台湾岛
海南岛
东沙群岛
西沙群岛
中沙群岛
南沙群岛
北回归线

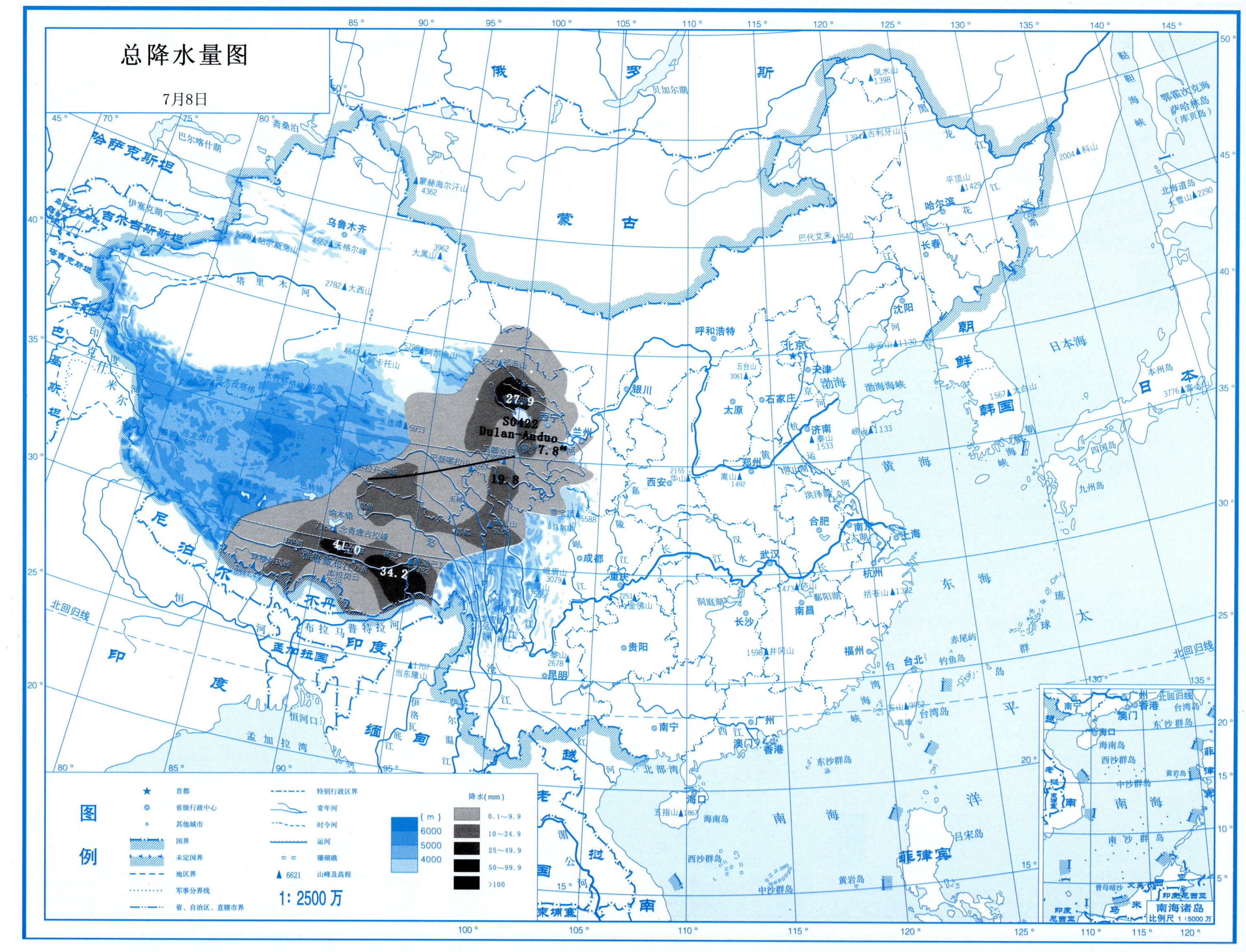
总降水量图
7月8日
27.9
S0422
Dulan-Anduo
7.8[06]
19.8
41.0
34.2
图例
首都
省级行政中心
其他城市
国界
未定国界
地区界
军事分界线
省、自治区、直辖市界
特别行政区界
常年河
时令河
运河
珊瑚礁
6621 山峰及高程
(m)
6000
5000
4000
降水(mm)
0.1～9.9
10～24.9
25～49.9
50～99.9
>100
1: 2500万
南海诸岛
比例尺 1:5000万

总降水日数图

7月8日

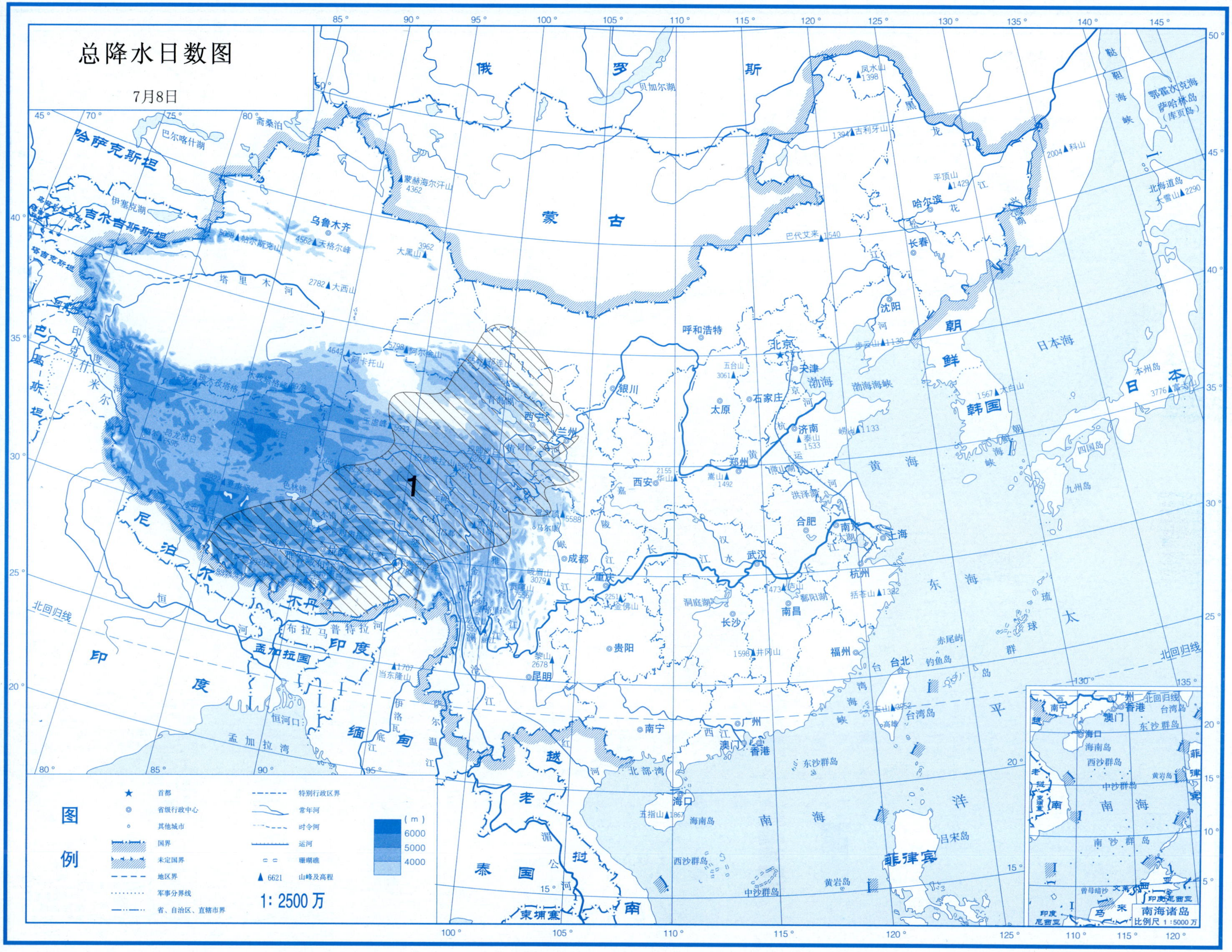

1

图例

★	首都	- - - -	特别行政区界
◎	省级行政中心	〰	常年河
○	其他城市	- · - ·	时令河
	国界		运河
	未定国界		珊瑚礁
- - -	地区界	▲6621	山峰及高程
······	军事分界线		
-·-·-	省、自治区、直辖市界		

(m) 6000 5000 4000

1: 2500 万

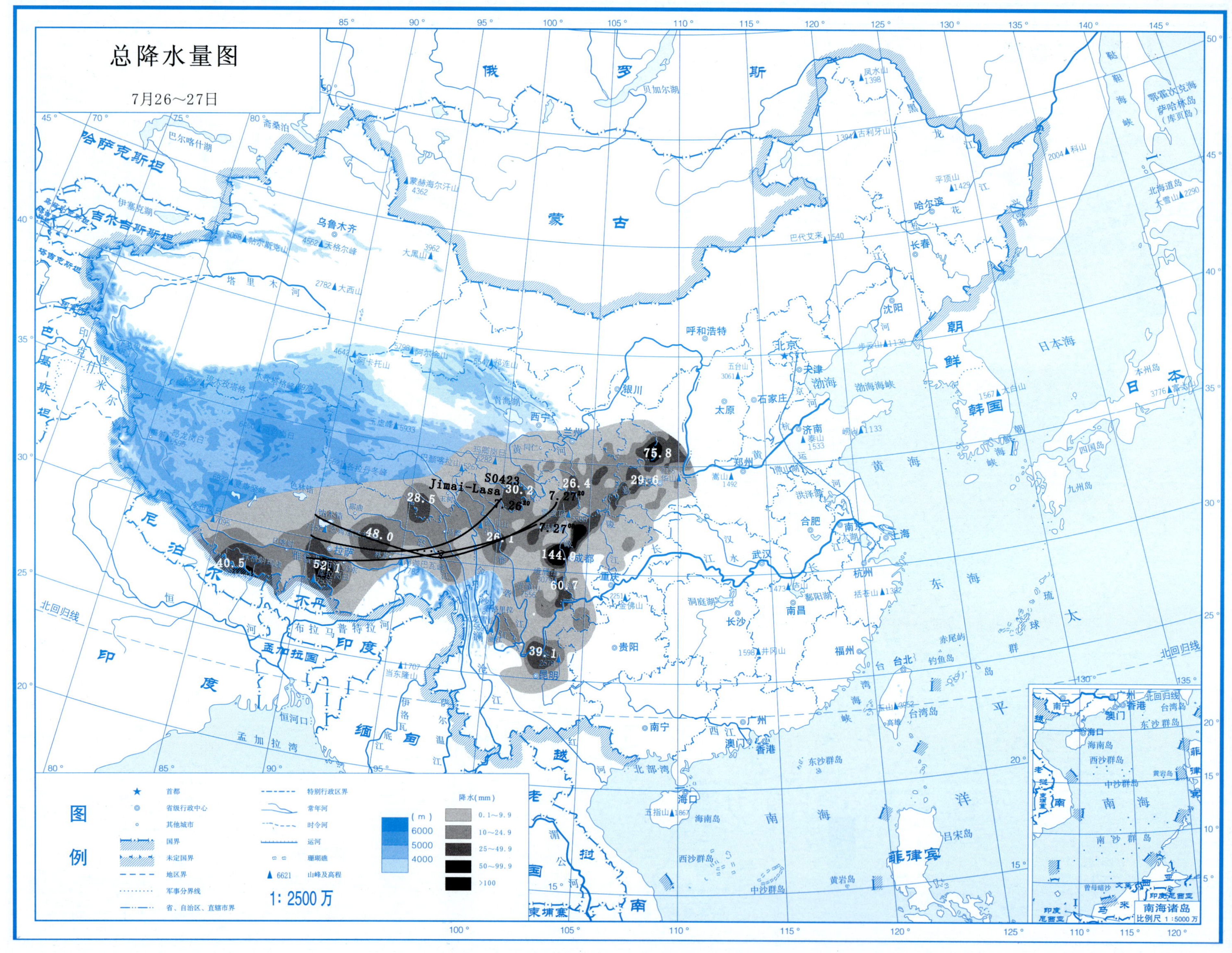
总降水量图
7月26～27日
Jimai-Lasa
S0423
7.26[20]
7.27[20]
7.27
75.8
29.6
26.4
30.2
28.5
48.0
26.1
144.9
40.5
52.1
60.7
39.1
图例
首都
省级行政中心
其他城市
国界
未定国界
地区界
军事分界线
省、自治区、直辖市界
特别行政区界
常年河
时令河
运河
珊瑚礁
6621 山峰及高程
1: 2500 万
(m)
6000
5000
4000
降水(mm)
0.1～9.9
10～24.9
25～49.9
50～99.9
>100
南海诸岛
比例尺 1:5000 万

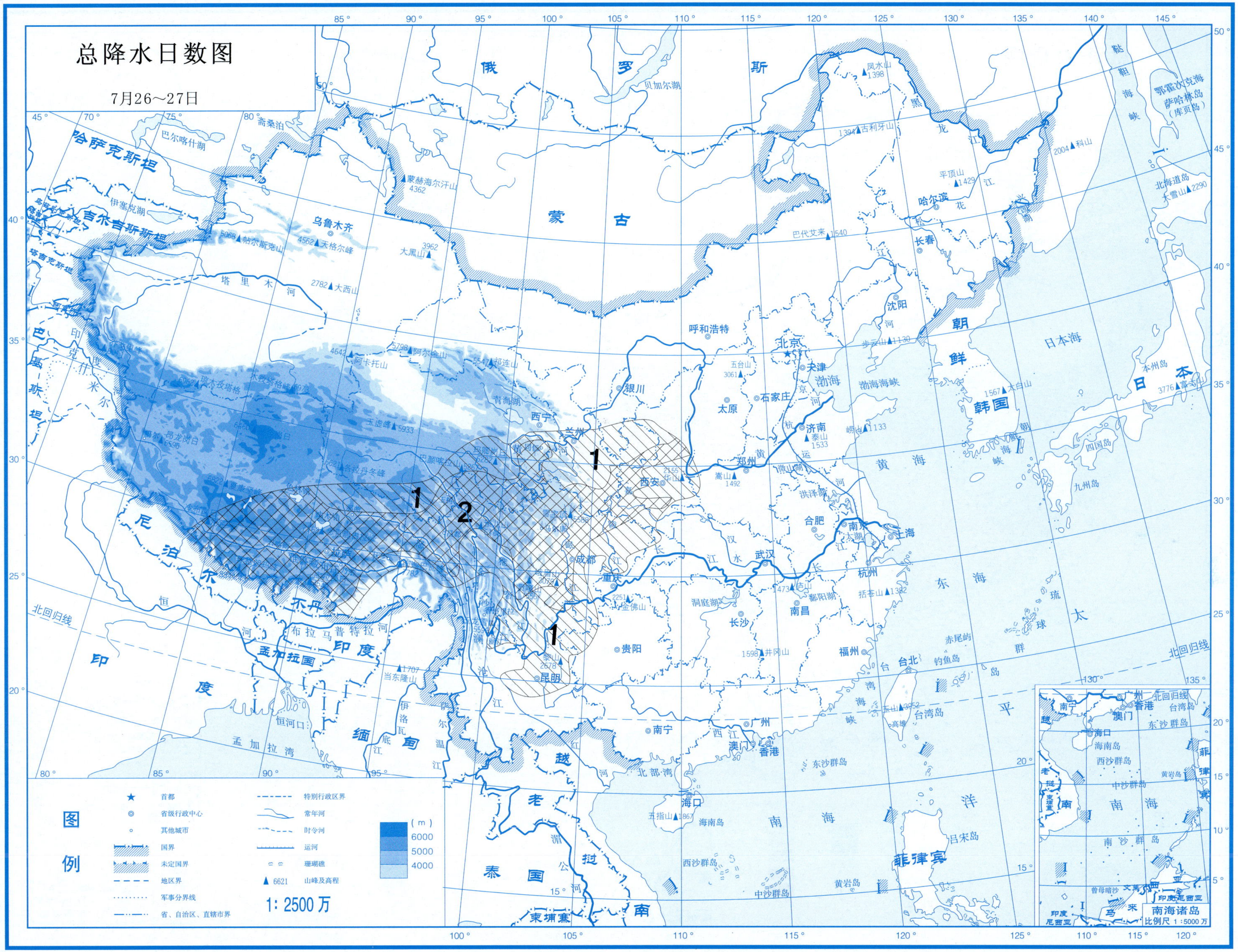

总降水日数图

7月26～27日

图例

★ 首都
◎ 省级行政中心
○ 其他城市
国界
未定国界
地区界
军事分界线
省、自治区、直辖市界
特别行政区界
常年河
时令河
运河
珊瑚礁
▲ 6621 山峰及高程

(m)
6000
5000
4000

1: 2500万

南海诸岛
比例尺 1 : 5000 万

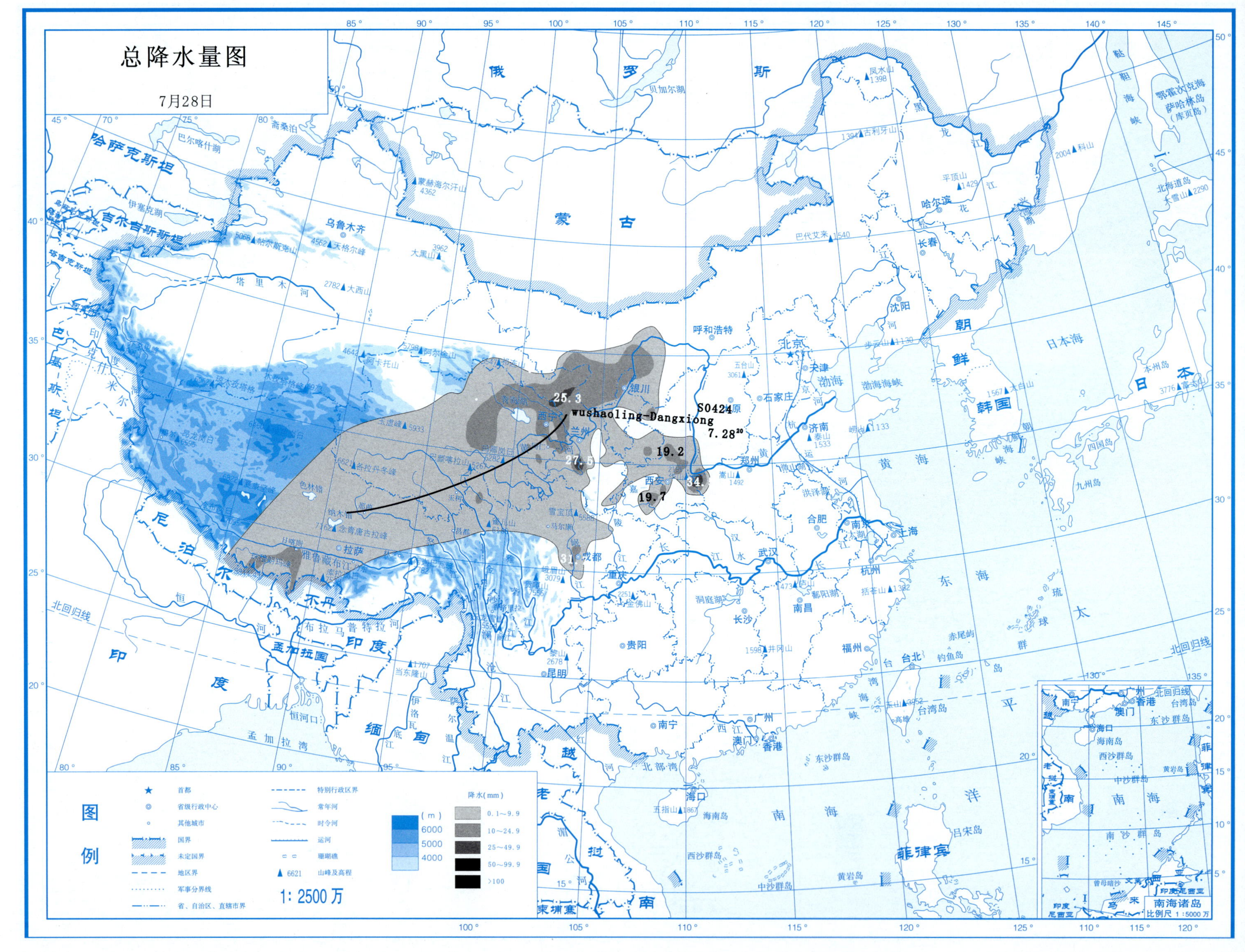
总降水量图
7月28日
wushaoling-Dangxiong
S0424
7.28
20
25.3
27.5
19.2
34.
19.7
31.
俄 罗 斯
蒙 古
哈萨克斯坦
吉尔吉斯斯坦
塔吉克斯坦
巴基斯坦
尼泊尔
不丹
印度
孟加拉国
缅甸
越南
老挝
泰国
柬埔寨
朝鲜
韩国
日本
菲律宾
北京
天津
石家庄
呼和浩特
银川
西宁
兰州
西安
郑州
济南
太原
沈阳
长春
哈尔滨
乌鲁木齐
拉萨
成都
重庆
贵阳
昆明
南宁
广州
香港
澳门
海口
长沙
武汉
南昌
合肥
南京
上海
杭州
福州
台北
日本海
黄海
东海
南海
太平洋
渤海
南海诸岛
比例尺 1:5000万
图例
首都
省级行政中心
其他城市
国界
未定国界
地区界
军事分界线
省、自治区、直辖市界
特别行政区界
常年河
时令河
运河
珊瑚礁
6621 山峰及高程
(m)
6000
5000
4000
降水(mm)
0.1~9.9
10~24.9
25~49.9
50~99.9
>100
1:2500万

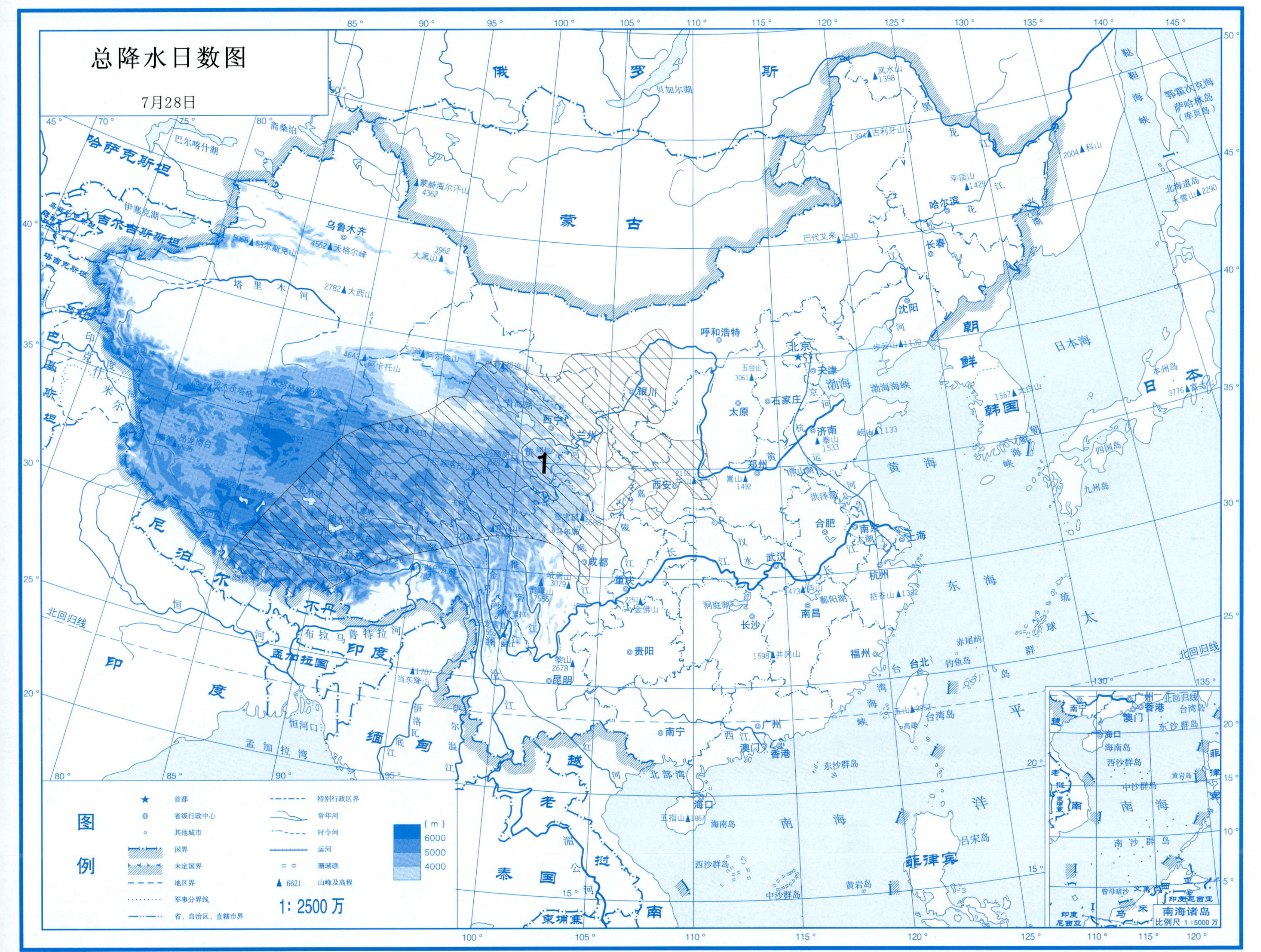

Page…201

高原切变线

第2部分

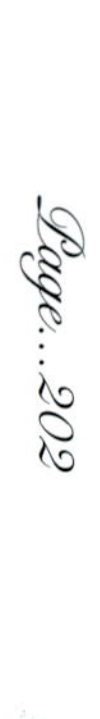

总降水量图

7月30日

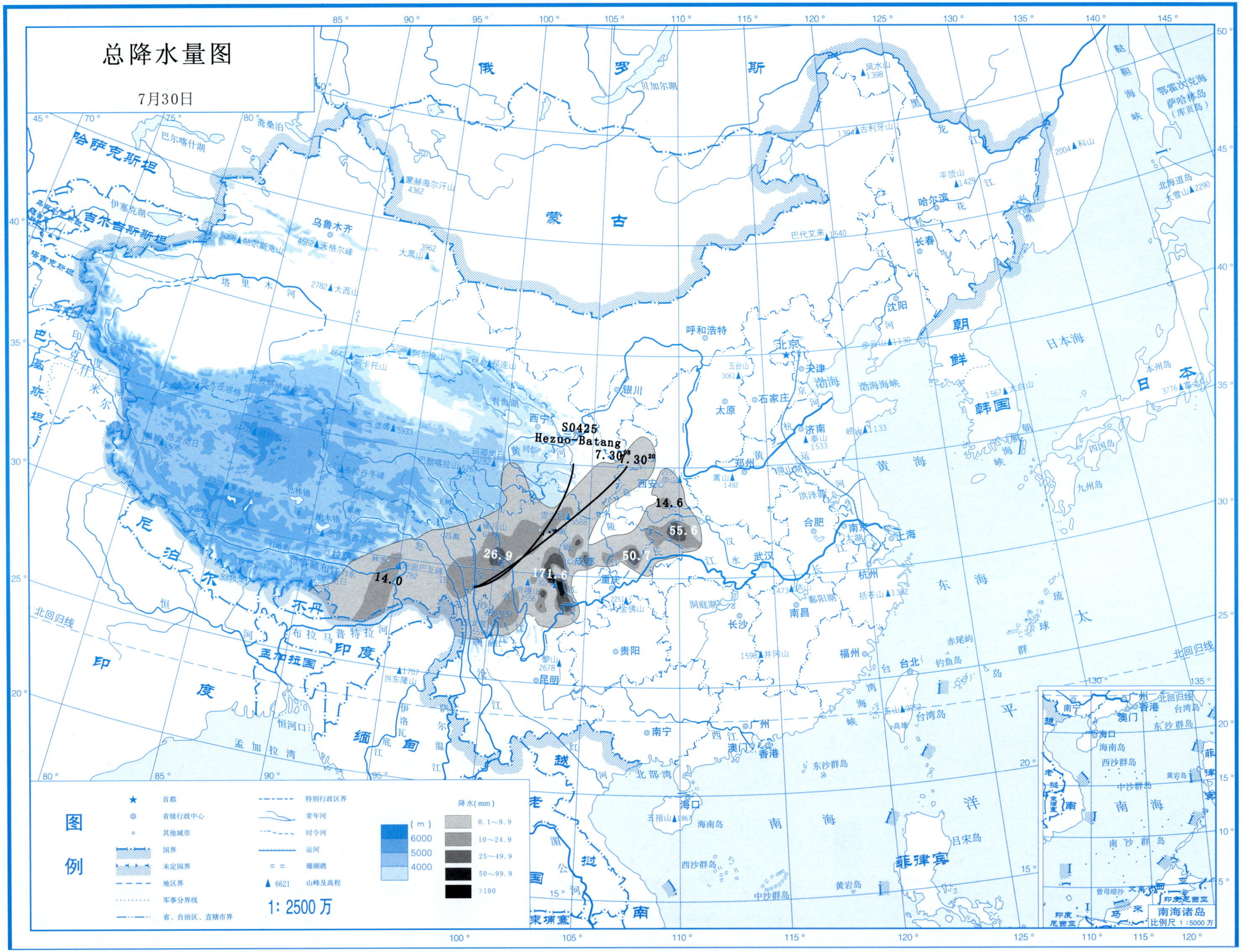
S0425
Hezuo-Batang
7.30⁰⁸
7.30²⁰
14.6
55.6
50.7
26.9
171.6
14.0
图例
首都
省级行政中心
其他城市
国界
未定国界
地区界
军事分界线
省、自治区、直辖市界
特别行政区界
常年河
时令河
运河
珊瑚礁
6621 山峰及高程
(m)
6000
5000
4000
降水(mm)
0.1~9.9
10~24.9
25~49.9
50~99.9
>100
1:2500万
南海诸岛
比例尺 1:5000万
俄罗斯
蒙古
哈萨克斯坦
吉尔吉斯斯坦
塔吉克斯坦
巴基斯坦
印度
尼泊尔
不丹
孟加拉国
缅甸
老挝
越南
泰国
柬埔寨
菲律宾
朝鲜
韩国
日本
日本海
黄海
东海
南海
太平洋

总降水日数图

7月30日

图例

符号	说明	符号	说明
★	首都		特别行政区界
◎	省级行政中心		常年河
∘	其他城市		时令河
	国界		运河
	未定国界		珊瑚礁
	地区界	▲ 6621	山峰及高程
	军事分界线		
	省、自治区、直辖市界		

(m)
6000
5000
4000

1: 2500 万

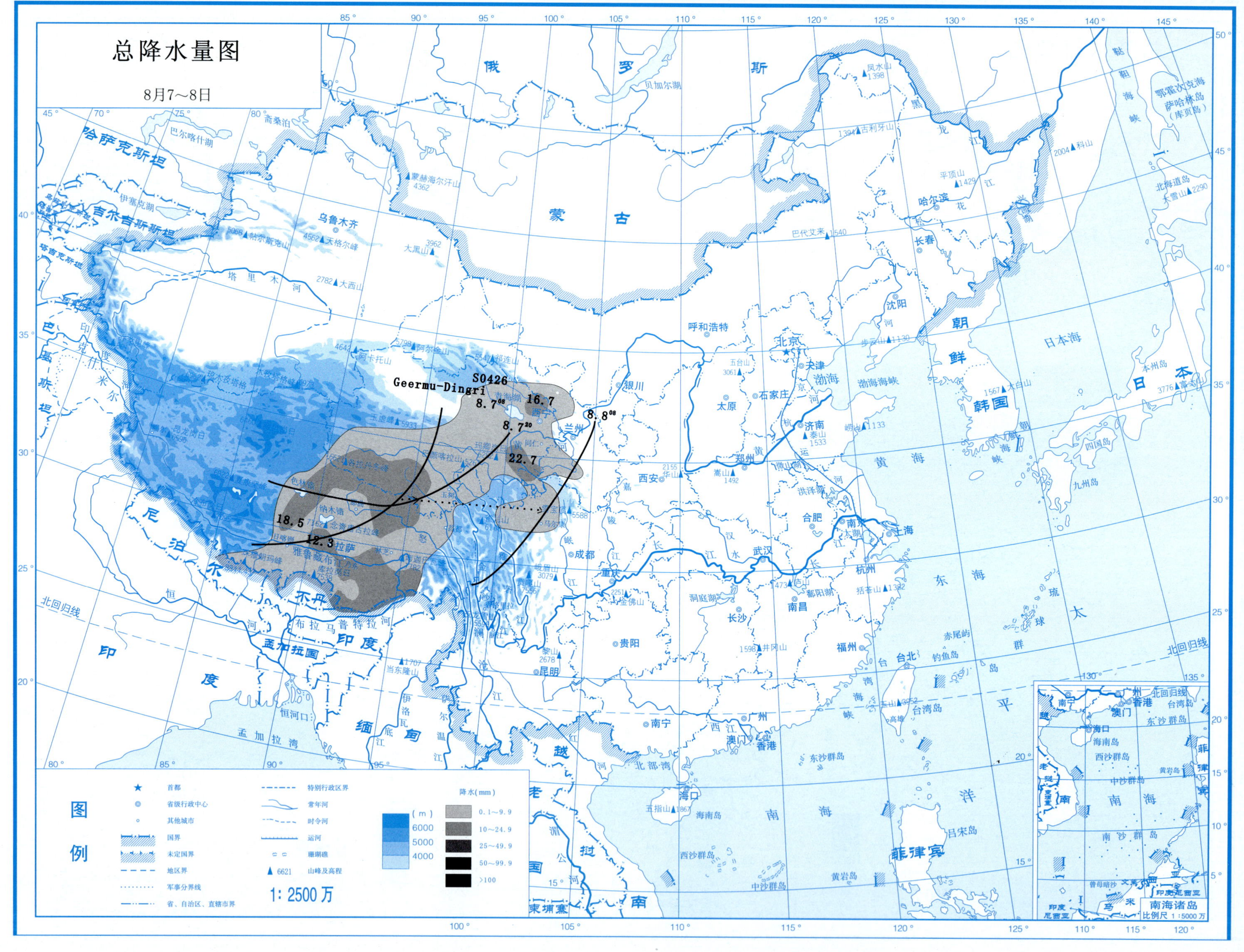
总降水量图
8月7～8日
Geermu-Dingri
S0426
8.7[08]
16.7
8.7[20]
8.8[08]
22.7
18.5
12.3
图例
首都
省级行政中心
其他城市
国界
未定国界
地区界
军事分界线
省、自治区、直辖市界
特别行政区界
常年河
时令河
运河
珊瑚礁
6621 山峰及高程
(m)
6000
5000
4000
1: 2500 万
降水(mm)
0.1～9.9
10～24.9
25～49.9
50～99.9
>100
南海诸岛
比例尺 1:5000 万

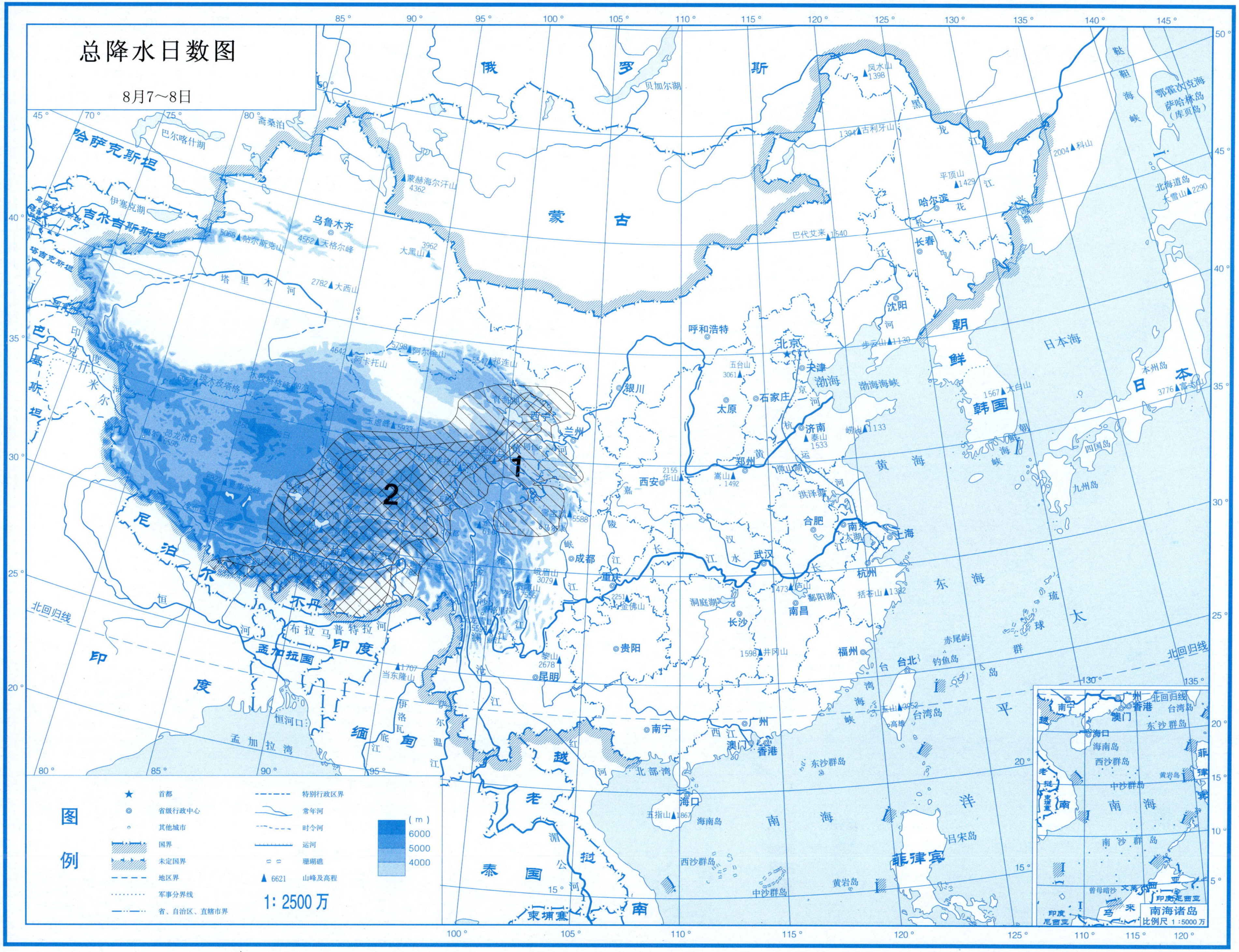
总降水日数图
8月7~8日
1
2
俄 罗 斯
蒙 古
哈萨克斯坦
吉尔吉斯斯坦
塔吉克斯坦
巴基斯坦
尼泊尔
不丹
孟加拉国
印度
缅甸
老挝
泰国
越南
柬埔寨
朝鲜
韩国
日本
菲律宾
北京
天津
石家庄
太原
呼和浩特
沈阳
长春
哈尔滨
济南
郑州
西安
银川
兰州
西宁
成都
重庆
武汉
合肥
南京
上海
杭州
南昌
长沙
贵阳
昆明
南宁
广州
福州
台北
澳门
香港
海口
乌鲁木齐
贝加尔湖
巴尔喀什湖
伊塞克湖
斋桑泊
日本海
渤海
黄海
东海
南海
太平洋
北回归线
图例
首都
省级行政中心
其他城市
国界
未定国界
地区界
军事分界线
省、自治区、直辖市界
特别行政区界
常年河
时令河
运河
珊瑚礁
6621 山峰及高程
(m)
6000
5000
4000
1:2500万
南海诸岛
比例尺 1:5000万

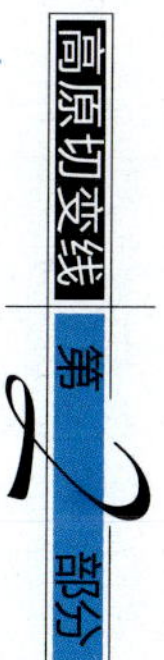

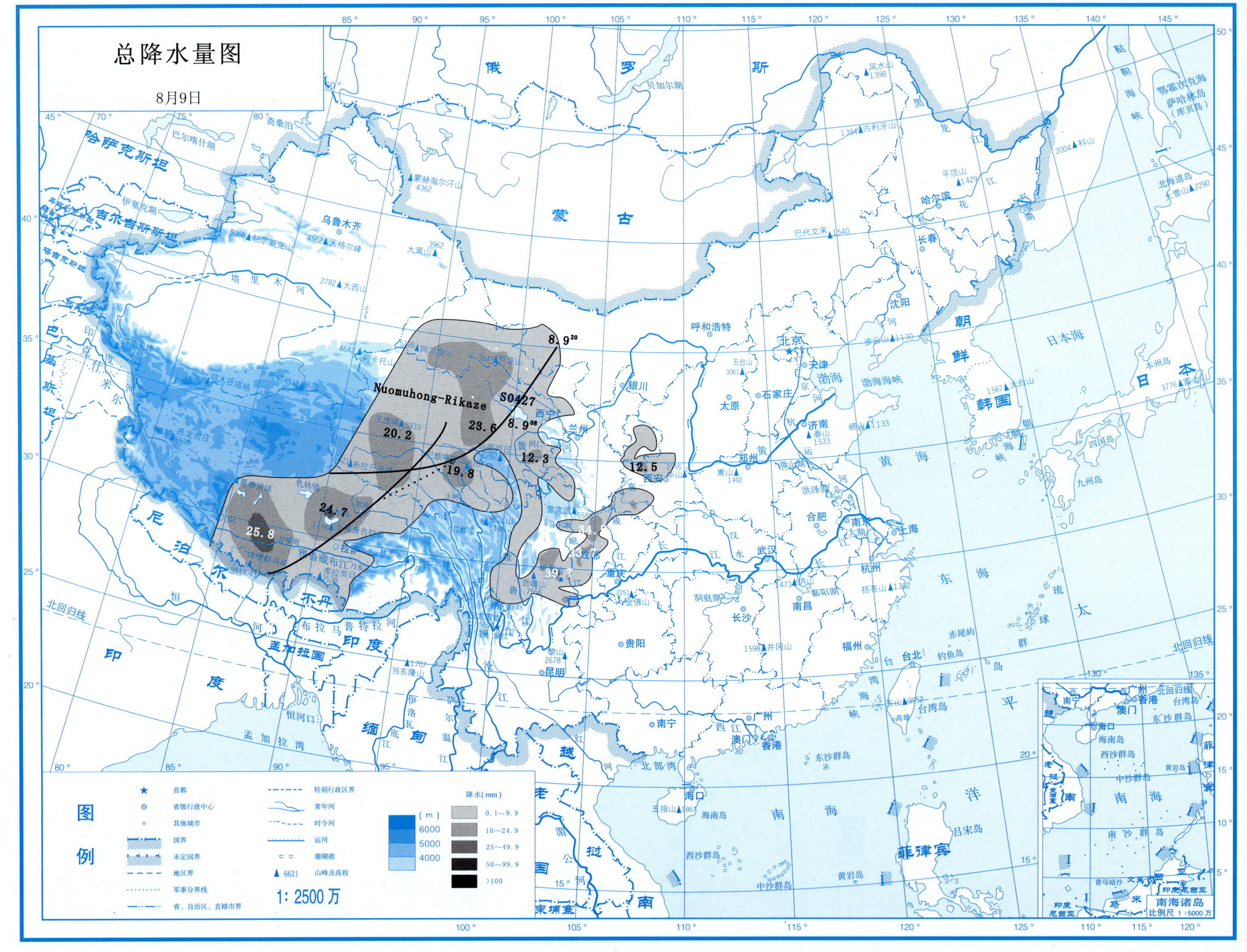
总降水量图
8月9日
Nuomuhong-Rikaze
S0427
8.9[20]
8.9[08]
23.6
20.2
19.8
12.3
12.5
24.7
25.8
图例
首都
省级行政中心
其他城市
国界
未定国界
地区界
军事分界线
省、自治区、直辖市界
特别行政区界
常年河
时令河
运河
珊瑚礁
山峰及高程
(m)
6000
5000
4000
降水(mm)
0.1～9.9
10～24.9
25～49.9
50～99.9
>100
1: 2500 万
南海诸岛
比例尺 1:5000 万

总降水日数图
8月9日
图例
首都
省级行政中心
其他城市
国界
未定国界
地区界
军事分界线
省、自治区、直辖市界
特别行政区界
常年河
时令河
运河
珊瑚礁
山峰及高程
(m)
6000
5000
4000
1: 2500万
南海诸岛
比例尺 1:5000万

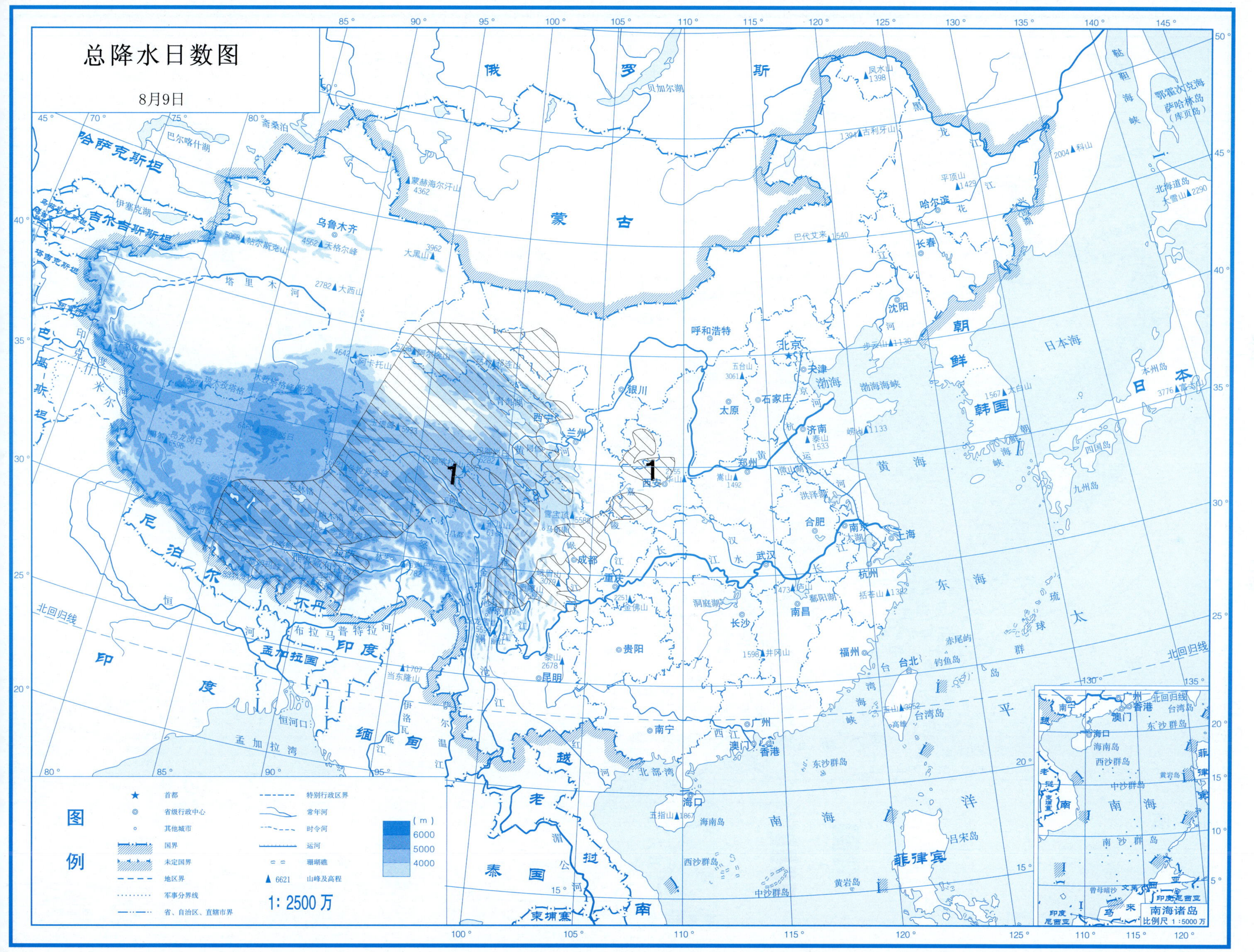

高原切变线

第2部分

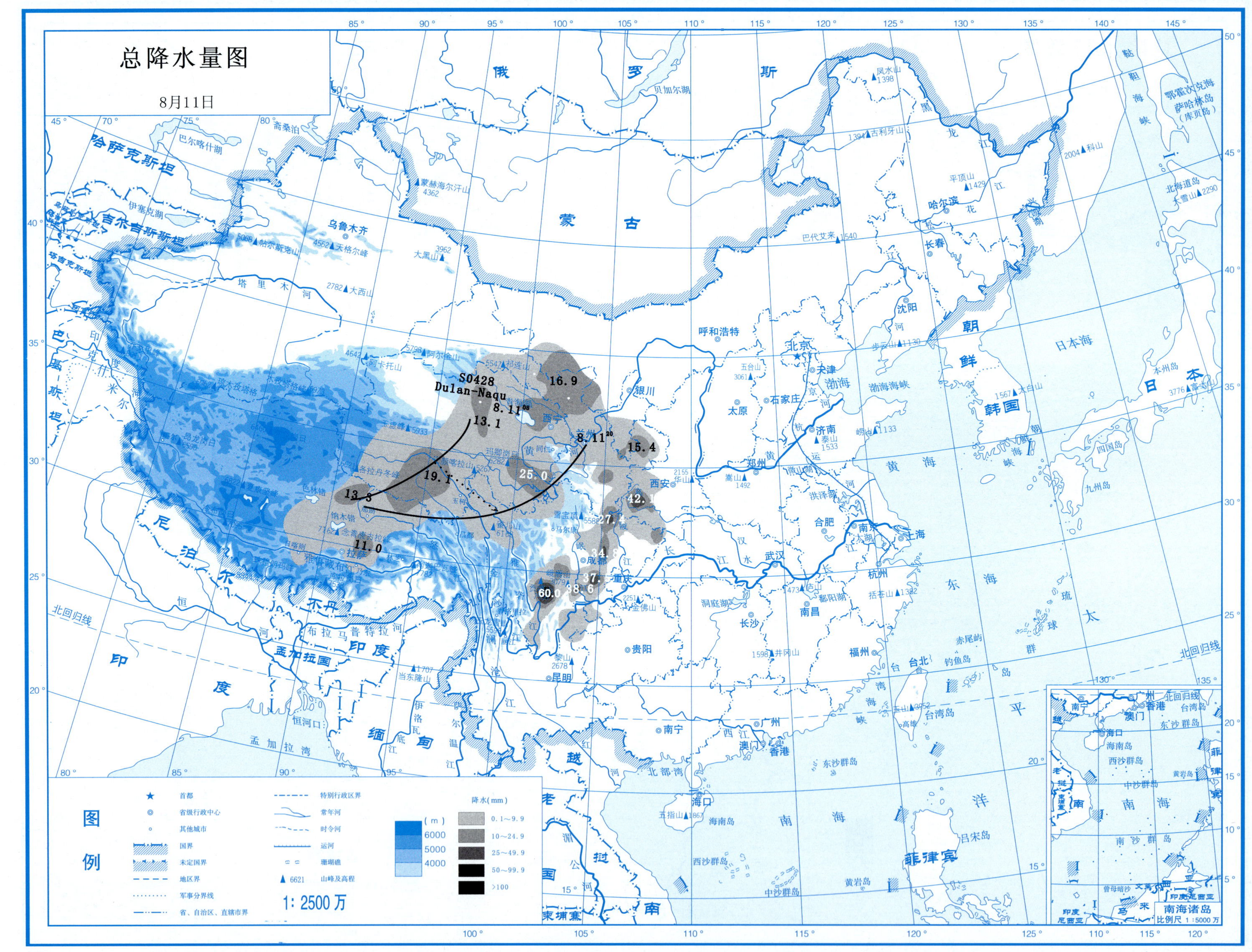

总降水量图
8月11日
S0428
Dulan-Naqu
8.11 08
8.11 20
16.9
13.1
15.4
25.0
19.1
13.3
11.0
60.0
图例
首都
省级行政中心
其他城市
国界
未定国界
地区界
军事分界线
省、自治区、直辖市界
特别行政区界
常年河
时令河
运河
珊瑚礁
6621 山峰及高程
1: 2500 万
(m)
6000
5000
4000
降水(mm)
0.1～9.9
10～24.9
25～49.9
50～99.9
>100

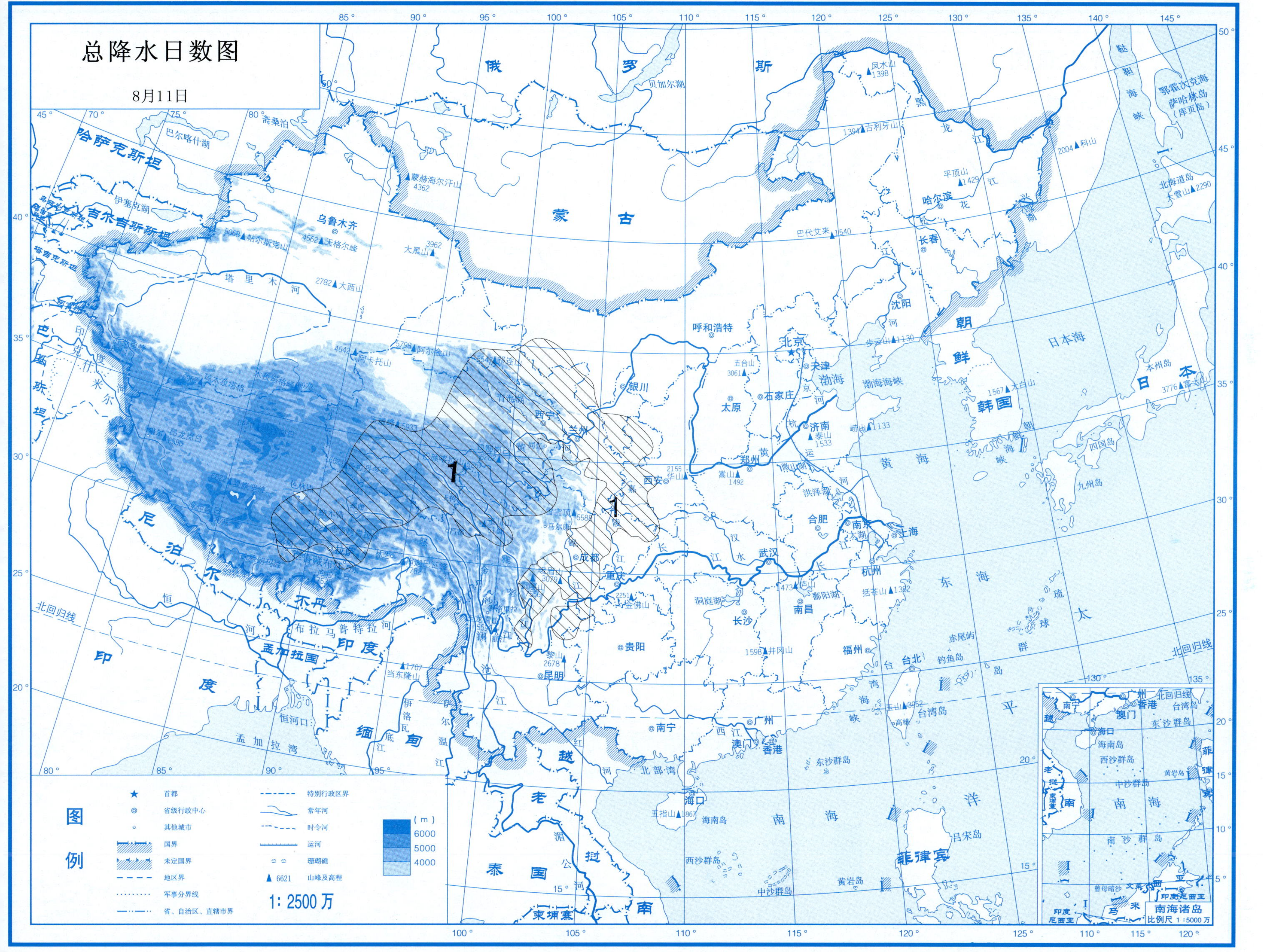
总降水日数图
8月11日
俄 罗 斯
蒙 古
哈萨克斯坦
吉尔吉斯斯坦
塔吉克斯坦
巴基斯坦
印度
尼泊尔
不丹
孟加拉国
缅甸
老挝
越南
泰国
柬埔寨
朝鲜
韩国
日本
菲律宾
贝加尔湖
巴尔喀什湖
斋桑泊
伊塞克湖
乌鲁木齐
呼和浩特
北京
天津
银川
太原
石家庄
济南
西宁
兰州
西安
郑州
合肥
南京
上海
武汉
成都
重庆
杭州
南昌
长沙
贵阳
福州
台北
昆明
南宁
广州
澳门
香港
海口
哈尔滨
长春
沈阳
塔里木河
黄河
长江
渤海
黄海
东海
南海
日本海
太平洋
台湾岛
海南岛
东沙群岛
西沙群岛
中沙群岛
黄岩岛
赤尾屿
钓鱼岛
北回归线
1
1
南海诸岛
比例尺 1:5000 万
图例
首都
省级行政中心
其他城市
国界
未定国界
地区界
军事分界线
省、自治区、直辖市界
特别行政区界
常年河
时令河
运河
珊瑚礁
6621 山峰及高程
(m)
6000
5000
4000
1: 2500 万

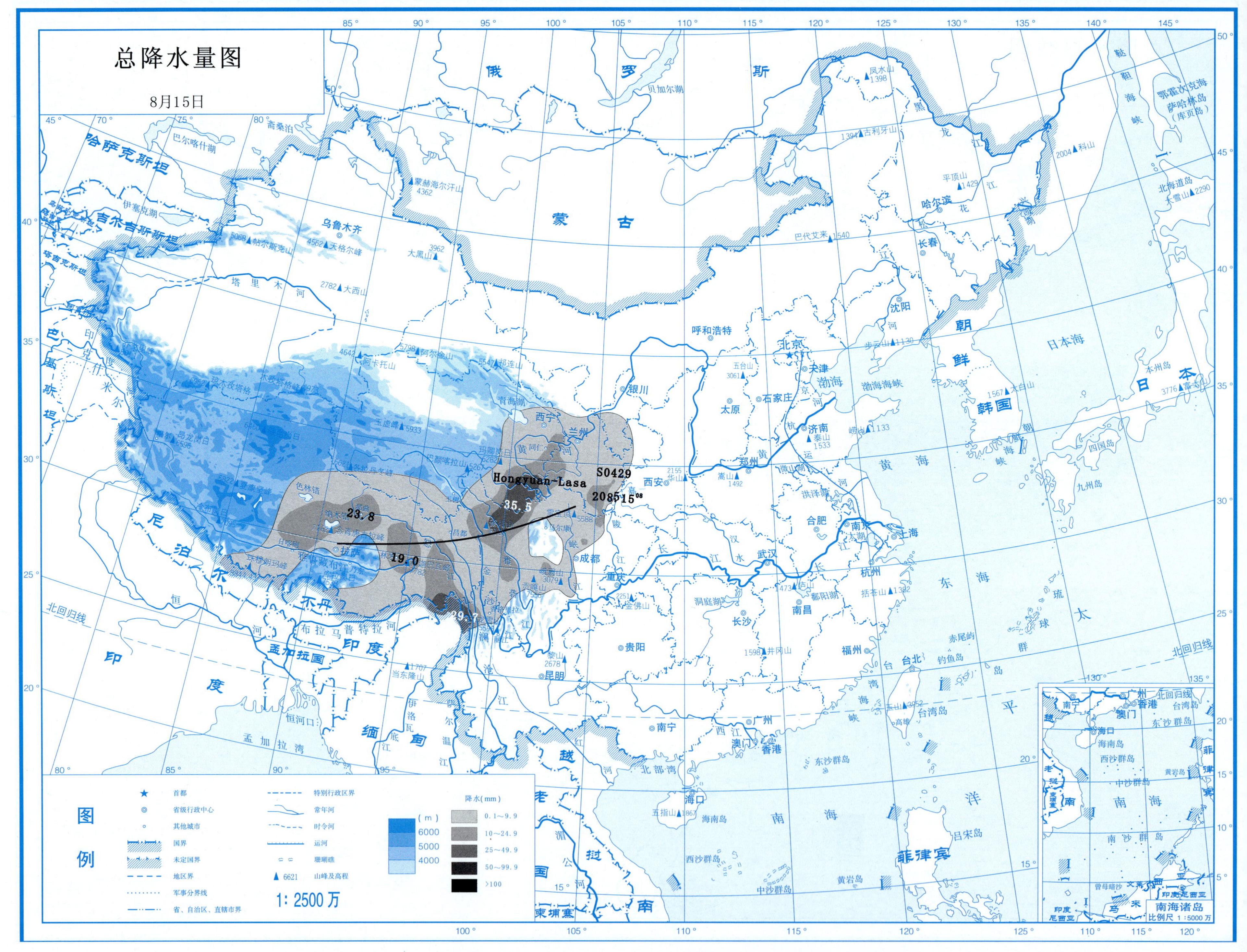

总降水量图
8月15日
Hongyuan~Lasa
S0429
20851508
23.8
35.5
19.0
29.7
图例
首都
省级行政中心
其他城市
国界
未定国界
地区界
军事分界线
省、自治区、直辖市界
特别行政区界
常年河
时令河
运河
珊瑚礁
山峰及高程
(m)
6000
5000
4000
降水(mm)
0.1～9.9
10～24.9
25～49.9
50～99.9
>100
1: 2500万
南海诸岛
比例尺 1:5000万

总降水日数图

8月15日

图例

符号	说明	符号	说明
★	首都		特别行政区界
◎	省级行政中心		常年河
∘	其他城市		时令河
	国界		运河
	未定国界		珊瑚礁
	地区界	▲ 6621	山峰及高程
	军事分界线		
	省、自治区、直辖市界		

(m)
6000
5000
4000

1：2500万

南海诸岛
比例尺 1：5000万

Page...211

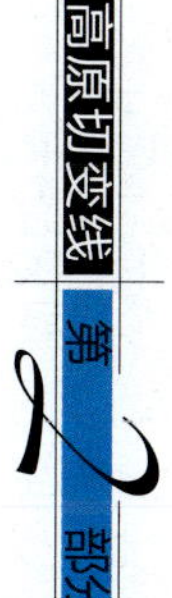

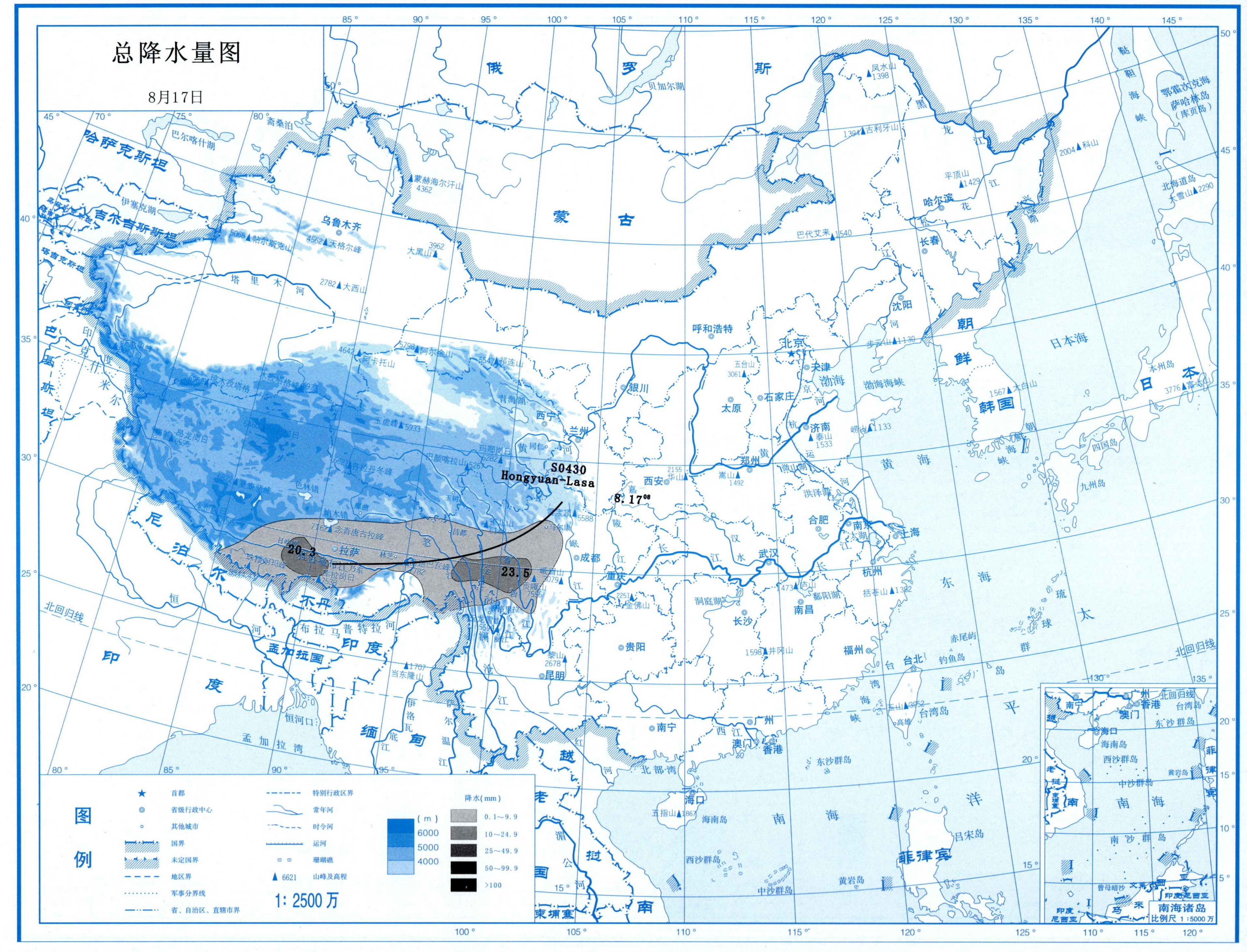
总降水量图
8月17日
S0430
Hongyuan-Lasa
8.17^08
20.3
23.5
图例
首都
省级行政中心
其他城市
国界
未定国界
地区界
军事分界线
省、自治区、直辖市界
特别行政区界
常年河
时令河
运河
珊瑚礁
6621 山峰及高程
(m)
6000
5000
4000
降水(mm)
0.1～9.9
10～24.9
25～49.9
50～99.9
>100
1: 2500 万
南海诸岛
比例尺 1:5000万

总降水日数图

8月17日

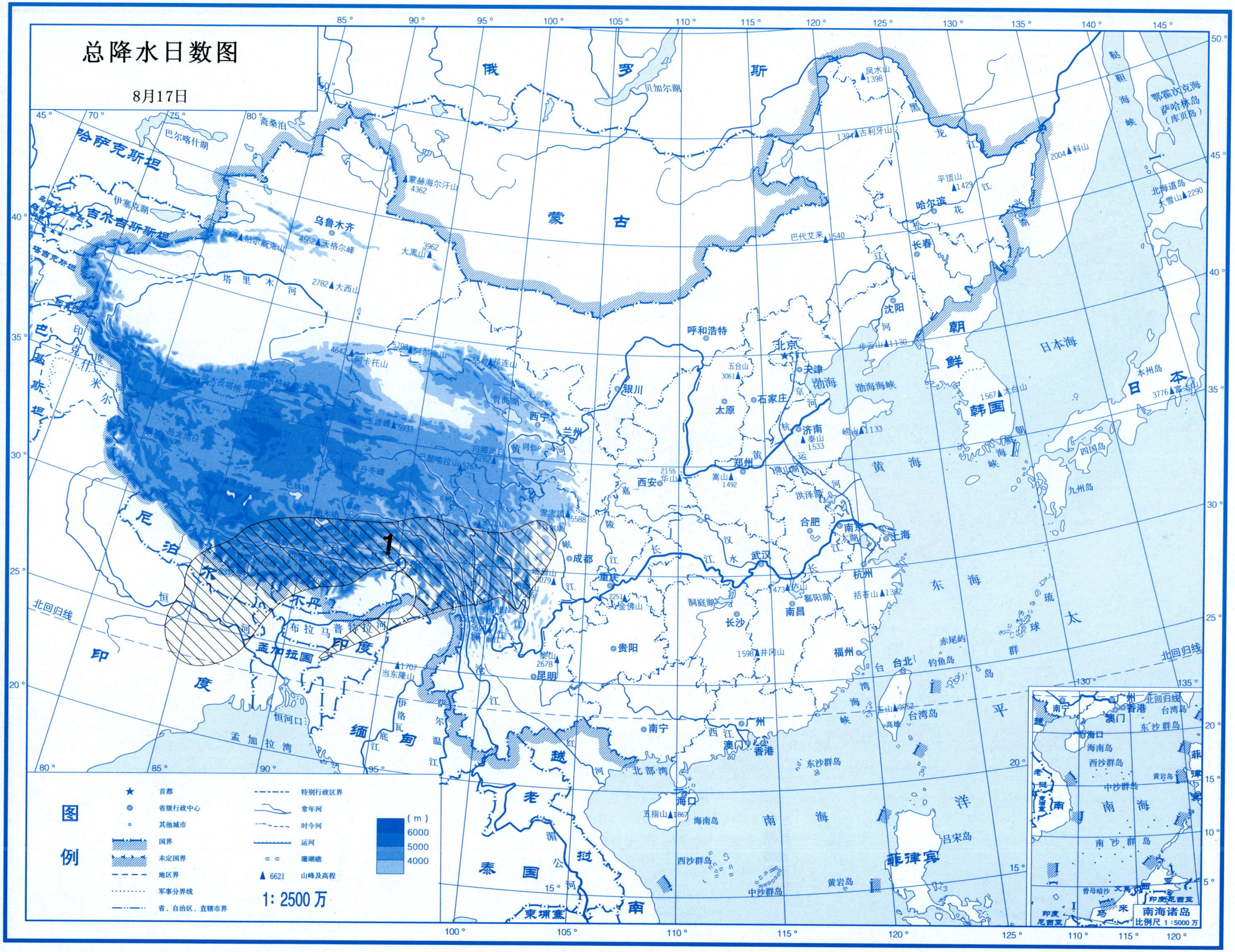

1

图例

★	首都	- - - - -	特别行政区界
◎	省级行政中心		常年河
○	其他城市		时令河
	国界		运河
	未定国界		珊瑚礁
- - -	地区界	▲ 6621	山峰及高程
········	军事分界线		
-·-·-	省、自治区、直辖市界		

(m)
6000
5000
4000

1: 2500万

南海诸岛
比例尺 1:5000万

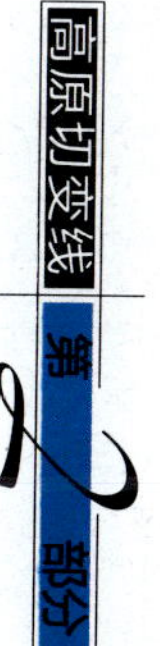

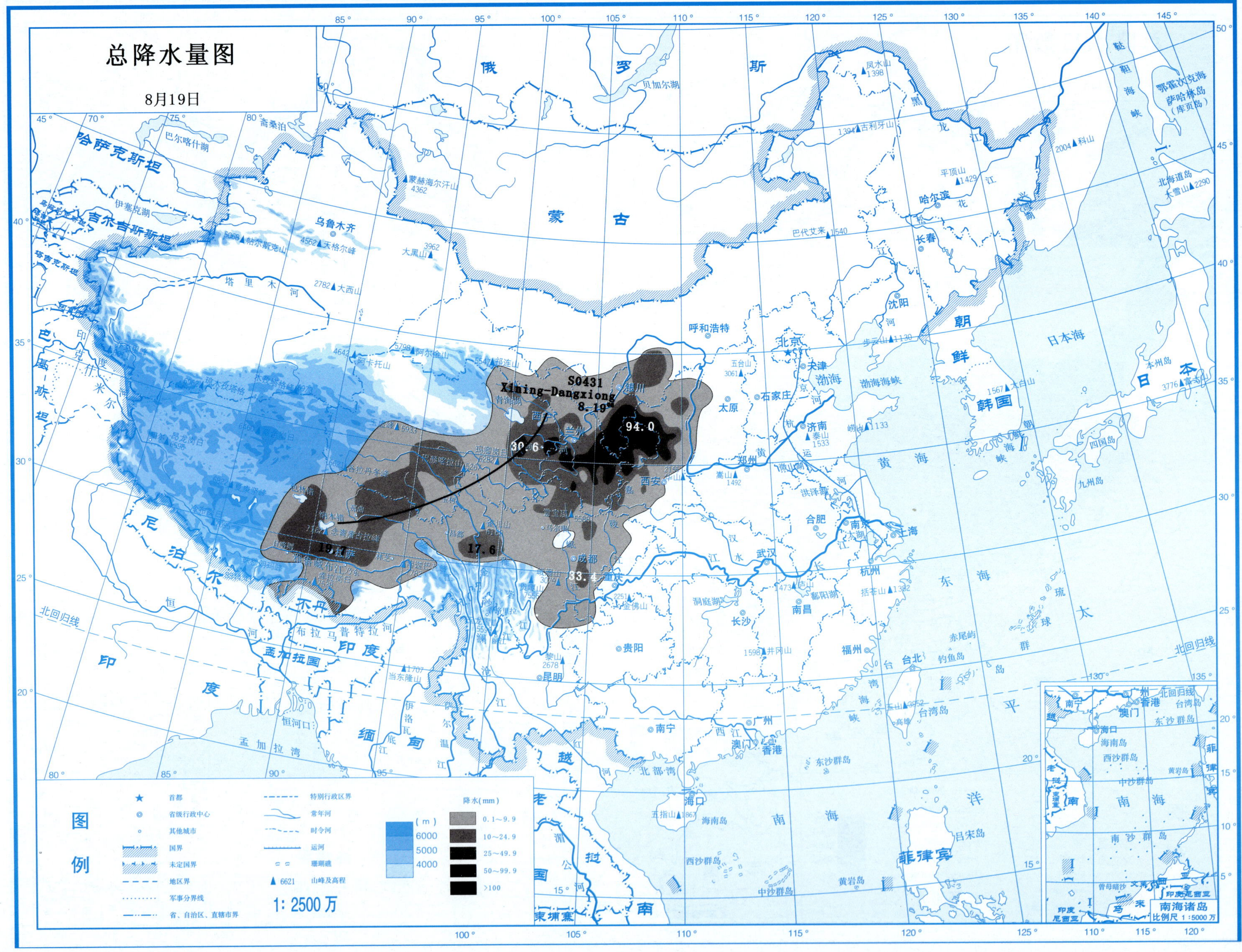
总降水量图
8月19日
S0431
Xining-Dangxiong
8.19
94.0
30.6
19.7
17.6
33.4
降水(mm)
0.1~9.9
10~24.9
25~49.9
50~99.9
>100
1: 2500 万
南海诸岛
比例尺 1:5000 万

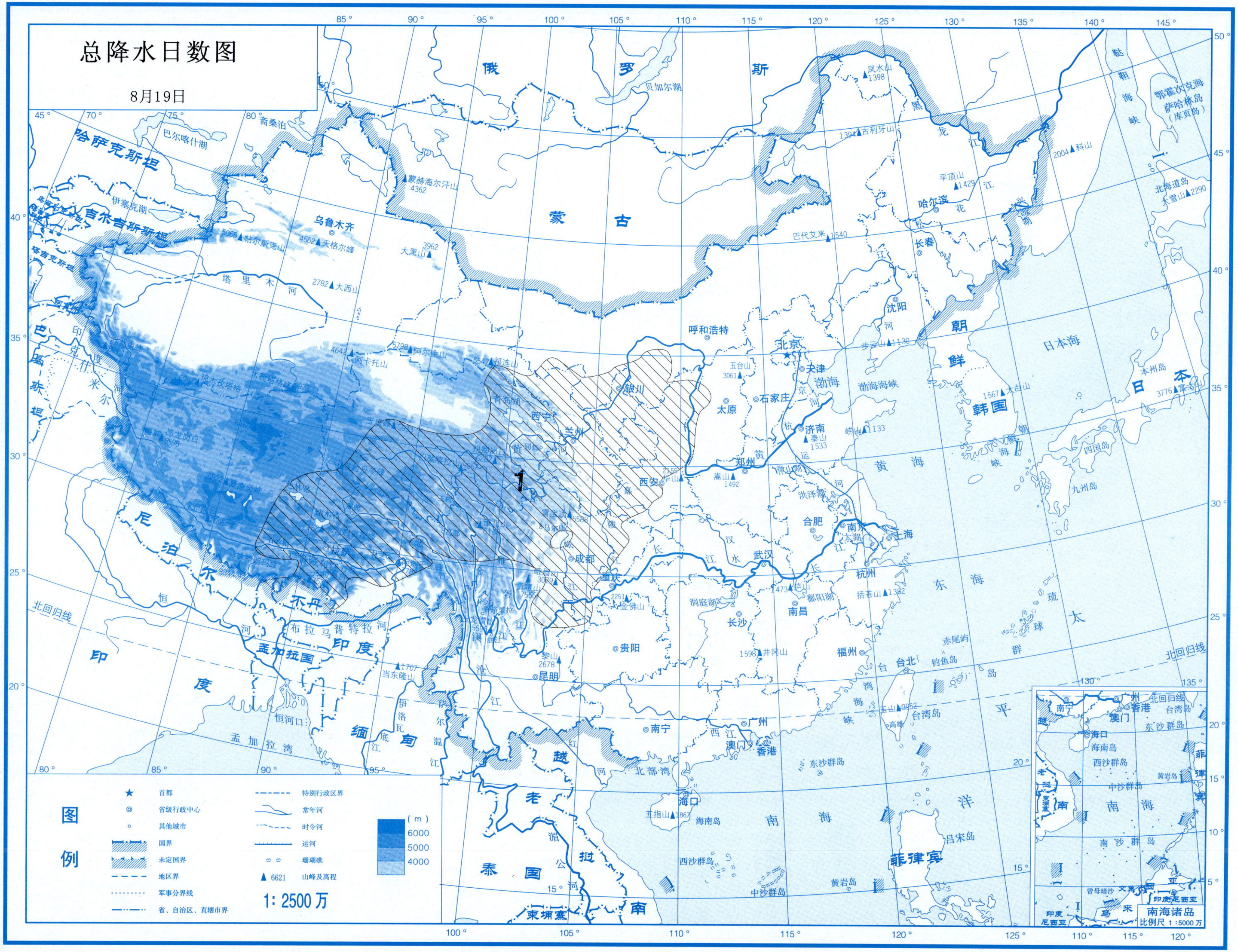

总降水日数图

8月19日

图例

符号	含义	符号	含义
★	首都		特别行政区界
◎	省级行政中心		常年河
○	其他城市		时令河
	国界		运河
	未定国界		珊瑚礁
	地区界	▲ 6621	山峰及高程
	军事分界线		
	省、自治区、直辖市界		

(m)
6000
5000
4000

1：2500 万

南海诸岛
比例尺 1：5000 万

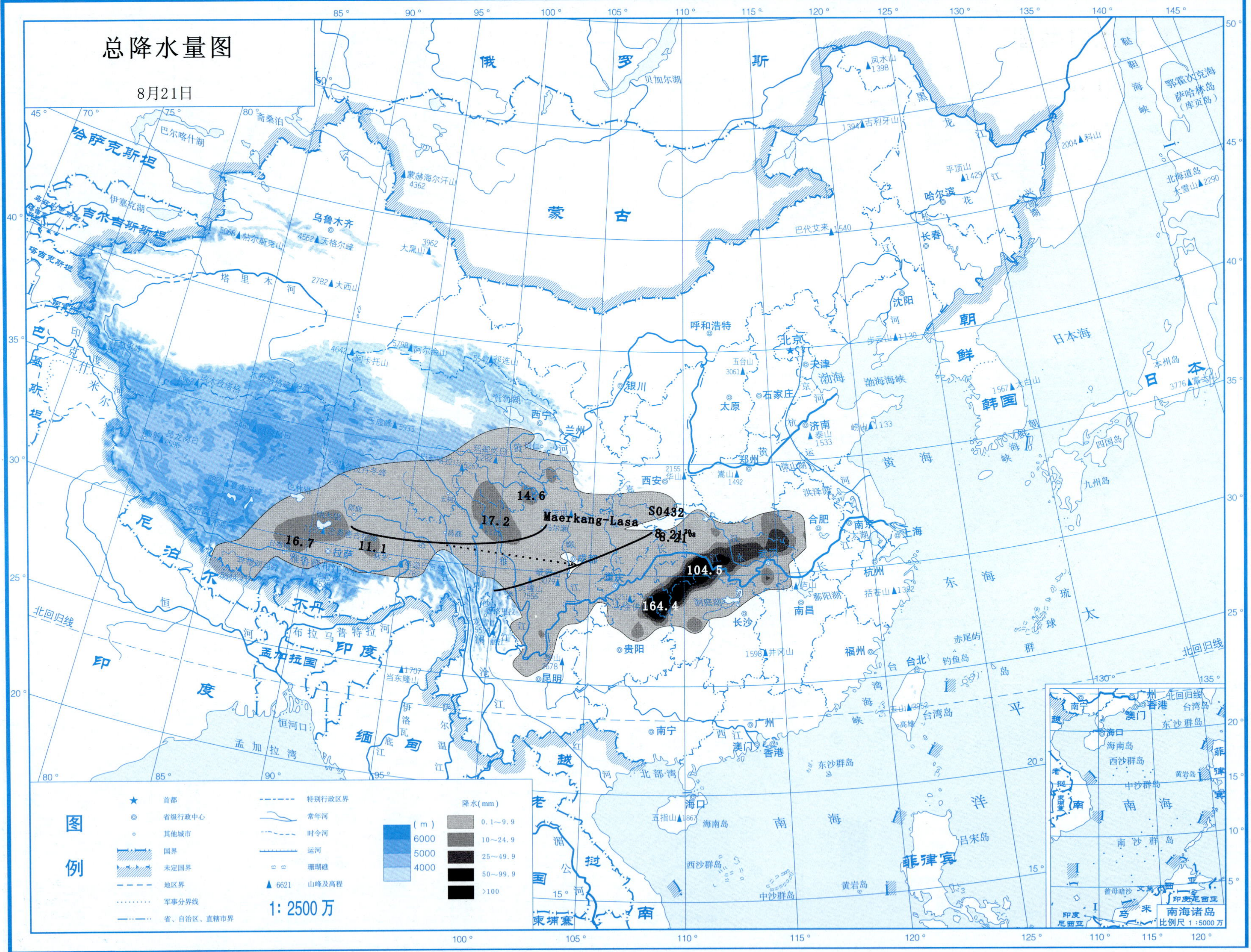
总降水量图
8月21日
16.7
11.1
17.2
14.6
Maerkang-Lasa
S0432
8.21
104.5
164.4
图例
首都
省级行政中心
其他城市
国界
未定国界
地区界
军事分界线
省、自治区、直辖市界
特别行政区界
常年河
时令河
运河
珊瑚礁
山峰及高程
1: 2500 万
(m)
6000
5000
4000
降水(mm)
0.1～9.9
10～24.9
25～49.9
50～99.9
>100
南海诸岛
比例尺 1:5000 万

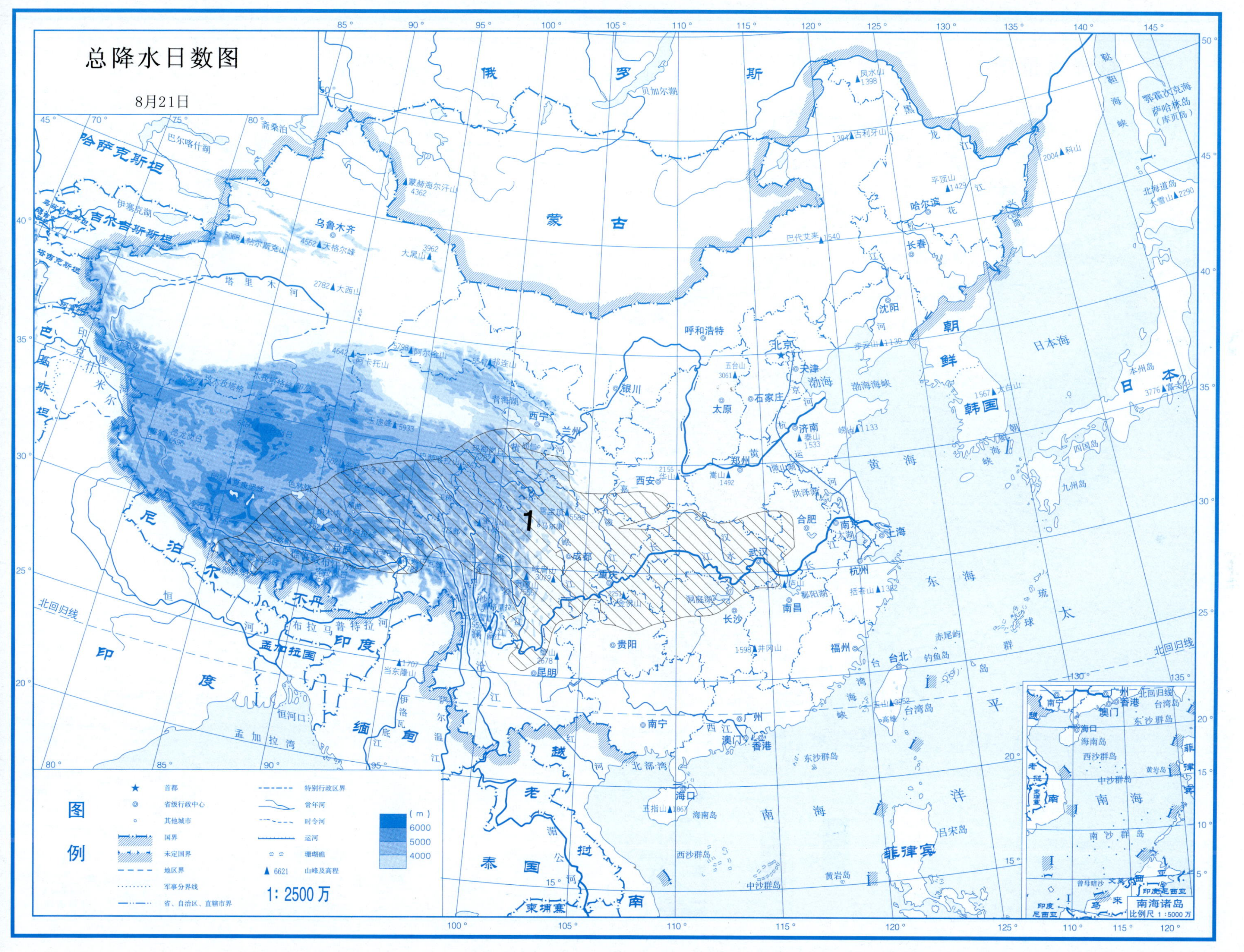

总降水日数图
8月21日
1
图例
首都
省级行政中心
其他城市
国界
未定国界
地区界
军事分界线
省、自治区、直辖市界
特别行政区界
常年河
时令河
运河
珊瑚礁
6621 山峰及高程
(m)
6000
5000
4000
1: 2500 万
南海诸岛
比例尺 1:5000 万

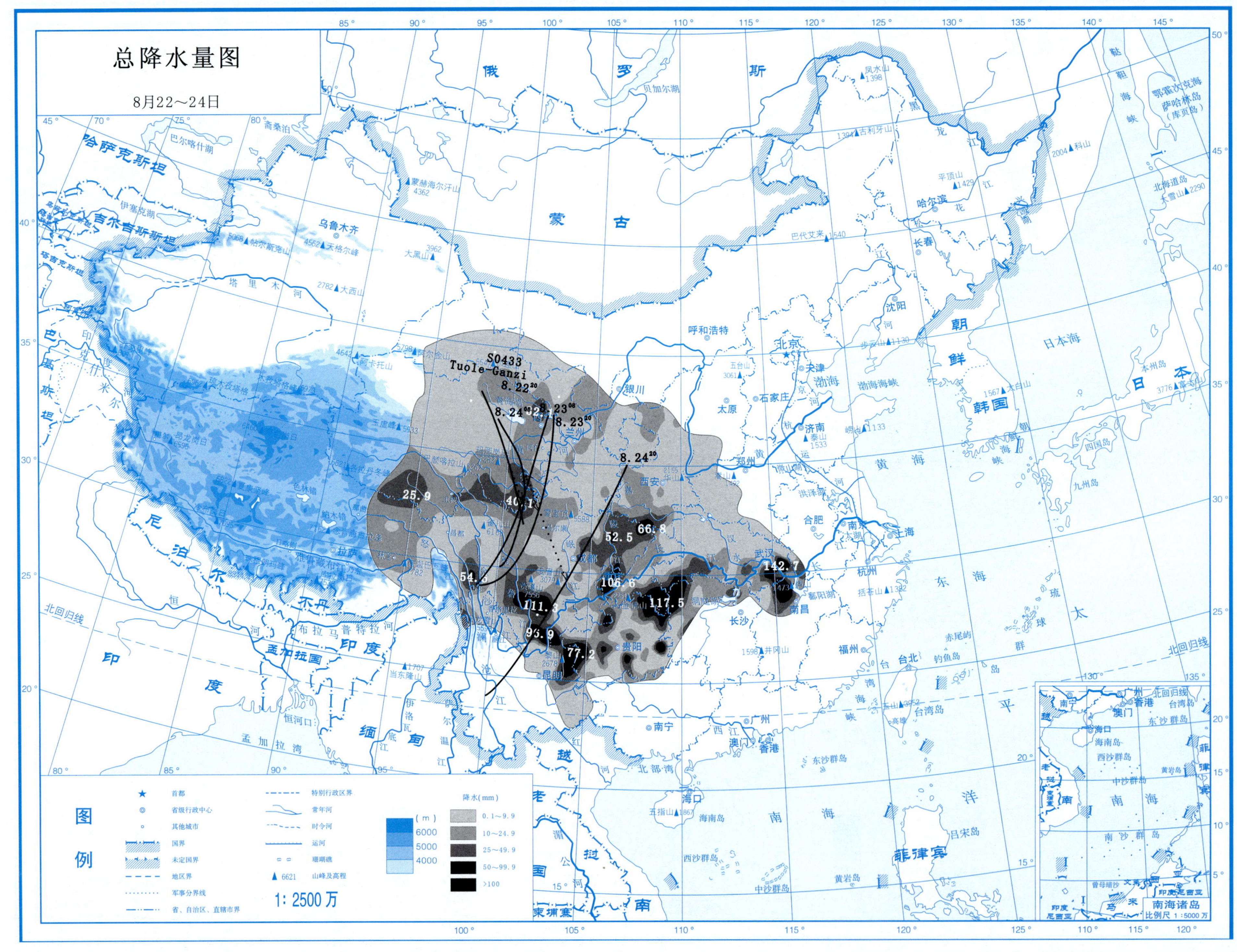
总降水量图
8月22～24日
S0433
Tuole-Ganzi
8.22[20]
8.24[08]
8.23[08]
8.23[20]
8.24[20]
25.9
40.1
54.6
52.5
66.8
106.6
111.3
117.5
142.7
93.9
77.2
图例
首都
省级行政中心
其他城市
国界
未定国界
地区界
军事分界线
省、自治区、直辖市界
特别行政区界
常年河
时令河
运河
珊瑚礁
6621 山峰及高程
（m）
6000
5000
4000
降水(mm)
0.1～9.9
10～24.9
25～49.9
50～99.9
>100
1: 2500万
南海诸岛
比例尺 1:5000万

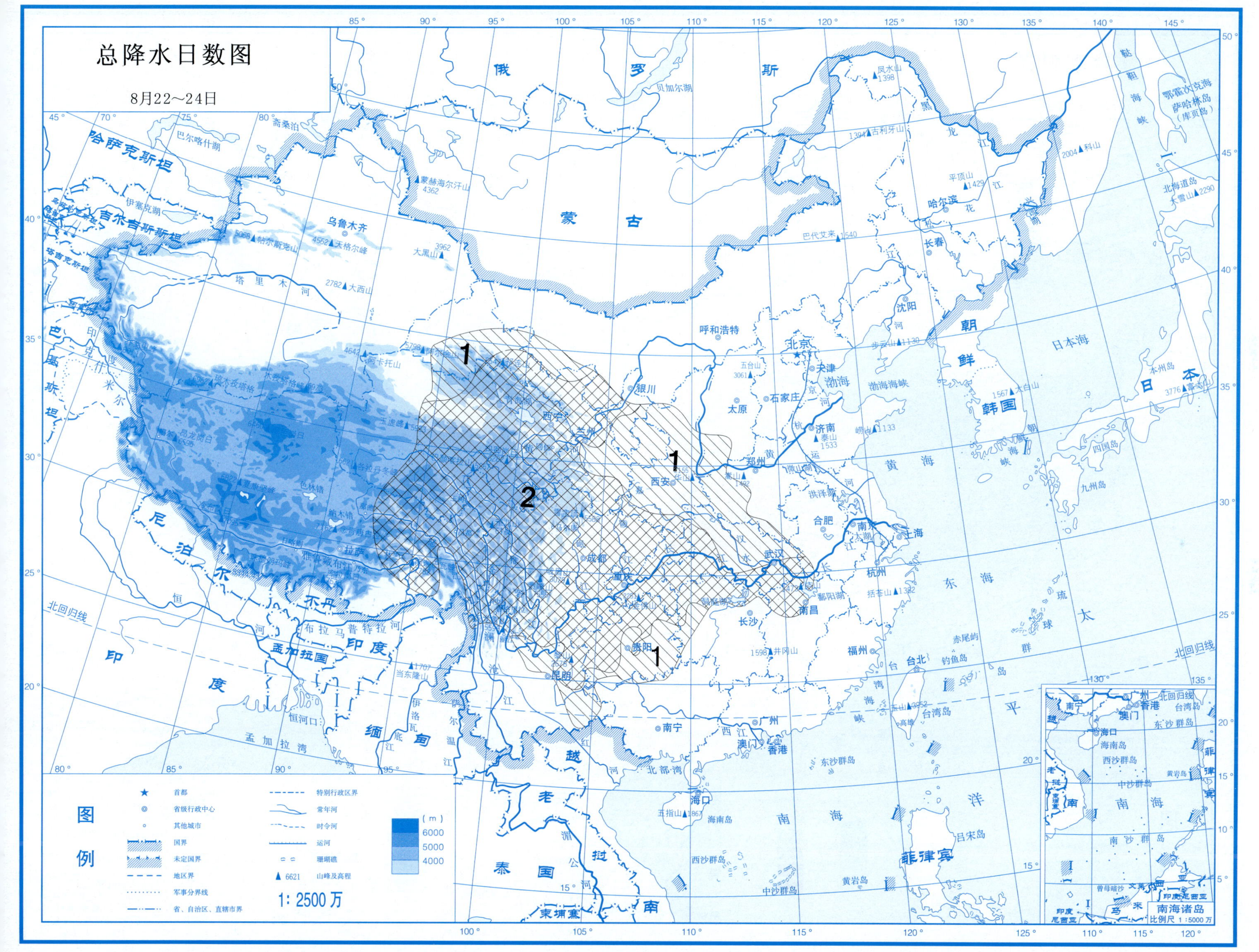
总降水日数图
8月22～24日
1
1
2
1
图例
首都
省级行政中心
其他城市
国界
未定国界
地区界
军事分界线
省、自治区、直辖市界
特别行政区界
常年河
时令河
运河
珊瑚礁
6621 山峰及高程
(m)
6000
5000
4000
1: 2500万
俄罗斯
蒙古
哈萨克斯坦
吉尔吉斯斯坦
塔吉克斯坦
巴基斯坦
尼泊尔
不丹
印度
孟加拉国
缅甸
老挝
泰国
越南
柬埔寨
朝鲜
韩国
日本
菲律宾
日本海
黄海
东海
南海
渤海
太平洋
北回归线
乌鲁木齐
呼和浩特
北京
天津
石家庄
太原
济南
银川
西宁
兰州
西安
郑州
成都
重庆
武汉
合肥
南京
上海
杭州
南昌
长沙
贵阳
昆明
南宁
广州
福州
台北
香港
澳门
海口
沈阳
长春
哈尔滨
南海诸岛
比例尺 1:5000万

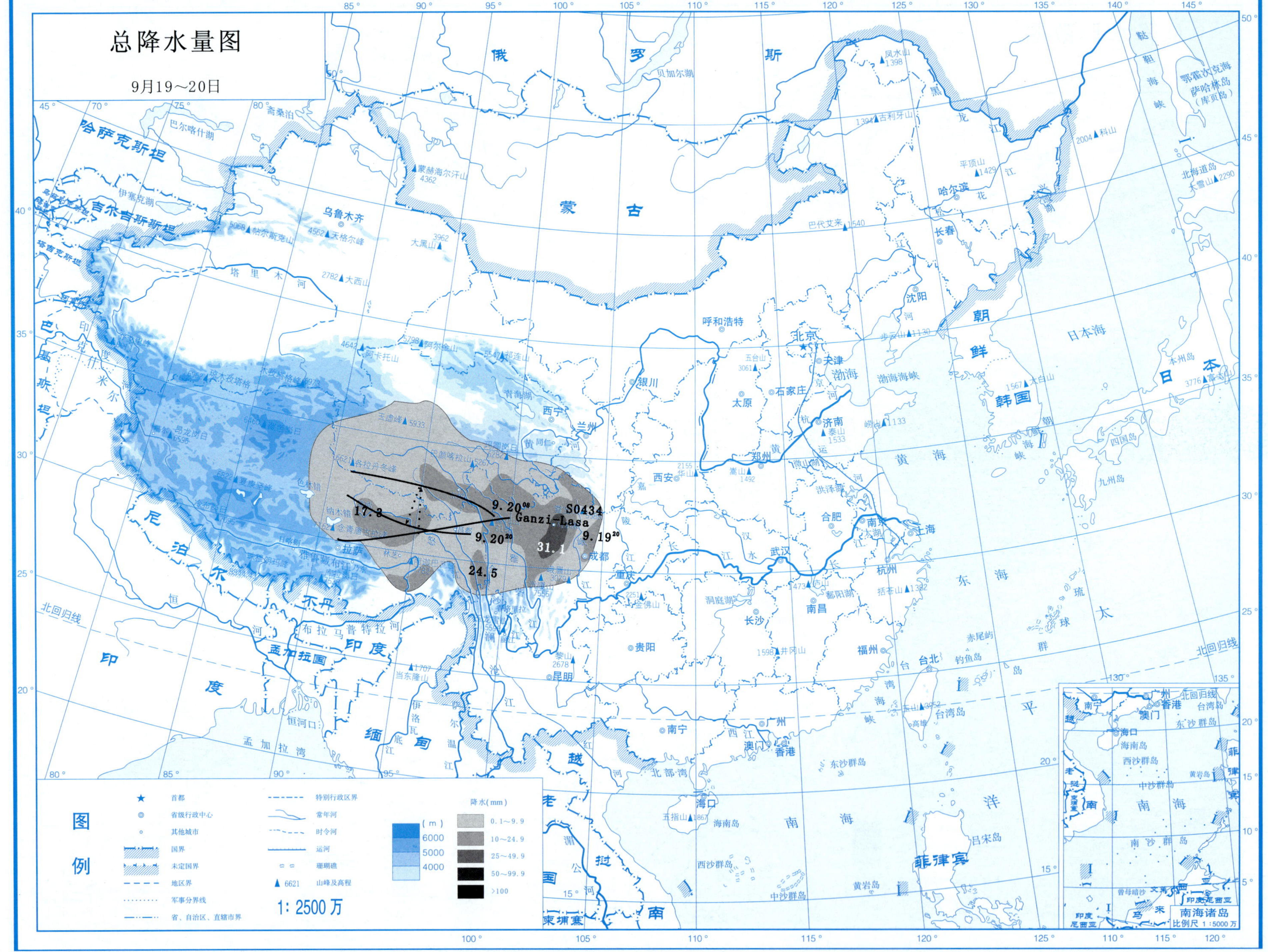
总降水量图
9月19～20日
17.2
9.20[08]
S0434
Ganzi-Lasa
9.20[20]
9.19[20]
31.1
24.5
图例
首都
省级行政中心
其他城市
国界
未定国界
地区界
军事分界线
省、自治区、直辖市界
特别行政区界
常年河
时令河
运河
珊瑚礁
山峰及高程
1:2500万
(m)
6000
5000
4000
降水(mm)
0.1～9.9
10～24.9
25～49.9
50～99.9
>100
南海诸岛
比例尺 1:5000万

总降水日数图

9月19～20日

图例

★	首都		特别行政区界
◎	省级行政中心		常年河
∘	其他城市		时令河
	国界		运河
	未定国界		珊瑚礁
	地区界	▲ 6621	山峰及高程
	军事分界线		
	省、自治区、直辖市界		

(m)
6000
5000
4000

1: 2500万

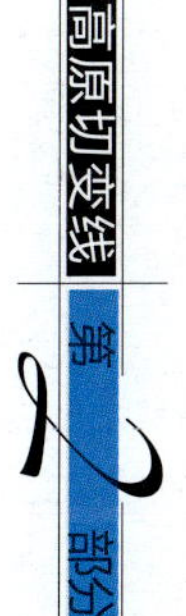

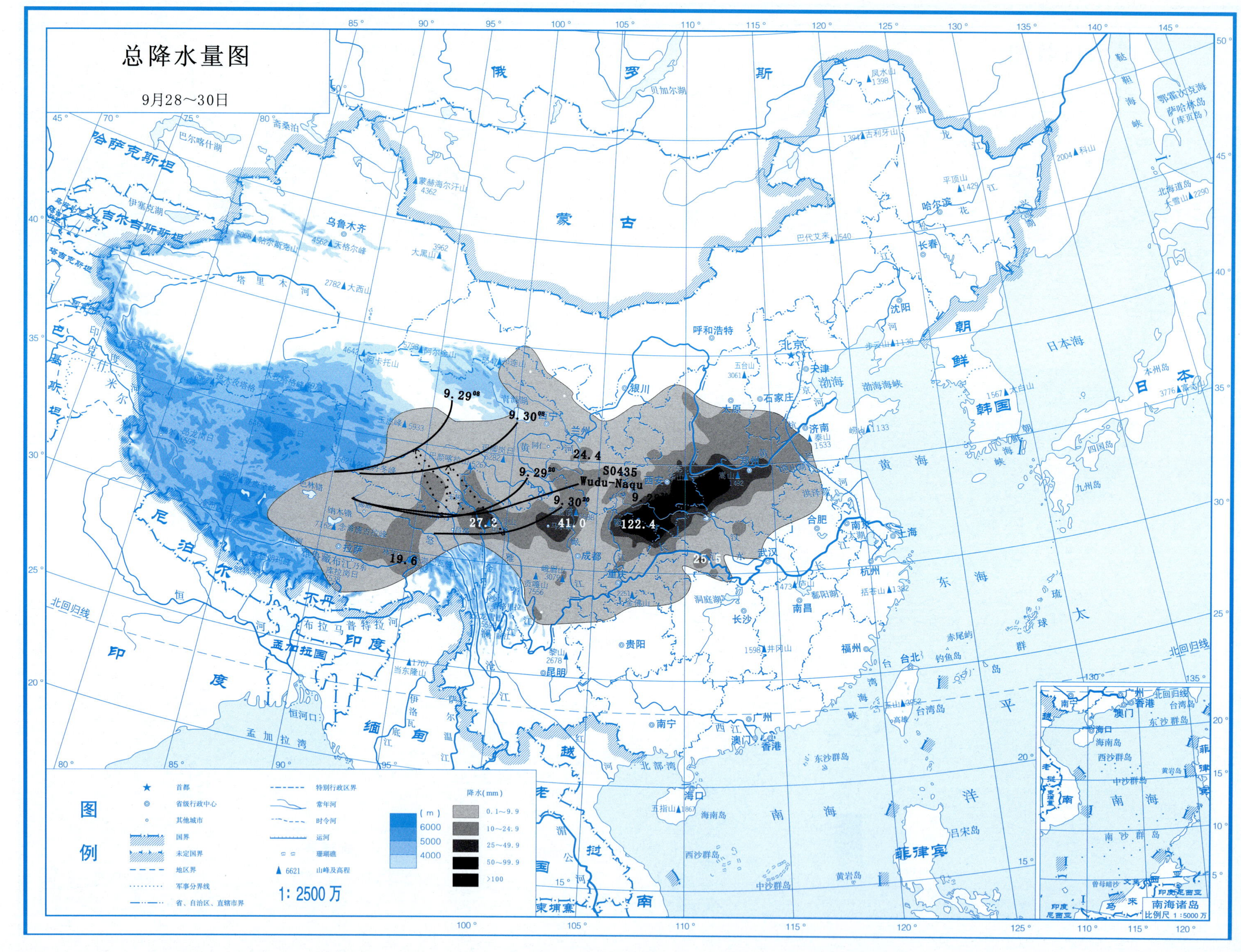
总降水量图
9月28～30日
9.29[08]
9.30[08]
9.29[20]
9.30[20]
S0435
Wudu-Naqu
24.4
27.2
41.0
122.4
19.6
25.5
图例
首都
省级行政中心
其他城市
国界
未定国界
地区界
军事分界线
省、自治区、直辖市界
特别行政区界
常年河
时令河
运河
珊瑚礁
山峰及高程
降水(mm)
0.1～9.9
10～24.9
25～49.9
50～99.9
>100
(m)
6000
5000
4000
1:2500万
南海诸岛
比例尺 1:5000万

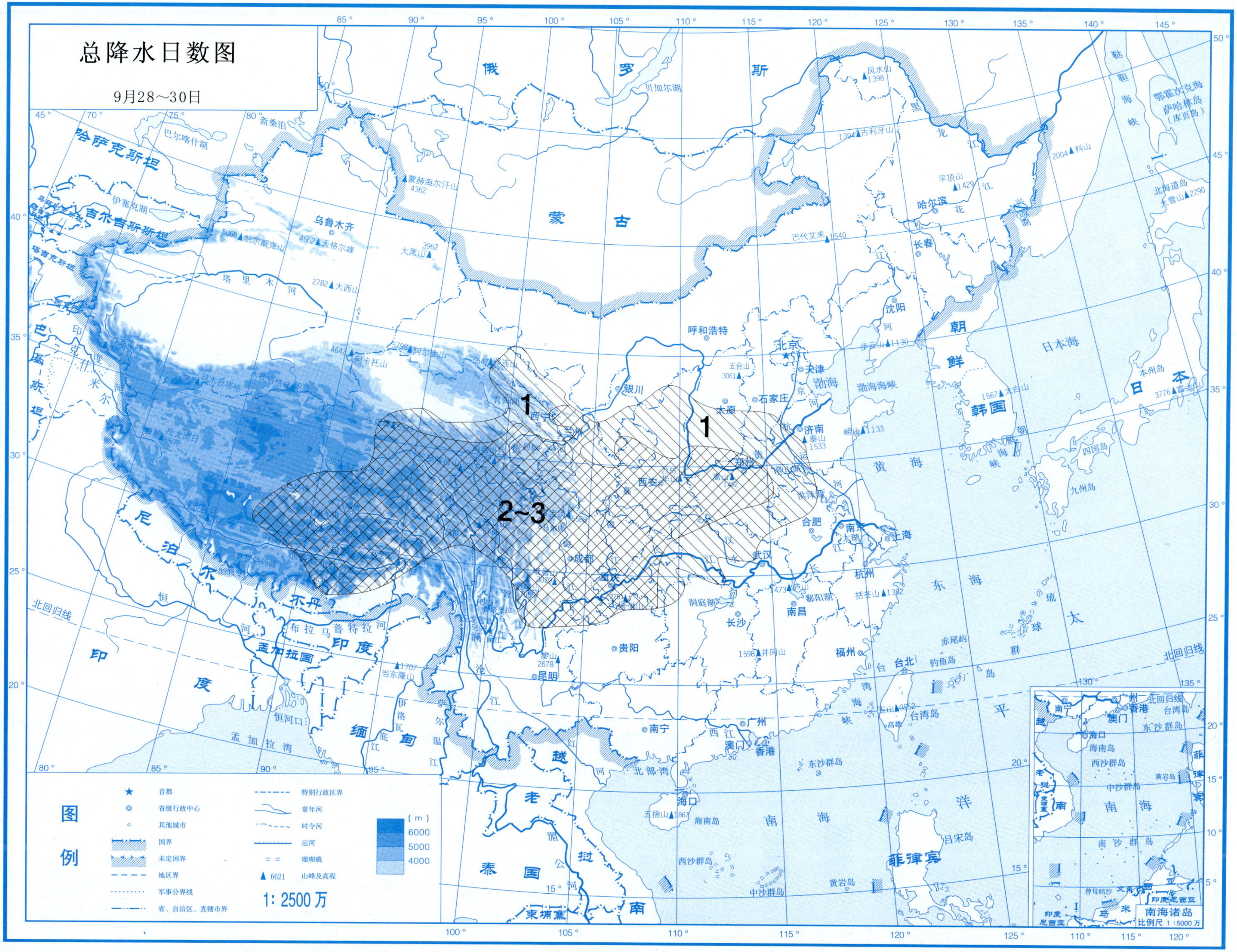

总降水日数图

9月28～30日

1

1

2~3

图例

★	首都		特别行政区界
◎	省级行政中心		常年河
○	其他城市		时令河
	国界		运河
	未定国界		珊瑚礁
	地区界	▲ 6621	山峰及高程
	军事分界线		
	省、自治区、直辖市界		

（m）

6000

5000

4000

1：2500万

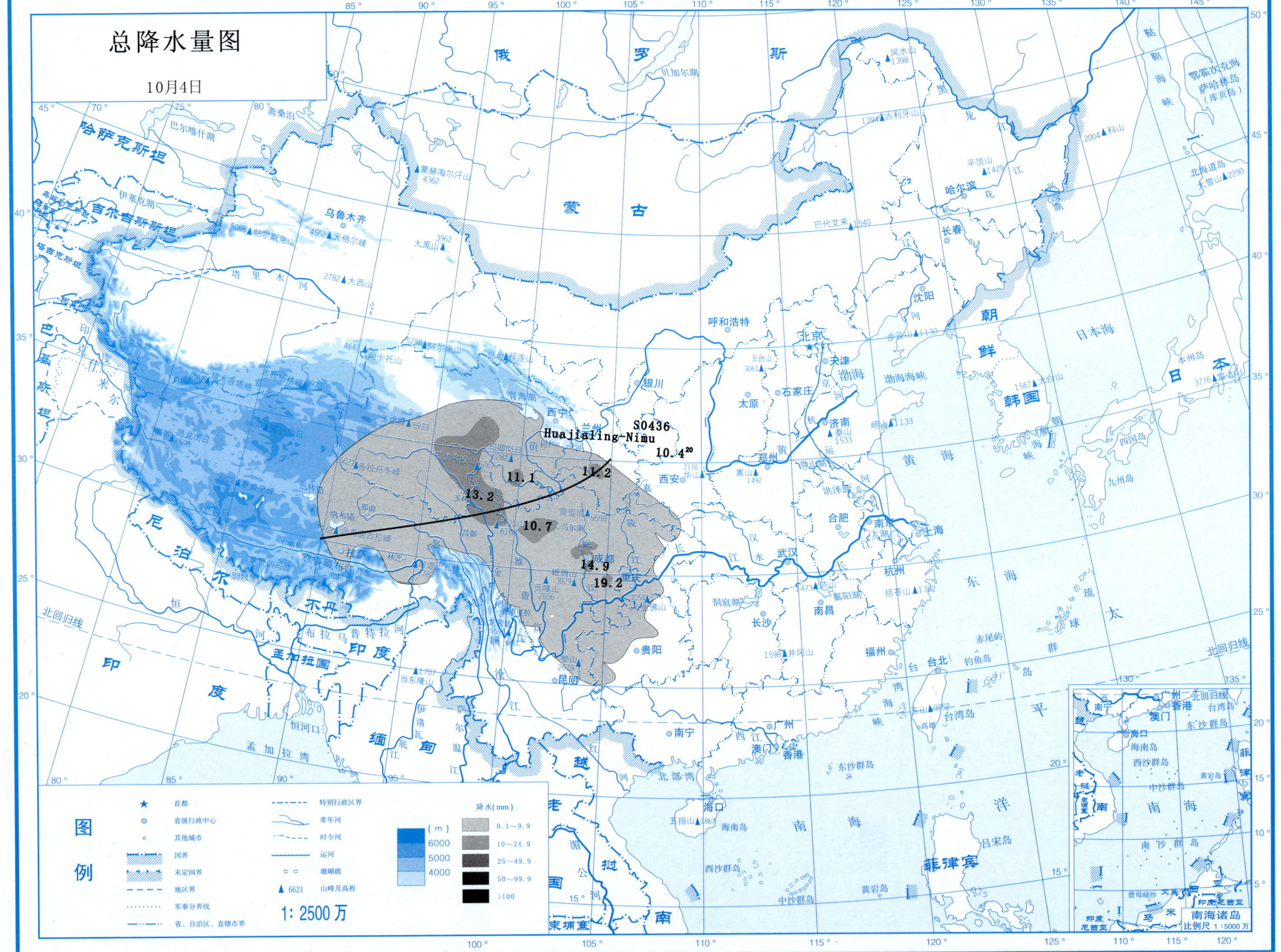

总降水量图
10月4日
S0436
Huajialing-Nimu
10.4[20]
11.2
11.1
13.2
10.7
14.9
19.2
降水(mm)
0.1～9.9
10～24.9
25～49.9
50～99.9
>100
图例
1: 2500万
南海诸岛

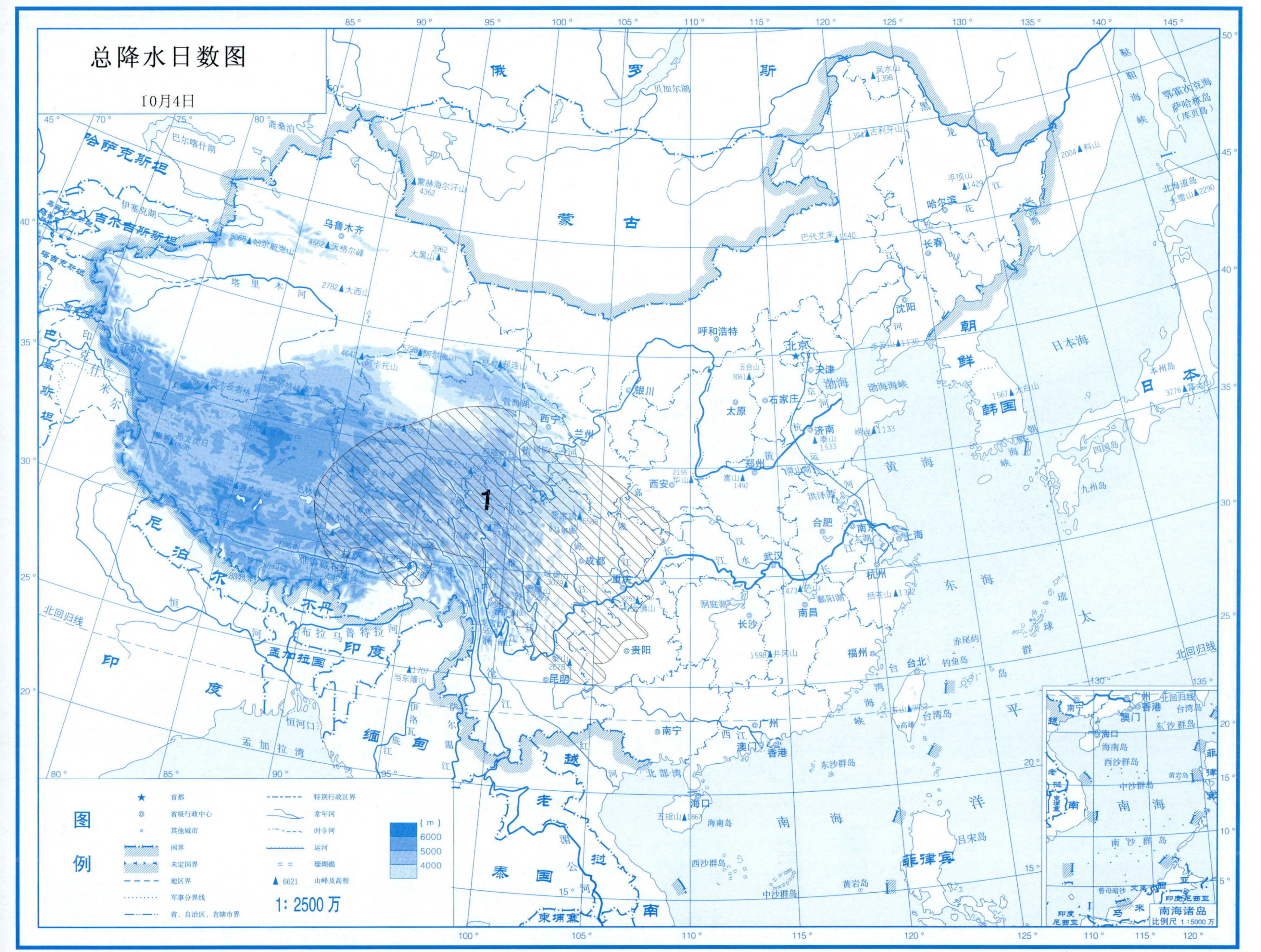

总降水日数图
10月4日
1
图例
首都
省级行政中心
其他城市
国界
未定国界
地区界
军事分界线
省、自治区、直辖市界
特别行政区界
常年河
时令河
运河
珊瑚礁
6621 山峰及高程
(m)
6000
5000
4000
1: 2500万
南海诸岛
比例尺 1:5000万

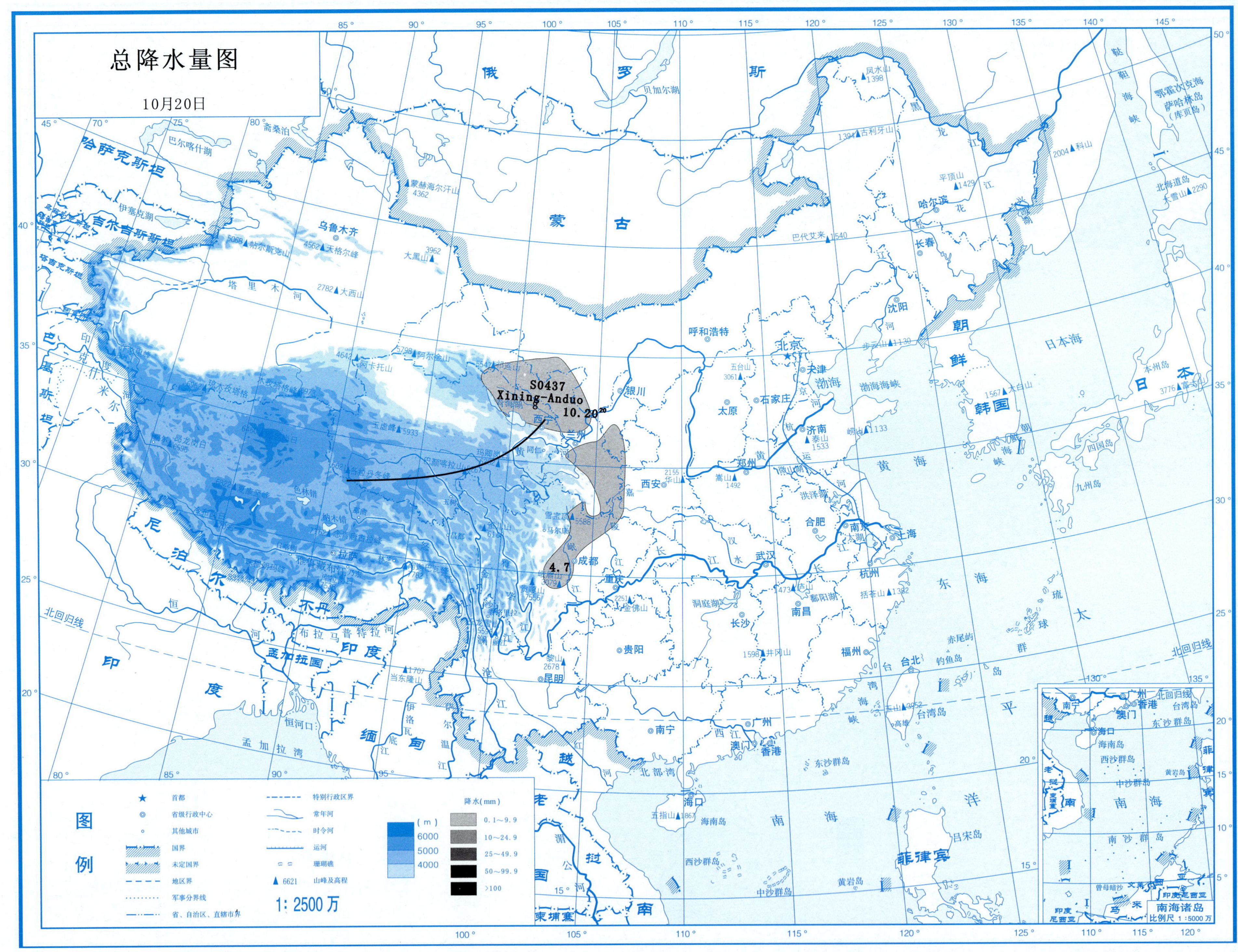

总降水量图
10月20日
S0437
Xining-Anduo
10.20
4.7
图例
首都
省级行政中心
其他城市
国界
未定国界
地区界
军事分界线
省、自治区、直辖市界
特别行政区界
常年河
时令河
运河
珊瑚礁
山峰及高程
(m)
6000
5000
4000
降水(mm)
0.1～9.9
10～24.9
25～49.9
50～99.9
>100
1: 2500万
南海诸岛
比例尺 1:5000万

总降水日数图

10月20日

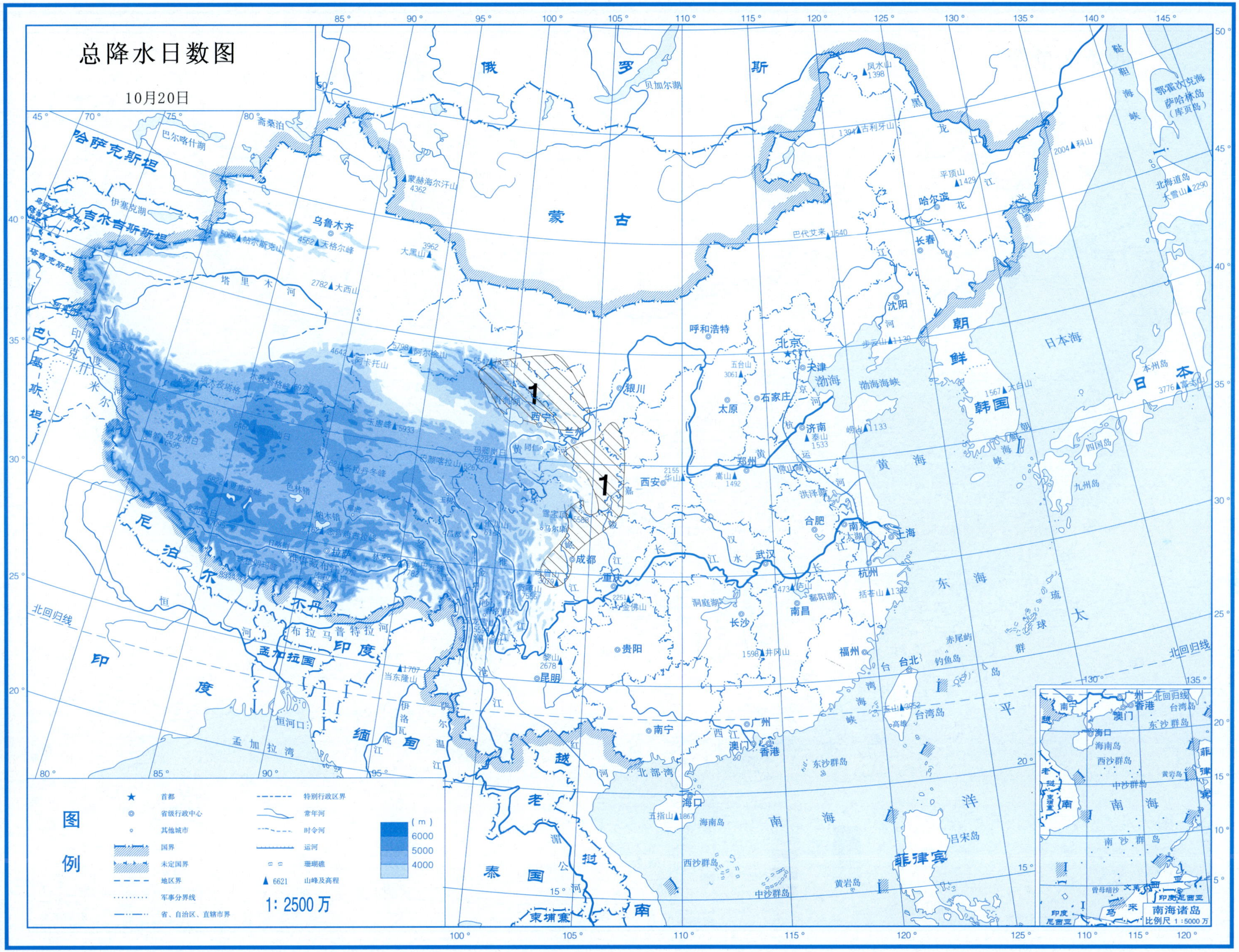

图例

- ★ 首都
- ◎ 省级行政中心
- ○ 其他城市
- 国界
- 未定国界
- 地区界
- 军事分界线
- 省、自治区、直辖市界
- 特别行政区界
- 常年河
- 时令河
- 运河
- 珊瑚礁
- ▲ 6621 山峰及高程

(m) 6000 5000 4000

1: 2500 万

南海诸岛 比例尺 1:5000 万

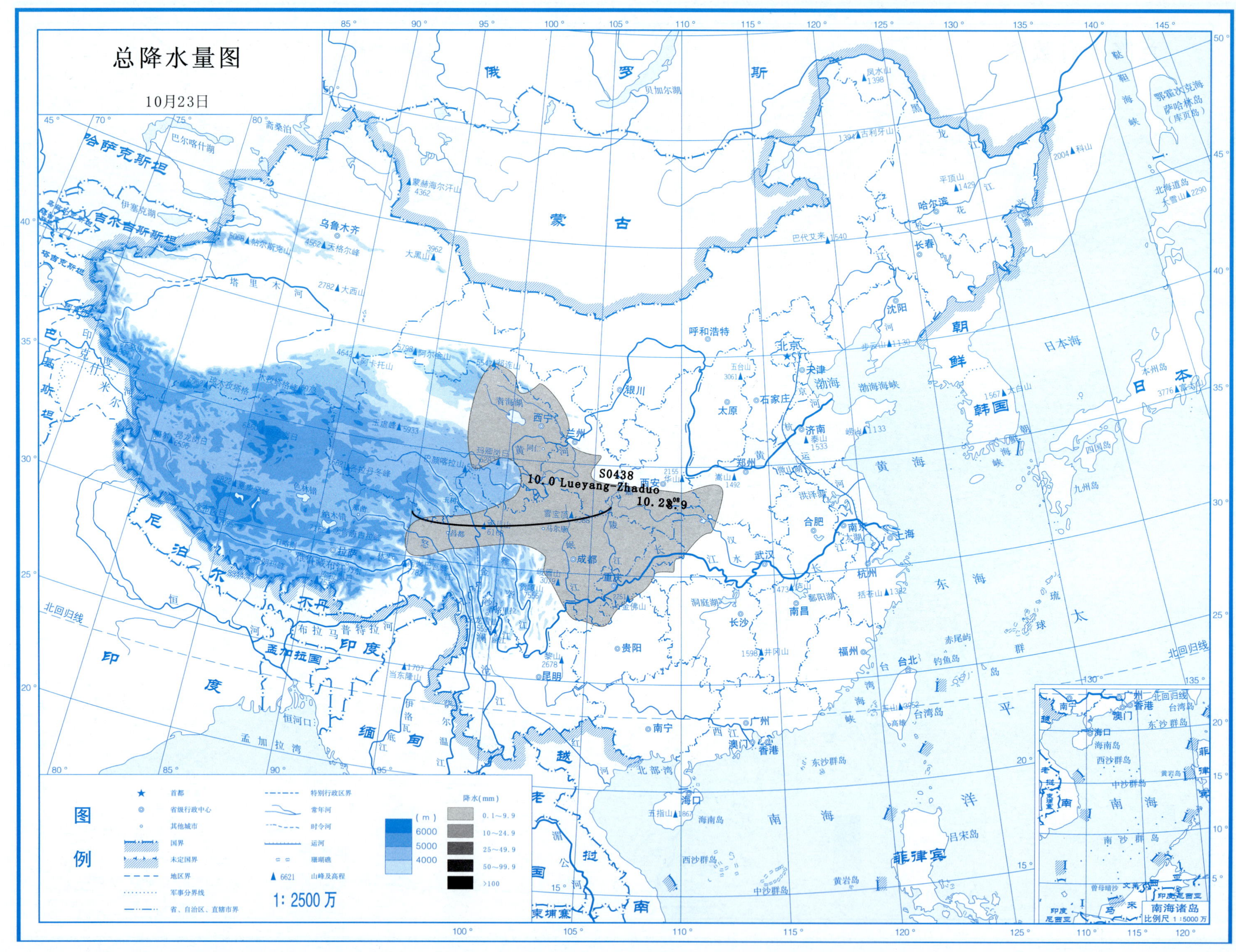
总降水量图
10月23日
S0438
10.0 Lueyang-Zhaduo
10.23
08
8.9
图例
首都
省级行政中心
其他城市
国界
未定国界
地区界
军事分界线
省、自治区、直辖市界
特别行政区界
常年河
时令河
运河
珊瑚礁
6621 山峰及高程
(m)
6000
5000
4000
降水(mm)
0.1～9.9
10～24.9
25～49.9
50～99.9
>100
1: 2500万
南海诸岛
比例尺 1:5000万

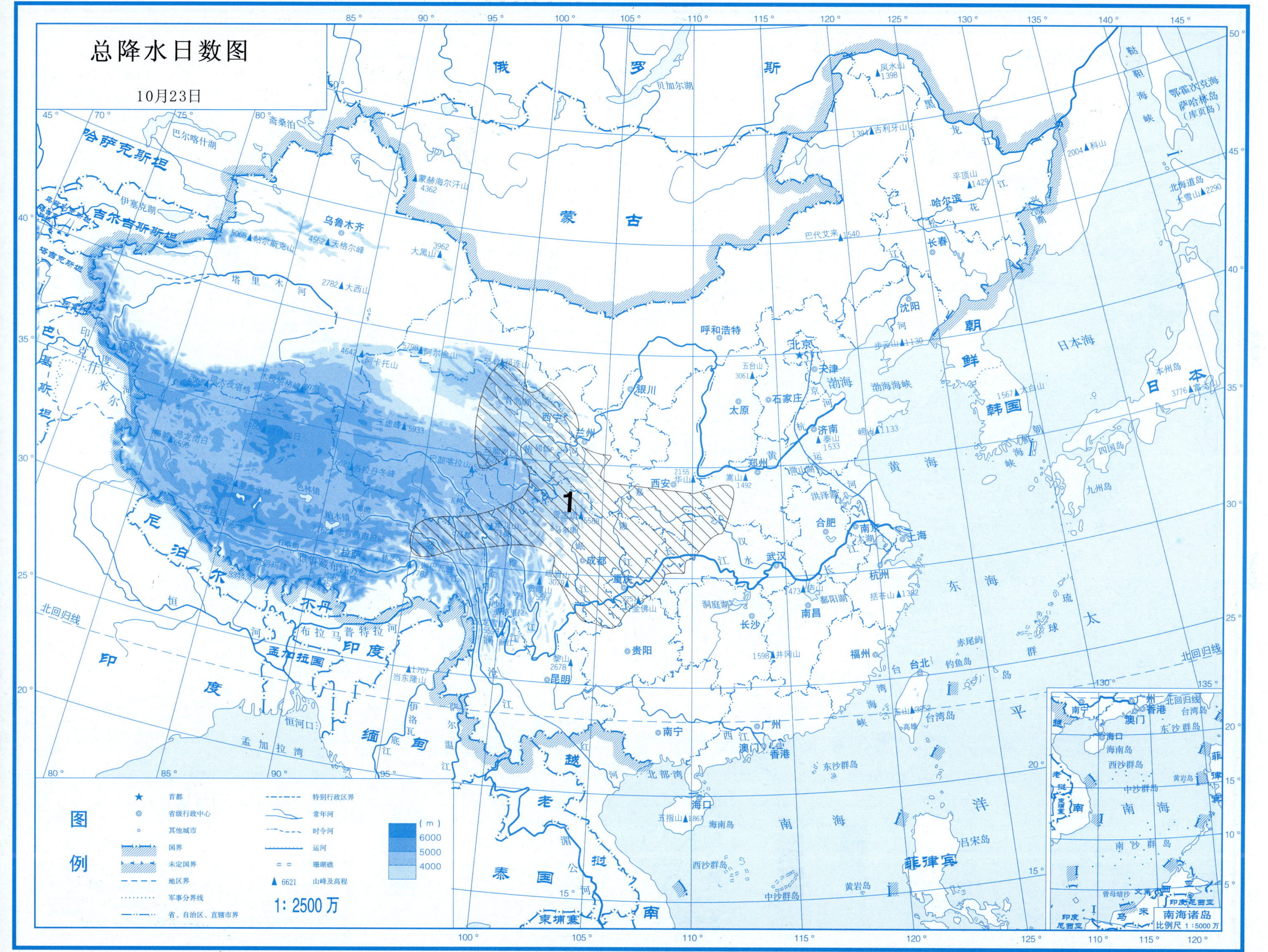
总降水日数图
10月23日
1
图例
首都
省级行政中心
其他城市
国界
未定国界
地区界
军事分界线
省、自治区、直辖市界
特别行政区界
常年河
时令河
运河
珊瑚礁
6621 山峰及高程
(m)
6000
5000
4000
1: 2500 万
南海诸岛
比例尺 1 : 5000 万
俄罗斯
蒙古
哈萨克斯坦
吉尔吉斯斯坦
塔吉克斯坦
朝鲜
韩国
日本
印度
尼泊尔
不丹
孟加拉国
缅甸
老挝
越南
泰国
柬埔寨
菲律宾
北京
天津
呼和浩特
沈阳
长春
哈尔滨
乌鲁木齐
银川
西宁
兰州
西安
太原
石家庄
济南
郑州
合肥
南京
上海
武汉
杭州
南昌
长沙
福州
台北
成都
重庆
贵阳
昆明
拉萨
南宁
广州
香港
澳门
海口
日本海
渤海
黄海
东海
南海
太平洋
北回归线

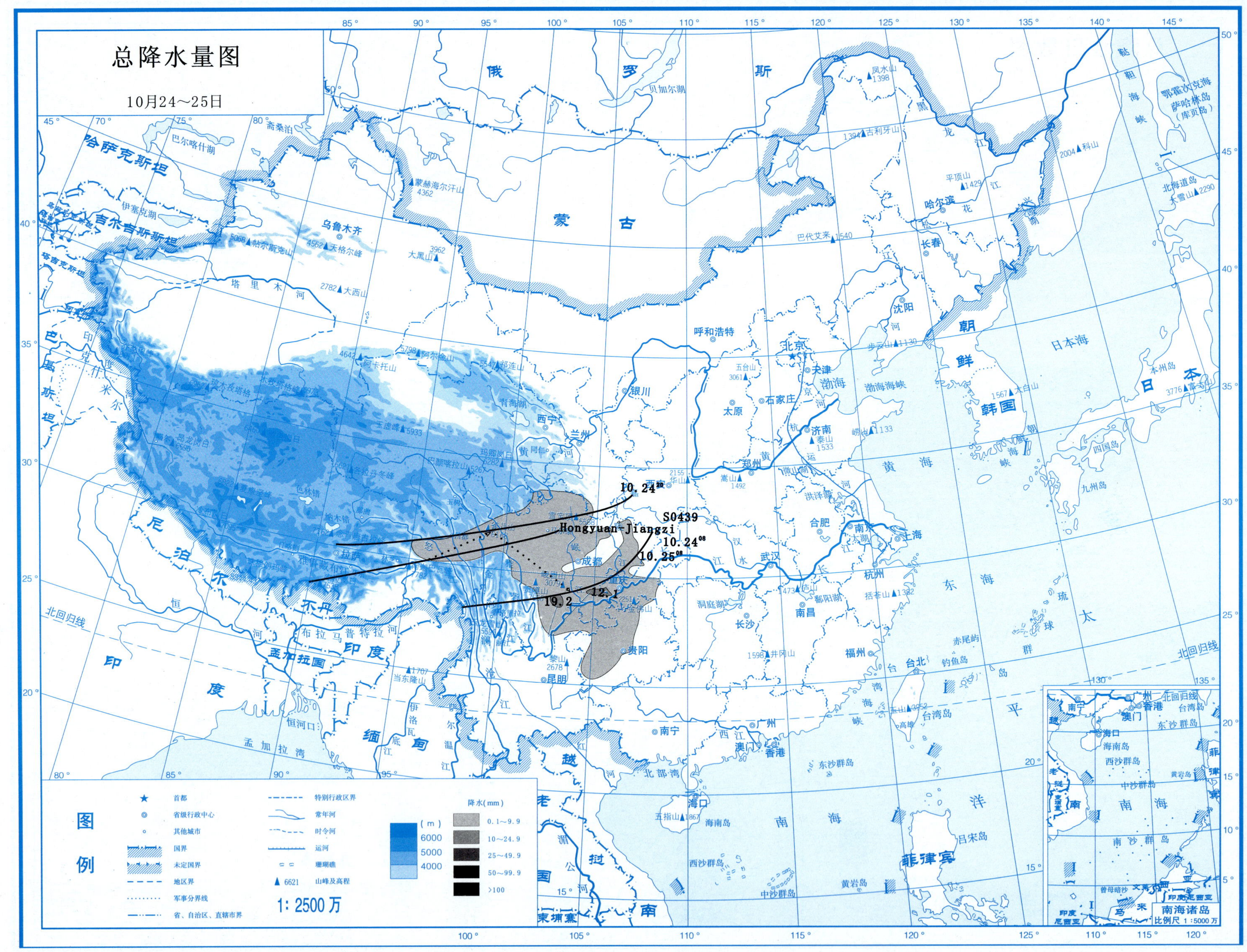
总降水量图
10月24～25日
10.24[20]
S0439
Hongyuan-Jiangzi
10.24[08]
10.25[08]
19.2
12.1
图例
首都
省级行政中心
其他城市
国界
未定国界
地区界
军事分界线
省、自治区、直辖市界
特别行政区界
常年河
时令河
运河
珊瑚礁
6621 山峰及高程
(m)
6000
5000
4000
1: 2500万
降水(mm)
0.1～9.9
10～24.9
25～49.9
50～99.9
>100
南海诸岛
比例尺 1:5000万

总降水日数图

10月24~25日

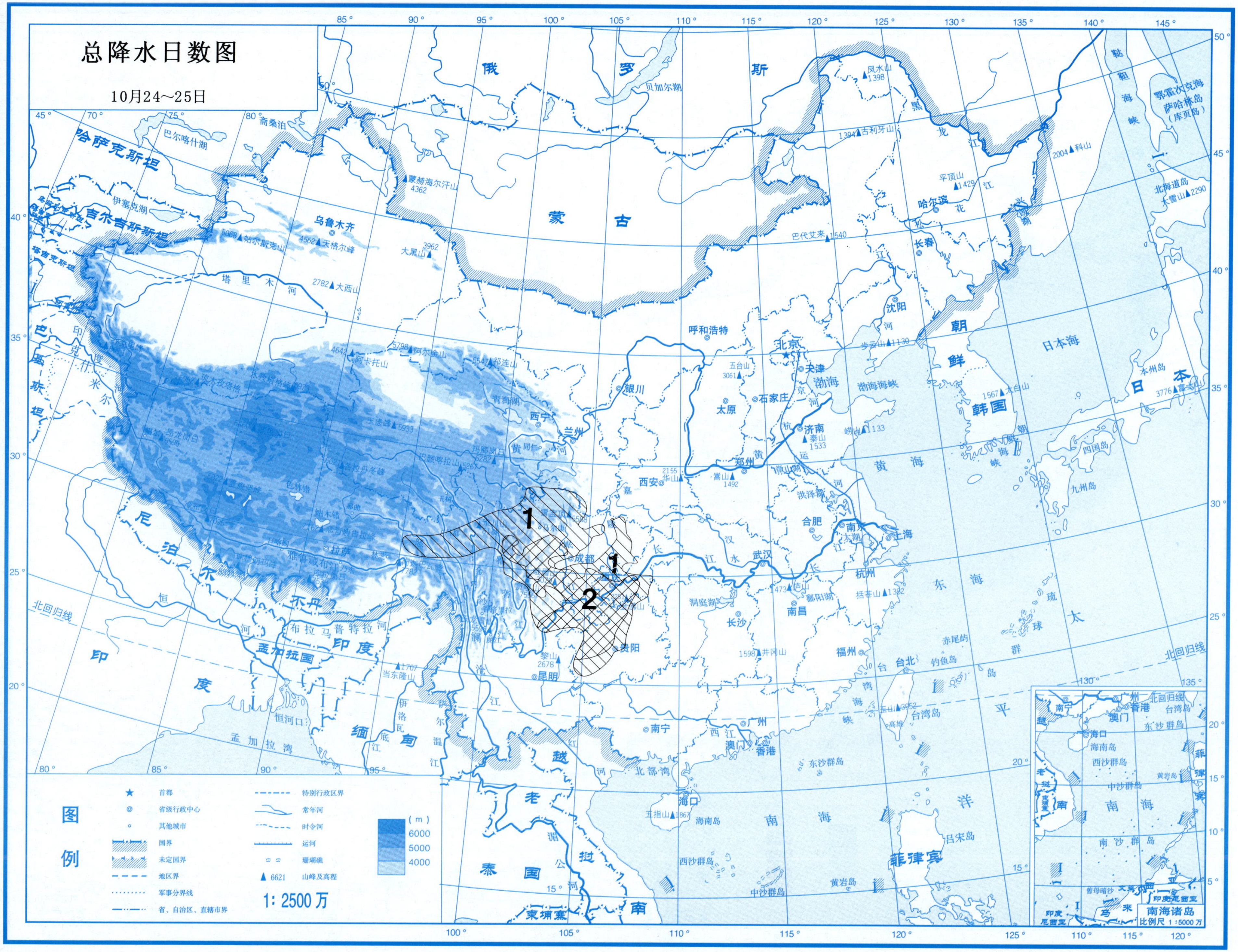

图例

- ★ 首都
- ◎ 省级行政中心
- ○ 其他城市
- 国界
- 未定国界
- 地区界
- 军事分界线
- 省、自治区、直辖市界
- 特别行政区界
- 常年河
- 时令河
- 运河
- 珊瑚礁
- ▲ 6621 山峰及高程

(m)
6000
5000
4000

1: 2500 万

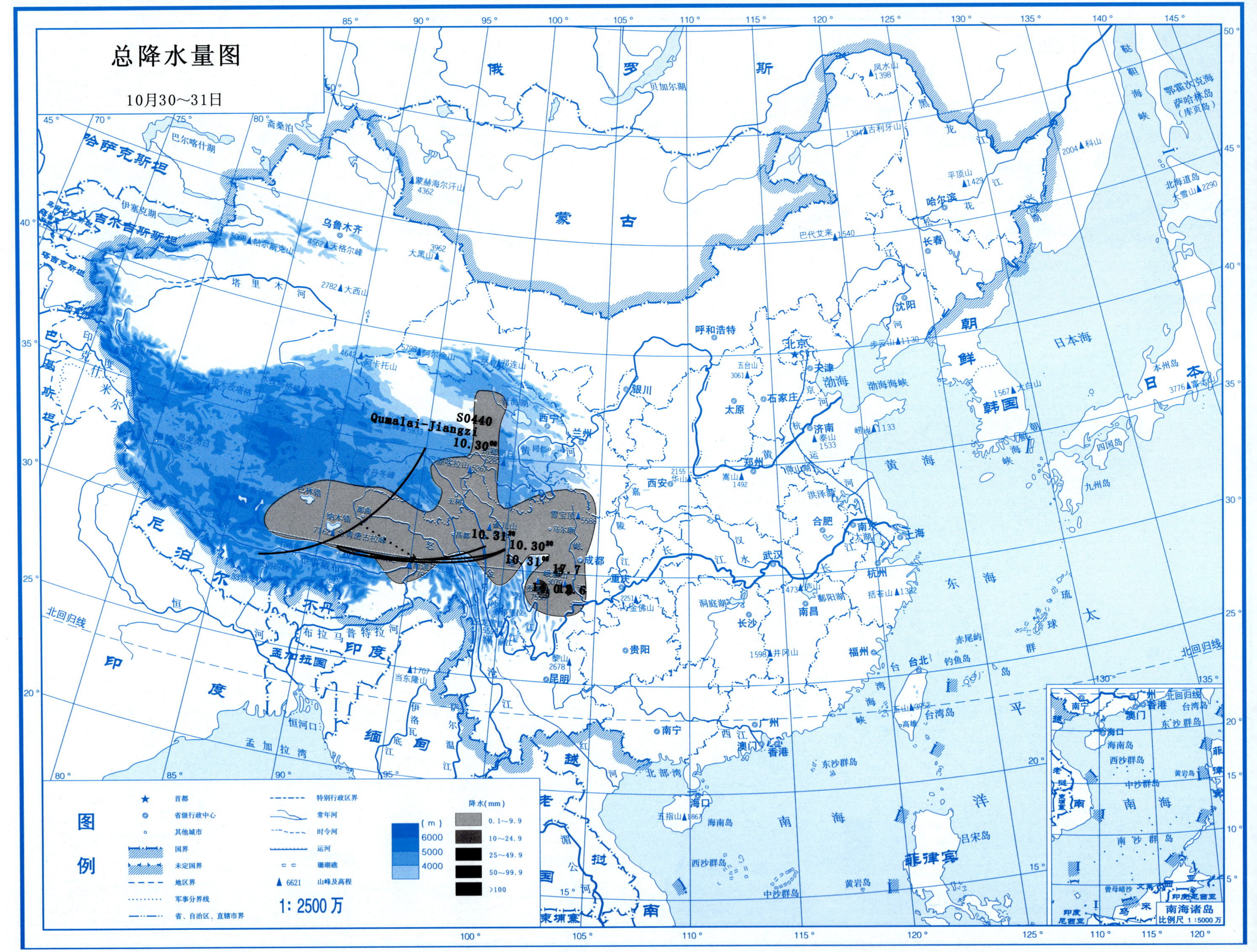
总降水量图
10月30～31日
Qumalai-Jiangzi
S0440
10.30''
10.31''
10.30''
10.31''
17.7
图例
首都
省级行政中心
其他城市
国界
未定国界
地区界
军事分界线
省、自治区、直辖市界
特别行政区界
常年河
时令河
运河
珊瑚礁
6621 山峰及高程
(m)
6000
5000
4000
降水(mm)
0.1～9.9
10～24.9
25～49.9
50～99.9
>100
1: 2500万
南海诸岛
比例尺 1:5000万

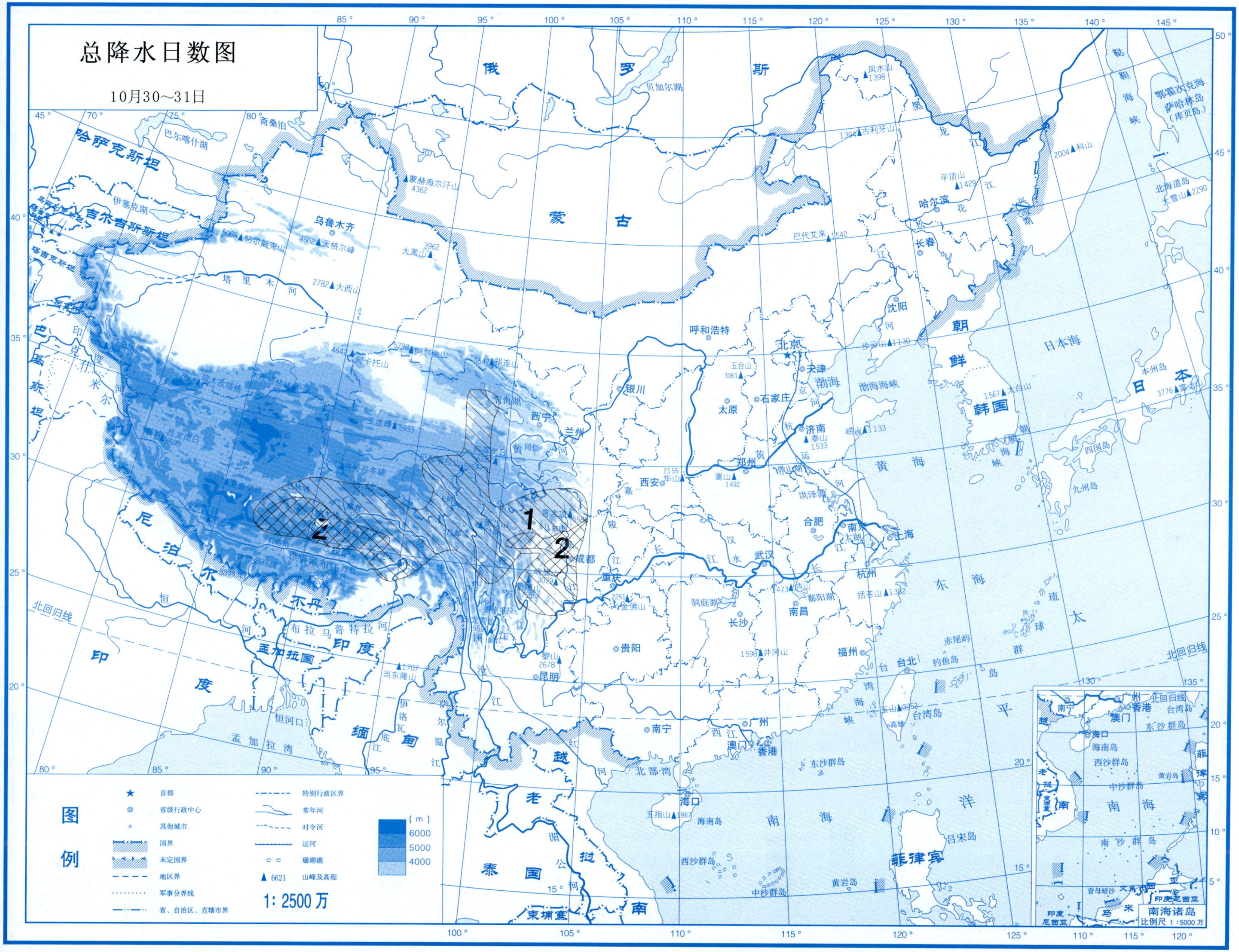

总降水日数图

10月30~31日

图例

- ★ 首都
- ◎ 省级行政中心
- ○ 其他城市
- 国界
- 未定国界
- 地区界
- 军事分界线
- 省、自治区、直辖市界
- 特别行政区界
- 常年河
- 时令河
- 运河
- 珊瑚礁
- ▲ 6621 山峰及高程

(m)
6000
5000
4000

1:2500万

南海诸岛
比例尺 1:5000万

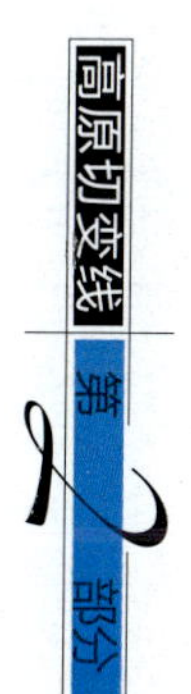

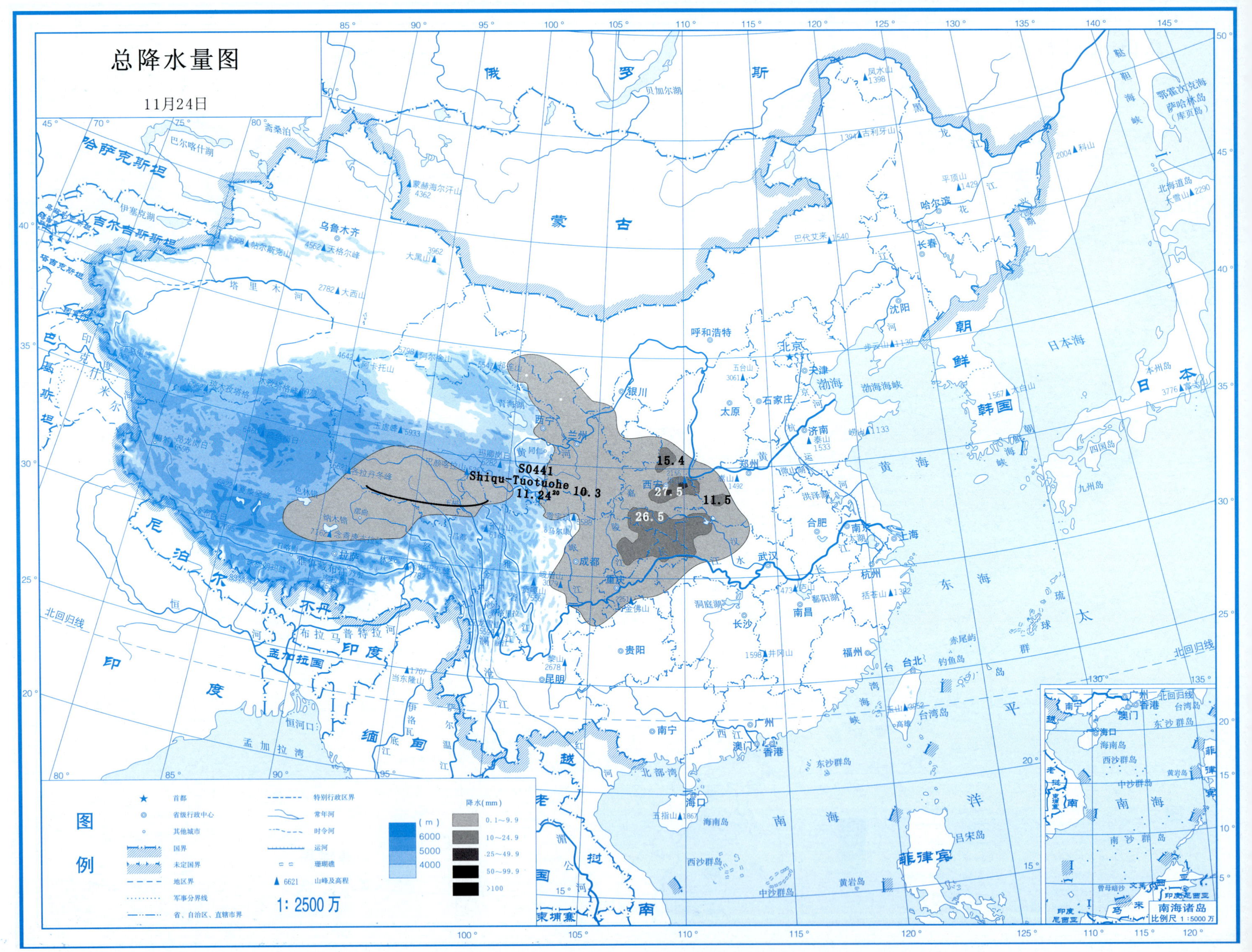
总降水量图
11月24日
S0441
Shiqu-Tuotuohe
11.24
10.3
15.4
27.5
11.5
26.5
图例
首都
省级行政中心
其他城市
国界
未定国界
地区界
军事分界线
省、自治区、直辖市界
特别行政区界
常年河
时令河
运河
珊瑚礁
山峰及高程
降水(mm)
0.1～9.9
10～24.9
25～49.9
50～99.9
>100
1: 2500万

总降水日数图
11月24日
图例
首都
省级行政中心
其他城市
国界
未定国界
地区界
军事分界线
省、自治区、直辖市界
特别行政区界
常年河
时令河
运河
珊瑚礁
6621 山峰及高程
1: 2500万
(m)
6000
5000
4000
南海诸岛
比例尺 1:5000万

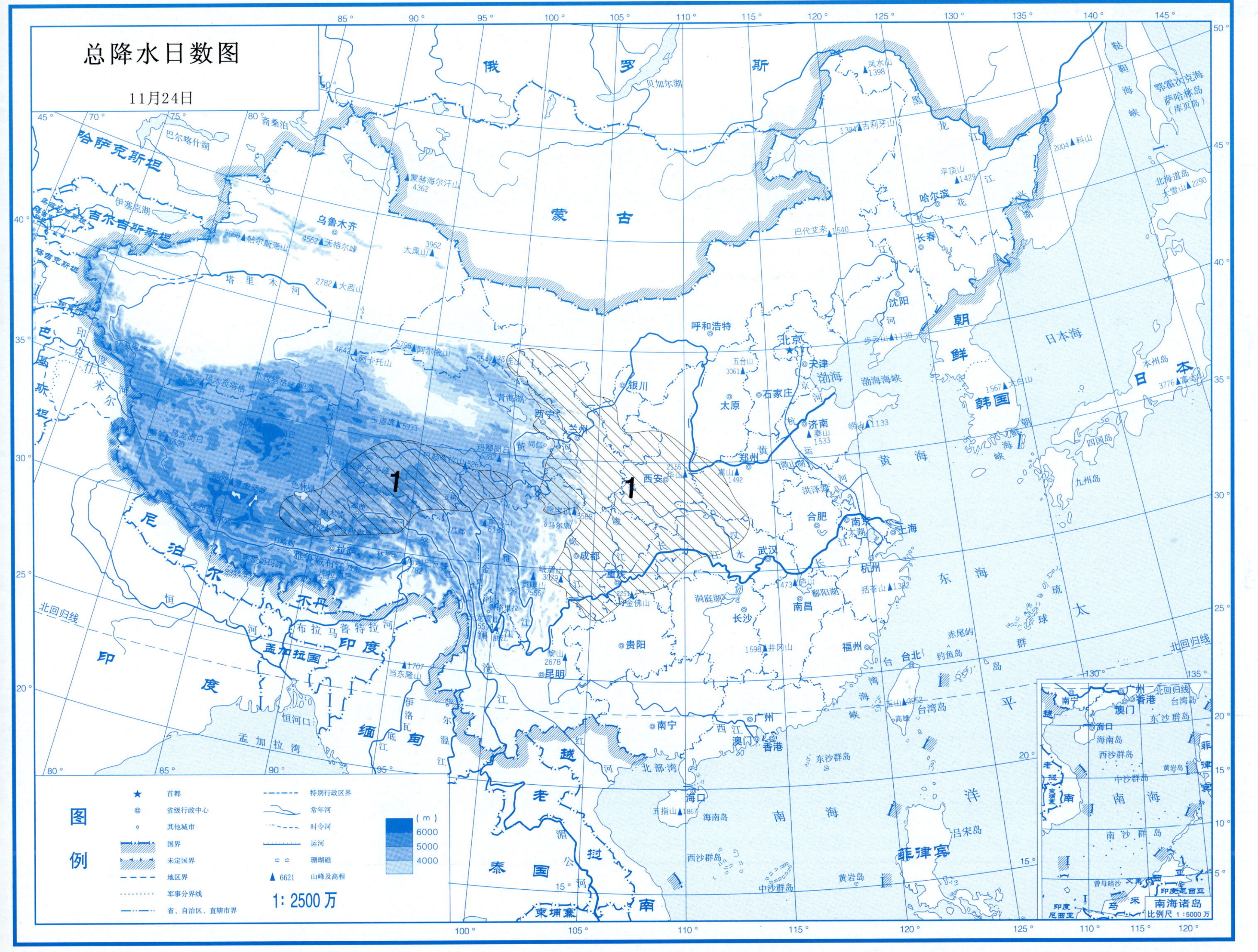

高原切变线

第2部分

高原切变线位置资料表

月	日	时	起点位置		中点位置		拐点位置		终点位置		切变线两侧最大风速	
			北纬/(°)	东经/(°)	北纬/(°)	东经/(°)	北纬/(°)	东经/(°)	北纬/(°)	东经/(°)	北侧 / (m/s)	南侧 / (m/s)
① 2月3日 (S0401)吉迈–拉萨,Jimai–Lasa												
2	3	8	34	101	32	97			29	92	16	16
		20	32	103	30	97			28	90	22	18
消失												
② 3月7日 (S0402)吉迈–日喀则，Jimai–Rikaze												
3	7	8	33	99	30	95	31	98	28	89	4	26
消失												
③ 3月8日 (S0403)林芝–定日，Linzhi–Dingri												
3	8	20	30	93	28	91			27	88	12	14
消失												
④ 3月29日 (S0404)红原–察隅，Hongyuan–Chayu												
3	29	8	31.5	104	30.5	101			29	97	6	30
消失												

高原切变线位置资料表（续-1）

月	日	时	起点位置		中点位置		拐点位置		终点位置		切变线两侧最大风速	
			北纬/(°)	东经/(°)	北纬/(°)	东经/(°)	北纬/(°)	东经/(°)	北纬/(°)	东经/(°)	北侧 / (m/s)	南侧 / (m/s)
⑤ 4月3日 (S0405)合作－昌都，Hezuo－Changdu												
4	3	20	34	103	33	100			32	96	4	6
消失												
⑥ 4月26日 (S0406)红原－当雄，Hongyuan－Dangxiong												
4	26	20	31	102	30	97			31	91	8	18
消失												
⑦ 4月27日 (S0407)丁青－锋当，Dingqing－Fengdang												
4	27	8	32	95	30	94			29	92	6	8
消失												

高原切变线位置资料表（续-2）

月	日	时	起点位置		中点位置		拐点位置		终点位置		切变线两侧最大风速	
			北纬/(°)	东经/(°)	北纬/(°)	东经/(°)	北纬/(°)	东经/(°)	北纬/(°)	东经/(°)	北侧 /(m/s)	南侧 /(m/s)
⑧ 5月17～19日 (S0408)玉树–安多，Yushu–Anduo												
5	17	20	33	98	32.5	95			33	91	8	14
	18	8	31	102	30.2	97			30	91	12	8
		20	30	102	30	97			31	91	6	6
5	19	8	29	100	28	95			28	90	12	10
		20	26	107	26	103			26	98	10	30
移出高原消失												
⑨ 5月29日 (S0409)合作–安多，Hezuo–Anduo												
5	29	20	34	104	32	98			33	91	8	8
消失												
⑩ 5月31日 (S0410)兰州–格尔木，Lanzhou–Geermu												
5	31	8	36	104	35	98			35	96	6	14
消失												

高原切变线位置资料表（续-3）

月	日	时	起点位置		中点位置		拐点位置		终点位置		切变线两侧最大风速	
			北纬/(°)	东经/(°)	北纬/(°)	东经/(°)	北纬/(°)	东经/(°)	北纬/(°)	东经/(°)	北侧 / (m/s)	南侧 / (m/s)
⑪ 6月2日 (S0411)外斯–那曲，Waisi–Naqu												
6	2	20	34	102	33	98			32	92	22	14
消失												
⑫ 6月3～7日 (S0412)昌都–安多，Changdu–Anduo												
6	3	8	32	97	32	94			33	91	6	12
		20	37	100	35	97			33	92	12	10
	4	8	32	98	31	94.8			31	91	6	14
		20	34	102	33	97			33	91	6	10
	5	8	33	100	31.5	96			30	91	6	12
		20	33	103	30.2	98			31	92	8	14
	6	8	31	102	30	97			31	91	8	12
		20	30	102	30	97			31	91	8	16
	7	8	30	98	30	95			30	91	2	10
消失												

高原切变线位置资料表（续-4）

月	日	时	起点位置		中点位置		拐点位置		终点位置		切变线两侧最大风速	
			北纬/(°)	东经/(°)	北纬/(°)	东经/(°)	北纬/(°)	东经/(°)	北纬/(°)	东经/(°)	北侧 /(m/s)	南侧 /(m/s)
⑬ 6月16～18日 (S0413)红原–安多，Hongyuan–Anduo												
6	16	20	34	103	33	97			33	91	4	14
	17	8	33	102	32	96.8			31	91	4	14
		20	33	108	30.7	103			29	97	10	20
	18	8	31	101	30	96			31	91	8	6
6	18	20	32	98	32	95			33	92	6	4
消失												
⑭ 6月23日 (S0414)西宁–安多，Xining–Anduo												
6	23	8	37	103	33.2	98.5	33	98	33	92	8	12
		20	32	105	31	102			29	99	6	10
消失												
⑮ 6月24日 (S0415)昌都–安多，Changdu–Anduo												
6	24	8	32	98	32	94			33	91	8	16
		20	32	104	32.8	97			33	91	6	10
消失												

高原切变线位置资料表（续-5）

月	日	时	起点位置 北纬/(°)	起点位置 东经/(°)	中点位置 北纬/(°)	中点位置 东经/(°)	拐点位置 北纬/(°)	拐点位置 东经/(°)	终点位置 北纬/(°)	终点位置 东经/(°)	切变线两侧最大风速 北侧/(m/s)	切变线两侧最大风速 南侧/(m/s)
⑯ 6月30日 (S0416)红原–巴塘，Hongyuan–Batang												
6	30	20	32	104	31	101			30	98	6	6
消失												
⑰ 7月1～2日 (S0417)都兰–班戈，Dulan–Bange												
7	1	8	36	99	32.8	95.8			30	92	10	10
		20	38	100	32	99	33	99	28	94	6	10
	2	8	34	104	31	102			29	98	6	8
		20	30	105	29	102			28	99	10	12
消失												
⑱ 7月3日 (S0418)吉迈–托托河，Jimai–Tuotuohe												
7	3	20	33	100	33	95.7			34	91	6	10
消失												

高原切变线位置资料表（续-6）

月	日	时	起点位置 北纬/(°)	起点位置 东经/(°)	中点位置 北纬/(°)	中点位置 东经/(°)	拐点位置 北纬/(°)	拐点位置 东经/(°)	终点位置 北纬/(°)	终点位置 东经/(°)	切变线两侧最大风速 北侧/(m/s)	切变线两侧最大风速 南侧/(m/s)
⑲ 7月6日 (S0419)治多-拉萨，Zhiduo-Lasa												
7	6	8	34	96	32	94.2			30	92	8	16
消失												
⑳ 7月6日 (S0420)昌都-安多，Changdu-Anduo												
7	6	20	31.8	97.5	32.5	94			33	91	6	10
消失												
㉑ 7月7日 (S0421)红原-当雄，Hongyuan-Dangxiong												
7	7	20	32.5	102	32	97			31	91	6	18
消失												
㉒ 7月8日 (S0422)都兰-安多，Dulan-Anduo												
7	8	8	35	100	34	96			33	92	8	10
消失												

高原切变线位置资料表（续-7）

月	日	时	起点位置		中点位置		拐点位置		终点位置		切变线两侧最大风速	
			北纬/(°)	东经/(°)	北纬/(°)	东经/(°)	北纬/(°)	东经/(°)	北纬/(°)	东经/(°)	北侧 /(m/s)	南侧 /(m/s)
㉓7月26～27日 (S0423)吉迈–拉萨，Jimai–Lasa												
7	26	20	33	100	30	95	31	98	30	90	12	6
	27	8	32	102	30	96			29	90	10	6
		20	33	103	30	97	31	100	31	90	6	12
消失												
㉔7月28日 (S0424)乌鞘岭–当雄，Wushaoling–Dangxiong												
7	28	20	37	103	32	94			31	91	6	6
消失												
㉕7月30日 (S0425)合作–巴塘，Hezuo–Batang												
7	30	8	35	104	31.5	102.5			29	99	8	12
		20	35	107	32	103			29	99	8	14
消失												

高原切变线位置资料表（续-8）

月	日	时	起点位置		中点位置		拐点位置		终点位置		切变线两侧最大风速	
			北纬/(°)	东经/(°)	北纬/(°)	东经/(°)	北纬/(°)	东经/(°)	北纬/(°)	东经/(°)	北侧 / (m/s)	南侧 / (m/s)
㉖ 8月7～8日 (S0426)格尔木-定日，Geermu-Dingri												
8	7	8	37	96	32	94	32	94	29	87	6	6
		20	36	100	32	94	32.5	95	32	87	6	8
	8	8	37	105	32	102			29	99	4	10
消失												
㉗ 8月9日 (S0427)诺木洪-日喀则，Nuomuhong-Rikaze												
8	9	8	36	96	32	92			28	88	10	14
		20	40	102	35	98			33	90	14	14
消失												
㉘ 8月11日 (S0428)都兰-那曲，Dulan-Naqu												
8	11	8	37	97	34	94			32	91	4	8
		20	36	104	32	98	34	101	32	92	4	4
消失												

高原切变线位置资料表（续-9）

月	日	时	起点位置		中点位置		拐点位置		终点位置		切变线两侧最大风速	
			北纬/(°)	东经/(°)	北纬/(°)	东经/(°)	北纬/(°)	东经/(°)	北纬/(°)	东经/(°)	北侧/(m/s)	南侧/(m/s)
㉙8月15日 (S0429)红原-拉萨，Hongyuan-Lasa												
8	15	8	33	104	31	97			30	91	10	8
消失												
㉚8月17日 (S0430)红原-拉萨，Hongyuan-Lasa												
8	17	8	33	103	30	97			29	91	4	8
消失												
㉛8月19日 (S0431)西宁-当雄，Xining-Dangxiong												
8	19	8	37	102	34	98			31	91	10	14
消失												
㉜8月21日 (S0432)马尔康-拉萨，Maerkang-Lasa												
8	21	8	32	102.5	31	98			31	91.5	14	14
		20	32	108	31	105			29	100	8	12
消失												

高原切变线位置资料表（续-10）

月	日	时	起点位置		中点位置		拐点位置		终点位置		切变线两侧最大风速	
			北纬/(°)	东经/(°)	北纬/(°)	东经/(°)	北纬/(°)	东经/(°)	北纬/(°)	东经/(°)	北侧 / (m/s)	南侧 / (m/s)
㉝ 8月22～24日 (S0433)托勒–甘孜，Tuole–Ganzi												
8	22	20	38	98	35	100			32	101	8	14
	23	8	37	102	34	101			29	99	12	10
		20	37	102	32	102			29	99	10	6
	24	8	37	99	34	101			30	100	10	10
		20	35	107	28	103			24	100	8	10
移出高原消失												
㉞ 9月19～20日 (S0434)甘孜–拉萨，Ganzi–Lasa												
9	19	20	32	100	31.5	96			30	91	12	10
	20	8	32	99	33	95			33	91	6	10
		20	31	98	31	94.5			32	91	6	4
消失												
㉟ 9月28～30日 (S0435)武都–那曲，Wudu–Naqu												
9	28	20	34	104	32	98			32	91	14	14
	29	8	37.5	96	34	94	34	94	33	90	10	12

高原切变线位置资料表（续-11）

月	日	时	起点位置		中点位置		拐点位置		终点位置		切变线两侧最大风速	
			北纬/(°)	东经/(°)	北纬/(°)	东经/(°)	北纬/(°)	东经/(°)	北纬/(°)	东经/(°)	北侧 /(m/s)	南侧 /(m/s)
9	29	20	34	101	32	96			32	91	12	8
	30	8	37	100	34	97			33	92	18	16
		20	33	103	31.5	100			31	96	12	8
消失												
㊱ 10月4日 (S0436)华家岭–尼木，Huajialing–Nimu												
10	4	20	35	105	32	98			30	90	10	12
消失												
㊲ 10月20日 (S0437)西宁–安多，Xining–Anduo												
10	20	20	37	102	34	97			33	91	18	14
消失												
㊳ 10月23日 (S0438)略阳–扎多，Lueyang–Zhaduo												
10	23	8	33	106	31	96			32	95	12	12
消失												

高原切变线位置资料表（续-12）

月	日	时	起点位置		中点位置		拐点位置		终点位置		切变线两侧最大风速	
			北纬/(°)	东经/(°)	北纬/(°)	东经/(°)	北纬/(°)	东经/(°)	北纬/(°)	东经/(°)	北侧 /(m/s)	南侧 /(m/s)
㊴ 10月24～25日 (S0439)红原–江孜，Hongyuan–Jiangzi												
10	24	8	32	103	30	96			28	90	10	14
		20	34	107	31.8	99.2			30	91	12	4
	25	8	32	108	29	103			28	98	6	14
移出高原消失												
㊵ 10月30～31日 (S0440)曲麻莱–江孜，Qumalai–Jiangzi												
10	30	8	35	95	31	92			29	87	12	10
		20	31	100	30	95			30	91	16	10
	31	8	31	100	30	96			30	91	6	4
		20	31	99	30	95			30	91	4	4
消失												
㊶ 11月24日 (S0441)石渠–托托河，Shiqu–Tuotuohe												
11	24	20	33	99	32.7	95.5			33	92	6	12
消失